“十三五”国家重点出版物出版规划项目

持久性有机污染物
POPs研究系列专著

持久性有机污染物的样品前处理方法与技术

蔡亚岐　刘稷燕　周庆祥　杨瑞强　等/著

科学出版社
北京

内 容 简 介

持久性有机污染物(POPs)环境样品具有含量极低和基体异常复杂的特点，其样品前处理效果在很大程度上决定分析方法的灵敏度、准确度和分析速度，对其分析的质量控制具有至关重要的意义。

本书在简单介绍索氏萃取、微波辅助萃取、液液萃取、超声萃取及分散固相萃取等 POPs 的常规样品萃取方法的基础上，对国际上近年来在 POPs 分析中发挥越来越重要作用的一些新技术，如固相萃取、固相/液相微萃取、加速溶剂萃取、超临界流体萃取等给予重点介绍，并在最后对绝大多数 POPs 分析中必不可少的样品净化技术进行了讨论。本书的内容和素材密切结合包括一些新型污染物在内的 POPs 研究的国际前沿，力求协调内容的普及性和学术性，并适当兼顾原理、技术、方法和应用示例。

本书可供环境监测、环境化学、污染控制、环境管理领域的研究人员和技术人员参考，也可作为高等院校环境科学、环境分析、生态毒理和环境健康、分析化学及相关专业本科生、研究生的学习参考用书。

图书在版编目(CIP)数据

持久性有机污染物的样品前处理方法与技术 / 蔡亚岐等著. —北京：科学出版社，2019.3

(持久性有机污染物(POPs)研究系列专著)

“十三五”国家重点出版物出版规划项目 国家出版基金项目

ISBN 978-7-03-060641-9

Ⅰ. ①持… Ⅱ. ①蔡… Ⅲ. ①持久性-有机污染物-前处理-研究 Ⅳ. ①X5

中国版本图书馆CIP数据核字(2019)第036891号

责任编辑：朱 丽 孙 曼 / 责任校对：韩 杨
责任印制：肖 兴 / 封面设计：黄华斌

科学出版社出版
北京东黄城根北街 16 号
邮政编码：100717
http://www.sciencep.com
北京通州皇家印刷厂 印刷
科学出版社发行 各地新华书店经销
*
2019 年 3 月第 一 版 开本：720 × 1000 1/16
2019 年 3 月第一次印刷 印张：23 3/4
字数：455 000

定价：138.00 元

(如有印装质量问题，我社负责调换)

《持久性有机污染物（POPs）研究系列专著》

丛书编委会

丛书序

持久性有机污染物（persistent organic pollutants，POPs）是指在环境中难降解（滞留时间长）、高脂溶性（水溶性很低），可以在食物链中累积放大，能够通过蒸发–冷凝、大气和水等的输送而影响到区域和全球环境的一类半挥发性且毒性极大的污染物。POPs 所引起的污染问题是影响全球与人类健康的重大环境问题，其科学研究的难度与深度，以及污染的严重性、复杂性和长期性远远超过常规污染物。POPs 的分析方法、环境行为、生态风险、毒理与健康效应、控制与削减技术的研究是最近 20 年来环境科学领域持续关注的一个最重要的热点问题。

近代工业污染催生了环境科学的发展。1962 年，*Silent Spring* 的出版，引起学术界对滴滴涕（DDT）等造成的野生生物发育损伤的高度关注，POPs 研究随之成为全球关注的热点领域。1996 年，*Our Stolen Future* 的出版，再次引发国际学术界对 POPs 类环境内分泌干扰物的环境健康影响的关注，开启了环境保护研究的新历程。事实上，国际上环境保护经历了从常规大气污染物（如 SO_2、粉尘等）、水体常规污染物［如化学需氧量（COD）、生化需氧量（BOD）等］治理和重金属污染控制发展到痕量持久性有机污染物削减的循序渐进过程。针对全球范围内 POPs 污染日趋严重的现实，世界许多国家和国际环境保护组织启动了若干重大研究计划，涉及 POPs 的分析方法、生态毒理、健康危害、环境风险理论和先进控制技术。研究重点包括：①POPs 污染源解析、长距离迁移传输机制及模型研究；②POPs 的毒性机制及健康效应评价；③POPs 的迁移、转化机理以及多介质复合污染机制研究；④POPs 的污染削减技术以及高风险区域修复技术；⑤新型污染物的检测方法、环境行为及毒性机制研究。

20 世纪国际上发生过一系列由于 POPs 污染而引发的环境灾难事件（如意大利 Seveso 化学污染事件、美国拉布卡纳尔镇污染事件、日本和中国台湾米糠油事件等），这些事件给我们敲响了 POPs 影响环境安全与健康的警钟。1999 年，比利时鸡饲料二噁英类污染波及全球，造成 14 亿欧元的直接损失，导致该国政局不稳。

国际范围内针对 POPs 的研究，主要包括经典 POPs（如二噁英、多氯联苯、含氯杀虫剂等）的分析方法、环境行为及风险评估等研究。如美国 1991～2001 年的二噁英类化合物风险再评估项目，欧盟、美国环境保护署（EPA）和日本环境厅先后启动了环境内分泌干扰物筛选计划。20 世纪 90 年代提出的蒸馏理论和蚂蚱跳效应较好地解释了工业发达地区 POPs 通过水、土壤和大气之间的界面交换而长距离迁移到南北极等极地地区的现象，而之后提出的山区冷捕集效应则更加系统地解释了高山地区随着海拔的增加其环境介质中 POPs 浓度不断增加的迁移机理，从而为 POPs 的全球传输提供了重要的依据和科学支持。

2001 年 5 月，全球 100 多个国家和地区的政府组织共同签署了《关于持久性有机污染物的斯德哥尔摩公约》（简称《斯德哥尔摩公约》）。目前已有包括我国在内的 179 个国家和地区加入了该公约。从缔约方的数量上不仅能看出公约的国际影响力，也能看出世界各国对 POPs 污染问题的重视程度，同时也标志着在世界范围内对 POPs 污染控制的行动从被动应对到主动防御的转变。

进入 21 世纪之后，随着《斯德哥尔摩公约》进一步致力于关注和讨论其他同样具 POPs 性质和环境生物行为的有机污染物的管理和控制工作，除了经典 POPs，对于一些新型 POPs 的分析方法、环境行为及界面迁移、生物富集及放大，生态风险及环境健康也越来越成为环境科学研究的热点。这些新型 POPs 的共有特点包括：目前为正在大量生产使用的化合物、环境存量较高、生态风险和健康风险的数据积累尚不能满足风险管理等。其中两类典型的化合物是以多溴二苯醚为代表的溴系阻燃剂和以全氟辛基磺酸盐（PFOS）为代表的全氟化合物，对于它们的研究论文在过去 15 年呈现指数增长趋势。如有关 PFOS 的研究在 Web of Science 上搜索结果为从 2000 年的 8 篇增加到 2013 年的 323 篇。随着这些新增 POPs 的生产和使用逐步被禁止或限制使用，其替代品的风险评估、管理和控制也越来越受到环境科学研究的关注。而对于传统的生态风险标准的进一步扩展，使得大量的商业有机化学品的安全评估体系需要重新调整。如传统的以鱼类为生物指示物的研究认为污染物在生物体中的富集能力主要受控于化合物的脂–水分配，而最近的研究证明某些低正辛醇–水分配系数、高正辛醇–空气分配系数的污染物（如 HCHs）在一些食物链特别是在陆生生物链中也表现出很高的生物放大效应，这就向如何修订污染物的生态风险标准提出了新的挑战。

作为一个开放式的公约，任何一个缔约方都可以向公约秘书处提交意在将某一化合物纳入公约受控的草案。相应的是，2013 年 5 月在瑞士日内瓦举行的缔约方大会第六次会议之后，已在原先的包括二噁英等在内的 12 类经典 POPs 基础上，新增 13 种包括多溴二苯醚、全氟辛基磺酸盐等新型 POPs 成为公约受控名单。目前正在进行公约审查的候选物质包括短链氯化石蜡（SCCPs）、多氯萘（PCNs）、六氯丁二烯（HCBD）及五氯苯酚（PCP）等化合物，而这些新型有机污染物在我国均有一定规模的生产和使用。

中国作为经济快速增长的发展中国家，目前正面临比工业发达国家更加复杂的环境问题。在前两类污染物尚未完全得到有效控制的同时，POPs 污染控制已成为我国迫切需要解决的重大环境问题。作为化工产品大国，我国新型 POPs 所引起的环境污染和健康风险问题比其他国家更为严重，也可能存在国外不受关注但在我国环境介质中广泛存在的新型污染物。对于这部分化合物所开展的研究工作不但能够为相应的化学品管理提供科学依据，同时也可为我国履行《斯德哥尔摩公约》提供重要的数据支持。另外，随着经济快速发展所产生的污染所致健康问题在我国的集中显现，新型 POPs 污染的毒性与健康危害机制已成为近年来相关研究的热点问题。

随着 2004 年 5 月《斯德哥尔摩公约》正式生效，我国在国家层面上启动了对 POPs 污染源的研究，加强了 POPs 研究的监测能力建设，建立了几十个高水平专业实验室。科研机构、环境监测部门和卫生部门都先后开展了环境和食品中 POPs 的监测和控制措施研究。特别是最近几年，在新型 POPs 的分析方法学、环境行为、生态毒理与环境风险，以及新污染物发现等方面进行了卓有成效的研究，并获得了显著的研究成果。如在电子垃圾拆解地，积累了大量有关多溴二苯醚（PBDEs）、二噁英、溴代二噁英等 POPs 的环境转化、生物富集/放大、生态风险、人体赋存、母婴传递乃至人体健康影响等重要的数据，为相应的管理部门提供了重要的科学支撑。我国科学家开辟了发现新 POPs 的研究方向，并连续在环境中发现了系列新型有机污染物。这些新 POPs 的发现标志着我国 POPs 研究已由全面跟踪国外提出的目标物，向发现并主动引领新 POPs 研究方向发展。在机理研究方面，率先在珠穆朗玛峰、南极和北极地区“三极”建立了长期采样观测系统，开展了 POPs 长距离迁移机制的深入研究。通过大量实验数据证明了 POPs 的冷捕集效应，在新的源汇关系方面也有所发现，为优化 POPs 远距离迁移模型及认识 POPs 的环境归宿做出了贡献。在污染物控制方面，系统地摸清了二噁英类污染物的排放源，获得了我国二噁英类排放因子，相关成果被联合国环境规划署《全球二噁英类污染源识别与定量技术导则》引用，以六种语言形式全球发布，为全球范围内评估二噁英类污染来源提供了重要技术参数。以上有关 POPs 的相关研究是解决我国国家环境安全问题的重大需求、履行国际公约的重要基础和我国在国际贸易中取得有利地位的重要保证。

我国 POPs 研究凝聚了一代代科学家的努力。1982 年，中国科学院生态环境研究中心发表了我国二噁英研究的第一篇中文论文。1995 年，中国科学院武汉水生生物研究所建成了我国第一个装备高分辨色谱/质谱仪的标准二噁英分析实验室。进入 21 世纪，我国 POPs 研究得到快速发展。在能力建设方面，目前已经建成数十个符合国际标准的高水平二噁英实验室。中国科学院生态环境研究中心的二噁英实验室被联合国环境规划署命名为“Pilot Laboratory”。

2001 年，我国环境内分泌干扰物研究的第一个“863”项目“环境内分泌干扰物的筛选与监控技术”正式立项启动。随后经过 10 年 4 期“863”项目的连续资助，形成了活体与离体筛选技术相结合，体外和体内测试结果相互印证的分析内分泌干扰物研究方法体系，建立了有中国特色的环境内分泌污染物的筛选与研究规范。

2003年，我国POPs领域第一个“973”项目“持久性有机污染物的环境安全、演变趋势与控制原理”启动实施。该项目集中了我国POPs领域研究的优势队伍，围绕POPs在多介质环境的界面过程动力学、复合生态毒理效应和焚烧等处理过程中POPs的形成与削减原理三个关键科学问题，从复杂介质中超痕量POPs的检测和表征方法学；我国典型区域POPs污染特征、演变历史及趋势；典型POPs的排放模式和运移规律；典型POPs的界面过程、多介质环境行为；POPs污染物的复合生态毒理效应；POPs的削减与控制原理以及POPs生态风险评价模式和预警方法体系七个方面开展了富有成效的研究。该项目以我国POPs污染的演变趋势为主，基本摸清了我国POPs特别是二噁英排放的行业分布与污染现状，为我国履行《斯德哥尔摩公约》做出了突出贡献。2009年，POPs项目得到延续资助，研究内容发展到以POPs的界面过程和毒性健康效应的微观机理为主要目标。2014年，项目再次得到延续，研究内容立足前沿，与时俱进，发展到了新型持久性有机污染物。这3期“973”项目的立项和圆满完成，大大推动了我国POPs研究为国家目标服务的能力，培养了大批优秀人才，提高了学科的凝聚力，扩大了我国POPs研究的国际影响力。

2008年开始的“十一五”国家科技支撑计划重点项目“持久性有机污染物控制与削减的关键技术与对策”，针对我国持久性有机物污染物控制关键技术的科学问题，以识别我国POPs环境污染现状的背景水平及制订优先控制POPs国家名录，我国人群POPs暴露水平及环境与健康效应评价技术，POPs污染控制新技术与新材料开发，焚烧、冶金、造纸过程二噁英类减排技术，POPs污染场地修复，废弃POPs的无害化处理，适合中国国情的POPs控制战略研究为主要内容，在废弃物焚烧和冶金过程烟气减排二噁英类、微生物或植物修复POPs污染场地、废弃POPs降解的科研与实践方面，立足自主创新和集成创新。项目从整体上提升了我国POPs控制的技术水平。

目前我国POPs研究在国际SCI收录期刊发表论文的数量、质量和引用率均进入国际第一方阵前列，部分工作在开辟新的研究方向、引领国际研究方面发挥了重要作用。2002年以来，我国POPs相关领域的研究多次获得国家自然科学奖励。2013年，中国科学院生态环境研究中心POPs研究团队荣获“中国科学院杰出科技成就奖”。

我国POPs研究开展了积极的全方位的国际合作，一批中青年科学家开始在国际学术界崭露头角。2009年8月，第29届国际二噁英大会首次在中国举行，来自世界上44个国家和地区的近1100名代表参加了大会。国际二噁英大会自1980年召开以来，至今已连续举办了38届，是国际上有关持久性有机污染物（POPs）研究领域影响最大的学术会议，会议所交流的论文反映了当时国际POPs相关领域的最新进展，也体现了国际社会在控制POPs方面的技术与政策走向。第29届国际二噁英大会在我国的成功召开，对提高我国持久性有机污染物研究水平、加速国际化进程、推进国际合作和培养优秀人才等方面起到了积极作用。近年来，我国科学家多次应邀在国际二噁英大会上作大会报告和大会总结报告，一些高水平研究工作产生了重要的学术影响。与此同时，我国科学家自己发起的 POPs 研究的国内外学术会议也产生了重要影响。2004 年开始的“International Symposium on Persistent Toxic Substances”系列国际会议至今已连续举行 14 届，近几届分别在美国、加拿大、中国香港、德国、日本等国家和地区召开，产生了重要学术影响。每年 5 月 17～18 日定期举行的“持久性有机污染物论坛”已经连续 12 届，在促进我国 POPs 领域学术交流、促进官产学研结合方面做出了重要贡献。

本丛书《持久性有机污染物（POPs）研究系列专著》的编撰，集聚了我国 POPs 研究优秀科学家群体的智慧，系统总结了 20 多年来我国 POPs 研究的历史进程，从理论到实践全面记载了我国 POPs 研究的发展足迹。根据研究方向的不同，本丛书将系统地对 POPs 的分析方法、演变趋势、转化规律、生物累积/放大、毒性效应、健康风险、控制技术以及典型区域 POPs 研究等工作加以总结和理论概括，可供广大科技人员、大专院校的研究生和环境管理人员学习参考，也期待它能在 POPs 环保宣教、科学普及、推动相关学科发展方面发挥积极作用。

我国的 POPs 研究方兴未艾，人才辈出，影响国际，自树其帜。然而，“行百里者半九十”，未来事业任重道远，对于科学问题的认识总是在研究的不断深入和不断学习中提高。学术的发展是永无止境的，人们对 POPs 造成的环境问题科学规律的认识也是不断发展和提高的。受作者学术和认知水平限制，本丛书可能存在不同形式的缺憾、疏漏甚至学术观点的偏颇，敬请读者批评指正。本丛书若能对读者了解并把握 POPs 研究的热点和前沿领域起到抛砖引玉作用，激发广大读者的研究兴趣，或讨论或争论其学术精髓，都是作者深感欣慰和至为期盼之处。

2015 年 1 月于北京

前　言

样品前处理对于分析结果的准确性和质量控制具有至关重要的意义，也在很大程度上决定分析方法的灵敏度和分析速度。近年来，科学技术的飞速发展使得分析仪器在检测水平、分析速度、自动化水平等方面有了很大提高，但与此对应的样品前处理技术的发展相对滞后，因此样品前处理已经成为整个分析过程的瓶颈。环境样品的高度复杂基体和其中大多数 POPs 的极低含量水平，进一步增加了 POPs 样品前处理的难度，因此 POPs 的样品前处理已经成为 POPs 环境样品分析成败的关键，也在一定程度上制约着 POPs 的环境科学研究。鉴于目前关于 POPs 环境样品前处理的专门资料较少且分散，以及学界的需求，本书首先简单介绍索氏萃取、微波辅助萃取、液液萃取、超声萃取及分散固相萃取等 POPs 的常规样品萃取方法，然后重点介绍国际上近年来在 POPs 分析中发挥越来越重要作用的一些新技术，如固相萃取、固相/液相微萃取、加速溶剂萃取、超临界流体萃取等，并对绝大多数 POPs 分析中必不可少的样品净化技术进行讨论，以期对从事环境样品方法研究、分析检测和其他相关研究人员有所裨益。

本书共 6 章。第 1 章介绍 POPs 环境样品常规萃取方法，由王璞副研究员撰写。第 2 章和第 3 章分别是超临界流体萃取技术和加速溶剂萃取技术在 POPs 分析中的应用，重点介绍固体环境样品中 POPs 的萃取技术，由周庆祥教授撰写。第 4 章专门介绍可以在液体样品中 POPs 萃取富集和 POPs 提取液净化方面发挥重要作用的固相萃取技术，由张小乐副教授和蔡亚岐研究员撰写。第 5 章介绍利于少量样品中 POPs 快速分析的固相微萃取和液相微萃取等微萃取技术，由刘稷燕研究员、张青博士、王雪梅教授、刘艳伟和侯兴旺撰写。鉴于 POPs 环境样品基体的高度复杂性，绝大多数样品通过如上介绍的方法经萃取富集后，萃取液中仍然存在许多干扰后续仪器测定的共萃取成分，对其进行适当的净化常常必不可少，因此在本书的第 6 章由杨瑞强副研究员对 POPs 环境样品的净化技术进行了介绍。

本书涉及的相关研究内容得到了科技部、国家自然科学基金委员会和中国科学院基金项目的支持；书中的许多谱图资料来自环境化学与生态毒理学国家重点实验室等单位的相关一线科研人员的科研实践；本书的出版也得到了国家出版基金项目的资助；在本书的撰写过程中，江桂斌院士自始至终给予了指导、鼓励和关怀；科学出版社朱丽编辑提供了耐心细致的帮助；另外，史亚利和牛红云在书稿修改编排和前期资料准备中提供了许多帮助。在此一并表示衷心感谢！

本书在内容上力图做到将日常分析和 POPs 研究国际前沿结合，协调普及性和学术性，兼顾原理、技术、方法和应用示例。为此，所有撰写者竭尽全力，以不负广大读者的厚望。但由于作者水平有限，书中不足之处在所难免，恳请专家读者指正。

作　者

2018 年 10 月

目　　录

第 1 章　POPs 环境样品常规萃取方法介绍

本章导读

- 论述萃取在环境样品分析过程中的重要意义。
- 简要介绍萃取方式及其应用的注意事项。
- 分别介绍索氏萃取、微波辅助萃取、液液萃取、超声萃取及分散固相萃取等常规样品萃取方法的原理及其在环境样品 POPs 萃取中的应用。

1.1　概　　述

萃取是样品分析前处理过程中最重要的环节之一。萃取效果的好坏直接影响样品检测结果的质量。萃取是利用系统中组分在溶剂中不同的溶解度来分离混合物的操作过程，通常根据萃取对象的特性分为固液萃取和液液萃取两种方式。固液萃取也称为浸取，是用溶剂分离固体混合物中的组分；而液液萃取是选用溶剂分离液体混合物中某些组分，该溶剂必须与被萃取的混合液体不相溶，通过目标组分在不同溶剂中的溶解度差异来实现目标物从混合液体中向萃取溶剂中的分配转移。近年来，超临界流体萃取(supercritical fluid extraction，SFE)技术得到快速发展，其利用超过临界温度和临界压力状态下的气体作为溶剂进行萃取，也被认为是除以上两种常规方式之外的第三种萃取方式。这些不同的萃取技术为不同样品的分析检测提供了重要的前处理方法，是样品中目标物能够成功地进行分析检测的重要保障。

对于环境有机污染物，由于不同化合物的极性差异较大，在样品萃取时往往需要综合考虑萃取技术和萃取条件的影响，从而保证目标物的萃取效率。有时甚至将液体样品先除水(冷冻干燥或者吸附/吸收材料去水)，然后采用固液萃取的技术进行样品萃取，以达到更好的萃取效果。因此，样品萃取方法的选择需考虑实际样品特性和分析目标物的物化性质，再结合不同萃取技术的优势，进行样品的高效处理和分析。

本章重点针对 POPs 等环境有机污染物分析过程中一些常见的样品萃取方法

进行介绍，包括索氏萃取(Soxhlet extraction，SE)、微波辅助萃取(microwave-assisted extraction，MAE)、液液萃取(liquid-liquid extraction，LLE)、超声萃取(ultrasonication extraction，USE)和分散固相萃取(dispersive solid phase extraction，DSPE)，便于读者了解更加丰富的样品萃取技术及其应用进展。

1.2 索氏萃取法

索氏萃取(SE)是典型的固液萃取方法。SE 技术可以追溯到 1879 年，Franz von Soxhlet 为从固体中提取脂类化合物而发明了索氏萃取仪[1]。这种萃取仪经过一个多世纪的不断改进和发展，目前成为最经典的固液萃取装置之一(图 1-1)。该萃取方法利用溶剂回流和虹吸原理，使固相物质每次都能接触到纯的溶剂并浸泡萃取。萃取溶剂加热沸腾后，蒸气通过导气管上升，被冷凝管冷凝为液体滴入样品提取筒(或滤纸筒，用于放置研磨粉碎过的固体样品)中。当液面超过虹吸管最高处时，即发生虹吸现象，溶液回流到烧瓶中，因此可萃取出易溶于溶剂的目标物质。这

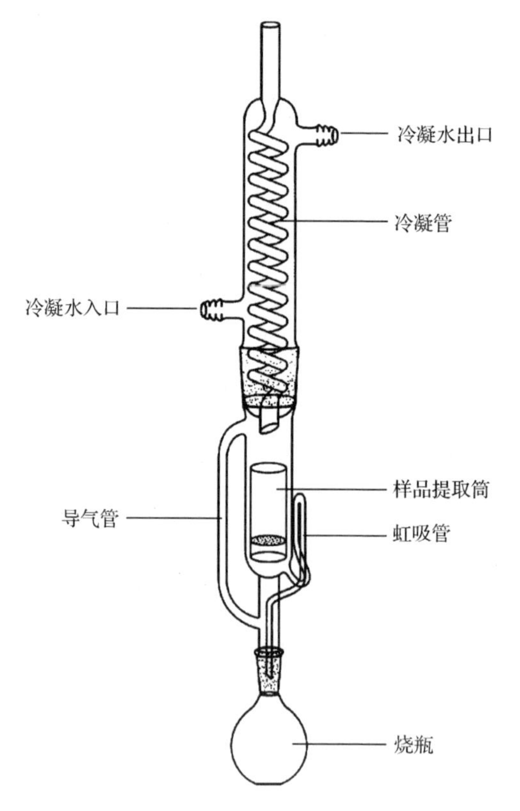

图 1-1 索氏萃取仪结构示意图

种萃取方法的优点是萃取过程操作简单，萃取效果稳定，且基质造成的干扰相对较少。但相对于新型的萃取技术，其萃取时间较长，萃取溶剂使用量大，从而限制了萃取效率。近年来在传统的索氏萃取仪基础上发展了一些相同原理的萃取仪，如自动索氏萃取仪(Soxtec)等。Soxtec 的改进之处在于将装有样品的提取筒置于沸腾的溶剂中进行萃取，缩短了萃取时间，从而提高了萃取效率。

在 POPs 研究领域，SE 是最常用的萃取方法之一，被许多国家的标准方法所采用，如 USEPA 1613、EU/CEN EN-1948、JIS K0311 等，因此成为评价其他萃取方法效果的标尺。常用的 SE 溶剂有正己烷、甲苯、二氯甲烷等单一溶剂，也常见正己烷/二氯甲烷、正己烷/丙酮和正己烷/二氯甲烷/丙酮等混合溶剂。双溶剂混合液(包括极性和非极性溶剂)因萃取效率较高而被广泛采用。SE 溶剂量一般为 150～250 mL，萃取时间为 6～48 h。萃取前，将冷冻干燥过的固体样品研磨过筛后，称取一定量(5～20 g)并与无水硫酸钠(或者硅藻土)混匀，转移至样品提取筒(或滤纸筒)中，加入内标物质后，将提取筒置于索氏萃取仪中；烧瓶中加入溶剂，并加入 3～5 粒沸石，置于电(或水浴)加热器中；安装好索氏萃取仪；打开冷凝循环水，然后打开加热器，开始样品萃取。待萃取完成后用镊子夹出样品提取筒，萃取仪中溶剂和烧瓶中样品溶液混合，用于下一步的样品处理和分析检测。

SE 技术在 POPs 研究中的应用已有大量文献报道。对比 SE 法与加速溶剂萃取(accelerated solvent extraction，ASE)法对沉积物中多氯联苯(polychlorinated biphenyls，PCBs)的萃取效果，ASE 使用正己烷/丙酮(1∶1，*v/v*)作萃取溶剂，而 SE 使用甲苯作萃取溶剂，在不同样品特性(有机碳、黑炭、硫、水含量和 PCBs 浓度等)的情况下，这两种萃取方法的效果基本一致[2]。比较多种萃取方法用于分析动物饲料中有机氯农药(organochlorine pesticides，OCPs)的效果，其中包括 SE、浸入式(dive-in) SE、MAE、ASE、流化床萃取(fluidized-bed extraction，FBE)和 USE，由于 ASE 和 MAE 技术利用了高温高压和微波的作用，其萃取效率相比 SE 更高(115%～127%)，而 FBE 和浸入式 SE 的萃取效率与 SE 基本相同；FBE 的萃取重复性最好，其相对标准偏差(RSD)值在 0.3%～3.9%之间；相比之下，USE 的萃取效率仅为 SE 的 50%左右。然而通过与标准物质(BCR-115)的分析结果比较，这些萃取方法均能获得符合参考值的结果[3]。此外，许多研究也将 SE 应用于食品及其他各种环境样品中 POPs 的萃取，特别是烟道气样品中多氯代二苯并-对-二噁英/二苯并呋喃(polychlorinated dibenzo-*p*-dioxins/dibenzofurans，PCDDs/Fs)及二噁英类 POPs 的萃取往往需要采用较大的萃取仪来承装烟道气样品的树脂筒和滤筒，因此使用索氏萃取仪对于样品萃取操作比较方便，导致其在烟道气样品的处理过程中较为常用[4,5]。萃取烟道气样品中二噁英类 POPs 所使用的萃取溶剂通常为甲苯。一些具有腐蚀能力或化学反应能力的样品(如硫酸铜)，其萃取过程中可能存在样品基质与不锈钢等材料的化学反应，因此不能使用 ASE 等萃取设备[6]，此时 SE 是十分必要的选择。此外，在溴代阻燃剂(brominated flame retardants，BFRs)的样品前处理过程中，尤其是多溴二苯醚(polybrominated diphenyl ethers，PBDEs)中的 BDE-209 易受紫外线(UV)影响而发生降解，在使用索氏萃取仪时需注意避光[7]；且多次样品萃取可能导致萃取仪中存在痕量 BDE-209 的残留污染，因此需要在样品萃取前后用甲苯等溶剂对萃取仪进行冲洗(或空提)以避免假阳性结果的出现。

1.3 微波辅助萃取法

分析尺度的微波辅助萃取(MAE)研究于 1986 年由 Ganzler 等[8]首先完成，这项技术被认为是可替代传统 SE 的新型技术。它的优点在于除显著降低萃取时间和溶剂量外，可同时萃取多种介质中的不同污染物。MAE 可以用于众多新型有机污染物的萃取，且由于影响萃取效果的参数相对较少(基质水分含量、溶剂极性、时间、功率、萃取罐温度等)，其萃取条件的优化相对简单[9]。MAE 的原理是利用微波能量激发样品分子的不规则运动，使分子间摩擦生热从而导致溶剂和样品的快速加热以完成萃取[10]。单一极性的溶剂不适合 MAE 方法，因此不同极性的溶剂混合液成为首选，如正己烷/丙酮、正己烷/二氯甲烷等。微波辅助萃取仪如图 1-2 所示。MAE 在 POPs 萃取中的应用研究已有大量文献报道[10]。

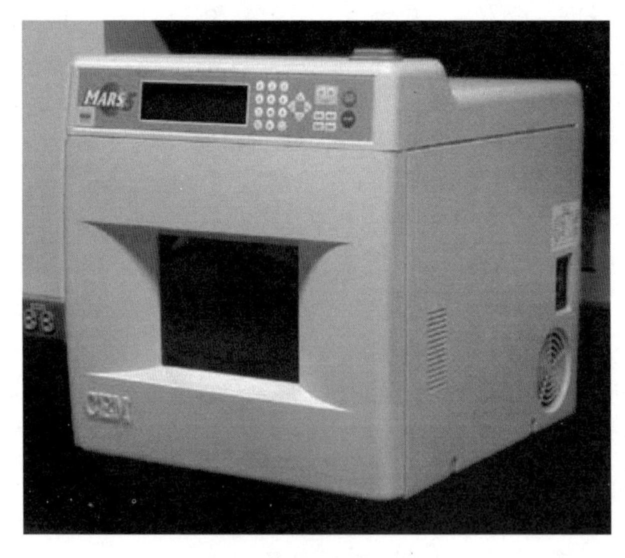

图 1-2　微波辅助萃取仪

1994 年 Lopez-Avila 等[11]针对土壤和沉积物中多种有机污染物的 MAE 方法进行了研究，萃取溶剂为丙酮/正己烷的混合溶剂(1∶1，v/v)。随着萃取温度的升高(80～115℃)，多环芳烃(polycyclic aromatic hydrocarbons，PAHs)的萃取回收率逐渐升高(70%～75%)，而继续升高温度则萃取效果的提升并不明显。1995 年他们继续研究了 MAE 萃取土壤中 PCBs 的效果，对于三种土壤(黏土、表层土、沙质土)，PCBs 的加标回收率均在 70%以上(除黏土中 Aroclor 1260 回收率为 62%)[12]。对真实土壤和沉积物样品进行分析，结果发现，MAE 和 SE 的萃取结果保持一致。此外，他们还报道了表层土中 95 种半挥发性有机化合物(semi-volatile organic compounds，SVOCs)的萃取结果，其中 79 种化合物的回收率在 80%～120%之间，14 种的回收率低于 80%。而增加样品加标后的老化时间，萃取回收率呈现下降趋势[13]。对于 OCPs 和 PCBs，直接加标样品在萃取溶剂为丙酮/正己烷和温度为 115℃的萃取条件下，38 种化合物的回收率在 80%～120%之间，6 种的回收率在 50%～80%之间，而当样品老化 14 d 后，只有 14 种化合物的回收率在 80%～120%之间，24 种的回收率在 50%～80%之间。尽管如此，相对于 SE 和 USE，MAE 的萃取效率仍然较高，这体现出 MAE 同时萃取多种有机污染物的优势。

近年来，环境分析工作者利用 MAE 结合 LLE 萃取的方式，对土壤中四溴双酚 A(tetrabromobisphenol A，TBBPA)的分析方法进行了优化。萃取溶剂为二氯甲烷/甲醇混合液(1∶9，v/v)，方法回收率在 80.4%～95.1%之间，而结果精密度在 5.2%～6.9%之间[14]。该方法能够在 20 min 内同时完成 15 个样品的处理，且可有效去除基质干扰，体现出一定优势。比较 MAE 和 SE 方法萃取母体脂肪组织中 5 种 PBDEs 的效果，结果显示二者的萃取效果基本一致(70%～130%)，且 MAE 与 SE 的结果之间的精密度小于 13%，表明 MAE 对生物组织中 PBDEs 的萃取具有良好的效果[15]。对比 SE、MAE、ASE 三种方法对生物组织(鱼肉)和土壤样品中 PCBs、PBDEs 的萃取效果，结果显示，相对于 SE 的萃取结果，MAE 和 ASE 对土壤中 PCBs 和 PBDEs 的萃取回收率分别在 94%～176%和 87%～160%范围内(图 1-3)，对鱼肉中 PCBs 和 PBDEs 的萃取回收率分别在 87%～112%和 86%～111%之间(图 1-4)；新型萃取方法(MAE 和 ASE)的萃取条件(高温高压)有助于提高萃取效率，且大大减少了萃取时间和溶剂使用量[16]。但对于土壤中高溴代二苯醚，MAE 与 SE(或者 ASE)结果之间存在一些差异(MAE 萃取结果偏低)，表明 MAE 的萃取条件仍然需要根据样品基质特性和目标物进行针对性优化。PBDEs 的萃取需注意高溴代单体的热降解问题，以避免过高的萃取温度导致目标物萃取效率过低[17]。因此在应用 MAE 或 ASE 进行样品中 PBDEs 的萃取时，需考虑温度及其他萃取条件的具体影响。此外，MAE 被用于六溴环十二烷(hexabromocyclododecane，HBCD)等新增 POPs 及有机磷化合物(organophosphate compounds，OPCs)等新型环境污染物的分析中，萃取溶剂采用正己烷/丙酮等混合溶剂，萃取效果与 SE 和加压流体萃取(pressurized liquid extraction，PLE)等基本一致[18]。

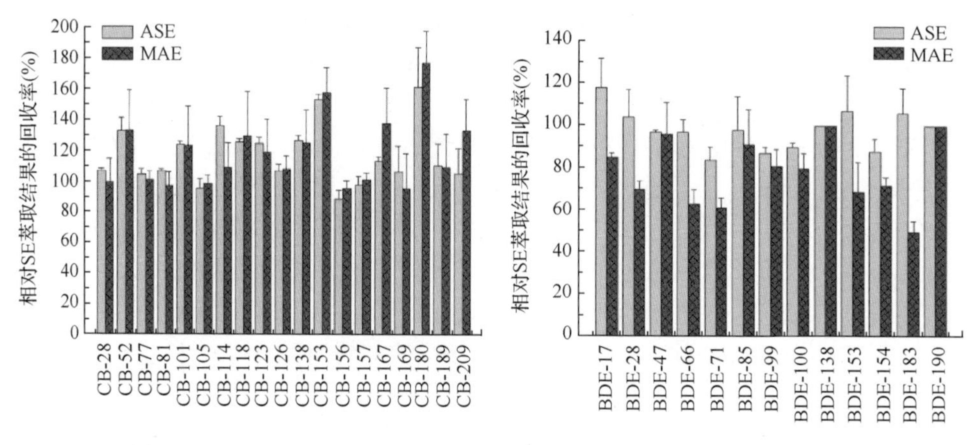

图 1-3 ASE、MAE 与 SE 对土壤中 PCBs 和 PBDEs 的萃取结果比较[16]

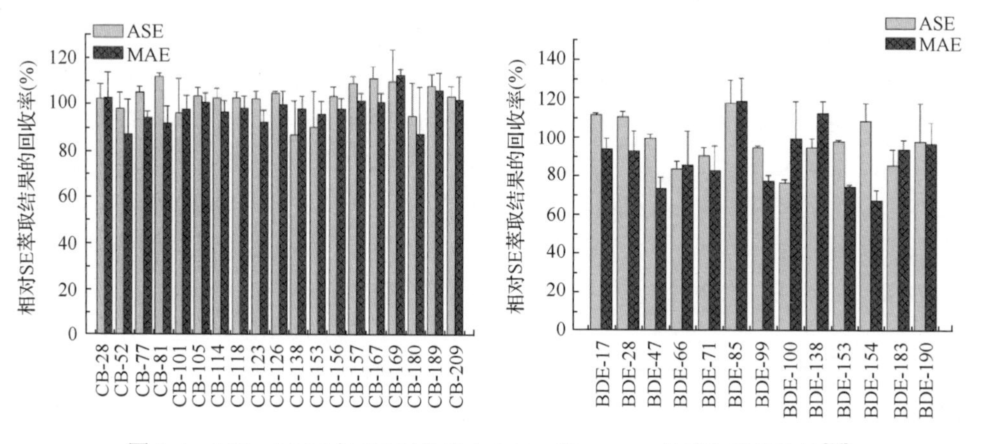

图 1-4 ASE、MAE 与 SE 对鱼肉中 PCBs 和 PBDEs 的萃取结果比较[16]

1.4 液液萃取法

液液萃取(LLE)法主要用于溶液中目标物的萃取，但也有一些研究将固体样品(工业盐等)先溶解于溶剂(去离子水)中，再进行 LLE。LLE 通常使用的萃取器皿是分液漏斗(图 1-5)，萃取溶剂体积为样品溶液的 30%～35%，这就意味着操作时应当选择体积比液体样品体积大 1 倍以上的分液漏斗。LLE 具有操作简单、萃取效果良好等优点，但也存在耗时、耗溶剂等缺点。

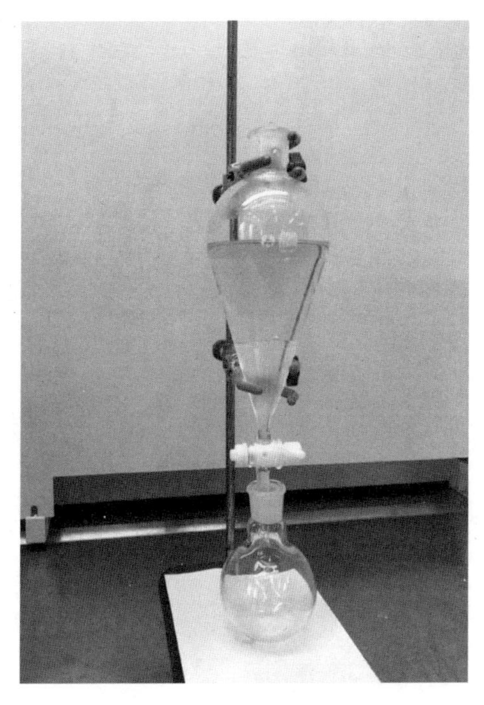

图 1-5　分液漏斗液液萃取装置

LLE 用于萃取水样品、血液和牛奶中 POPs（包括 PCDDs/Fs 和 PCBs 等）被列入许多标准分析方法中，是最经典的萃取方法之一[19]。在 POPs 研究领域，LLE 被应用于 1988 年美国人群血清样品中 PBDEs、PCBs 和多溴联苯（PBBs）的萃取研究，萃取条件为：5 g 血清样品中首先加入 1 mL 的 6 mol/L 盐酸，涡轮混匀后加入 6 mL 的 2-丙醇，再次混匀[20]。样品采用正己烷/甲基叔丁基醚（MTBE）的混合溶剂（1∶1，*v/v*）分别萃取两次（6 mL 和 3 mL），合并萃取液后再用氯化钾的水溶液（质量分数 1%，3 mL）进行洗脱，之后进行样品纯化。样品加标回收率结果显示，BDE-47、BDE-99、BDE-100、BDE-153、BDE-183 和 BDE-209 的平均回收率分别为 72%、93%、83%、128%、98%和 70%。这也是首次针对美国人群血液中 PBDEs 含量水平的研究报道。此外，许多研究还报道了利用 LLE 萃取工业废水、牛奶、海水等样品中各种不同 POPs 的研究结果[6, 7, 17]，表明 LLE 具有良好的萃取效果和广泛的应用。

LLE 中一个重要的操作过程即快速振荡样品，以确保萃取溶剂与样品充分接触，有助于目标物在两相之间的分配平衡。由于在剧烈的振荡过程中，一些物质易在液液界面出现乳化现象，特别是一些含有表面活性剂和脂肪的样品，因此在分离萃取溶剂与样品溶液前必须先进行破乳。为了防止乳化形成，可以采用加热或加盐的方法，如使用缓冲剂调节 pH、使用盐调节离子强度等，此外，提高两相的体积比可有效地防止乳化，如采用体积比为1∶(5～10)；而当剧烈振摇易发生乳化现象时，可采用缓慢振摇来防止乳化产生。但通常是在乳化现象出现后采取措施来破乳，常用的技术如下：加盐、加热/冷却萃取器、离心、加少量不同的有机溶剂等；当轻度乳化现象出现后，可静置一段时间使两相自然分层。对于血液和牛奶样品的萃取，通常加入水溶性和非水溶性的混合试剂及草酸钠等来消除或减少液液界面的乳化现象。例如，硫酸铵/乙醇/己烷(1∶1∶3，*v/v/v*)用于消除血液样品中萃取 POPs 时的乳化现象，己烷/丙酮用于牛奶样品中 OCPs 的 LLE 过程等[19]。碱性条件往往引起部分 OCPs(如硫丹和异狄氏剂等)的降解，因此萃取前液体样品通常先调节到中性或微酸性。

近年来一些仪器厂商开发出了自动完成液体样品萃取和浓缩的装置，这种自动化系统大多应用于液体易于分散和混合的体系，在小样品瓶中进行液液萃取，因此仍然具有一定的局限性。此外，固相萃取(solid phase extraction，SPE)技术的发展在某种程度上也可以替代 LLE 来实现对液体中 POPs 的富集萃取，且富集萃取效率高，溶剂使用量小，优势相对比较明显，但目前传统的 LLE 在 POPs 分析中仍然有着广泛应用。

1.5 超声萃取法

1996 年北欧国家实验室间即开展了超声萃取(USE)法用于污染土壤样品中化学品的分析比对研究，其中包括 PCBs 和挥发性有机化合物(volatile organic compounds，VOCs)等[21]，表明 USE 用于 POPs 等环境有机污染物的萃取具有可行性。USE 的原理是利用超声波辐射压强产生的强烈空化作用、机械振动、扰动效应、击碎和搅拌作用等多级效应，增大分子运动频率和速度，增加溶剂穿透力，从而加速目标物进入溶剂，实现高效萃取的目的。

利用 USE 萃取食品中 POPs 的萃取效率主要依赖于萃取溶剂的极性、样品基质的均一程度和超声时间等因素[22]。一项利用 USE 结合顶空固相微萃取(headspace solid phase micro-extraction，HS-SPME)技术研究鸡肝脏中 PCBs 和 OCPs 的报道指出，经过不同萃取溶剂(正己烷/丙酮/二氯甲烷，3∶1∶1，*v/v/v*；正己烷/丙酮，3∶1，*v/v*；正己烷/二氯甲烷，3∶1，*v/v*)的优化，最终正己烷/丙酮/二氯甲烷(3∶1∶1，*v/v/v*)混合溶剂的萃取回收率最好；而萃取溶剂量、超声时间、萃取次数分别优化为 10 mL、15 min 和 2 次[23]。方法评价中 7 种 PCBs 单体的平均相对回收率在 62%～94%，高氯代单体的回收率普遍较低。最近一项研究报道利用 USE 结合吹扫捕集方法对鱼肉中香精的检测方法进行了优化，目标物包括六氯苯(hexachlorobezene，HCB)和 PCB52，萃取溶剂为乙腈[24]。优化结果表明，样品中脂肪含量会影响目标物的萃取效果，最佳萃取温度和萃取时间为 70℃

和 24 h。USE 萃取环境样品(污水、沉积物、土壤、灰尘等)和生物样品(植物、蛋、鸡肉、肝脏、鱼肉等)中 PBDEs 的回收率与 SE、PLE 或 ASE 的萃取结果基本一致[25]。然而 USE 很少用在 BFRs 的萃取过程中，仅在少数实验室用于空气样品聚氨酯泡沫(polyurethane foam，PUF)中 PBDEs 的萃取[7]。相对于 SE，USE 萃取效率较低，且该方法的萃取过程比较烦琐，需要多次重复，以保证充分的萃取时间(24 h)和较高的萃取效率。此外，由于 USE 萃取后的样品和溶剂需要过滤分离，并用溶剂进行清洗，因此溶剂使用量较大(50～200 mL)[22]。在近二十年的研究中，USE 用于 POPs 的萃取和分析的研究报道仍然相对较少，大多数研究主要采用 SE 和 ASE、MAE、SFE 等新型萃取技术，以保证样品萃取和分析的效果。

1.6　分散固相萃取法

分散固相萃取(DSPE)法主要包括基质固相分散(matrix solid phase dispersion，MSPD)和 QuEChERS(quick easy cheap effective rugged safe)等萃取方法。MSPD 萃取技术[26]与传统的柱上萃取(on-column extraction)具有相似的萃取过程，都是通过在样品中加入一定的分散剂，再将这些混合(研磨)均匀的基质样品置于玻璃柱中，采用适当的有机溶剂进行目标物洗脱。区别在于 MSPD 萃取选用的分散剂同时作为吸附剂(如弗罗里硅土、C_{18} 键合硅胶等)，可以在萃取过程中保留和吸附非目标物，起到对目标物的纯化作用(图 1-6)。MSPD 萃取最早由 Barker[27]于 1989 年提出。由于 MSPD 对许多分析物都具有可接受的回收率，并且具有溶剂消耗少、成本低等优点，该萃取技术得到快速发展，并被广泛用于各种基质中药物和农药等成分的萃取分析。Ferrer 等[28, 29]曾针对蔬菜和食用油中 OCPs 的萃取进行了系统研究，进一步发展了 MSPD 的萃取方法。对于橄榄样品，在研钵中加入 1 g 均质化的样品，再加入 2 g Bondesil-NH_2 吸附剂(40 μm 粒径)研磨混匀。将粉末转移至商品化的弗罗里硅土小柱中，再采用类似固相萃取的方式进行目标物萃取，萃取溶剂采用乙腈。而对于橄榄油样品，先进行一次 LLE 操作，再进行 MSPD 萃取。MSPD 萃取对蔬菜中 OCPs 具有较好的萃取回收率和重复性，且降低了萃取时间和溶剂使用量[30]。近年来，有学者发展了一种新型的石墨烯-MSPD 萃取技术，并用于土壤、树皮和鱼肉中 PBDEs 的萃取[31]。与其他吸附材料[如 C_{18} 键合硅胶、弗罗里硅土和碳纳米管(carbon nanotubes，CNTs)等]相比，石墨烯-MSPD 具有基本一致的样品萃取回收率，但是对 PBDEs 代谢产物的萃取回收率更高(10%以上)，此外，该方法具有萃取时间短(15 min)和溶剂量少(2 mL 正己烷/二氯甲烷，1 mL 丙酮)等优点。由于 MSPD 萃取将样品分散在吸附剂中，起到了纯化萃取溶液的效果，且萃取溶剂使用量较少，因此萃取液基本上可以直接进样分析[32]。

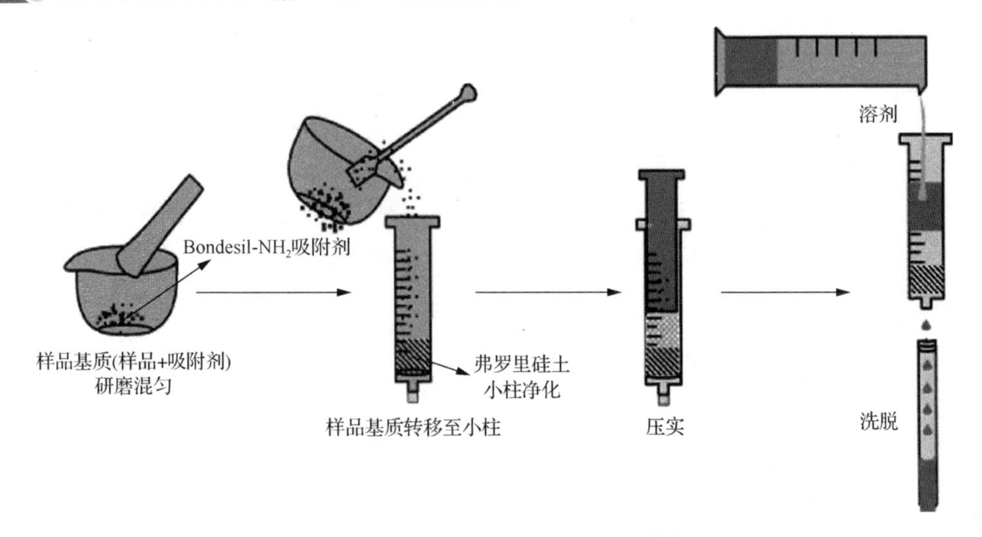

图 1-6 基质固相分散萃取示意图[29]

近年来，基于 DSPE 方法发展了众多的样品萃取方法，如 QuEChERS 法。该方法由 Anastassiades 等[33]在 2003 年建立。QuEChERS 法在食品和果蔬的农药残留分析中是使用最广泛的前处理方法之一[34]，具有良好的萃取效果和应用价值。但对于生物样品中非极性目标物的研究分析并不多见。Fontana 等[35]首次基于 QuEChERS 法建立了鱼肉、鸡蛋和鸡肉中 PBDEs 的分析方法，但需要借助 USE 技术，最终优化萃取溶剂为 8 mL 的正己烷/二氯甲烷(8∶2，*v/v*)，超声时间为 30 min。有研究建立了基于 QuEChERS 法萃取鱼肉中多种有机污染物(包括 OCPs、PCBs、PAHs、PBDEs 和新型阻燃剂等)的方法，萃取溶剂选用乙腈，目标物的加标回收率在 70%～120%之间，相对标准偏差(RSD)在 20%以内(*n*=5)。针对标准参考物质(standard reference material，SRM)的分析结果均符合参考值范围(72%～119%)，PCBs、PBDEs、OCPs 和 PAHs，以及阻燃剂的检出限分别为 0.1～0.5 ng/g、0.5～10 ng/g、0.5～5 ng/g 和 1～10 ng/g[36]。一般而言，在应用 QuEChERS 法进行固体样品中 PBDEs 的萃取时，采用 1∶1(*v/w*)的有机溶剂(乙腈或乙酸乙酯)加入样品中进行手摇混匀，然后加入无水硫酸镁和氯化钠实现相分离(盐析效应)和有机相除水[25]。在仪器分析前一般只需要用一根小柱进行样品净化即可。

QuEChERS 法操作相对简单、灵活性强、基质干扰去除能力强，具有较好的应用前景，但该方法也存在一些不足，如吸附剂的加入可能降低目标物的萃取回收率，且存在回收率不稳定等现象，因此需要在使用前有针对性地开展方法评价。

参 考 文 献

[1] Soxhlet F. Die gewichtsanalytische Bestimmung des Milchfettes. Polytechnisches J (Dingler's), 1879, 232: 461.

[2] Bandh C, Björklund E, Mathiasson L, et al. Comparison of accelerated solvent extraction and Soxhlet extraction for the determination of PCBs in Baltic Sea sediments. Environ Sci Technol, 2000, 34 (23): 4995-5000.

[3] Gfrerer M, Chen S, Lankmayr E P, et al. Comparison of different extraction techniques for the determination of chlorinated pesticides in animal feed. Anal Bioanal Chem, 2004, 378 (7): 1861-1867.

[4] Liu G, Zheng M, Liu W, et al. Atmospheric emission of PCDD/Fs, PCBs, hexachlorobenzene, and pentachlorobenzene from the coking industry. Environ Sci Technol, 2009, 43 (24): 9196-9201.

[5] Liu G, Zheng M, Cai M, et al. Atmospheric emission of polychlorinated biphenyls from multiple industrial thermal processes. Chemosphere, 2013, 90 (9): 2453-2460.

[6] Wang P, Zhang Q, Lan Y, et al. Dioxins contamination in the feed additive (feed grade cupric sulfate) tied to chlorine industry. Sci Rep, 2014, 4: 5975.

[7] Covaci A, Voorspoels S, de Boer J. Determination of brominated flame retardants, with emphasis on polybrominated diphenyl ethers (PBDEs) in environmental and human samples—A review. Environ Int, 2003, 29 (6): 735-756.

[8] Ganzler K, Salgo A, Valko K. Microwave extraction. A novel sample preparation method for chromatography. J Chromatogr A, 1986, 371: 299-306.

[9] Sanchez-Prado L, Garcia-Jares C, Llompart M. Microwave-assisted extraction: Application to the determination of emerging pollutants in solid samples. J Chromatogr A, 2010, 1217 (16): 2390-2414.

[10] Eskilsson C S, Björklund E. Analytical-scale microwave-assisted extraction. J Chromatogr A, 2000, 902 (1): 227-250.

[11] Lopez-Avila V, Young R, Beckert W F. Microwave-assisted extraction of organic compounds from standard reference soils and sediments. Anal Chem, 1994, 66 (7): 1097-1106.

[12] Lopez-Avila V, Benedicto J, Charan C, et al. Determination of PCBs in soils/sediments by microwave-assisted extraction and GC/ECD or ELISA. Environ Sci Technol, 1995, 29 (10): 2709-2712.

[13] Lopez-Avila V, Young R, Benedicto J, et al. Extraction of organic pollutants from solid samples using microwave energy. Anal Chem, 1995, 67 (13): 2096-2102.

[14] Zhao J, Yan X, Li H, et al. High-throughput dynamic microwave-assisted extraction coupled with liquid-liquid extraction for analysis of tetrabromobisphenol A in soil. Anal Methods, 2016, 8 (45): 8015-8021.

[15] Li Q Q, Loganath A, Chong Y S, et al. Determination and occurrence of polybrominated diphenyl ethers in maternal adipose tissue from inhabitants of Singapore. J Chromatogr B, 2005, 819 (2): 253-257.

[16] Wang P, Zhang Q, Wang Y, et al. Evaluation of Soxhlet extraction, accelerated solvent extraction and microwave-assisted extraction for the determination of polychlorinated biphenyls and polybrominated diphenyl ethers in soil and fish samples. Anal Chim Acta, 2010, 663(1): 43-48.
[17] Król S, Zabiegała B, Namieśnik J. PBDEs in environmental samples: Sampling and analysis. Talanta, 2012, 93: 1-17.
[18] Sanchez-Prado L, Garcia-Jares C, Dagnac T, et al. Microwave-assisted extraction of emerging pollutants in environmental and biological samples before chromatographic determination. TrAC-Trends Anal Chem, 2015, 71: 119-143.
[19] Xu W, Wang X, Cai Z. Analytical chemistry of the persistent organic pollutants identified in the Stockholm Convention: A review. Anal Chim Acta, 2013, 790: 1-13.
[20] Sjödin A, Patterson D G, Bergman A. Brominated flame retardants in serum from U.S. blood donors. Environ Sci Technol, 2001, 35(19): 3830-3833.
[21] Karstensen K H, Ringstad O, Rustad I, et al. Methods for chemical analysis of contaminated soil samples—tests of their reproducibility between Nordic laboratories. Talanta, 1998, 46(3): 423-437.
[22] Ahmed F E. Analysis of polychlorinated biphenyls in food products. TrAC-Trends Anal Chem, 2003, 22(3): 170-185.
[23] Lambropoulou D A, Konstantinou I K, Albanis T A. Coupling of headspace solid phase microextraction with ultrasonic extraction for the determination of chlorinated pesticides in bird livers using gas chromatography. Anal Chim Acta, 2006, 573-574: 223-230.
[24] Chen C L, Lofstrand K, Adolfsson-Erici M, et al. Determination of fragrance ingredients in fish by ultrasound-assisted extraction followed by purge & trap. Anal Methods, 2017, 9(15): 2237-2245.
[25] Berton P, Lana N B, Rios J M, et al. State of the art of environmentally friendly sample preparation approaches for determination of PBDEs and metabolites in environmental and biological samples: A critical review. Anal Chim Acta, 2016, 905: 24-41.
[26] Capriotti A L, Cavaliere C, Giansanti P, et al. Recent developments in matrix solid-phase dispersion extraction. J Chromatogr A, 2010, 1217(16): 2521-2532.
[27] Barker S A. Matrix solid-phase dispersion. J Chromatogr A, 2000, 885(1-2): 115-127.
[28] Ferrer I, García-Reyes J F, Mezcua M, et al. Multi-residue pesticide analysis in fruits and vegetables by liquid chromatography-time-of-flight mass spectrometry. J Chromatogr A, 2005, 1082(1): 81-90.
[29] Ferrer C, Gómez M J, García-Reyes J F, et al. Determination of pesticide residues in olives and olive oil by matrix solid-phase dispersion followed by gas chromatography/mass spectrometry and liquid chromatography/tandem mass spectrometry. J Chromatogr A, 2005, 1069(2): 183-194.
[30] Ahmed F E. Analyses of pesticides and their metabolites in foods and drinks. TrAC-Trends Anal Chem, 2001, 20(11): 649-661.
[31] Liu Q, Shi J, Sun J, et al. Graphene-assisted matrix solid-phase dispersion for extraction of polybrominated diphenyl ethers and their methoxylated and hydroxylated analogs from environmental samples. Anal Chim Acta, 2011, 708(1-2): 61-68.
[32] Beyer A, Biziuk M. Applications of sample preparation techniques in the analysis of pesticides and PCBs in food. Food Chem, 2008, 108(2): 669-680.

[33] Anastassiades M, Lehotay S J, Stajnbaher D, et al. Fast and easy multiresidue method employing acetonitrile extraction/partitioning and "dispersive solid-phase extraction" for the determination of pesticide residues in produce. J AOAC Int, 2003, 86(2): 412-431.
[34] González-Curbelo M Á, Socas-Rodríguez B, Herrera-Herrera A V, et al. Evolution and applications of the QuEChERS method. TrAC-Trends Anal Chem, 2015, 71: 169-185.
[35] Fontana A R, Camargo A, Martinez L D, et al. Dispersive solid-phase extraction as a simplified clean-up technique for biological sample extracts. Determination of polybrominated diphenyl ethers by gas chromatography-tandem mass spectrometry. J Chromatogr A, 2011, 1218(18): 2490-2496.
[36] Sapozhnikova Y, Lehotay S J. Multi-class, multi-residue analysis of pesticides, polychlorinated biphenyls, polycyclic aromatic hydrocarbons, polybrominated diphenyl ethers and novel flame retardants in fish using fast, low-pressure gas chromatography-tandem mass spectrometry. Anal Chim Acta, 2013, 758: 80-92.

第 2 章　超临界流体萃取技术在 POPs 分析中的应用

本章导读

- 介绍超临界流体的形成、性质、萃取原理及超临界流体萃取的优点。
- 介绍超临界流体萃取的过程、影响因素、理论模型以及提高萃取效率的途径与方法。
- 介绍超临界流体萃取在主要 POPs 萃取方面的应用及部分应用实例。

2.1　概　　述

随着工业与社会经济的高速发展，人们对环境与健康的关注日益增强，促进了绿色技术与纯天然无污染产品的开发。自然环境成分多样，介质复杂，获得纯天然产品比较困难。因此，获得纯天然组分是一项非常有益且具有挑战性的工作。早期的相关研究及应用大多采用比较传统的萃取技术，耗时费力，成本高昂，且效率较低，这种情况催生了超临界流体萃取技术的发展。超临界流体萃取技术是一项高温高压萃取技术，也常因采用 CO_2 作为萃取流体被认为是一项对环境无污染的绿色萃取技术。经历多年的发展，超临界流体萃取技术日益成熟，不仅有作为商品的仪器设备，其应用也日益增多。基于其优越的性能，超临界流体萃取也被引入痕量污染物的萃取与分离分析领域，获得了良好效果，对环境监测和安全性评价起到了重要作用，目前已经出现了一些基于超临界流体萃取的标准方法。下面对超临界流体萃取技术及其在持久性有机污染物分析中的应用做简要介绍。

2.1.1　超临界流体萃取技术的发展

通常情况下，物质的存在状态有明显的界限，但是在温度与压力升高到一个特定值后，继续加压或升温，液体或气体的状态会发生变化。气体虽不会液化，但是密度增大，具有与液体相似的性质，同时气体的特征仍然存在；而液体的密度则开始随温度及压力的变化而变化，从而具有气体的部分特征，对其他物质的溶解性能也发生显著变化，这就是临界现象。

早在 19 世纪，临界现象就已出现，Hannay 和 Hogarth 研究无机盐在有机溶剂乙醇、乙醚中的溶解度时发现，高压下，无机盐在乙醇、乙醚中的溶解度显著增加[1]。当时这种现象只是作为一种个例，未获得相应的关注。20 世纪 60 年代末期，越来越多的研究者从相关的研究中发现类似的现象，他们发现处于这种临界状态的物质对有机化合物溶解度的增加幅度是相当可观的，通常可以增加几个数量级。这种临界状态的压力与温度称为临界压力与临界温度，处于临界状态的物质称为超临界流体。由于超临界流体的理化性质与其常规状态有非常大的差异，因此其相关研究引起了科研工作者的广泛关注，将超临界流体引入实际的工业应用是一个非常重要的创新研究领域。1978 年德国 Zosel 开发并设计了一个采用超临界二氧化碳提取咖啡豆中咖啡因的装置，基于超临界二氧化碳的优良溶解性能和传质性能，该法可高效生产具有原有色、香、味的脱咖啡因的咖啡[2,3]。

近几十年来，学者们围绕超临界流体萃取技术开展了大量的研究工作，表明该技术在多个领域具有巨大的应用潜力。超临界流体萃取技术在天然香料工业、食品工业、医药工业、高分子科学、材料科学、化学工业、环境治理等方面都获得了一定的研究进展及实际应用[4-9]。例如，鲜花类精油、辛香料类精油、沙棘、玫瑰花、青蒿草、岩兰草、茴香等中有效成分的提取[10-13]；咖啡豆脱咖啡因、茶叶脱咖啡因、鱼油中两种新一代具有降血脂、防血栓、保护血管和增强血液流动的脑血管疾病药物二十碳五烯酸、二十二碳六烯酸的提取[14,15]；珊瑚姜精油、姜黄油、北苍术、青蒿素等中药成分的提取[16,23]；日本草血竭中大黄素、白藜芦醇的提取[24]；微藻类中类胡萝卜素的纯化[25]，酒糟中抗氧化性化合物的提取，咖啡渣中类脂的提取，植物色素的提取、结晶，鼠尾草油、微孔草籽油的提取，红景天中肉桂醇苷的提取等[26-35]。

超临界流体对固体物质的溶解性能比常规溶剂高很多倍，同时可以调节温度与压力，因此通过高压与超临界流体的压力变化可产生与液滴破碎和剧烈混合相似的效应[36]，具体体现在以下几个方面：①溶质在超临界流体中的溶解度具有压力敏感性，其在超临界流体中经节流膨胀后，溶解度急剧下降，形成过饱和状态，进而形成无数细小的晶核；②超临界流体的溶解作用导致溶剂体积变大，内聚能显著减小；③超临界流体通过在溶剂中的溶解与膨胀作用，可高速喷射产生超细的液滴；④基于节流膨胀和传热，体系温度迅速降低，喷雾形成的超细液滴可快速固化；⑤超临界流体的快速溶解性能，使体系的黏度和表面张力大幅度减小，在常规液体中形成晶体物质的溶解度显著减小等。这种效应可以用于合成超微颗粒或粉体材料[37-42]，从而形成了超临界流体快速膨胀(RESS)工艺、气体饱和溶液造粒(PGSS)工艺、超临界结晶干燥过程、超临界流体抗溶剂法等，并成功用于制备灰黄霉素、银杏提取物、胰岛素，以及纳米氧化锌等微粉及微粒。基于超临界流体良好的溶解性能，通过调节流体的压力和温度可以很好地控制超临界液体的化学性能参数，如密度、黏度、扩散系数、介电常数等，将传统的气相或液相反应转化为一种全新的反应过程，从而使化学过程可以通过可控的参数进行调节，显著提高化学反应的速率及目标化合物的产率，因而经过多年的发展，超临界流体在化学反应、聚合物分级等方面获得了突出的成果[43-46]。

在相当长的时期，环境污染治理是环境领域的重要课题，特别是难降解、持久性有毒污染物，一直是环境领域关注的重点。这些环境污染物采用传统的处理技术很难降解，同时处理过程烦琐、工艺复杂、成本较高。超临界流体在环境治理方面的应用可从两个方向来进行：①用超临界流体直接萃取分离或者先采用固相吸附剂吸附进而采用超临界流体进行固相吸附剂再生，这种方法取得了非常好的效果，处理成本与常规方法相比降低几倍到几十倍，同时固相吸附剂经超临界流体再生，其吸附性能几乎不损失，易于循环应用，而污染物易于收集，便于进一步处理；②水是常用的介质，具有优良的溶解性能，但是其在超临界状态下与氧或者氧化剂结合则可以高效去除有机物，将其转为小分子化合物，最终氧化为二氧化碳和水，这就是目前比较熟知的高级氧化技术——超临界水氧化技术。超临界水氧化技术中加入催化剂也可以很好地提高反应速率、减少处理时间以及降低对压力与温度的要求，从而提高处理效率，显著降低处理成本。

超临界流体萃取技术在环境领域的应用已有不少实例，如电子工业废水处理、硝基苯废水处理、农药除草剂废水处理、高浓度制药废水处理等[47,48]。超临界水可以与有机物以任意比互溶，而对无机盐类的溶解度较低，所以在超临界水氧化过程中，有机污染物可以被氧化体系中的氧或者添加的过氧化氢氧化为小分子化合物，如水、二氧化碳、一氧化碳等，而Cl、P、S、金属元素则转化为盐进而分离，实现废物处理。例如，含氮废水属于难降解废水，有效处理一直是很大的难题，采用超临界水氧化技术可以很好地解决这个问题，在超临界水不采用催化剂，温度控制在 450℃时，补充充足氧气，体系没有常规处理中出现的氨的问题；对于硝基苯废水，在反应温度控制在 390℃，压力控制为 28 MPa 时，3 min 后硝基苯去除率达到 92.8%，6 min 后硝基苯去除率达 99%，10 min 后硝基苯去除率达 99.9%。由此可以看出，超临界水氧化技术的优势是非常显著的。

目前超临界流体萃取的实践表明，该技术的操作条件相对简单，通过萃取条件调整优化可以很容易地获得良好的萃取效率，同时得到干净的萃取物，特别有利于后续的分离与检测，对于制备而言也是非常有好处的。因此，针对不同研究对象与研究目的，超临界流体萃取技术被引入不同的领域，进行了细致而广泛的研究，而这些研究成果对其推广应用起到了很好的推动作用。环境污染问题是世界性难题，而且很多污染物因在环境中持续存在，毒性大、难降解，被列为优先控制的环境污染物，对它们的灵敏准确检测具有重要意义。目前具有突出优点的超临界流体萃取技术在 POPs 的萃取分析中获得了重要应用。超临界流体萃取技术目前多以二氧化碳作为萃取溶剂，而二氧化碳的化学性质稳定、无腐蚀性、不燃烧、不爆炸、黏度低、扩散系数高，其溶解能力通过温度和压力易于调节，萃取后减压不会导致毒性残留，可以说，超临界流体萃取技术是一种绿色的样品前处理技术。对复杂样品基质中杀虫剂、多氯联苯、多环芳烃等进行萃取分离研究，结果表明，超临界流体萃取技术展现了突出的优势。超临界流体萃取技术不仅萃取速度快，还非常容易实现自动化，为其获得稳定而准确的结果及推广应用奠定了良好的基础。目前超临界流体萃取在环境样品处理中的潜在优势获得了广泛关注，并得到了普遍认可，很多国家将其应用于环境污染物的痕量分析与检测，最典型的是美国环境保护署用超临界流体萃取技术建立了分析石油烃、多环芳烃及多氯联苯等的标准方法，为其在环境领域的进一步应用开启了很好的先例[49-51]。

2.1.2　超临界流体

由图 2-1 可以看出，随着温度与压力的变化，任何一种物质以三种状态存在：气相、液相、固相。三相之间是相互依存的，气相-液相、气相-固相、液相-固相相互转化的饱和蒸气压曲线(*AD*)、升华曲线(*CA*)、熔融曲线(*AB*)都在图中较好地体现出来。在特定的温度和压力条件下，气相、液相、固相会共存，这个共存状态点就是三相点(*A* 点)，此时体系的自由度为零。而气相与液相两相达成平衡状态的点称为临界点(*D* 点)，此时气液界面消失，不能再以气相或液相进行区分，此时的温度和压力分别称为临界温度和临界压力。图中暗灰色区域，即高于临界温度和临界压力的部分就属于超临界流体区。此时加压，气体不会液化，而超临界流体的密度会增加，向液体靠近，具有与液体相似的性能，同时保留气体的性能，也有部分特殊性能。不同的化学物质本身的特性差异非常大，因此其临界压力和温度也具有较大差异。

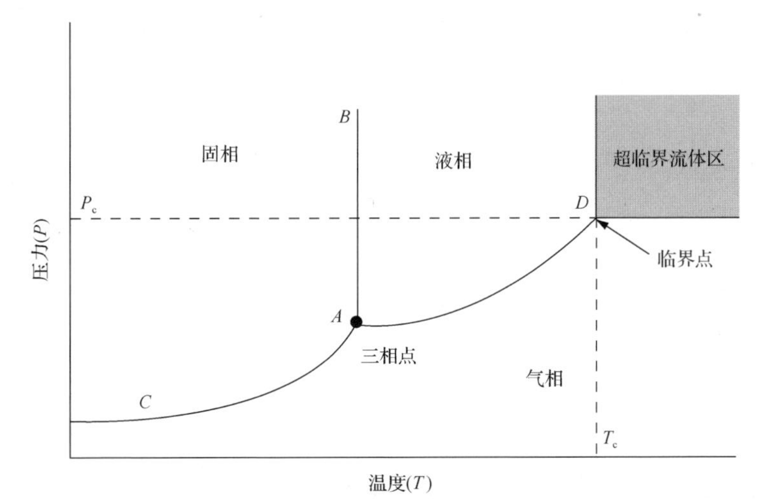

图 2-1　相图

目前应用较多的超临界流体是超临界二氧化碳，二氧化碳流体在超临界状态下兼有气液两相的双重特点，不但具有与气体相当的高扩散系数和低黏度，且其溶解性能也可通过控制临界温度和压力来进行调节。同时它还具有无毒、不燃烧、与大部分物质不发生化学反应、价格低廉等优点，因此在超临界流体萃取研究中应用最多。通常情况下，大多数物质都存在三相点，但是可以用作超临界萃取的溶剂是很有限的，有的是因为其临界压力或临界温度太高，有的则由于其在超临界状态具有极强的氧化性或在超临界状态极不稳定。例如，水在超临界状态下氧化性极强，因此对设备的要求非常高，水在自然界中的量虽然很大，但使用较少，只在水处理方面有一定的应用。有些物质在超临界状态下容易发生爆炸，导致其应用大大减少，但是在一定条件下，它们可以加入其他物质中作为超临界流体改性剂，改变流体的特性，调节其溶解能力。常用超临界流体物质的超临界参数见表 2-1。

表 2-1　常用超临界流体物质的超临界参数[52]

物质	临界温度(℃)	临界压力(atm*)	物质	临界温度(℃)	临界压力(atm*)
CO_2	31	72.9	水	374.2	218.3
甲苯	320.8	41.6	苯	289	48.6
$CHClF_2$	96.4	48.5	CO	–140	34.5
$CHCl_2F$	178.5	51	CS_2	279	78
CCl_2F_2	111.5	39.6	SO_2	157.5	77.8
$CClF_3$	28.8	39	CH_4	–82.1	45.8
甲醇	240	78.5	乙烷	32.3	48.2
乙醇	243	63	乙烯	9.2	50
乙腈	274.7	47.7	环己烷	280	40
噻吩	317	48	吡啶	344.2	60
正丁烷	152	38	丙烯	92	46.7
正己烷	234	29.7	正戊烷	196.5	33.8
N_2O	36.5	71.7	氨	132.3	111.3
丙烷	96.6	41.9	六氟化硫	45.55	37.11
甲烷	–83	46	异丙醇	235.3	47.6

* 1 atm=1.01325×10^5 Pa。

1. 超临界流体的基本特性

密度是超临界流体的基本特性之一，超临界 CO_2 的临界密度(0.448 g/cm^3)通常情况下是已知溶剂中最大的，但是密度是与温度和压力直接相关的，随着二者的变化而变化，但是不是典型的线性关系，一般情况下密度随压力的增加而增大，而随温度的升高而降低。但是在超临界流体区内，超临界CO_2的密度在很大范围内变化，而在临界点左右时，密度却对温度和压力非常敏感，微小的变化可能导致密度的大幅度改变。超临界CO_2的溶解性能与密度紧密相关，所以在考虑选择合适的流体用于萃取时，也需要重点考虑其密度参数变化数据对相关性能的影响。

扩散系数和黏度是超临界流体的两个重要参数，它们与流体的传质能力紧密相关。溶质在液体中的扩散系数要远远小于其在气体中的扩散系数，温度和黏度对扩散系数有重要影响，一般情况下，液体中的扩散系数与温度成正比，与黏度成反比。超临界CO_2的密度与液体相近，但是其黏度很小，与气体相差不大，扩散系数远远高于液体，可以在气体与液体扩散系数之间相当大的范围内通过温度与压力的变化来进行调节。因较大的扩散系数及较小的黏度，超临界流体中溶质的传质能力远大于液体，可以获得很好的流动性及传质比，这是超临界流体的萃取性能远优于常规溶剂萃取的主要原因之一。通常情况下，当压力低于临界压力时，CO_2的自扩散系数因压力升高而快速降低，但是在压力相对较大的情况下，压力对自扩散系数的影响就非常小，温度的影响却显著增大。

溶剂的极性对溶质的溶解性能具有重要影响，而对于流体而言，流体的极性也是很重要的参数，而溶质在流体中的溶解性对其萃取效率产生显著影响，因此也是应当关注的重点参数之一。流体的极性与所选用溶剂的极性及可极化性是直接相关的，通常非极性及弱极性溶剂在临界状态下比较温和，但是其对强极性及分子量大的化合物的溶解性能较弱。这种劣势可以通过添加一定量的改性剂进行极性调节而得到改善，从而达到理想的萃取效果。极性溶剂虽然对极性化合物有比较好的溶解度，但是其达到超临界状态需要的条件非常高。

超临界流体与常规溶剂不同，当基质中存在不同目标物时，常规溶剂需要采用不同溶剂选择性萃取，而超临界流体可在不同温度、压力或者添加改性剂等情况下，实现不同目标物的萃取与分离。不同种类的溶剂对不同性质的目标物质的溶解性能差别很大，因此不同性质的目标物宜选择合适的超临界流体介质，或者采用超临界CO_2添加不同的改性剂进行溶解性能调节，达到选择性萃取的目的。

2. 超临界流体萃取的基本原理

当气体处于超临界状态时，其性质发生了很大的变化，既具有一定的气体性质，又具有一定的液体性能，既具有和液体相近的密度，又具有类似气体的扩散系数，其黏度在气体与液体之间，显著低于液体，同时传质阻力显著降低，因此对基质有较好的渗透性和较强的溶解能力，可以使基质中的某些分析物与基质分离而转移至流体中，从而将其萃取出来。超临界流体萃取就是根据目标分析物的物理化学性质差异，采用压力和温度变化调节超临界流体的溶解能力，有选择性地依次把目标分析物萃取出来，从而达到高水平萃取分离。所得到的萃取物可能不是单一的，但可以通过控制合适的实验条件得到最佳比例的混合物，然后通过不同压力释放等，将被萃取的分析物进行有效分离，从而达到分离提纯的目的，并将萃取和分离两个不同的过程连成一体，这就是超临界流体萃取分离的基本原理。

理论上很多溶剂可以用于超临界流体萃取，但是可实际应用的只有十几种，主要有CO_2、水、四氟乙烷、丙烷、氟利昂22、氧化亚胺等[53]。CO_2是目前应用最多的溶剂，主要归因于其超临界温度较低，可在接近室温情况下进行超临界流体萃取，对能源的需求相对较小；另外，其性质稳定、不易燃易爆，是一种环境友好的溶剂，对设备无严格要求，同时其在超临界状态下密度较大，对多数物质具有很强的溶解性和快的传质速率，并且容易获得，价格低。水是自然环境中存在的最多的液体，超临界水具有一般超临界流体的特性，但是其与常规水或流体又存在很大的差别。在超临界状态下，其密度随压力与温度的变化而发生显著变化，在接近临界点时其密度在液体水与低压水蒸气（密度小于0.0011 g/cm^3）之间变化，临界点时密度为0.326 g/cm^3。水分子之间的氢键对水的诸多性能起着决定性作用，在超临界状态下，温度变化对氢键的影响很大，当温度达到超临界点时，水中的氢键作用比亚临界状态时显著降低。常压下水的介电常数很大，高达80，但是随温度与压力的增加，其降低很快，在临界点时，水的介电常数降为5左右。一般来说，水的介电常数与温度、压力、密度等参数紧密相关，水的介电常数随密度的增加而增大，随压力的升高而增大，但是温度的影响正好相反，其随温度的升高而减小。介电常数与其溶解性能是密切联系的，因此超临界水在不同压力与温度下具有极性与非极性双重特性，可以溶解无机盐等大多数物质。同时超临界水的黏度比常态水显著降低而扩散系数获得了显著增加，其传质性能增强，因此超临界水也是一种较好的超临界流体[54]。但是超临界水因含有一定量的溶解氧，其具有一定的氧化性，因而对设备的要求相对高一些。通常情况下，对于超临界流体萃取而言，选择萃取剂一般应考虑以下几点[53]：①溶剂应具有稳定的化学性质，不会与目标物质发生化学反应；②对设备的要求较低；③临界温度或应用温度相对较低，接近室温最好；④应用温度比目标物质的分解温度低；⑤临界压力相对较低；⑥对目标萃取物具有很高的选择性；⑦溶剂的临界点比被萃取物的临界点低，便于分离；⑧溶剂容易获得，成本低，易于推广应用。

3. 超临界流体萃取的优点

(1)超临界流体黏度较低，扩散系数大，传质阻力小，易于在基质中扩散，获得更高的萃取效率。

(2)温度和压力对超临界流体的溶解性能存在显著影响，针对不同目标物质，通过调节温度和压力使超临界流体的溶解能力发生变化，实现高选择性萃取。

(3)超临界流体萃取物可以通过压力调节而进行分离，无有机溶剂残留，避免了传统萃取过程中的样品浓缩过程。

(4) 超临界流体萃取常用二氧化碳作为超临界流体萃取剂，避免了传统液液萃取中有毒有机溶剂的使用。

(5) 超临界二氧化碳具有一定的抗氧化作用及灭菌性能。

(6) 超临界二氧化碳萃取温度低，萃取速度快，可以完好地保存有效成分，很好地防止对热不稳定物质的氧化和分解，实现对热不稳定化合物的萃取。

(7) 超临界二氧化碳是一种绿色萃取剂，可在萃取过程中循环使用。

(8) 二氧化碳既是一种不活泼的气体，又是一种不会发生燃烧的气体，没有毒害作用，在萃取过程不会发生化学反应，比较安全可靠。

(9) 超临界流体萃取可采用分级连续流动萃取，实现多组分选择性同时萃取与分离。

(10) 超临界流体萃取可与色谱进行联用，有利于有机化合物的定性、定量分析。

(11) 二氧化碳价格低，容易获取，运行费用低。

(12) 对环境基本不造成污染。

2.2　超临界流体萃取过程

2.2.1　超临界流体萃取系统

超临界流体萃取系统通常由前处理、萃取、分离三部分构成，一般由六大系统组成：压缩机升降系统、二氧化碳储存器与换热及净化系统、萃取管或萃取池、限流器、萃取物收集系统、温度控制系统。一般情况下，来自钢瓶的二氧化碳经吸附净化和换热系统，由二氧化碳输送泵将一定压力的二氧化碳送入萃取管与物料接触，当需要在超临界流体中加入改性剂时，还需要增加一台改性剂的输送泵和一个混合器。萃取结束后高压下溶解的萃取物经限流器降压析出，然后被选用的收集系统进行收集。超临界流体萃取系统示意图如图 2-2 所示。

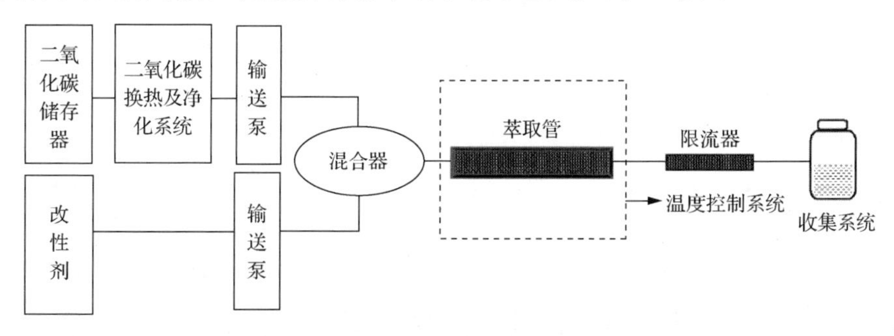

图 2-2　超临界流体萃取系统示意图

2.2.2 操作模式

超临界流体萃取技术依据操作方式的不同，分为静态萃取、动态萃取、静态/动态联用萃取三种不同模式。

1. 静态萃取

静态萃取是采用一定量的超临界流体，保持一定的压力和温度，使超临界流体与基质和分析物充分接触，利用其高扩散性能及传质作用透过基质，与分析物相互作用；分析物可以与超临界流体充分接触，因在超临界流体中的溶解度大，从基质中转移到流体中，实现高效萃取的目的，这是最简单的一种萃取模式。为了获得更好的萃取效率，在静态萃取过程中用一个循环泵将一定量的超临界流体多次循环通过基质，使流体与基质有效地接触，显著提高分析物扩散至超临界流体的概率。静态萃取目前应用较多，特别是添加改性剂或络合剂等时，采用静态萃取能显著提高萃取效率。

2. 动态萃取

动态萃取就是临界流体连续通过样品基质，流路是单向不循环的。动态萃取实际上是依据分析物在超临界流体中有一定的溶解度，通过增加萃取剂的量来达到最好的萃取效果。

3. 静态/动态联用萃取

静态萃取和动态萃取各有其优点，二者有机结合可以更有效地萃取分析物。根据分析物的理化性质，适当选取改性剂，或者进行化学衍生，先进行一定时间的静态萃取，然后进行动态萃取，对萃取条件进行优化，可以得到最佳的静态萃取和动态萃取时间，实现分析物的高效萃取。

2.3 超临界流体萃取技术的影响因素

2.3.1 流体种类的影响

理论上讲有很多物质可以用作超临界流体，但它们的临界参数差别很大，不同的物质因理化性质不同，所需求的临界参数会有很大的不同，在临界状态下具有的性质差异也很大，所以它们在超临界状态下对分析物的萃取效率也存在很大差距。目前二氧化碳的临界参数比较容易实现，同时对设备的要求较低，是应用最多的流体。但是二氧化碳是非极性化合物，在超临界状态下对脂类化合物的萃取是非常适合的，对极性化合物的萃取效果不是太好。一氧化二氮是极性萃取流体，它有偶极矩，在萃取二噁英等方面显著优于二氧化碳。但是它在高含量有机质存在情况下，易发生剧烈爆炸，而一般环境样品的有机质含量都比较高，所以它的应用就存在一定危险性。水在超临界状态下具有很强的腐蚀性，多在处理有毒污染物时使用，但水在临界点附近对有机化合物也有较好的溶解性能，通过调整临界参数，可以在很大的范围内调整流体的极性，所以通过采用合适的设备，超临界水也可用于很多化合物的萃取，获得较高的萃取效率。

2.3.2　温度和压力的影响[55-58]

在超临界流体萃取过程中，温度与压力决定了超临界流体的状态，也就是说，在压力不变的情况下，温度的任何改变都会导致超临界流体密度的变化，而超临界流体的密度会直接影响分析物在流体中的溶解度，从而影响萃取效果。因此，在超临界流体萃取过程中控制合适的温度对获得高的萃取效率是非常关键的。通常分析物在超临界流体处于最大密度时溶解度最大，同时分析物在超临界流体中的溶解度也与它的挥发性和溶剂效应密切相关。但是在临界点附近升高温度会降低溶质在流体中的溶解度，而升高温度会增加分析物的蒸气压，这个现象会使溶质的溶解度增加，这两个因子会对分析物的萃取效率产生重要影响。

压力是影响超临界流体萃取的重要因素之一，通常情况下它与温度共同对超临界流体的性质进行调节，改变流体的密度，从而影响其对分析物在超临界流体中的溶解度。所以压力的变化可以导致超临界流体密度的相应变化，通常在温度不变的情况下，超临界流体中物质的溶解度随压力升高而增大。由此可知，压力的增加有助于提高超临界流体的溶解能力。同时超临界流体具有流动性高和扩散能力强的特点，这些特点有利于分析物在流体中的传质过程，有利于其所提取的各组分之间的分离及加速溶解平衡。但是压力的影响不是孤立存在的，因此，在具体应用中应综合考虑分析物的理化性质与特点，结合温度和压力两个主要影响参数，通过实验优化，获得最理想的操作参数。

2.3.3　萃取时间的影响

在超临界流体萃取的温度、压力等参数确定的情况下，超临界流体的密度被确定，对分析物的溶解能力也被确定，这时萃取时间的长短决定了萃取效率大小和运行成本的高低。萃取时间设定得太短会导致目标化合物萃取不完全，降低萃取效率，造成目标物的萃取损失，而过长则显著增加劳动成本，并造成流体的浪费，同时增加额外的运行费用。因此在进行超临界流体萃取时，必须在条件优化过程中确定最佳时间。

2.3.4 超临界流体的流速和样品粒径的影响

分析物从样品基质中通过传质转移到流体中的机制目前还不是非常明晰，但是有一点是非常关键的，那就是分析物的溶解度和分析物从基质的活性部位的脱附对萃取效果存在较大影响，所以超临界流体的流速和分析物粒径是进行超临界流体萃取要考虑的重要因素。如果超临界流体的流速较大，单位时间内通过的流体量多，流体与基质接触时间较短，分析物向流体的转移率较低，要获得相同的萃取效率，就需要消耗大量的流体，运行成本则显著增加。同时样品粒径越细小，与流体的接触面积就越大，分析物从基质的活性位点脱附转移至流体的概率就增加了，从而提高了转移率，萃取效果就比较好，需要的流体量较少，运行费用就会明显降低。

2.3.5 溶解度的影响

分析物在超临界流体中的溶解度与其向流体相的转移密切相关。它的溶解度越大，在超临界流体萃取过程中就越容易向超临界流体转移，单位时间内更多的目标分析物就越容易进入流体相，实现高效萃取。通常情况下，分析物的溶解度是与作为超临界流体的物质的溶解度参数密切相关的。一些常见的作为超临界流体的物质的溶解度参数见表 2-2。

表 2-2 常见的作为超临界流体的物质的溶解度参数[59,60]

流体	溶解度参数 (δ) [(cal^*/cm^3)$^{1/2}$]	流体	溶解度参数 (δ) [(cal^*/cm^3)$^{1/2}$]
二氧化碳	10.7	丙酮	9.6
一氧化二氮	10.6	正辛烷	7.6
氨	13.2	苯甲酸	13
甲醇	14.4	2-氨基苯甲酸	12.7
$CClF_3$	7.8	六甲基苯	8.3
乙烯	6.6	吖啶	10.5
乙烷	6.6	2-萘酚	12.2
$CHClF_2$	7.3	邻苯二甲酸酐	11

*1 cal=4.184 J。

分析物在流体中的溶解是一个动态过程，平衡溶解度的预测是非常困难的。Mitra 和 Wilson[61]在实验的基础上提出了两个经验方程：式(2-1)中溶解度是密度与温度的函数，式(2-2)中溶解度是温度与压力的函数。

$$\ln S = Ad+BT+C \tag{2-1}$$

式中，S 是溶解度(摩尔分数)；d 是密度(g/cm^3)；T 是温度(K)；A、B、C 是系数。

$$\ln S = A\ln P + BT + CPT + DP/T + E \tag{2-2}$$

式中，S 是溶解度(摩尔分数)；P 是大气压(atm)；A、B、C、D、E 是系数。

2.3.6　基质的影响

环境样品极其复杂，不管是采用常规萃取技术，还是采用超临界流体萃取技术，复杂基质都是重要的影响因素。环境样品中的有机质和黏土矿物质与有机污染物的强的相互作用对萃取效率有较大影响。非极性及非离子性化合物主要与土壤中的有机质产生相互作用[62]。分析物在环境中主要与无机或大分子物质的活性部位通过化学或物理作用结合形成一种复合物。化学或物理吸附作用的大小与分析物的种类及有机质的成分密切相关，在萃取过程中，只要采取有效措施高效地破坏这种吸附作用，就可获得高的萃取效率。

2.3.7　萃取流体及分析物的极性影响

理论上可以选择作为超临界流体的物质种类是非常多样的，但是实际上因其临界参数的巨大差异和现有仪器设备所能承受的条件限制，真正可用的物质种类相当有限。根据相似相溶原理，极性的流体对极性的分析物有比较好的萃取效果，而非极性的流体对非极性的或弱极性的分析物可以高效萃取。环境污染物种类繁多，其极性也因物质的种类不同存在很大的差异，既有极性的，也有非极性的。因此，流体的极性参数对开发超临界流体萃取方法非常重要。改善萃取性能有两种途径，一是改变流体的极性，根据需要向流体中加入适当的改性剂；二是改变分析物的极性，即通过化学衍生或形成离子对等方式使分析物转化为被所选用的流体易于萃取的极性形式。近年来，围绕这两个方面的研究，超临界流体萃取的环境分析应用研究取得了显著进展。

2.3.8　水的影响

水在自然界中广泛存在，但也是一种很特殊的物质。在超临界流体萃取技术中，它也成为影响萃取效果的一个非常重要的因素。它对萃取效果的影响具有两面性，既有有利的一面，也有不利的一面，即它不仅可以促进萃取过程，也可能阻碍萃取过程。这种影响与其存在的量紧密相关，如果水分含量超过一定限值，水就会堵塞限流器而影响萃取效果。而低于一定量时，其可作为改性剂来调节超临界流体的极性，从而影响分析目标的萃取性能。因此，在萃取之前，需要对样品进行预处理，采取有效措施减少样品中水分的含量，降低它对限流器堵塞的概率，目前最常用的方法就是对样品进行干燥。目前主要有三种干燥方式：升温干燥、冷冻干燥和加入干燥剂。这三种干燥方式各有优缺点，升温干燥会导致一些挥发性分析物和半挥发性分析物的损失，而且高温下一些分析物可能发生降解，同样可能造成分析物的流失。冷冻干燥会使挥发性的分析物因挥发而流失；添加干燥剂是一种比较好的方式，但样品含水量大，与干燥剂混合可能产生一定的热量从而导致一些挥发性和半挥发性分析物的损失，同时干燥剂对某些分析物的选择性保留也有可能造成偏差[63]。现在还不能完全解释水在超临界流体萃取中的作用机理，但是实际研究结果表明，少量水分的存在对萃取还是非常有好处的。目前除水常用的干燥剂主要有如下种类：玻璃珠、羧甲基纤维素、黄原胶(xanthan gum)、果阿胶(guar gum)、聚丙烯酰胺、分子筛(3A、4A、5A、13X)、铝粉、硅胶、硅酸镁载体(Florisil)、无水硫酸钠、一水硫酸钠、硫酸钙、硫酸铜、氧化钙、碳酸钾、三氧化二硼、氯化钙等。

2.4 超临界流体萃取的理论模型

超临界流体萃取技术的早期理论都是围绕分析物在超临界流体中的溶解性提出来的。用这些基本理论进行分析所得到的结果，多数情况下与实验结果存在很大的差异。同时环境分析领域关注的多是痕量分析物，基质的影响就显得十分突出，因此，研究超临界流体萃取的机理和理论模型，对更好地理解超临界流体萃取的本质以及对超临界流体萃取条件的优化都是非常必要的。

研究者从不同的角度提出了几种不同的理论模型，其中 Pawliszyn 所提出的萃取理论比较有代表性。Pawliszyn[64]借鉴色谱理论，建立了以填充管萃取池为基础的数学模型，可以预测不同萃取时间时的萃取效率。该模型假设基质由两部分组成，一是无渗透中心，二是包裹在中心里面的有机层，分析物吸附在中心的表面。萃取过程由以下几个过程组成，分析物首先从中心表面解吸，然后扩散至有机层与超临界流体的界面，在界面溶于超临界流体中，最后扩散至大量流体中。

该模型将可能影响萃取效率的各种因素归结为一定的塔板板高，包括慢解吸、在基质中的扩散、在孔隙中的迁移、涡漩扩散、轴向扩散等。用数学表达式表示为

$$H=h_{RK}+h_{DC}+h_{DP}+h_{ED}+h_{LD} \tag{2-3}$$

式中，H 是上面各影响因素对应于色谱上板高的总和；h_{RK} 是受慢解吸过程影响的理论等板高度；h_{DC} 是受溶质在基体有机层扩散过程影响的理论等板高度；h_{DP} 是受溶质在基体外围超临界流体滞留膜中扩散影响的理论等板高度；h_{ED} 是受溶质在超临界流体相中涡漩扩散影响的理论等板高度；h_{LD} 是受溶质在超临界流体相中轴向扩散影响的理论等板高度。

对于单个分子的质量迁移，其质量平衡过程与色谱行为极其相似，每个迁移步骤都会影响萃取效果，也就是说产生了相应的理论塔板数。慢解吸过程对萃取

效果的影响可用式(2-4)表示：

$$h_{RK} = \frac{2ku_e}{(1+k)^2(1+k_0)k_d} \tag{2-4}$$

式中，k 是设定萃取条件下的分布系数；k_d 是分析物-基质复合物可逆过程的解离常数；k_0 是微粒内孔隙死体积与微粒间孔隙死体积之比；u_e 是孔隙中流体的线性流速。

k_0 可用式(2-5)表示：

$$k_0 = \frac{\varepsilon_i(1-\varepsilon_e)}{\varepsilon_e} \tag{2-5}$$

式中，ε_i 是微粒内孔隙度；ε_e 是微粒间孔隙度。

u_e 可用式(2-6)表示：

$$u_e = u(1+k_0) \qquad u = L/t_0 \tag{2-6}$$

式中，u 是色谱线速度；L 是萃取管的长度；t_0 是气体通过萃取管的时间。

当分析物存在于聚合材料或高含量有机质的基质中时，其在液体和基质的膨胀固体部分中的扩散就会对萃取效果产生重要影响。它对萃取效果的影响用相应理论塔板的板高表示为

$$h_{DC} = \frac{2kd_c^2u_e}{3(1+k)^2D_c} \tag{2-7}$$

式中，d_c 是基质组分可渗透到分析物的距离；D_c 是分析物在基质中的扩散系数。

环境基质的多孔性结构，使分析物在萃取过程中在孔中的迁移成为分析物在流体中迁移的阻力，由此产生的板高如式(2-8)所示：

$$h_{DP} = \frac{\theta(k_0+k+kk_0)^2 d_p u_e}{30k_0(1+k_0)^2(1-k)^2 D_p} \tag{2-8}$$

式中，θ 是微粒的曲率因子；D_p 是分析物在孔隙填充物中的扩散系数。

一般情况下孔隙中的填充物就是超临界流体，也就是说 D_p 在多数情况下与分析物在超临界流体中的扩散系数是一致的。当孔隙中有太多的高含量有机质时，此因素的影响就显得至关重要了。

基质粒径较大时，就必须考虑涡漩扩散对超临界流体萃取的影响，用式(2-9)表示：

$$h_{ED} = 2\lambda d_p \tag{2-9}$$

式中，λ 是结构参数。

同时，应当考虑分析物沿萃取管轴向上的扩散，这种扩散的效率要用板高表示：

$$h_{\mathrm{LD}} = \frac{\gamma_{\mathrm{M}} D_{\mathrm{F}}}{u_{\mathrm{e}}} \tag{2-10}$$

式中，γ_{M} 是基质的阻力因子。

通常这种扩散的影响很小，但是在高温及低密度流体情况下，轴向上的扩散还是比较明显的。

因此，分析物的浓度随时间的变化在萃取管中一定体积的分布可用式(2-11)表示：

$$\frac{C(x,t)}{C_0} = \frac{1}{2}\left\{\mathrm{ERF}\left[\frac{\frac{L}{2} - x - \frac{ut}{1+k}}{\sigma\sqrt{2}}\right] + \mathrm{ERF}\left[\frac{\frac{L}{2} + x + \frac{ut}{1+k}}{\sigma\sqrt{2}}\right]\right\} \tag{2-11}$$

式中，L 是萃取管的长度；C_0 是初始浓度；σ 是带状分散的平均平方根。

$$\sigma = \sqrt{Ht\frac{u}{1+k}} \tag{2-12}$$

一定时间内洗脱出分析物的质量与归一化的浓度截面已离开萃取管的面积成正比，即

$$\frac{m(t)}{m_0} = \frac{\int_{-\infty}^{-L/2} C(x,t)\mathrm{d}x}{C_0 L} \tag{2-13}$$

式中，$m(t)$ 是一定时间萃取的分析物的质量；m_0 是开始时样品中分析物的总质量。

2.5 提高超临界流体萃取效率的方法

超临界流体具有很多常规液体介质和气体介质没有的特殊性质，在多个领域获得了广泛应用。但是由于 CO_2 是非极性介质，介电常数比较小，单位极化率也很低，对极性物质的溶解性比较小，因此对极性较强的物质的萃取效果不是很理想。这种现象严重影响了其实际推广。如何解决此问题，提高极性物质的萃取性能，拓展超临界 CO_2 的应用范围是本领域研究者关注的热点问题。提高超临界流体萃取效率的方法有很多种，依据目标分析物的理化性质及基质的基本特性等重要参数的不同，提高超临界流体萃取效率的途径主要有以下几个方面。

2.5.1　添加改性剂

超临界二氧化碳对强极性化合物或离子化合物的萃取能力较差，同时使用极性的流体有一定的实际困难。研究发现，在超临界流体中加入少量可以与超临界流体互溶的其他溶剂可以显著提高溶质的溶解度和选择性[65]，所添加的溶剂通常被称为改性剂。改性剂可以是极性的，也可以是非极性的，改性剂的发现很好地解决了超临界流体萃取面临的困境，扩大了其应用范围。向超临界二氧化碳中加入一定量的改性剂对设备的要求不是十分苛刻，经济实惠，操作容易。改性剂是通过两种方式来提高萃取效率的：一是与分析物-基质复合物作用加速分析物从基质上脱附，二是增强溶质在超临界二氧化碳中的溶解度。改性剂的添加可以通过温度与压力的变化，使目标分析物在流体中的溶解度增加，降低操作压力，提高萃取效率，缩短萃取时间，同时目标分析物的分离也容易实现，对超临界二氧化碳萃取的推广应用起到了很好的作用。甲醇是比较常见的溶剂，也是超临界流体萃取中最常用的改性剂，其他试剂，如丙酮、正己烷、苯胺、乙酸、水、乙酸乙酯、乙腈、丙烷、乙醇胺、苯基甲基醚、二乙胺、二氯甲烷等有机溶剂也可以用作改性剂。不同的目标化合物与基质的作用方式与机理存在很大差异，所以要依据实际情况选择合适的改性剂及其用量才能达到预想的高萃取效率。通常情况下，改性剂的加入量不应超过 10%，因为大量改性剂的存在会显著增加超临界流体的黏度，从而降低流体的传质作用，导致流体不能快速进入基质的内层溶质吸附位置，严重影响萃取效果[66-68]。目前超临界二氧化碳流体萃取中常用的改性剂及其临界参数见表 2-3。

表 2-3　超临界二氧化碳流体萃取中常用的改性剂及其临界参数[69]

改性剂	临界温度(℃)	临界压力(MPa)
甲醇	240	8.1
乙醇	241	6.1
二氯甲烷	237	6.3
乙酸	320	5.8
1-丙醇	264	5.1
2-丁醇	263	4.2
乙腈	273	4.8
丙酮	235	4.7
2-丙醇	235	4.8
正己烷	235	3.0
苯	289	4.9
甲苯	319	4.1
磷酸三丁酯	469	2.4

2.5.2 衍生反应

为了克服超临界二氧化碳极性较小导致的极性化合物萃取效果不佳的问题，除上述添加改性剂外，化学衍生也是一个比较好的方法，也就是通过化学衍生降低目标分析物的极性，增加其挥发性和在超临界二氧化碳流体中的溶解度。合理选择衍生试剂可兼顾后续的色谱分离与检测，从而避免检测过程中的衍生等预处理环节。经过大量的实践，目前极性化合物的衍生化超临界流体萃取也获得许多应用。

极性化合物，特别是分子中含有羟基、巯基等官能团的极性化合物，其挥发性通常较低。对其特殊官能团进行修饰、降低其极性和反应活性、增加这类化合物在非极性超临界流体中的溶解度就成为必然选择。通常根据目标分子的结构及其理化性质，选取合适的衍生试剂，进行烷基化反应、硅烷化反应或络合反应等，将其理化性质进行适当的转化，可成倍提高萃取效率。

烷基化反应和硅烷化反应都是用烷基或者甲硅烷基将分析物分子中的羟基、氨基等的活性氢取代，使之生成相对低极性的化合物[70-76]。烷基化反应因发生具体反应的不同，其实验条件会有很大差异。有的需要酸性环境，有的需要非常严格的非水条件，也有的必须在催化剂存在下才能发生相应的衍生反应。所以研究中不仅要考虑这些反应条件，还要弄清衍生物的极性是否可以满足分析的要求。最好的衍生试剂应满足反应条件温和，反应生成的化合物极性在所选用的超临界流体的萃取极性范围内。硅烷化反应中硅烷化试剂供甲硅烷基的能力因种类不同而有很大差异，同时在供甲硅烷基强度方面又是相互影响的，所以通常将硅烷化试剂混合使用，以期达到提高萃取效率的目的。

在超临界流体萃取过程中，质量传输及扩散是影响萃取效率的主要影响因素，采取有效措施可以显著改进萃取效率。高强度超声波就是很好的方式之一。高强度超声波可以产生小范围的搅动，促进流体萃取过程中的质量传输，从而显著提高萃取效率。研究发现，50 kHz 超声可以使扁桃仁油的萃取效率增加 20%，而萃取时间也显著缩短[77]；采用超声提取黑皮甘蔗渣中的抗氧化剂，萃取效率可以提高 14%[78]；在温度与压力分别为 40℃与 16 MPa 时，160 W 的超声波可以使萃取效率提高 29%[79]；研究发现从马拉盖塔椒中萃取辣椒素类物质，超临界 CO_2 的温度与压力分别设为 40℃与 15 MPa 时，采用 360 W 的超声波，60 min 其萃取效率可以提高 30%[80]；从胡椒中提取生物活性组分时采用超声辅助，总萃取效率增加 45%，而酚类组分的萃取效率提高 12%[81]。

超临界流体萃取是基于流体的溶剂化性质变化与目标污染物的溶解度匹配性来达到萃取目的的，超临界流体萃取可改变的参数比传统的萃取技术如索氏萃取更多，也就是说该技术有更多可以进行调节的自由度，这种可调节性能也是超临界流体的主要优势之一。因此对超临界流体萃取的影响因子进行合理的实验设计优化非常关键。通常情况下，根据实验目的，实验设计可以分为两大类，一是筛选型设计，一是优化型设计[82]。

筛选型设计就是从众多影响超临界流体萃取的因子中将最重要的影响因子找出来，弄清因果关系，实现最优化。筛选型设计经常用于提高萃取性能及产品质量控制等方面。在这方面，最典型的有因子设计法及 Plackett-Burman 设计法[83]。Plackett-Burman 设计法是两水平的部分实验设计，通过比较各个因子两水平之间的差异来确定因子的显著性。而优化型设计是实验设计的一种实践，用于确认一个实验的最佳条件或设置。优化型设计起始于由筛选型设计获得重要的影响参数，进而开始优化设计。目前比较成熟的有 Tauchi 优化设计法、中心组合设计(central composite design)法、Box-Behnken 设计(Box-Behnken design，BBD)法。Tauchi 优化设计法[84,85]分为三步：概念设计、参数设计、容差设计。概念设计用于确定设计因子及其水平；参数设计包括正交实验、实验运行、数据分析、获得最佳条件、验证运行几个过程，经常用于提升超临界流体萃取的效率；而容差设计则是依据显著因子的容差水平确定参数设计的结果，获得最佳实验参数。中心组合设计[86-88]应用较多，可以看作是一个三水平的全因子设计，可以通过最少的实验获得相对较好的结果。而 Box-Behnken 设计是 20 世纪 60 年代由 Box 和 Behnken 发展起来的[89,90]，这个设计包含一个三水平部分实验设计和一个不完整的块设计，这是一种可旋转的或几乎可旋转的设计，可避免极端的顶点。BBD 需要的实验数量由公式 $N=2k(k-1)+C_0$ 确定，其中 k 是因子数，C_0 是中心点数。BBD 经常用于获得最佳萃取过程的关键参数，应用较多，在超临界流体萃取中也常用于目标污染物的萃取参数优化与确定，减少实验次数与成本，提高萃取效率。

2.6　超临界流体萃取的收集技术

在超临界流体萃取过程中，萃取后的收集也是很重要的过程，收集效果的好坏直接影响预期的收集效率[91]。从大的方面来讲，超临界流体萃取技术的收集方式有两种：在线收集和离线收集。在线收集就是直接将收集过程与后面的测定技术有机联用起来。在线收集可以减少挥发性分析物的损失，提高萃取效果。离线收集则是通过一定的溶剂或吸附剂并采用适当的方法收集分析物。离线收集技术大体可分为三类：溶剂收集、固相收集、液固联用收集。

2.6.1 溶剂收集

溶剂收集因技术简单，应用非常广泛。在这种收集方法中，分析物质大致经历三个过程：流出限流器，在气液相界面溶解，向液体溶剂转移并稳定保留在溶剂中。溶剂收集的方法又可细分为三种：直接将限流器插入液体溶剂中通过降压进行收集；在限流器与溶剂之间加一个玻璃迁移管进行收集；低温收集。目前在溶剂收集中常用的溶剂有甲醇、丙酮、环己烷、正己烷、甲苯、二氯甲烷等。

对于挥发性分析物，第一种方法有更高的收集效率，第二种方法因依赖于分析物在气液两相中溶解度的差异进行收集，常需要加一个固相捕集器。一般情况下，第一种方法比第二种方法的收集效率要高一些[92]。研究表明，将挥发性的多环芳烃直接降压用二氯甲烷收集，可得到大于 90%的收集效率，在同样的萃取条件下经玻璃迁移管后只能得到 50%左右的收集效率[93]。

影响收集效率的因素主要有以下几个方面：溶剂种类、收集管中收集溶剂的高度和体积[93,94]、加热限流器的方法及限流器的温度、超临界流体的流速等。Langenfeld 等[95]调查了美国环境保护署(EPA)半挥发性污染物名单上的 66 种化合物在不同溶剂中的收集效率，研究显示，二氯甲烷、丙酮比甲醇和正己烷的收集效率高。原因在于二氯甲烷的极性与多环芳烃的极性相似，萃取的多环芳烃在二氯甲烷中有较大的溶解度，减少了形成气溶胶所造成的挥发损失。丙酮中存在羰基，其极性与多环芳烃的极性也很相似，因此得到相似的收集效果。限流器的温度如果不合适，会直接导致分析物的流失或者限流器的堵塞，因此为了控制限流器的温度，加上一个加热或者冷却装置是比较合理的选择[95,96]。限流器的流速越低或者收集溶剂的黏度越大，分析物质到达气液界面的时间就越长，这就间接地提高了萃取效率。增加收集管中收集溶剂的高度，也可得到相同的效果[97]。收集溶剂的溶剂强度也是影响萃取的一个重要因素，收集溶剂的溶解性参数与分析物的溶解性参数匹配得越好，越有利于萃取。通常适当提高溶剂温度，可以增加分析物的溶解度，但是也增加了分析物的蒸气压，对挥发性分析物的收集是不利的。所以一般采用低温收集，这样降低了分析物蒸气压，减少了挥发性损失，尤其是对挥发性分析物，这种情况就更为突出。

Vejrosta 等[98]发展并改进了液体溶剂收集方法，提出了流出物与过热有机溶剂混合再低温收集的方法。这种改进的收集装置原理图见图 2-3。

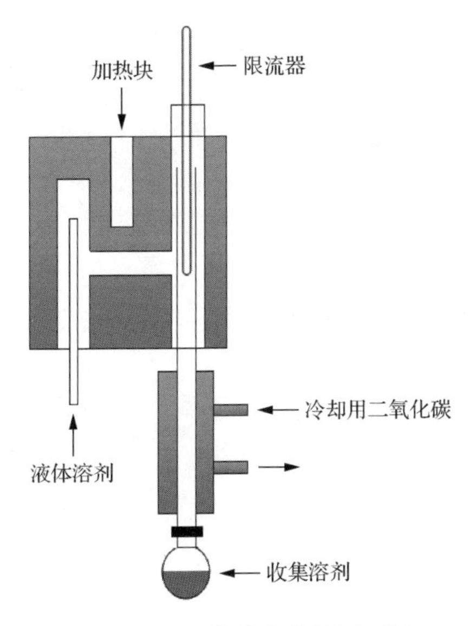

图 2-3　改进的收集装置原理图

2.6.2　固相收集

固相收集实际上就是将超临界流体用分析物降压转化为气体后通过固体吸附剂，分析物通过化学或物理吸附作用保留在吸附剂中从而达到收集的作用。固相吸附剂有二醇和硅酸、Tenax、ODS、XAD、C_{18}、硅胶、多壁碳纳米管(multi-walled carbon nanotubes，MWCNTs)[99]、硅酸镁载体、涂层或吸附了键合相的玻璃或不锈钢珠等。此方法用得较少，但有很好的应用前景。

固相收集的影响因素主要有四个方面：捕集剂的性质、捕集温度、洗脱溶剂、改性剂。

捕集剂的选择在超临界流体萃取过程中是一个非常关键的环节。捕集剂选择得恰当，不仅可以提高捕集效率，还可以节省劳动力和运行费用。选择捕集剂时不仅要考虑它的高捕集效率，也要考虑分析物是否易于选择性地洗脱。理论上讲，惰性材料的低温捕集效果应当是很好的，而实际上真正应用得却很少，主要因为它只对非常难挥发的化合物有比较高的捕集效率。

降低捕集温度通常有利于提高捕集效率，但是捕集温度的降低是有限度的。大多数环境样品都含有少量的水分(除非经过特殊处理)，水在 0℃易结冰导致堵塞；同时，有机改性剂在低温情况下也会与分析物一起保留于捕集剂中。要解决这个问题，最简捷的方法就是升高捕集温度，可是升高捕集温度又会降低非挥发性分析物的捕集效率。为了既得到更好的捕集效果，又避免分析物的流失，可以采用两步萃取过程，首先在低温下将挥发性分析物萃取捕集，然后提高捕集温度提取难挥发性的分析物，这样的操作过程可以分别获得很好的捕集效果[100]。

实验研究表明，少量的改性剂可以提高捕集效果[101]。挥发性大的组分易丢失，采用 2%的甲醇作为改性剂，PCB 的同系物都可以得到很好的收集。若用 5%的甲醇，即使捕集温度达到 65℃，PCB 的同系物也能很好地被捕集。

2.6.3 液固联用收集

Meyer 和 Kleiböhmer[102]用二氧化碳及甲苯改性的二氧化碳作超临界流体萃取剂萃取标准海洋沉积物(SRM-HS-3)中的多环芳烃，采用离线液固收集装置对多环芳烃进行收集，避免了由降压导致气溶胶形成而造成的分析物的损失，简化了净化过程。液固联用收集装置的原理图见图 2-4。

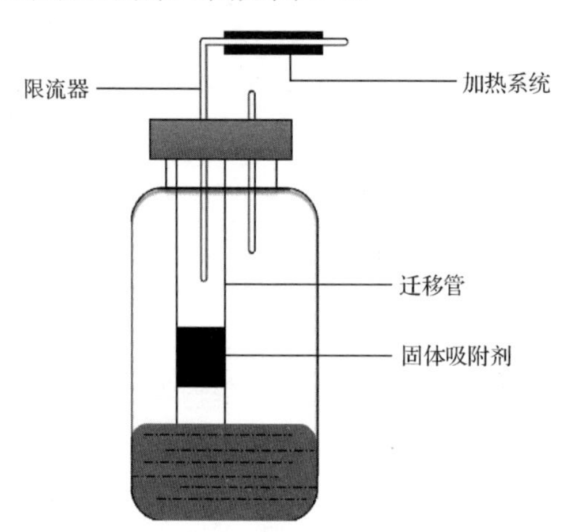

图 2-4 液固联用收集装置的原理图

Deuster 等[103]应用超临界流体萃取技术萃取多环芳烃及硝基芳香化合物，采用了液固联用收集装置，也取得了比较好的收集效果。

2.7 超临界流体萃取技术在农药分析中的应用

农药的广泛使用显著提高了农业生产力，为农业的发展开辟了广阔前景。农药是具有强的杀虫、杀菌、杀病毒、除草等功能的化学药物，通常情况下可分为三类：化学农药、生物农药、绿色化学农药。化学农药又可以分为无机化学农药及有机化学农药；无机化学农药因毒性大，危害严重而逐步停止使用。有机化学农药种类多，应用广泛，如有机氯农药、有机磷农药、氨基甲酸酯类农药、拟除虫菊酯类农药、磺酰脲类农药等。这类农药药效高、见效快、用量少、用途广，但是使用不当会造成环境污染问题。有机磷农药的防治对象多，应用范围广，在环境中降解较快，残毒低，是我国现阶段使用量最大的农药。虽然有机氯农药早已被禁止使用，但食品中仍然能够检测出有机氯农药残留。并非只有毒性大的农药才对环境造成污染，事实上毒性低的农药，如果用量非常大或使用方式不当也同样可以造成环境污染。

农药及其在环境中的降解产物，会对大气、水体和土壤造成一定程度的污染，在某种程度上威胁生态系统。目前对环境危害较大的农药主要包括有机氯农药、有机磷农药和有机氮农药。环境中农药的残留浓度一般情况下是很低的，但通过食物链和生物浓缩可使生物体内的农药浓度提高很多倍，可能对人体造成严重的危害，因此上述许多农药符合 POPs 的定义，具有极大的环境和健康危害，研究它们在环境中的存在形式、迁移转化等环境化学行为具有重要意义。而开展这些研究的一个前提就是建立灵敏高效的分析方法，其中样品前处理显得尤为关键。

近年来，针对农药开展的超临界流体萃取主要围绕土壤、底泥、水、生物样品等基质展开，由此建立了一系列有价值的分析测定方法。表 2-4 给出了超临界流体萃取技术在农用化学品萃取中的一些应用[104-149]。

表 2-4　超临界流体萃取技术在农用化学品萃取中的一些应用

基质	分析物	超临界流体	改性剂	文献
水	西玛津、扑灭津、草达津、敌草隆、绿麦隆、异丙隆	CO_2	甲醇	[104]
水	林丹、艾氏剂、狄氏剂、二嗪农、敌敌畏、马拉硫磷	CO_2	甲醇	[105]
水	磺胺氯哒嗪、甲磺隆、苄嘧磺隆、氯嘧磺隆、麦磺隆、嘧磺隆、氯磺隆	CO_2	甲醇	[106]
水	二嗪农、毒死蜱、七氯、狄氏剂、灭蚁灵	CO_2		[107]
硅藻土、水	氯磺隆、嘧磺隆	CO_2	甲醇	[108]
血液样品、鱼组织样品、奶样品	γ-HCH、艾氏剂、异狄氏剂、环氧七氯、氯丹、p,p'-DDE、DDD、DDT、狄氏剂、氯化三联苯、灭克磷、特丁磷、地虫磷、二嗪农、马拉硫磷、对硫磷、苏达灭、毒死蜱、呋喃丹、西维因	CO_2	氯仿	[109]
土壤样品	α,β,γ-HCH、p,p'-DDE、狄氏剂、TDE(4,4-滴滴滴)、p,p'-DDT、o,p'-DDT	CO_2	甲苯、丙酮、甲醇	[110]
土壤样品	抗蚜威	CO_2	吡啶等	[111]
底泥	阿特拉津、西玛津、绿麦隆、异丙隆、敌草隆、去乙基西玛津、利谷隆、去乙基阿特拉津	CO_2	乙腈、甲醇、乙酸、二乙胺、二氯甲烷	[112]
土壤样品	阿特拉津、敌草隆、苄嘧磺隆	CO_2	乙腈/0.1 mol/L HCl/0.5%曲通 X-100	[113]
可可豆样品	吡嗪	CO_2	二氯甲烷、甲醇	[114]
硅藻土、水	嘧磺隆、氯磺隆	CO_2	甲醇	[115]
土壤样品	甲磺隆、嘧磺隆、烟嘧磺隆	CO_2	甲醇	[116]
土壤样品	AC263、AC222、咪草烟	CO_2	乙腈、乙酸	[117]
河流底泥	15 种农药	CO_2	水和丙酮	[118]

续表

基质	分析物	超临界流体	改性剂	文献
血液、牛奶样品	奥比沙星	CO_2	甲醇	[119]
橄榄油	对草快、敌草快	CO_2	—	[120]
大菱鲆、蛤、贻贝、鸟蛤	α-HCH、γ-HCH、七氯、4,4′-DDT	CO_2	—	[121]
人参	DDD、DDE、*p,p′*-DDT、*o,p′*-DDT、环氧七氯、五氯硝基苯、α-六氯苯、β-六氯苯、γ-六氯苯、δ-六氯苯	CO_2	—	[122]
猪肉、猪肺、猪肾	恩氟沙星、达氟沙星、环丙沙星	CO_2	甲醇	[123]
苹果	氯代杀虫剂、有机磷杀虫剂、有机氮杀虫剂、菊酯类杀虫剂	CO_2	—	[124]
甜瓜	氟虫腈、氟丙菊酯、哒螨灵、醚菌酯	CO_2	甲醇、水	[125]
新鲜水果、蔬菜、大米	抗倒胺、抑霉唑等 18 种农药	CO_2	丙酮	[126]
新鲜水果、蔬菜、大米	12 种有机氯杀虫剂	CO_2	—	[127]
莴苣、苹果、土豆、西红柿	有机氯杀虫剂、有机磷杀虫剂、有机氮杀虫剂、菊酯类杀虫剂	CO_2	甲醇、丙酮	[128]
菠菜、大豆、橘子	303 种杀虫剂	CO_2	—	[129]
甘蔗、橘子	敌草隆	CO_2	甲醇、正己烷、丙酮	[130]
大米	22 种杀虫剂(苄氯菊酯、溴氰菊酯、*p,p′*-DDT、*p,p′*-DDE 等)	CO_2	甲醇	[131]
香叶天竺葵	植物活性杀虫剂	CO_2	—	[132]
印楝种子内核	印楝素(植物源生物农药)	CO_2	—	[133-135]
除虫菊花	除虫菊酯	CO_2	—	[136]
叶菜类、茄果类菜	敌敌畏、敌百虫、乐果、杀螟松、多菌灵、甲基硫菌灵	CO_2	—	[137]
枣椰树	氯氰菊酯、溴氰菊酯、草甘膦、阿特拉津、苯菌灵、多菌灵、虫螨脒、三氯杀螨醇、阿维菌素、乐果、毒死蜱	CO_2	—	[138]
沉积物、水	阿特拉津及其代谢物	CO_2	10%甲醇+2%水	[139]
土壤	氰草津	CO_2	20%(*v/w*) 甲醇+水(1∶1)	[140]
苹果、梨、橙子	二苯胺	CO_2	甲醇	[141]
土壤	31 种杀虫剂	CO_2	甲醇	[142]
西班牙凉菜汤	17 种有机卤代及有机磷杀虫剂	CO_2	甲醇、乙酸乙酯	[143]
土壤	有机磷、有机氮、有机卤代杀虫剂	CO_2	甲醇	[144]

续表

基质	分析物	超临界流体	改性剂	文献
过程灰尘废物	丁硫克百威、吡虫啉	CO_2	甲醇	[145]
回收塑料	有机氯、有机磷杀虫剂及 *o*,*p*-DDE、4,4′-二氯苯甲酮	CO_2	甲醇、甲苯、THF	[146]
水果、蔬菜	甲氰菊酯、三氟氯氰菊酯、氰戊菊酯	CO_2	甲醇	[147]
土壤	甲磺隆、苄嘧磺隆、氯磺隆	CO_2	甲醇	[148]
家禽组织	氯霉素、甲砜霉素、氟苯尼考、氟苯尼考胺	亚临界水	氨水	[149]

DDE,滴滴伊(dichlorodiphenyldichloroethylene)；DDT,滴滴涕(dichlorodiphenyltrichloroethane)。

为了更好地提高富集性能，超临界流体萃取也可以与其他微富集技术结合达到更好的富集分离效果。例如，二苯胺是一种世界范围内常用的防水果晒伤的农药，具有很好的抗氧化活性，在农业领域应用广泛，其在农产品中的残留经常发生。根据欧盟食品规则的要求，其在苹果和梨中的限量浓度分别为 5 mg/kg 和 10 mg/kg。常见的光谱方法虽然可以检测低浓度的二苯胺，但是线性范围比较小，而有些高灵敏的方法需要采用昂贵的仪器。超临界流体萃取方法溶剂用量少，是比较干净的样品处理技术，缺点是离线方法中需要对收集液溶剂进行处理。基于表面活性剂的超分子溶剂微萃取技术成本低、有机溶剂消耗少、富集因子(concentration factor)高，但是其不适用于固体样品。将二者有机结合起来，优势互补，可以达到非常好的效果。实验结果表明[141]，采用超临界 CO_2 进行超临界流体萃取，50 μL 甲醇作为改性剂，癸酸与四丁基铵形成不溶于水的囊泡从而与水分离进行微萃取，二苯胺与囊泡发生作用实现富集分离，方法检测限为 0.2 mg/kg。拟除虫菊酯是一类典型杀虫剂，在世界范围内应用极广，主要用于水果、蔬菜的害虫防治，但是大量使用后，此类农药在农产品及环境中的残留难以避免，某些拟除虫菊酯杀虫剂被美国环境保护署列为可能的人体致癌物质。它在各种食品中的允许残留浓度随不同组织有所不同，有些国家也制定了相应的标准，例如，欧盟和国际食品法典委员会将拟除虫菊酯杀虫剂在蔬菜中的最大允许浓度分别定为 0.01～0.2 g/g 和 0.2～5 g/g，而欧盟规定其在水果中的最大允许范围为 0.01～2 mg/kg。因此，开发高效的富集检测技术就显得格外重要。超临界流体萃取技术是比较好的选择。如前所述，超临界流体萃取技术中收集液的处理存在一些不足，为了更好地解决这个问题，同时提高检测灵敏度，磁性固相萃取(magnetic solid phase extraction，MSPE)进入了研究者的视线。磁性固相萃取是一种相对较新的样品处理技术，具有萃取效率高、易于分离的优点，另外，磁性纳米颗粒表面可以进行多种功能化修饰，实现对多种物质的富集分离。将超临界流体萃取与磁性固相萃取结合的研究表明[147]，磁性 Fe_3O_4 表面修饰一层 SiO_2 后再修饰离子液体二甲基十八烷基(3-甲氧基硅烷基)

丙基氯化铵进行后富集，时间短，洗脱简单，获得的磁性固相萃取方法的富集因子为119～137，线性范围为2.5～250 μg/L，检测限为1 μg/L；获得的超临界流体萃取-磁性固相萃取方法的线性范围为0.3～5 mg/kg，检测限为0.1 mg/kg。

2.8 超临界流体萃取技术在酚类物质分析中的应用

酚类化合物作为分离富集对象被研究主要从两个方面来考虑：一是从植物产品中提取具有抗氧化活性的多酚类化合物；二是进行环境中酚类污染物的提取与检测。

传统的固液萃取或液液萃取都存在不同的缺点，超临界流体萃取技术由于采用超临界CO_2作为萃取溶剂，是一个绿色的萃取过程，无溶剂残留，因而从其发展开始，就在植物样品有效成分提取方面备受青睐。竹叶是一种传统的药物，其提取物常用于医药中间体及食品添加剂。研究表明，这些提取物中含有抗氧化活性及抗癌活性的重要化合物，其中发现了天然酚类化合物的存在，这些天然酚类化合物具有很好的抗氧化活性，可以预防和控制衰老及其他与老年痴呆相关的疾病，如阿尔茨海默病和冠心病等[150-152]。采用超临界CO_2及超临界CO_2与改性剂乙醇或水进行酚类化合物提取[50℃，25 MPa，CO_2流速10 mL/min，改性剂浓度5%(摩尔分数)][153]，极性改性剂的添加可以显著提高萃取效率，加与不加改性剂乙醇，酚类化合物的提取量差别很大，添加乙醇后提取量可以提高2～3倍。而5%乙醇与水的混合物(25∶75，摩尔比)的添加使萃取效率达到最佳值。小麦麸皮中含有大量的具有很好的抗氧化活性的烷基间苯二酚，对预防慢性疾病有很好的益处。传统方法主要采用丙酮、乙醇、乙酸乙酯等萃取，耗时、费力、效率低，超临界CO_2具有环境友好性，同时可以大大缩短提取时间，实验发现，采用乙醇作为极性改性剂可以获得更多量的烷基间苯二酚[154]。Solana 等[155]考查了采用超临界CO_2与加速溶剂萃取技术萃取芦笋中的酚类化合物，研究表明，超临界CO_2萃取酚类化合物的萃取效率与添加极性改性剂紧密相关。添加极性改性剂水萃取具有高抗氧化活性的酚类化合物的效果较好，添加混合改性剂水与乙醇的萃取效果更好，其中水与乙醇的比例为1∶1时达到最佳，而添加乙醇或甲醇的萃取效果最差。加速溶剂萃取也证实了水与乙醇混合添加剂的效果较好，其萃取效率略低于超临界流体萃取技术。

绿茶中儿茶酸(一种多酚化合物)的含量比较高，对身体健康有益，有报道表明其可以预防某些皮肤癌、肝癌，因此受到了很大的关注。而咖啡因是有害成分，如何进行有效的分离而获得儿茶酸是一个重要的问题。实验研究发现[156]，可以通过顺序超临界流体萃取的方法先去除咖啡因，再改变条件萃取儿茶酸。咖啡因采用超临界CO_2(25 MPa，60℃)去除，3 h可以获得很好的去除率，然后采用相同的条件，添加改性剂乙醇(0.5 mL/min)可以得到儿茶酸。

烷基酚通常也是一类对人类健康与环境安全有重要影响的环境污染物，其有一定的极性，在水中有比较好的溶解度，从而导致土壤和食品污染。对固体样品中有害物质的提取通常采用液液萃取，这种方法需要消耗大量的有毒有机溶剂，产生大量的废物。超临界流体萃取技术可以避免这些缺点，而且提取物干净，方法简单。采用超临界 CO_2 萃取土壤中的辛基酚[157]，在萃取温度 45℃、萃取压力 30 MPa、静态萃取 60 min、动态萃取 90 min 条件下，土壤中辛基酚的萃取效率为 88%。

超临界流体萃取技术可与其他样品处理技术结合，从而获得更好的萃取效果。例如，将超临界流体萃取与超声辅助分散液相微萃取有机结合可以高效萃取土壤样品中的烷基酚类污染物[158]。当超临界 CO_2 萃取压力为 300 atm，温度为 65℃，动态萃取时间为 30 min，100 μL 甲醇作为改性剂，超声辅助分散液相微萃取单元采用四氯化碳作为萃取剂时，建立的方法检测限为 0.062 mg/kg，线性范围为 0.125～25.0 mg/kg。

2.9　超临界流体萃取技术在多环芳烃分析中的应用

多环芳烃是一类由碳和氢构成的有机化合物，其结构组成中含有两个或两个以上的苯环，广泛存在于大气、水体、土壤、作物、食品及沉积物等中。研究发现，有些多环芳烃具有强的致癌性，其进入人体后，相当大的部分经混合功能性氧化酶等代谢生成各种中间产物和最终产物，其中部分产物可与 DNA 共价结合形成加合物，进而造成 DNA 损伤，诱导基因突变，甚至诱发肿瘤。多环芳烃在紫外线照射下会加速具有损伤细胞组成能力的自由基的形成，这种自由基会破坏细胞膜并损伤 DNA，从而引起人体细胞遗传信息发生突变。另外，多环芳烃的光降解产物也可能是重要的致突变物。例如，苯醌就是一种直接致突变物，会引起人体基因的突变，同时也会导致人类红细胞溶血及大肠杆菌的死亡。国际癌症研究机构(IARC)于 1976 年列出的 90 余种对实验动物有致癌作用的污染物中，有 15 种为多环芳烃，因此其受到了高度关注。我国也非常重视，已将多种多环芳烃列入中国优先控制污染物名单。

环境中多环芳烃的主要来源是石油、有机高分子化合物、木材、汽油、油料以及煤的不完全燃烧。多环芳烃的天然来源主要有陆地和水生生物的合成、森林和草原火灾、火山喷发等。随着现代社会的高速发展，石油相关工业、煤相关工业、交通运输等发展迅速，多环芳烃的排放量急剧增加。近年来的研究结果表明[159-162]，多环芳烃在环境中日益增多。因此，建立快速有效的多环芳烃提取和分析方法就成了非常急迫的问题。

超临界流体萃取技术快速发展起来后，研究工作者开展了大量多环芳烃萃取的相关研究[163]。对比研究表明，在相同的条件下，纯一氧化二氮在超临界状态下对多环芳烃的萃取效果明显好于二氧化碳，原因是一氧化二氮的偶极矩(0.2 D)大于二氧化碳的偶极矩(0.0 D)。在5%甲醇作为改性剂时，发现二者的萃取回收率均显著增加，5%甲醇作为改性剂时一氧化二氮在超临界状态下的萃取效果最好。$CHClF_2$作为超临界流体也可萃取多环芳烃[164]，由于$CHClF_2$(偶极矩1.4 D)的极性较强，其萃取效果要优于二氧化碳和一氧化二氮。而Howard等[165]的研究表明，并非氟利昂都比二氧化碳的萃取效果好，他所得到的结果是$CHClF_2$>CO_2>CHF_3。但是随着人们环境保护意识的不断提高，$CHClF_2$的高毒性、臭氧层破坏性限制了其作为萃取剂的应用。Hawthorne等[166]发现亚临界水在萃取土壤中的多环芳烃时具有更好的回收率。Lage-Yusty等研究建立了萃取海藻样品中多环芳烃的超临界二氧化碳萃取方法，10种多环芳烃的回收率在53%～133%[167]。

超临界流体萃取中使用较多的改性剂是甲醇。但是在萃取多环芳烃时应用一些特殊的改性剂可以明显提高萃取效率。研究表明[168]，超临界二氧化碳中加入反应性改性剂六甲基二硅烷和三甲基氯硅烷的混合物(2∶1)，其萃取效率是单纯二氧化碳的6倍，是超临界二氧化碳添加10%甲醇进行改性后萃取效率的2倍。采用甲醇和二氯甲烷混合物(1∶4)作为改性剂，也得到了很好的回收率[169]。目前混合改性剂在环境样品中分析物萃取方面的应用日益增多。超临界流体萃取在多环芳烃萃取方面的部分应用见表2-5。

表2-5 超临界流体萃取在多环芳烃萃取方面的应用

基质	分析物	超临界流体	改性剂	文献
天然标准参考物(SRM1649、1649a、1941a、1944、1650)	14种PAHs	R22、HFC134a、CO_2	水、苯胺、二氯甲烷	[170]
土壤	荧蒽、䓛、苯并[a]芘等11种PAHs	CO_2	—	[171]
沉积物	34种PAHs*	CO_2	—	[172]
土壤	20种PAHs	CO_2	—	[173]
土壤	萘、1-甲基萘、苊、氧芴、芴、菲、蒽、荧蒽、芘	CO_2	甲醇、水	[174]
水芹	PAHs	CO_2	甲醇	[175]
蚯蚓	PAHs	CO_2	—	[176]
河流冲积平原土壤	PAHs	CO_2	—	[177]
海藻	PAHs	CO_2	—	[167]
植物样品	苯并[a]芘	亚临界水	—	[178]
沉积物	12种PAHs	亚临界水		[179]

* 包括18种多环芳烃母体化合物，16种烷基取代多环芳烃。

2.10 超临界流体萃取技术在多氯联苯分析中的应用

多氯联苯(PCBs)是一类具有两个相连苯环结构的高稳定性含氯化合物，氯原子在苯环上的取代位置与数量差异，导致其有 209 种异构体。多氯联苯具有良好的电绝缘性、耐热性、耐酸碱性、耐腐蚀性及脂溶性，蒸气压及水溶性小，因而广泛应用于变压器的绝缘液体、农药、油漆、润滑油和塑料的增塑剂等中。多氯联苯具有很强的环境内分泌干扰性质，能够引起生物体内分泌紊乱、生殖和免疫功能失调、神经毒性、发育紊乱、癌症等。因其具有极好的脂溶性，极易通过食物链富集，从而对人体产生强的“致畸、致癌、致突变”作用。多氯联苯在使用过程中，可以通过废物排放、挥发等多种途径进入环境中，在水、大气、土壤、沉积物等多种介质中迁移转化，已成为全球性的重要污染物，对人体健康及环境安全产生了严重威胁。20 世纪六七十年代相继发生了日本米糠油中毒等多起基于 PCBs 的事件，引起了各国的高度重视，世界各国相继开始禁止 PCBs 的生产与使用，PCBs 也被列为优先控制污染物及《斯德哥尔摩公约》中 12 类持久性有机污染物之一。但由于历史上 PCBs 曾经大量使用，其在环境中的残留具有普遍性，对 PCBs 的研究仍然是目前环境领域的重要研究内容之一。

超临界流体萃取对 PCBs 展现了非凡的萃取性能。研究发现，与其他有机污染物相似，采用超临界 CO_2 萃取技术，加 10%(*v*/*v*)甲醇作为改性剂，沉积物中 PCBs 的萃取率显著提高[62,164]。超临界流体萃取过程中温度与压力的改变可以引起流体密度发生变化，从而影响对 PCBs 的萃取效果。实验表明[180]，对沉积物中的 PCBs 而言，将萃取温度从 50℃升到 200℃，无论压力为 150 atm、350 atm 还是 650 atm，PCBs 的萃取率均获得了显著的提高。例如，2,2′,3,5′-四氯联苯在 650 atm、50℃时萃取率只有 66%，而当温度升到 200℃后，压力分别为 150 atm、350 atm、650 atm 时，萃取率分别提高到 103%、108%、104%；同时也发现相同温度下，压力变化对 PCBs 的萃取率影响极小。这些情况说明，升高温度可以提高萃取率主要是由于提高温度有利于目标污染物从介质脱附，而非目标污染物在流体中的溶解度提高，一旦脱附的能量壁垒被克服，目标污染物在流体中的溶解度就成为萃取率主要的控制因子。相比较而言，2,2′,5,5′-四氯联苯，2,2′,3,5′-四氯联苯，2,2′,3,3′,4,4′,5-七氯联苯在 200℃时的萃取率与采用萃取流体 $CHClF_2$ (100℃，400 atm)的萃取率相当，而比传统的超临界流体(CO_2、5%甲醇)萃取(70℃，400 atm)的萃取率稍高[164]。

多氯联苯等有机污染物与底泥等基质的相互作用是决定它们是否可被完全萃取的主要因素。因此理解 PCBs 等有机污染物在基质上的脱附行为是研究 PCBs 等污染物在环境中迁移转化及环境行为的一个重要方面。所以建立相应的方法研究其脱附行为是目前研究污染物去除的一个重要途径。Nilsson 等[181]建立了一个简明的选择性超临界流体萃取方法来研究两种瑞典底泥中的 PCBs 的脱附行为。Hawthorne 研究组[182-184]在 PCBs 超临界流体萃取及其在底泥吸附和脱附行为方面做了大量研究，为理解 PCBs 在环境中与基质的相互作用提供了理论基础。也有研究采用超临界二氧化碳开发了从松针样品中提取 PCBs(Aroclor 1242、1248、1254 和 1260)的方法，方法回收率大于 90%[185]。超临界流体萃取在 PCBs 萃取方面的部分应用见表 2-6。

表 2-6　超临界流体萃取在 PCBs 萃取方面的应用

基质	分析物	超临界流体	改性剂	文献
河流沉积物(SRM 1939)	12 种 PCBs	CO_2	—	[164]
四种沉积物	PCB28、PCB52、PCB101、PCB138、PCB149、PCB153	CO_2	—	[184]
海藻	12 种 PCBs	CO_2	—	[186]
工业土壤	12 种 PCBs	CO_2	甲醇	[187]
水产品	PCB28、PCB10、PCB52、PCB138、PCB153、PCB180	CO_2	—	[121]
牡蛎、贻贝、青鱼、虾	PCB28、PCB118、PCB101、PCB52、PCB138、PCB153、PCB180	1,1,1,2-四氟乙烷(R134a)	—	[188]
蟹肝胰腺	平面 PCBs	CO_2	—	[189]
鱼肉	PCBs	CO_2	—	[190]
海洋沉积物	PCBs	CO_2	甲醇	[191]
海洋沉积物 CRM(标准参考物质)	PCBs	CO_2	—	[192]
海洋沉积物 CRM	PCBs	CO_2	—	[182]
海洋沉积物	PCBs	CO_2	—	[193]
海洋沉积物	生物可利用 PCBs	CO_2		[194]
海洋沉积物 CRM	PCBs	CO_2	—	[195]

2.11　超临界流体萃取技术在二噁英分析中的应用

二噁英是一类重要的环境污染物，世界各国及世界卫生组织等均非常重视。二噁英不是一个单一的物质，而是一类物质，通常认为包含多氯代二苯并-对-二噁英(PCDDs)、多氯代二苯并呋喃(polychlorinated dibenzofurans，PCDFs)、类二噁英多氯联苯(dioxin-like polychlorinated biphenyls，DL-PCBs)。因分子结构中氯原子取代位置与数量的不同，二噁英有众多同族体，其毒性也与氯原子的取代位置及数量存在紧密的相关性。二噁英类物质熔点较高，热稳定性强，蒸气压较低，难挥发，随氯原子取代数量的增加而水溶性降低，脂溶性增强，几乎不溶于水，其分解温度在 700℃以上，具有较好的耐酸碱性，自然环境中的微生物降解、水解、光解等过程对其无显著影响，因此，其在环境中难以降解，在水体、大气、土壤、沉积物、生物体等多种介质中长期存在。二噁英的生成机制比较复杂，目前认为其主要来源是废弃物焚烧、钢铁与其他金属生产、发电和供热、矿物产品生产、交通排放、化学品及消费品生产与使用、废弃物处置与填埋等。二噁英类物质有极强的急性毒性、皮肤毒性、致癌性、生殖毒性与内分泌干扰毒性、发育毒性、致畸性、免疫毒性、心血管系统、呼吸系统及神经系统毒性、非致癌毒性等[196]，一直是环境领域重点关注的污染物，已被联合国环境规划署列进 POPs 名单。因此，对环境介质中的二噁英进行检测具有重要意义。

超临界流体萃取技术的优点使其在二噁英类物质的萃取方面表现出良好的性能，目前已经有许多相关研究报道。但有研究发现对于高脂溶性的二噁英类物质，超临界流体萃取的效率比传统方法要低一些，但这种萃取效率的降低并不能掩盖该技术的优点，目前有多种可行的方法来针对性地提高其萃取效率。Miyawaki 等[197-199]采用超临界 CO_2 作为萃取剂萃取稻田土壤中的二噁英类物质时，发现加入一定量的水作为改性剂可以获得与传统萃取相近的萃取效果，同时采用氧化铝作为捕集剂可以获得比较“干净”的萃取物，可直接进行色谱分析。基于此，他们建立了快速分析土壤及沉积物中的 PCDDs、PCDFs 和 DL-PCBs 的新方法，其应用压力为 30 MPa，温度为 130℃，CO_2 流速为 2 mL/min，水的流速为 0.04 mL/min，动态萃取时间为 50 min，限流器温度为 70℃，固相收集装置温度控制为 150℃，洗脱剂为正己烷，以气相色谱-质谱(GC-MS)作为分析检测技术。与传统的索氏萃取净化等相比，其浓度具有很好的可比性，PCDDs 和 PCDFs 超临界流体萃取的相对标准偏差低于 21%，DL-PCBs 超临界流体萃取的相对标准偏差低于 19%，并且该分析过程的耗时只有 2 h，固相洗脱液无须净化即可分析，而传统的分析过程需要三天时间。对于锯木厂土壤而言，采用超临界 CO_2(400 atm，100℃)进行萃取时，无须改性剂，采用活性炭与硅藻土的混合物进行固相捕集净化，PCDDs 与 PCDFs 有很好的萃取效果[200]。

Kawashima 等[201-203]在超临界二氧化碳萃取 PCDDs、PCDFs 和 DL-PCBs 方面做了较多的研究工作，开发了半分批萃取装置与反流提取技术，二者之间存在很大的差异。采用反流超临界二氧化碳萃取与活性炭处理结合的方式去除鱼油中的 PCDDs、PCDFs 和 DL-PCBs，反流超临界二氧化碳(70℃，30 MPa)提取可以去除 PCDDs、PCDFs 和 DL-PCBs 浓度总量的 93%，毒性当量的 85%，随后的活性炭处理可以去除 PCDDs、PCDFs 和 DL-PCBs 浓度总量的 94%，毒性当量的 93%。与半分批萃取相比，少用 40% CO_2，而多产出 30%精制鱼油。研究发现，反流超临界二氧化碳萃取对 DL-PCBs 的去除非常有效，而活性炭处理则对 PCDDs 和 PCDFs 有比较好的处理效果，二者的有机结合具有非常好的实用性，为开发有效的提取与去除技术提供了较好的理论与技术参考。

废弃物焚烧是二噁英类物质的主要来源之一，因此焚烧炉产生的飞灰样品中含有二噁英类物质，准确检测其浓度对于优化焚烧炉应用参数及其处理工艺具有重要意义。飞灰的组分因废弃物的来源不同而有很大差异，同时也与烟气净化系统有关。飞灰组分的差异性使得在萃取时的条件会有很大的不同。有研究表明[204]，飞灰样品在超临界流体萃取前用 1 mol/L 盐酸处理 2 h 可以大大提高飞灰样品中二噁英类物质的萃取效率，主要可能因为飞灰样品多数是球形结构，二噁英类物质不仅吸附在其表面也吸附在其内部，盐酸处理后可以使萃取剂更容易进入球形内部，从而达到提高萃取效率的目的。温度与压力在二噁英类物质的萃取过程中是很重要的两个参数，温度升高，流体的密度及溶剂化能力降低，但是流体密度的降低可以增加溶质在流体中的溶解度，也就是增加了二噁英类物质溶入流体的可能性，同时温度的升高为被吸附的二噁英物质提供了脱附所需克服的能量壁垒，并阻止其再次被吸附。在 400 bar（1 bar=10^5 Pa）时，升高温度可以显著提高二噁英类物质的萃取率，在 145℃时，压力的影响相对较小。改性剂是提高萃取率的重要手段之一，在研究过程中发现，甲醇作为改性剂，可使萃取率提高 10%～20%，甲苯是比甲醇更好的改性剂，加入三氟乙酸再采用甲苯作为改性剂，萃取率可以达到 60%，对于某些飞灰样品可以达到 100%，但是有的样品萃取率的改进并不明显，特别是飞灰样品有残留活性炭存在情况下，其萃取率相对较低（约 10%）。如果在低温条件下（60℃），超临界压力的影响相对较大，同时采用 10%的甲苯作为改性剂，二噁英类物质的萃取率可以达到 80%[205]。另外，二噁英类物质的萃取率也可以通过采用其他物质（N_2O）作流体或通过酸处理来提高，此时萃取率可提高至接近 100%[206]，但是可能导致腐蚀、爆炸及成本问题，这使其应用推广受到了很大的限制。Onuska 和 Terry[207,208]也在采用超临界流体萃取城市焚烧炉飞灰中的二噁英时，发现采用 N_2O+2%甲醇萃取流体进行萃取，沉积物中的 PCDDs 在萃取 1 h 后的萃取率只有传统索氏萃取的 15%～20%，如果采用甲酸处理，萃取率可以得到显著改进，可以达到索氏萃取效果的 64%左右；当采用甲酸处理后，采用 N_2O+5%甲苯萃取时，PCDDs 的萃取率可以达到 110.5%，相应的萃取时间也更短，盐酸处理也可以达到较好的效果。因此，飞灰样品因组分的差异性，在萃取分离时，需要对不同来源的样品分别进行萃取方法优化，多个研究证实酸处理可提高萃取效率[204,209]。同时需要添加合适比例的改性剂以增加二噁英类物质在流体中的溶解度、替换飞灰介质活性位点上的二噁英类物质并阻止其再吸附。

2.12　超临界流体萃取技术在多溴二苯醚分析中的应用

20 世纪 70 年代，作为阻燃剂的多氯联苯及多溴联苯的危害性受到高度关注并被禁止使用。多溴二苯醚(PBDEs)具有良好的阻燃作用，作为溴代阻燃剂的典型代表，通过物理添加或者共价键合到聚合物上，具有添加量少、阻燃效率高、热稳定性好、对材料性能影响小、价格便宜等特点，很快成为主要的商用及家用产品等的阻燃剂，并在世界各地大量生产和使用[210,211]。PBDEs 主要以物理添加为主，这种物理方式添加的 PBDEs 通过淋溶等很容易进入环境中，因此通过环境的复杂作用，即使在距离生产与使用地点很远的地方，也能检测到它们的存在，同时研究发现许多环境样品中 PBDEs 的含量水平呈持续增长趋势。另外，PBDEs 的非极性和脂溶性导致它们可以通过生物积累及生物放大作用而延伸到各个营养级。近年来随着研究的进一步深入，对 PBDEs 的毒性获得了更多的认知，研究发现其具有较强的甲状腺激素毒性、肝脏毒性、内分泌干扰毒性、生殖发育及神经毒性等，因此作为一类新型环境污染物及重要的环境内分泌干扰物质，受到了多个国家及组织的关注。他们通过设定一些标准或规则来限制 PBDEs 的生产和使用，例如，欧盟在 2004 年及 2008 年相继禁止了五溴、八溴及十溴二苯醚的使用，有些国家仅禁止了十溴二苯醚的使用。基于其较高的环境与健康危害性，2009 年，《斯德哥尔摩公约》将四溴和五溴二苯醚(商用五溴二苯醚混合物)以及六溴和七溴二苯醚(商用八溴二苯醚混合物)列为新型持久性有机污染物。我国也是 PBDEs 的生产大国，自 2014 年起禁止生产、流通、使用和进出口商用五溴二苯醚和商用八溴二苯醚[211,212]。

多溴二苯醚是一类两个苯环通过醚键相连的溴代芳香化合物，理论上讲有 209 种同系物，其通式可以用图 2-5(a)表示，其在环境中的代谢物用图 2-5(b)表示。

PBDEs 分子量较大、熔点高、蒸气压低、水溶性低、辛醇-水分配系数高，具有较强的疏水性、持久性和生物富集性，经地面径流进入水体后，更易于在颗粒物和沉积物中吸附以及在生物体内富集，最后通过食物链进入人体。近几年来国内外对水体及沉积物等环境样品的研究表明，PBDEs 不仅在环境中的含量逐渐增加，并且在人体中的含量也在逐年增加。我国是电子垃圾处理大国，特别是汕头市贵屿镇、浙江台州市、广东佛山市等地，目前已在其环境生物样品和人体血清、头发等样品中检测到 PBDEs 的残留，国内外河流沉积物、水产品、水样、不同地区大气颗粒物、血清、母乳等样品中均检测到了不同水平的 PBDEs[213,214]。因此研究 PBDEs 的相关分析方法具有很重要的意义。

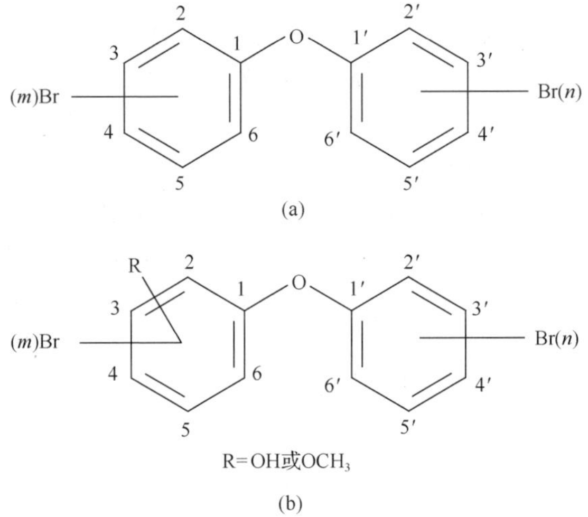

(a)

R=OH或OCH_3

(b)

图 2-5　PBDEs 及其主要代谢物结构式

生物样品及沉积物样品中含有大量的脂类物质或者含有硫等杂质，会同时萃取到萃取液中，干扰分析结果，通常可以采用有效的方法去除干扰。对于硫的去除，通常采用加入铜粉或采用凝胶渗透色谱(gel permeation chromatography，GPC)来消除干扰。对于脂类物质，目前用得比较多的方法有两类，一类是非破坏性方法，另一类是破坏性方法。非破坏性方法就是采用 GPC 来解决，或者采用固相吸附剂，如硅胶、Al_2O_3 等，通常采用两种吸附剂混合使用来达到更佳的效果；破坏性方法则是采用硫酸处理、碱的醇溶液处理、硫酸处理过的硅胶处理等。超临界流体萃取技术可以通过多种不同的方法获得比较干净的萃取物，进而进行色谱分离分析。研究表明[121]，在温度为 60℃、压力为 165 bar、CO_2 流速为 2 mL/min 情况下，采用静态与动态萃取相结合，萃取时间分别为 5 min 和 25 min，正己烷作为收集后的洗脱剂，水产品中 BDE-47、BDE-99、BDE-100 的检测限分别为 0.7 ng/g、0.24 ng/g、0.23 ng/g，样品中脂类用 Al_2O_3 和酸性硅胶混合物进行有效去除。地中海长须鲸、巨头鲸、宽吻海豚、条纹海豚、花纹海豚鱼肝脏样品采用超临界 CO_2(281 bar，40℃，CO_2 流速 2 mL/min)萃取分离其中的 PBDEs 时，其中脂类物质应用碱性氧化铝进行控制，萃取 25 min，萃取物用正己烷与二氯甲烷解吸，GC-MS 检测，发现条纹海豚中 PBDEs 浓度最高(总浓度 8133 ng/g)，宽吻海豚中最低，主要同系物为 BDE-47，其他按浓度顺序分别为 BDE-99、BDE-100、BDE-154、BDE-153[215]。分析斯瓦尔巴特群岛及波罗的海环斑海豹的肝脏样品中 PBDEs 污染时，超临界 CO_2(280 bar，40℃，CO_2 流速 1.5 mL/min，萃取 25 min)萃取可以达到比较好的效果，样品中的脂类物质采用碱性硅胶与酸性硅胶处理，其结果与上面的研究很相似，BDE-47 是主要的污染 PBDEs，波罗的海环斑海豹肝脏样品中总 PBDEs 是斯瓦尔巴特群岛环斑海豹肝脏中的六倍多[216]。

超临界流体萃取中采用 CO_2 主要是因为其在超临界状态下具有非常好的扩散性能及可调的溶剂强度，另外就是可以在低温及非氧化性介质中进行萃取，并且可以对热不稳定及易氧化的物质进行萃取。采集室内灰尘有机污染物标准物质(NIST SRM 2585)进行初步探究，结果表明[217]，在 204 atm 下，采用 R34a (1,1,1,2-四氟乙烷，永久偶极矩 2.05 D；临界参数：101.1℃，40.6 atm)作为超临界流体进行 PBDEs 的萃取，不同样品处理获得的结果存在较大的差异，直接以干样品萃取分析时，八种 PBDEs 在三个温度 110℃、150℃、200℃的回收率都不太理想，基本上都低于 50%，采用惰性介质对渥太华点火砂进行混合处理，萃取效率获得了很大的改进，主要是这种混合处理有利于更多的流体进入灰尘颗粒内部，使更多的 PBDEs 进入流体中从而提高萃取效率。而采用二氯甲烷进行湿处理，可以有效破坏基质-目标物之间强的相互作用，从而减少脱附所需的能量，进而对温度的要求就低得多。另外，通过湿处理，灰尘颗粒膨胀，颗粒内部的微通道打开，低黏度的流体可以很容易地通过而提高了其萃取动力，同时萃取的重现性也得到了显著改善，在 200℃下，用二氯甲烷处理后，BDE-209 获得了较高的萃取率(86.5%)，为开发相关样品中 PBDEs 的前处理方法提供了比较好的参考。家用电器的塑料制品中含有的 PBDEs，可以通过溶剂化处理、离心分离将不溶性的 deca-BDE 分离，进而采用超临界 CO_2 萃取(65℃，20MPa)，PBDEs 的萃取率可以达到 97%[218]。

2.13　超临界流体萃取在全氟化合物分析中的应用

全氟化合物(perfluorinated compounds，PFCs)是一类人工合成的化学品，分子中与碳原子连接的氢原子全部被氟原子取代，主要包括全氟烷基磺酸(PFSAs)、全氟烷基羧酸(PFCAs)、全氟调聚醇类化合物(perfluoroinated telomeric alcohol compounds, PFTOHs)、全氟辛基磺酰胺类化合物(perfluorooctanesulfonamides, PFOSAs)、全氟磷酸(膦酸)及其酯类等，其中最典型的就是全氟辛基磺酸盐(perfluooctane sulfonate，PFOS)和全氟辛酸(pentadecafluorooctanoic acid，PFOA)。全氟化合物有极好的疏油、疏水性能，在化工、纺织、涂料、地毯、皮革、表面活性剂、炊具制造、包装材料、润滑剂、电镀、灭火剂、半导体及航空工业等领域获得了广泛的应用[219-224]。

全氟化合物中烷基链由碳原子与氟原子组成，由于氟的电负性较强，碳氟键是非常强的共价键，因此全氟化合物具有很强的化学稳定性、表面活性及强的耐高温性能，同时也难以发生光解、水解及微生物降解等。多年来的广泛使用使得全氟化合物可以通过多种途径进入环境中。由于其稳定的化学性质，其在环境中可以持久存在。自 20 世纪 90 年代末期在环境中发现 PFOS 以来，已经在世界范围内的饮用水、地表水、地下水、沉积物、土壤、生物等多种介质中发现了全氟化合物的广泛存在[219-224]。全氟化合物不仅可以通过食物链进行富集，同时可以通过洋流或者大气的干、湿沉降作用进行远距离传输，所以在北冰洋及其邻近地区的海洋哺乳动物、格陵兰岛附近海域的海洋哺乳动物体内检测到了全氟化合物，有些全氟化合物的浓度呈现增加的趋势[219,225-227]。近年来的研究表明，全氟化合物具有多种毒性效应，如肝脏毒性、神经毒性、生殖和发育毒性、免疫毒性、内分泌干扰活性、致癌性等。因此，全氟化合物等的污染问题引起了各个国家及国际组织的高度关注，许多组织对多种全氟化合物的使用及生产进行了规范性的要求。2009 年，PFOS 及其盐和全氟辛基磺酰氟被正式列入 POPs 名单，其相关的污染与健康问题已成为环境科学与毒理学研究的热点。

全氟化合物的污染问题引起了环境工作者的广泛关注，开发高效的分析方法就成为开展相关研究和进行环境控制及管理的前提。样品采集是环境分析的重要环节，针对不同的环境介质，全氟化合物采样技术也是千差万别。例如，对传统大气采样器与环形扩散管式采样器以及不同收集材料进行的研究发现，环形扩散管式采样器-滤芯填充体系可实现高效采集分析大气相和颗粒物中全氟烷基磺酸、全氟烷基羧酸、全氟调聚醇类、全氟辛基磺酰胺等多种全氟化合物，其解决了传统大体积采样器存在的对颗粒物中相关污染物浓度高估的问题，相比较而言，获得的结果更准确，有利于对全氟化合物的传输及危害进行客观的评价[221,228]。对于水样品而言，采用固相萃取富集与 LC-MS-MS 相结合的方法是目前全氟化合物分析的主要前处理方法，部分全氟化合物也可以通过衍生后采用 GC-MS 进行灵敏分析。江桂斌等在全氟化合物的研究方面做了大量的工作，他们用表面活性剂修饰的固相萃取与 HPLC-ESI-MS-MS 联用技术、固相萃取净化与 HPLC-TOF-MS 技术、固相萃取-基质辅助激光解吸电离飞行时间质谱(matrix assisted laser desorption ionization-time of flight mass spectrometry，MALDI-TOF-MS)检测技术等，对多种介质的环境样品进行了分析，提供了大量有关全氟化合物污染水平的基础数据[229-234]。

目前超临界流体萃取在全氟化合物的样品萃取方面应用得相对较少，但是也有研究者开展了初步尝试。以滤纸、纺织品、砂样为介质，采用超临界流体萃取-液相色谱-质谱分析的研究表明[235]，PFOS、PFOA 在通常情况下易于离子化，而超临界 CO_2 相比较而言是非极性溶剂，对极性化合物的溶解性能相对较低，直接采用超临界 CO_2 的萃取效率较低，几乎不能萃取；采用 10%甲醇作为改性剂，滤纸样品中 PFOA 的萃取率为 30%，而 PFOS 无明显效果，这种现象的主要原因是 PFOA、PFOS 是极性大的有机酸。为了获得更高的萃取效率，可添加强的无机酸抑制解离，使其以分子状态存在，极性相对变小，从而促进超临界流体萃取过程的进行，实验结果也证实了这一点。添加 16 mol/L HNO_3 作为抑制剂，PFOA 的萃取率达到 80%，主要原因是强酸抑制了 PFOA 的解离，同时水溶液也减弱了 PFOA 与滤纸样品之间的相互作用。但是其对 PFOS 萃取效率的增加依然有限，主要是因为 PFOS 是更强的酸，同时 PFOS 在超临界 CO_2 中的溶解度较小。因此，采用单一的改性剂不能获得满意的萃取效率。混合溶剂作为改性剂的研究表明，硝酸与甲醇可以产生协同作用，PFOA 与 PFOS 的萃取效率均获得了显著提高，20%甲醇与 16 mol/L 硝酸作为改性剂，PFOA 与 PFOS 的萃取率分别可以达到 87%和 57%，再采用 20%甲醇作为改性剂进行二次萃取，还分别可以获得 15%的萃取率和 27%的萃取率，最终 PFOA 可以达到完全萃取，PFOS 的总萃取率为 84%。对于纺织品样品，PFOA 与 PFOS 的总萃取率分别可以达到 90%和 80%，沙样品中 PFOA 与 PFOS 的总萃取率要低一些，分别为 77%和 59%，可能是 PFOA 和 PFOS 与沙样之间的吸附作用力更强。

沉积物也是典型的环境介质，其中全氟化合物的萃取也是被关注的重点内容之一。全氟化合物的直接萃取有些困难，主要归因于 PFOA、PFOS 易解离，采用强酸抑制改性剂提高萃取率是可行的技术途径之一。除此之外，合理地衍生，减弱 PFOA、PFOS 的极性及易解离性能也是重要的方法。研究表明[236]，在静态萃取模式下，以正丁醇为衍生试剂，以固相微萃取(solid phase micro-extraction，SPME)纤维为收集剂，采用 GC-NCI(negative chemical ionization，负化学电离源)-MS/MS，可以实现沉积物中 PFOA 的原位衍生超临界流体萃取与顶空固相微萃取相结合高效检测 PFOA，萃取条件为 70℃、30 MPa、静态萃取 10 min、动态萃取 20 min，正丁醇用量 500 μL，线性范围为 5～5000 ng/g，检测限在 0.39～0.54 ng/g。由此可以看出，超临界流体萃取可以通过不同的技术手段，实现全氟化合物的萃取与分离，达到非常好的萃取效果，在全氟化合物的污染控制与安全性评价方面具有非常好的应用潜力。

2.14　超临界流体萃取技术应用实例

2.14.1　土壤样品中多环芳烃的萃取分离检测[99]

1. 试剂与材料

16 种多环芳烃标准物质{萘(Nap)、苊烯(Acy)、苊(Ace)、芴(Flu)、菲(Phe)、蒽(Ant)、荧蒽(Flua)、芘(Pyr)、苯并[*a*]蒽(BaA)、䓛(Chry)、苯并[*b*]荧蒽(BbF)、苯并[*k*]荧蒽(BkF)、苯并[*a*]芘(BaP)、茚并[1,2,3-*cd*]芘(IcdP)、二苯并[*a,h*]蒽(DBA)、苯并[*g,h,i*]苝(BghiP)}的甲醇/二氯甲烷溶液(1∶1, *v/v*)购自 AccuStandard 公司(纽黑文，美国)，每一种多环芳烃的浓度为 200 ppm(1 ppm=10^{-6})。15 种多环芳烃衍生物标准物质[2-甲基萘(2-MN, 97%)、1,4-萘醌(1,4-NQ, 95%)、2-硝基

芴(2-NF, 99%)、蒽酮(Antr)、蒽醌(AQ, 98%)、1,5-二硝基萘(1,5-DNN, 97%)、1-硝基萘(1-NA, 99%)、2-甲基-1-硝基萘(2-M-1-N, 99%)、1-甲基芘(1-Mpyr, 97%)、1-硝基芘(1-Npyr, 98%)、2,6-二硝基萘(2,6-DMN，98%)、苯并蒽酮(BAQ，98%)、苯并蒽-7,12-二酮(BaA-7, 12-Q, 95%)、9-硝基蒽(9-NA, 85%)、9-芴酮(9-FI)]购自Acro Organics(新泽西，美国)。氘代内标䓛(Chry)-D12 和苝(Pery)-D12 购自AccuStandard 公司。所用溶剂甲醇、正己烷、二氯甲烷、甲苯等都是 HPLC 级，购自 Fisher 公司。含 16 种 PAHs 及 15 种 PAHs 衍生物的 50 ppm 储备液采用甲苯配制，保存在冰箱(4℃)备用。硅藻土加标(PAHs，多环芳烃衍生物，内标)用于评价超临界流体萃取性能参数，C_{18}和多壁碳纳米管用作捕集剂。

2. 仪器与设备

Waters 公司 MV-10 型 ASFE 系统用于超临界流体萃取；MV-10 ASFE 系统由四个泵(一个输送 CO_2、两个输送改性剂、一个输送补充溶剂)、一个柱型萃取池、一个反压调节器组成；整个系统由 Scope^{TM} 软件控制，体积流速由 CORI-FLOW 设备测定；Bruker SCION TQ 气相色谱-质谱仪用于 PAHs 及其衍生物测定；安捷伦 HP-5 毛细管柱(5%二苯基-95%二甲基聚硅氧烷，30 m×0.25 mm i.d., 0.25 μm 膜厚)用于分离，不分流进样。

色谱条件：检测模式，SIM(选择离子模式)；进样口温度，280℃；进样体积，1 μL；载气，氦气；载气流速，1 mL/min。程序升温，以 10℃/min 的升温速率从 50℃升到 120℃；然后以 3℃/min 的升温速率升到 300℃，保持 2 min；再以 20℃/min 的升温速率升到 320℃，保持 20 min，溶剂延迟时间设为 7 min。质谱采用电子撞击(EI)模式，离子源温度为 250℃。全扫描记录质量数 *m/z* 为 50～500。

3. 超临界流体萃取过程

土壤样品取自中国石油大学(北京)校园，土壤样品碾细过 100～200 目筛，储存备用。取 5 g 加标土壤样品(5 ppm PAHs)及三个水平(12 μL 12 ng/g、50 μL 50 ng/g、200 μL 200 ng/g)多环芳烃衍生物装入 10 mL 萃取池中，同时加入内标 5 ppm 40 μL(40 ng/g)。萃取前静置 30 min，萃取压力为 300 bar，温度为 40℃，超临界 CO_2(10%二氯甲烷作为改性剂)流速 1 mL/min，动态萃取 15 min。吸附到碳纳米管上的分析物采用 3×1 mL 二氯甲烷洗脱下来，以氮气吹干，1 mL 甲苯定容，进行 GC-MS 分析。

4. 实验结果

超临界流体萃取及定量分析结果见表 2-7 与表 2-8，色谱图见图 2-6。

表 2-7　16 种 PAHs、15 种 PAHs 衍生物 GC-MS 分析保留时间及定量离子(SIM)

分析物	保留时间(min)	定量离子(*m/z*)	确认离子(*m/z*)
Nap	8.74	128	102
2-MN	11.02	142	126、115
2,6-DMN	13.82	156	141、128
1,4-NQ	13.99	158	102、130
Acy	15.11	152	76、126
Ace	16.14	154	76、126
Flu	19.15	166	115、139
1-NA	19.89	173	115、127
2-M-1-N	20.77	187	115、128
9-FI	24.08	180	152、126
Phe	25.41	178	89、152
Ant	25.72	178	89、152
Antr	30.79	194	165
1,5-DNN	30.83	218	114
AQ	31.40	208	180、152
Flua	34.07	202	150、172
Pyr	35.56	202	101、174
2-NF	35.60	211	194、165
9-NA	36.53	223	193、176
1-Mpyr	39.97	216	200、189
BaA	44.89	228	113、200
Chry-D12	44.99	240	120、236
Chry	45.16	228	113、200
BAQ	46.02	230	202、131
BaA-7,12-Q	48.48	258	230、202
1-Npyr	48.82	247	217、201
BbF	52.59	252	126、224
BkF	52.77	252	126、224
BaP	54.59	252	126、224
Pery-D12	54.99	264	260
IcdP	61.33	276	138
DBA	61.67	278	139
BghiP	62.62	276	138

表 2-8 线性范围、检测限、PAHs 及其衍生物在土壤样品中的加标回收率

分析物	线性范围(ng/mL)	相关系数(r)	检测限(ng/mL)	定量限(ng/mL)	回收率 L[a] (%, RSD)	回收率 M[b] (%, RSD)	回收率 H[c] (%, RSD)
Nap	10～1000	0.998	1	5	68.0(1.3)	71.1(8.6)	76.0(3.9)
2-MN	10～1000	0.998	1	5	54.2(2.0)	66.3(6.4)	66.2(3.5)
2,6-DMN	10～1000	0.997	1	5	51.0(1.7)	68.4(5.1)	68.0(3.7)
1,4-NQ	10～1000	0.997	1	5	66.4(2.6)	74.1(7.3)	73.1(4.7)
Acy	10～1000	0.997	1	5	76.9(2.6)	70.3(6.2)	83.8(3.4)
Ace	10～1000	0.997	1	5	55.7(2.1)	63.4(5.4)	73.1(3.0)
Flu	10～1000	0.996	1	5	56.8(2.6)	62.9(4.8)	82.0(2.9)
1-NA	10～1000	0.999	1	5	72.2(2.5)	87.5(6.5)	78.5(6.7)
2-M-1-N	10～1000	0.999	1	5	76.0(7.1)	87.8(7.9)	83.4(5.2)
9-FI	10～1000	0.998	1	5	62.7(2.6)	67.2(3.1)	62.7(4.9)
Phe	10～1000	0.997	1	5	58.8(2.6)	68.9(4.6)	60.9(2.6)
Ant	10～1000	0.996	1	5	70.5(2.9)	74.8(5.5)	76.6(3.7)
Antr	10～1000	0.998	2	5	68.6(0.8)	88.0(3.3)	98.8(1.7)
1,5-DNN	50～1000	0.999	10	50	—	92.8(2.1)	106.9(3.5)
AQ	10～1000	0.997	1	5	71.1(12.2)	76.6(4.2)	71.3(3.7)
Flua	10～1000	0.997	1	5	72.1(1.9)	75.1(3.5)	72.3(2.5)
Pyr	10～1000	0.997	1	5	80.5(1.2)	81.5(3.0)	81.1(2.9)
2-NF	10～1000	0.999	2	5	88.3(4.6)	97.0(2.4)	104.9(8.0)
9-NA	10～1000	0.999	1	5	72.2(0.9)	80.5(13.7)	78.7(2.3)
1-Mpyr	10～1000	0.999	1	5	73.2(7.9)	79.8(4.1)	81.0(7.0)
BaA	10～1000	0.999	1	5	77.3(0.9)	90.9(2.5)	106.1(3.6)
Chry	10～1000	0.998	1	5	82.8(1.0)	84.4(1.9)	92.0(2.6)
BAQ	10～1000	0.999	1	5	93.1(2.2)	96.4(6.2)	101.3(2.8)
BaA-7,12-Q	10～1000	0.999	1	5	77.5(4.9)	77.4(5.6)	93.6(0.5)
1-Npyr	10～1000	0.999	2	5	74.8(6.6)	93.0(3.6)	88.5(1.0)
BbF	10～1000	0.997	1	5	78.4(1.1)	81.2(3.3)	83.2(2.6)
BkF	10～1000	0.996	1	5	82.4(0.9)	88.4(3.2)	88.4(2.9)
BaP	10～1000	0.998	1	5	96.3(1.9)	111.8(4.1)	109.1(3.9)
IcdP	10～1000	0.997	1	5	77.1(1.6)	97.7(2.9)	105.0(2.4)
DBA	10～1000	0.993	1	5	70.5(1.0)	79.2(2.2)	100.1(4.6)
BghiP	10～1000	0.998	1	5	102.5(5.6)	109.7(3.4)	104.3(3.6)

a,低浓度加标(12 ng/g)土壤样品回收率；b,中等浓度加标(50 ng/g)土壤样品回收率；c,高浓度加标(200 ng/g)土壤样品回收率。

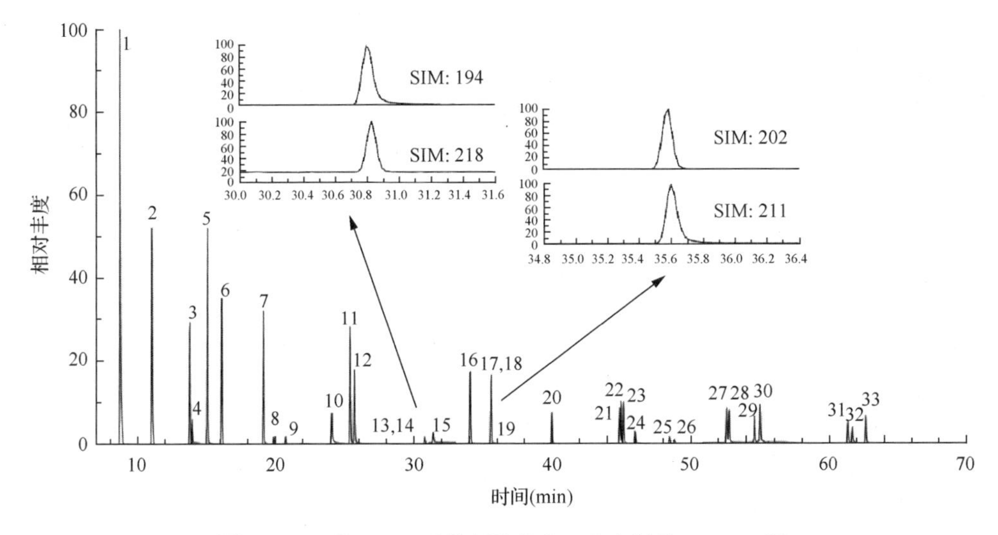

图 2-6　31 种 PAHs 及其衍生物和 2 个内标的 GC-MS 图

1. Nap；2. 2-MN；3. 2,6-DMN；4. 1,4-NQ；5. Acy；6. Ace；7. Flu；8. 1-NA；9. 2-M-1-N；10. 9-FI；11. Phe；12. Ant；13. Antr；14. 1,5-DNN；15. AQ；16. Flua；17. Pyr；18. 2-NF；19. 9-NA；20. 1-Mpyr；21. BaA；22. Chry-D12；23. Chry；24. BAQ；25. BaA-7,12-Q；26. 1-Npyr；27. BbF；28. BkF；29. BaP；30. Pery-D12；31. IcdP；32. DBA；33. BghiP

2.14.2　水果样品中二苯胺的萃取分离检测[141]

1. 试剂与材料

癸酸购自 Fluka 公司(布克斯，瑞士)，氢氧化四丁基铵(40%水溶液)购自 Sigma-Aldrich 公司(密尔沃基，美国)，超纯水采用 Aqua Max-Ultra Youngling 公司超纯水系统制备(东安，韩国)，HPLC 级甲醇、乙腈购自 Caledon 公司(安大略，加拿大)，二苯胺购自 Merck 公司(达姆施塔特，德国)，CO_2(99.99%)购自 Sabalan 公司(德黑兰，伊朗)，其他试剂均为分析纯。

2. 仪器与设备

Suprex MPS/225 萃取仪(超临界萃取模式)，1 mL 不锈钢萃取池；可调节限流器用于收集萃取液，限流器配备电子加热装置避免样品堵塞；瓦里安液相色谱配备 9012 色谱泵、20 μL 定量环、瓦里安 9050 紫外可见检测器；ODS-3 色谱柱(150 mm×4.6 mm, 5 μm)用于分析分离。

色谱条件：流动相，甲醇∶水(70∶30，*v/v*)；流动相流速，1 mL/min；检测波长，280 nm。

3. 实验过程

1) 超临界流体萃取过程

水果样品削碎冻干去除水分，冻干样品均质化并过筛(0.02～0.05 mm)，保存在玻璃瓶中备用。

超临界 CO_2 的压力设为 240 bar，温度控制为 55℃，CO_2 流速为 0.5 mL/min，50 μL 甲醇作为改性剂，5 mL 水(pH=3)作为收集剂。静态萃取 5 min，动态萃取 30 min。

2) 超分子微萃取过程

烷基羧酸在水溶液中可以转化为多种结构，去质子羧酸形成胶束，与羧酸分子一起可以形成囊泡。癸酸及癸酸根在水溶液中可以形成水溶性的小囊泡，当癸酸与癸酸根的摩尔比达到 1∶1 时囊泡数量及稳定性达到最佳。除了疏水性相互作用外，氢键作用也促进了分子集聚，水溶液中加入氢氧化四丁基铵可以形成更大的由癸酸与癸酸四丁基铵组成的囊泡，癸酸根的负电荷被四丁基铵阳离子中和，避免了它们之间的静电相互作用，从而更易于形成大的囊泡。这些囊泡与水不相溶，密度比水小，从而与水分离。超分子微萃取就是通过这种囊泡的形成达到萃取的目的。本实验过程中，5 mL 超临界流体萃取液用去离子水稀释到 25 mL，溶液 pH 调到 7，然后加入 40 μL 超分子溶剂，搅拌速率为 850 r/min；萃取时间 20 min，然后放入冰水浴中 3 min，固化溶剂转移熔化进行 HPLC 分析。

4. 实验结果

建立的超临界流体萃取与超分子微萃取联用技术方法的线性范围为 0.5～7.0 mg/kg，检测限为 0.2 mg/kg，日内精密度为 10.3%，日间精密度为 7.1%。实际样品分析结果见表 2-9 和图 2-7。

表 2-9　实际水果样品的分析结果

样品	苹果	橙子	梨
二苯胺空白浓度(mg/kg)	0.84	0.58	0.62
相对回收率 1(%，加标 1 mg/kg)	90.4	98.0	101
相对标准偏差 1(%)	5.8	6.8	6.3
相对回收率 2(%，加标 2 mg/kg)	94.0	90.0	96.0
相对标准偏差 2(%)	6.5	7.2	7.0

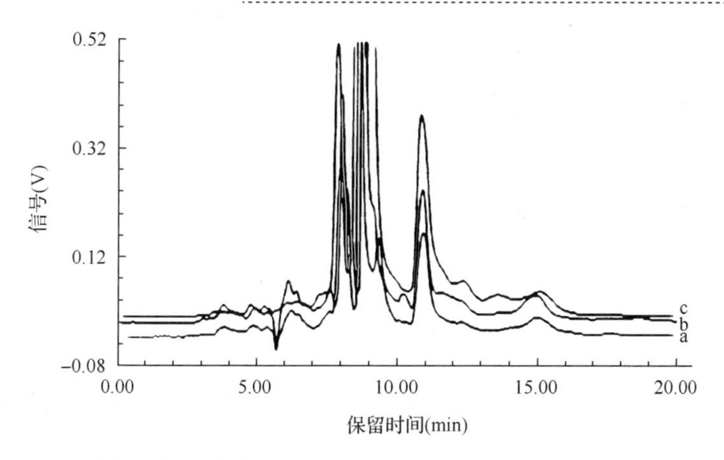

图 2-7　二苯胺经超临界流体萃取-超分子微萃取联用后苹果样品的 HPLC-UV 图

a.空白；b、c.加标样品

2.14.3　土壤样品中烷基酚的萃取分离检测[158]

1. 试剂与材料

烷基酚标准样品包括 2-甲基酚、2,6-二甲基酚、2,4-二甲基酚、2,3,5-三甲基酚以及苯酚、丙酮、四氯化碳、甲醇、氯化钠，均购自 Merck 公司，CO_2(99.99%)购自 Sabalan 公司(德黑兰，伊朗)。

2. 仪器与设备

Suprex MPS/225 萃取仪(超临界流体萃取模式)，3 mL 萃取池；DuraFlow 限流器用于收集萃取物，限流器配备电子加热装置避免样品堵塞；HP 5970 气相色谱-质谱用于烷基酚的分析检测；HP-5 毛细管柱(30 m×0.25 mm i.d., 0.25 μm 膜厚)用于烷基酚的分离；Star Sonic 60 超声波发生器用于后续的分散液液微萃取。

色谱条件：载气，氦气；载气流速，1.0 mL/min；程序升温：100℃保持 2 min，以 15 ℃/min 升温速率升到 180℃，保持 1 min，然后以 20 ℃/min 的升温速率升到 220℃，保持 1 min。

3. 实验过程

将土壤样品在室温下晾 4 天，过筛得到粒径为 0.2～0.5 mm 的样品备用。2 g 样品与玻璃珠混合后置于萃取池中，加烷基酚标样 50 μL(100 mg/L)，溶剂挥发完后，向土壤样品中加 100 μL 甲醇作为改性剂。

1) 超临界流体萃取过程

超临界 CO_2 压力为 300 atm，温度为 65℃，静态萃取 10 min，动态萃取 50 min，

萃取物用丙酮(0.3 mL/min)收集，收集装置放在冰水中。

2)超声辅助分散液液微萃取过程

收集液加入 20 μL 四氯化碳，注入含 15% NaCl 的 3 mL 水中，然后放入 14 mL 具塞玻璃管中。超声处理 4 min，然后 3500 r/min 离心 5 min，取 0.5 μL 沉积相加 0.5 μL 苯酚标准溶液作为内标进行 GC-MS 检测。

4. 实验结果

以超临界流体萃取-超声辅助分散液液微萃取-气相色谱-质谱分析酚类化合物，有关参数及实际土壤样品分析结果分别见表 2-10、表 2-11 和图 2-8。

表 2-10 超临界流体萃取-超声辅助分散液液微萃取-气相色谱-质谱分析酚类化合物的相关参数

污染物	线性范围(mg/kg)	检测限(mg/kg)	相关系数	RSD(%)	回收率(%)
2-甲基酚	0.125～25	0.062	0.9997	6.47	84.69
2,6-二甲基酚	0.125～25	0.062	0.9989	5.11	87.53
2,4-二甲基酚	0.125～25	0.062	0.9986	6.75	86.83
2,3,5-三甲基酚	0.125～25	0.062	0.9998	4.93	88.75

表 2-11 实际土壤样品分析结果

实际样品	C_0(mg/kg)				加标 0.25(mg/kg)				相对回收率(%)				RSD(%)			
	1	2	3	4	1	2	3	4	1	2	3	4	1	2	3	4
S_1	—	0.23	—	0.16	0.22	0.46	0.23	0.39	88.54	91.22	92.48	92.85	5.33	7.93	7.48	6.06
S_2	—	—	0.21	0.08	0.21	0.23	0.43	0.31	88.27	92.38	89.65	91.77	31.6	6.55	6.28	5.45
S_3	0.14	0.1	0.22	0.18	0.35	0.33	0.44	0.41	84.14	92.49	88.06	92.17	7.93	5.86	7.54	6.11

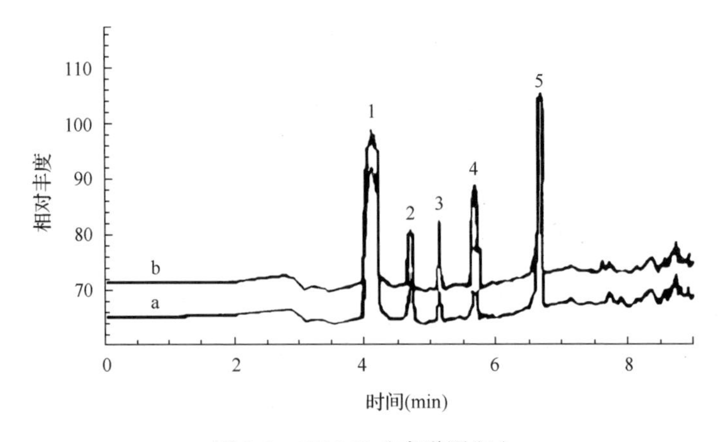

图 2-8 GC-MS 分离谱图(S_2)

a.空白样品；b.加标样品。1. 苯酚；2. 2-甲基酚；3. 2,6-二甲基酚；4. 2,4-二甲基酚；5. 2,3,5-三甲基酚

2.14.4　沉积物中全氟羧酸的检测[236]

1. 试剂与材料

四种全氟羧酸(PFC_7A，99%；PFC_8A，96%；PFC_9A，98%；$PFC_{10}A$，98%)购于 Sigma-Aldrich 公司，1000 μg/mL 储备液采用丙酮配制，储备液均保存在冰箱中(4℃)。其基本信息及分析条件见表 2-12。超临界流体用 CO_2 由国内公司提供。海砂样品购自 Showa Yakuhin Kako 公司(东京，日本)。无水硫酸钠购自 Riedel-de Haen 公司(德国)，正丁醇、硫酸购自 Merck 公司(德国)。

表 2-12　分析条件

化合物	分子质量(*m/z*)	分子式	保留时间(min)	定量离子(*m/z*)	定性离子(*m/z*)
PFC_7A-Bu	420	$CF_3(CF_2)_5CO_2C_4H_9$	14.95	400～328	400～357
PFC_8A-Bu	470	$CF_3(CF_2)_6CO_2C_4H_9$	15.83	450～378	450～407
PFC_9A-Bu	520	$CF_3(CF_2)_7CO_2C_4H_9$	16.66	500～428	500～457
$PFC_{10}A$-Bu	570	$CF_3(CF_2)_8CO_2C_4H_9$	17.45	550～478	550～507

2. 仪器与设备

ISCO SFX-220 萃取系统(SFX-220 萃取器、SFX-200 控制器、260 D 注射泵及二氧化碳钢瓶)用于超临界流体萃取。商用固相微萃取(SPME)手柄及萃取纤维均购自 Supelco 公司(美国)，SUPER CO-150 柱温箱用于控制超临界流体萃取的限制器的温度及 SPME 的吸附温度。7 mL 样品放在柱温箱中用于连接 SFE 与 SPME 装置。GC-MS-MS 用于收集物的检测，DB-624 毛细管柱(60 m×0.25 mm×1.4 μm)用于全氟羧酸衍生物的分离。

色谱条件：进样口温度，300℃；程序升温：初始温度 50℃，保持 3 min，以 10℃/min 的速率升至 200℃，恒温 8 min。载气，氦气；载气流速，1.2 mL/min；碰撞气体，1 mTorr(1 Torr=1.33322×10^2 Pa)氩气；离子化模式，负化学离子化；反应气体，甲烷(流速 1.2 mL/min)；传输线温度，260℃；离子源温度，150℃；溶剂延迟时间，11 min；发射电流，25 μA。

3. 实验原理

全氟羧酸在硫酸作用下与正丁醇反应转化为相应的酯，反应如下式：

$$F_3C—RCOOH + C_4H_9—OH \longrightarrow F_3C—RCOO—C_4H_9 + H_2O$$

全氟羧酸丁基酯分子中有多个氟原子，这些氟原子有很高的电负性，负化学离子化过程中有非常强的响应。PFC_8A-Bu 的负化学离子化质谱图见图 2-9。

$[M-HF]^-$ (*m/z* 450) 是最丰富的片段离子，*m/z* 为 470 的分子离子峰比较低，$[M]^-$、$[M-HF]^-$、$[M-2HF]^-$、$[M-C_4H_9F]^-$、$[M-OC_4H_9F]^-$、$[M-O_2C_5H_9F]^-$、$[M-O_2C_5H_9F_3]^-$均存在。

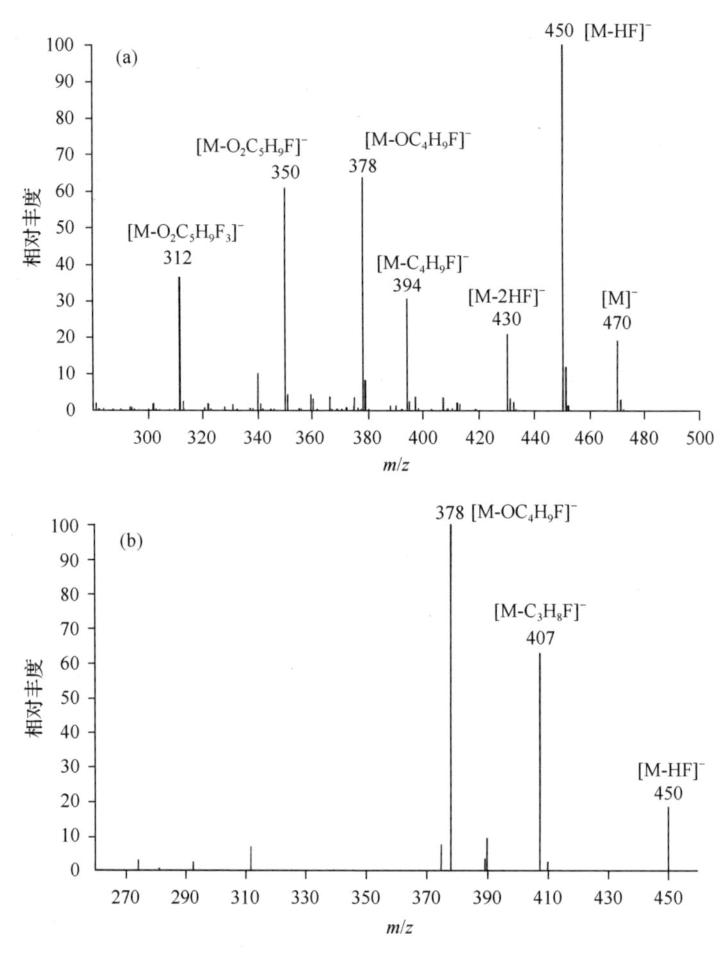

图 2-9 PFC_8A-Bu 的负化学离子化全扫描质谱图(a)及碎片质谱图(b)

4. 实验过程

将沉积物样品研磨均一化，冻干并过筛(0.177 mm)，低温保存(4℃)。未污染的沉积物样品 R_1 加标 100 ng/g(四种全氟羧酸)作为加标样品。将 20 mL 丙酮加到样品中，混匀，过夜，丙酮挥发除去。取 1 g 无水硫酸钠放到超临界流体萃取池中，加入混合好的 0.5 g 加标沉积物样品和 0.5 g 海砂，再加入 500 μL 正丁醇和 50 μL 硫酸。

超临界流体萃取过程：萃取温度，70℃；萃取压力，30 MPa；静态萃取时间，

10 min；动态萃取时间，20 min；SPME 萃取温度，70℃。

5. 实验结果

实验建立了 SPME 与超临界流体萃取结合，并与 GC-NCI-MS/MS 联用检测沉积物样品的 PFOA 方法，在最佳条件下，其获得了较好的分析参数，见表 2-13。七种沉积物样品的分析结果见表 2-14。沉积物 R_2 的分析结果见图 2-10。

表 2-13　分析参数

化合物	线性范围(ng/g)	检测限(ng/g)	定量限(ng/g)	相关系数(*r*)
PFC_7A-Bu	5～5000	0.54	1.8	0.998
PFC_8A-Bu	5～5000	0.48	1.6	0.998
PFC_9A-Bu	5～5000	0.42	1.4	0.998
$PFC_{10}A$-Bu	5～5000	0.39	1.3	0.997

表 2-14　沉积物样品的分析结果[a]

实际样品	PFC_7A-Bu	PFC_8A-Bu	PFC_9A-Bu	$PFC_{10}A$-Bu
R_1	ND	ND	ND	ND
R_2	ND	700	963	ND
R_3	ND	571	762	ND
R_4	ND	3052	ND	862
R_5	ND	3281	ND	282
R_6	ND	681	ND	2881
R_7	ND	1532	2541	4473

ND,未检出；a,单位 ng/g。

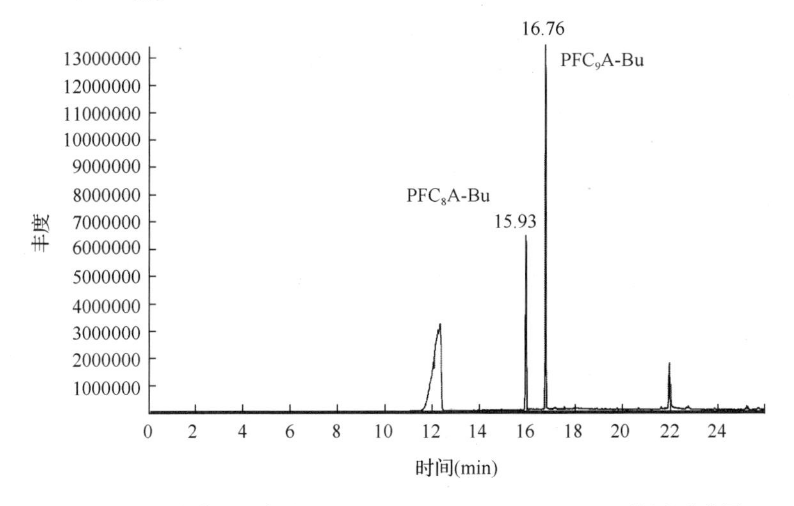

图 2-10　沉积物 R_2 采用 SFE-HS-SPME-GC-NCI-MS/MS 检测质谱图

参考文献

[1] Hannay J B, Hogarth J. On the solubility of solids in gases. Proc R Soc London, 1879, 29: 324-326.

[2] Zosel K. Process for recovering caffeine: USA, US 3806619. 1974.

[3] Zosel K. Separation with supercritical gases: Practical applications. Angew Chem Int Ed Enl, 1978, 17(10): 702-709.

[4] Wang L, Weller C L, Schlegel V L, et al. Supercritical CO_2 extraction of lipids from grain sorghum dried distillers grains with solubles. Bioresour Technol, 2008, 99(5): 1373-1382.

[5] Jenab E, Rezaei K, Emam-Djomeh Z. Canola oil extracted by supercritical carbon dioxide and a commercial organic solvent. J Lipid Sci Technol, 2006, 108(6): 488-492.

[6] Silva T L D, Bernardo E C, Nobre B, et al. Extraction of victoria and red globe grape seed oils using supercritical carbon dioxide with and without ethanol. J Food Lipids, 2008, 15(3): 356-369.

[7] Yee J L, Walker J, Khalil H, et al. Effect of variety and maturation of cheese on supercritical fluid extraction efficiency. J Agric Food Chem, 2008, 56(13): 5153-5157.

[8] Brunner G. Supercritical fluids: Technology and application to food processing. J Food Eng, 2005, 67(1-2): 21-33.

[9] Yee J L, Khalil H, Jiménez-Flores R. Flavor partition and fat reduction in cheese by supercritical fluid extraction: Processing variables. Dairy Sci Technol, 2007, 87(4): 269-285.

[10] 谢新华, 艾志录, 王娜, 等. 超临界CO_2萃取灰枣核黄酮类化合物的研究. 天然产物研究与开发, 2009, 21(b10): 390-393.

[11] Melreles M A A, Zahedi G, Hatami T. Mathematical modeling of supercritical fluid extraction for obtaining extracts from vetiver root. J Supercrit Fluids, 2009, 49(1): 23-31.

[12] Biscaia D, Ferreira S R S. Propolis extracts obtained by low pressure methods and supercritical fluid extraction. J Supercrit Fluids, 2009, 51(1): 17-23.

[13] Comim S R R, Madella K, Oliveira J V, et al. Supercritical fluid extraction from dried banana peel(*Musa* spp., genomic group AAB): Extraction yield, mathematical modeling, economical analysis and phase equilibria. J Supercrit Fluids, 2010, 54(1): 30-37.

[14] Peker H, Srinivasan M P, Smith J M, et al. Caffeine extraction rates from coffee beans with supercritical carbon dioxide. AIChE J, 1992, 38(5): 761-770.

[15] Hearn T L, Sgoutas S A, Hearn J A, et al. Polyunsaturated fatty acids and fat in fish flesh for selecting species for health benefits. J Food Sci, 1987, 52(5): 1209-1211.

[16] Mezzomo N, Martínez J, Ferreira S R S. Supercritical fluid extraction of peach(*Prunus persica*) almond oil: Kinetics, mathematical modeling and scale-up. J Supercrit Fluids, 2009, 51(1): 10-16.

[17] Passos C P, Silva R M, da Silva F A, et al. Enhancement of the supercritical fluid extraction of grape seed oil by using enzymatically pre-treated seed. J Supercrit Fluids, 2009, 48(3): 225-229.

[18] Sánchez-Vicente Y, Cabañas A, Renuncio J A R, et al. Supercritical fluid extraction of peach (*Prunus persica*) seed oil using carbon dioxide and ethanol. J Supercrit Fluids, 2009, 49(2): 167-173.
[19] 葛发欢, 史庆龙, 谭晓华, 等. 超临界 CO_2 萃取姜黄油的工艺研究. 中药材, 1997, 20(7): 345-350.
[20] 葛发欢, 张镜澄, 陈列, 等. 黄花蒿中青蒿素的超临界 CO_2 流体提取工艺研究. 中国医药工业杂志, 2000, 31(6): 250-253.
[21] 李金华, 万固存，刘毅，等. 珊瑚姜挥发组分的超临界 CO_2 萃取工艺. 中草药, 1997, 28(2): 78-81.
[22] 李金华, 万固存，刘毅，等. 珊瑚姜精油超临界 CO_2 萃取的化学组分研究. 中草药, 1997, 28(12): 716-717.
[23] 李迎春, 曾健青, 刘莉玫, 等. 北苍术超临界 CO_2 萃取产物的成分. 分析测试学报, 2001, 20(1): 46-48.
[24] Beňová B, Adam M, Pavlíková P, et al. Supercritical fluid extraction of piceid, resveratrol and emodin from Japanese knotweed. J Supercrit Fluids, 2010, 51(3): 325-330.
[25] Liau B C, Shen C T, Liang F P, et al. Supercritical fluids extraction and anti-solvent purification of carotenoids from microalgae and associated bioactivity. J Supercrit Fluids, 2010, 55(1): 169-175.
[26] Wu J J, Lin J C, Wang C H, et al. Extraction of antioxidative compounds from wine lees using supercritical fluids and associated *anti*-tyrosinase activity. J Supercrit Fluids, 2009, 50(1): 33-41.
[27] Couto R M, Fernandes J, da Silva M D R G, et al. Supercritical fluid extraction of lipids from spent coffee grounds. J Supercrit Fluids, 2009, 51(2): 159-166.
[28] Langa E, Della Porta G, Palavra A M F, et al. Supercritical fluid extraction of Spanish sage essential oil: Optimization of the process parameters and modelling. J Supercrit Fluids, 2009, 49(2): 174-181.
[29] Shi L, Fei R, Zhao X, et al. Supercritical carbon dioxide extraction of *Microula sikkimensis*, seed oil. J Am Oil Chem Soc, 2010, 87(10): 1221-1226.
[30] Matějová L, Cajthaml T, Matěj Z, et al. Super/subcritical fluid extractions for preparation of the crystalline titania. J Supercrit Fluids, 2010, 52(2): 215-221.
[31] Schneider M, Baiker A. Titania-based aerogels. Catal Today, 1997, 35(3): 339-365.
[32] Dutoit D C M, Schneider M, Baiker A. Titania aerogels prepared by low-temperature supercritical drying: Influence of extraction conditions. J Porous Mater, 1995, 1(2): 165-174.
[33] Schneider M, Baiker A. Aerogels in catalysis. Catal Rev Sci Eng, 1995, 37(4): 515-556.
[34] Yang T J, Tsai F J, Chen C Y, et al. Determination of additives in cosmetics by supercritical fluid extraction on-line headspace solid-phase microextraction combined with gas chromatography-mass spectrometry. Anal Chim Acta, 2010, 668(2): 188-194.
[35] Iheozor-Ejiofor P, Dey E S. Extraction of rosavin from *Rhodiola rosea* root using supercritical carbon dioxide with water. J Supercrit Fluids, 2009, 50(1): 29-32.
[36] 廖传华, 黄振仁. 超临界 CO_2 流体萃取技术: 工艺开发及其应用. 北京: 化学工业出版社, 2004.

[37] Matson D W, Fulton J L, Petersen R C, et al. Rapid expansion of supercritical fluid solutions: Solute formation of powders, thin films, and fibers. Ind Eng Chem Res, 1987, 26(11): 2298-2306.
[38] Matson D W, Petersen R C, Smith R D. Production of powders and films by the rapid expansion of supercritical solutions. J Mater Sci, 1987, 22(6): 1919-1928.
[39] Tom J W, Debenedetti P G. Particle formation with supercritical fluids—A review. J Aerosol Sci, 1991, 22(5): 555-584.
[40] Yeo S D, Lim G B, Debendetti P G, et al. Formation of microparticulate protein powder using a supercritical fluid antisolvent. Biotechnol Bioeng, 1993, 41(3): 341-346.
[41] Dixon D J, Luna-Bárcenas G, Johnston K P. Microcellular microspheres and microballoons by precipitation with a vapour-liquid compressed fluid antisolvent. Polymer, 1994, 35(18): 3998-4005.
[42] Kordikowski A, York P, Latham D, Resolution of ephedrine in supercritical CO_2: A novel technique for the separation of chiral drugs. J Pharm Sci, 1999, 88(8): 786-791.
[43] Chaudhary A, Beckman E J, Russell A J. Rational control of polymer molecular weight and dispersity during enzyme-catalyzed polyester synthesis in supercritical fluids. J Am Chem Soc, 1995, 117(13): 3728-3733.
[44] Paulaitis M E, Alexander G C. Reactions in supercritical fluids. A case study of the thermodynamic solvent effects on a Diels-Alder reaction in supercritical carbon dioxide. Pure Appl Chem, 1987, 59(1): 61-68.
[45] Zhao X, Watkins R, Barton S W. Strategies for supercritical CO_2 fractionation of polydimethylsiloxane. J Appl Polym Sci, 1995, 55(5): 773-778.
[46] Boggess R K, Taylor L T, Stoakley D M, et al. Highly reflective polyimide films created by supercritical fluid infusion of a silver additive. J Appl Polym Sci, 1997, 64(7): 1309-1317.
[47] 廖传华, 朱廷风. 超临界流体与环境治理. 北京: 中国石化出版社, 2007.
[48] 林春绵, 方建平, 袁细宁, 等. 超临界水氧化法降解氧乐果的研究. 中国环境科学, 2000, 20(4): 305-308.
[49] USEPA. Supercritical fluid extraction of total recoverable petroleum hydrocarbons(method3560) http://www.caslab.com/EPA-Methods/PDF/EPA-Method-3560.pdf.1995.
[50] USEPA.Supercritical fluid extraction of polynuclear aromatic hydrocarbons(method3561). https://www.epa.gov/sites/production/files/2015-12/documents/3561.pdf.1995.
[51] USEPA.Supercritical fluid extraction of polychlorinated biphenyls(PCBs) and organochlorine pesticides(method3562).https://www.epa.gov/sites/production/files/2015-12/documents/3562.pdf. 2007.
[52] 程能林, 胡声闻. 溶剂手册(下册). 北京: 化学工业出版社, 1987.
[53] 廖传华, 周勇军. 超临界流体技术及其过程强化. 北京: 中国石化出版社, 2007.
[54] 褚旅云, 廖传华, 方向. 超临界水氧化法处理高含量印染废水研究. 水处理技术, 2009, 35(8): 84-86.
[55] Westwood S A. Supercritial Fluid Extraction and Its Use in Chromatographic Sample Preparation. London: Blackle Academic and Professional, Glasgow, 1993: 1-38.
[56] King J W, France J E, Wenclawiak B. Analysis with Supercritical Fluids: Extraction and Chromatography. Berlin: Springer, 1992: 32-60.

[57] Langenfeld J J, Hawthorne S B, Miller D J, et al. Kinetic study of supercritical fluid extraction of organic contaminants from heterogeneous environmental samples with carbon dioxide and elevated temperatures. Anal Chem, 1995, 67: 1727-1736.

[58] Carvalho P I N, Osorio-Tobón J F, Zabot G L, et al. Spatial and temporal temperature distributions in fixed beds undergoing supercritical fluid extraction. Innov Food Sci Emerg, 2018, 47: 504-516.

[59] Monin J C, Barth D, Perrut M, et al. Extraction of hydrocarbons from sedimentary rocks by supercritical carbon dioxide. Org Geochem, 1988, 13(4-6): 1079-1086.

[60] Dobbs J M, Wong J M, Lahiere R J, et al. Modification of supercritical fluid phase behavior using polar cosolvents. Ind Eng Chem Res, 1987, 26(1): 56-65.

[61] Mitra S, Wilson N K. An empirical method to predict solubility in supercritical fluids. J Chromatogr Sci, 1991, 29(7): 305-309.

[62] Librando V, Hutzinger O, Tringali G, et al. Supercritical fluid extraction of polycyclic aromatic hydrocarbons from marine sediments and soil samples. Chemosphere, 2004, 54: 1189-1197

[63] Burford M D, Hawthorne S B, Miller D J. Evaluation of drying agents for off-line supercritical fluid extraction. J Chromatogr A, 1993, 657(2): 413-427.

[64] Pawliszyn J. Kinetic model of supercritical fluid extraction. J Chromatogr Sci, 1993, 31(1): 31-37.

[65] Brennecke J F, Eckert C A. Phase equilibria for supercritical fluid process design. AIChE J, 1989, 35:1409-1427.

[66] Lutermann C, Willems E, Dott W, et al. Effects of various binary and ternary supercritical phases on the extraction of polycyclic aromatic hydrocarbons from contaminated soils 1. J Chromatogr A, 1998, 816(2): 201-211.

[67] Hollender J, Shneine J, Dott W, et al. Extraction of polycyclic aromatic hydrocarbons from polluted soils with binary and ternary supercritical phases 1. J Chromatogr A, 1997, 776(2): 233-243.

[68] Lutermann C, Dott W, Hollender J. Combined modifier/*in situ* derivatization effects on supercritical fluid extraction of polycyclic aromatic hydrocarbons from soil. J Chromatogr A, 1998, 811(1-2): 151-156.

[69] 韩布兴. 超临界流体科学与技术. 北京: 中国石化出版社, 2005.

[70] King J W, France J E, Snyder J M. On-line supercritical fluid extraction-supercritical fluid reaction-capillary gas chromatography analysis of the fatty acid composition of oilseeds. Fresenius J Anal Chem, 1992, 344(10-11): 474-478.

[71] Lopezavila V, Dodhiwala N S, Beckert W F. Developments in the supercritical fluid extraction of chlorophenoxy acid herbicides from soil samples. J Agric Food Chem, 1993, 41(11): 2038-2044.

[72] Lopez-Avila V, Benedicto J, Beckert W F. *In situ* derivatization-supercritical fluid extraction method for the determination of chlorophenoxy acid herbicides in soil samples. ACS Symp, 1996, 630(14): 63-76.

[73] Rochette E A, Harsh J B, Hill H H Jr. Supercritical fluid extraction of 2,4-D from soils using derivatization and ionic modifiers. Talanta, 1993, 40(2): 147-155.

[74] Alzaga R, Bayona J M. Supercritical fluid extraction of tributyltin and its degradation products from seawater via liquid-solid phase extraction. J Chromatogr A, 1993, 655(1): 51-56.

[75] Hills J W, Jr H H H, Maeda T. Simultaneous supercritical fluid derivatization and extraction. Anal Chem, 1991, 63(19): 2152-2155.
[76] Nguyen D K, Bruchet A, Arpino P. Determination of sterols in sewage sludge by combined *in situ* trimethylsilylation/supercritical fluid extraction and GC/MS. Environ Sci Technol, 1995, 29(6): 1686-1690.
[77] Riera E, Golas Y, Blanco A, et al. Mass transfer enhancement in supercritical fluids extraction by means of power ultrasound. Ultrason Sonochem, 2004, 11(3-4): 241-244.
[78] Reátegui J L P, da Fonseca Machado A P, Barbero G F, et al. Extraction of antioxidant compounds from blackberry (*Rubus* sp.) bagasse using supercritical CO_2 assisted by ultrasound. J Supercrit Fluids, 2014, 94: 223-233.
[79] Barrales F M, Rezende C A, Martínez J. Supercritical CO_2 extraction of passion fruit (*Passiflora edulis* sp.) seed oil assisted by ultrasound. J Supercrit Fluids, 2015, 104: 183-192.
[80] Santos P, Aguiar A C, Barbero G F, et al. Supercritical carbon dioxide extraction of capsaicinoids from malagueta pepper (*Capsicum frutescens* L.) assisted by ultrasound. Ultrason Sonochem, 2015, 22: 78-88.
[81] Dias A L B, Sergio C S A, Santos P, et al. Effect of ultrasound on the supercritical CO_2 extraction of bioactive compounds from dedo de moça pepper (*Capsicum baccatum* L. var. *pendulum*). Ultrason Sonochem, 2016, 31: 284-294.
[82] Sharif K M, Rahman M M, Azmir J, et al. Experimental design of supercritical fluid extraction—A review. J Food Eng, 2014, 124: 105-116.
[83] Plackett R L, Burman J P. The design of optimum multifactorial experiments. Biometrika, 1946, 33(4): 305-325.
[84] Taguchi G. Introduction to Quality Engineering: Designing Quality into Products and Processes. Tokyo: Asian Productivity Organisation, 1986.
[85] Taguchi G. System of Experimental Design: Engineering Methods to Optimize Quality and Minimize Costs. White Plains, Dearborn: UNIPUS, American Supplier Institute, 1987.
[86] Box G E P, Wilson K B. On the experimental attainment of optimum conditions. J Roy Stat Soc B, 1951, 13(1): 1-45.
[87] Ghasemi E, Raofie F, Najafi N M. Application of response surface methodology and central composite design for the optimisation of supercritical fluid extraction of essential oils from *Myrtus communis* L. leaves. Food Chem, 2011, 126(3): 1449-1453.
[88] Wang H, Liu Y, Wei S, et al. Application of response surface methodology to optimise supercritical carbon dioxide extraction of essential oil from *Cyperus rotundus* Linn. Food Chem, 2012, 132(1): 582-587.
[89] Box G E P, Behnken D W. Some new three level designs for the study of quantitative variables. Technometrics, 1960, 2(4): 455-475.
[90] Yi C, Shi J, Xue S J, et al. Effects of supercritical fluid extraction parameters on lycopene yield and antioxidant activity. Food Chem, 2009, 113(4): 1088-1094.
[91] Turner C, Eskilsson C S, Björklund E. Collection in analytical-scale supercritical fluid extraction. J Chromatogr A, 2002, 947(1): 1-22.
[92] Hüsers N, Kleiböhmer W. Studies on trapping efficiencies of various collection devices for off-line supercritical fluid extraction. J Chromatogr A, 1995, 697: 107-114.

[93] Burford M D, Hawthorne S B, Miller D J, et al. Comparison of methods to prevent restrictor plugging during off-line supercritical extraction. J Chromatogr A, 1992, 609(1-2): 321-332.
[94] Yang Y, Hawthorne S B, Miller D J. Comparison of sorbent and solvent trapping after supercritical fluid extraction of volatile petroleum hydrocarbons from soil. J Chromatogr A, 1995, 699(1-2): 265-276.
[95] Langenfeld J J, Burford M D, Hawthorne S B, et al. Effects of collection solvent parameters and extraction cell geometry on supercritical fluid extraction efficiencies. J Chromatogr A, 1992, 594(1-2): 297-307.
[96] Porter N L, Rynaski A F, Campbell E R, et al. Studies of linear restrictors and analyte collection via solvent trapping after supercritical fluid extraction. J Chromatogr Sci, 1992, 30(9): 367-373.
[97] McDaniel L H, Long G L, Taylor L T. Statistical analysis of liquid trapping efficiencies of fat-soluble vitamins following supercritical fluid extraction. HRC, 1998, 21(4): 245-251.
[98] Vejrosta J, Karásek P, Planeta J. Analyte collection in off-line supercritical fluid extraction. Anal Chem, 1999, 71(4): 905-909.
[99] Han Y, Ren L, Xu K, et al. Supercritical fluid extraction with carbon nanotubes as a solid collection trap for the analysis of polycyclic aromatic hydrocarbons and their derivatives. J Chromatogr A, 2015, 1395: 1-6.
[100] Lee H B, Peart T E, Hong-You R L, et al. Supercritical carbon dioxide extraction of polycyclic aromatic hydrocarbons from sediments. J Chromatogr A, 1993, 653(1): 83-91.
[101] Bøwadt S, Johansson B, Pelusio F, et al. Solid-phase trapping of polychlorinated biphenyls in supercritical fluid extraction. J Chromatogr A, 1994, 662(2): 424-433.
[102] Meyer A, Kleiböhmer W. Supercritical fluid extraction of polycyclic aromatic hydrocarbons from a marine sediment and analyte collection via liquid-solid trapping. J Chromatogr A, 1993, 657(2): 327-335.
[103] Deuster R, Lubahn N, Friedrich C, et al. Supercritical CO_2 assisted liquid extraction of nitroaromatic and polycyclic aromatic compounds in soil. J Chromatogr A, 1997, 785(1-2): 227-238.
[104] Barnabas I J, Dean J R, Hitchen S M, et al. Selective supercritical fluid extraction of organochlorine pesticides and herbicides from aqueous samples. J Chromatogr Sci, 1994, 32(12): 547-551.
[105] Barnabas I J, Dean J R, Hitchen S M, et al. Selective extraction of organochlorine and organophosphorus pesticides using a combined solid phase extraction-supercritical fluid extraction approach. Anal Chim Acta, 1994, 291(3): 261-267.
[106] Howard A L, Yost K J, Taylor L T. Abstracts of the International Symposium on Supercritical Fluid Chromatography and Extraction. Cincinnati OH, 1992: 141.
[107] Ezzell J L, Richter B E. Supercritical fluid extraction of pesticides and phthalate esters following solid phase extraction from water. J Microcol Sep, 1992, 4(4): 319-323.
[108] Murugaverl B, Voorhees K J. On-line supercritical fluid extraction/chromatography system for trace analysis of pesticides in soybean oil and rendered fats. J Microcol Sep, 1991, 3(1): 11-16.
[109] Nam K S, Kapila S, Yanders A F, et al. Supercritical fluid extraction and cleanup procedures for determination of xenobiotics in biological samples. Chemosphere, 1990, 20(7-9): 873-880.
[110] Velde E G V D, Dietvorst M, Swart C P, et al. Optimization of supercritical fluid extraction of organochlorine pesticides from real soil samples. J Chromatogr A, 1994, 683(1): 167-174.

[111] Alzaga R, Barcelo D, Bayona J M. Abstracts of the International Symposium on Supercritical Fluid Chromatography and Extraction. Baltimore MD, 1994.
[112] Robertson A M, Lester J N. Supercritical fluid extraction of s-triazines and phenylurea herbicides from sediment. Environ Sci Technol, 1994, 28(2): 346-351.
[113] Zhou M, Trubey R K, Keil Z O, et al. Study of the effects of environmental variables and supercritical fluid extraction parameters on the extractability of pesticide residues from soils using a multivariate optimization scheme. Environ Sci Technol, 1997, 31(7): 1934-1939.
[114] Sanagi M M, Hung W P, Yasir S M. Supercritical fluid extraction of pyrazines in roasted cocoa beans effect of pod storage period. J Chromatogr A, 1997, 785(1-2): 361-367.
[115] Howard A L, Taylor L T. Quantitative supercritical fluid extraction of sulfonyl urea herbicides from aqueous matrices via solid phase extraction disks. J Chromatogr Sci, 1992, 30(9): 374-382.
[116] Berglöf T, Koskinen W C, Kylin H. Supercritical fluid extraction of metsulfuron methyl, sulfometuron methyl, and nicosulfuron from soils. Intern J Environ Anal Chem, 1998, 70(1-4): 37-45.
[117] Pace P F, Senseman S A, Ketchersid M L, et al. Supercritical fluid extraction and solid-phase extraction of AC 263,222 and imazethapyr from three Texas soils. Arch Environ Contam Toxicol, 1999, 37(4): 440-444.
[118] Mmualefe L C, Torto N, Huntsman-Mapila P, et al. Supercritical fluid extraction of pesticides in sediment from the Okavango Delta, Botswana, and determination by gaschromatography with electron capture detection (GC-ECD) and mass spectrometry (GC-MS). Water SA, 2008, 34(3): 405-410.
[119] El-Aty A M A, Choi J H, Ko M W, et al. Approaches for application of sub and supercritical fluid extraction for quantification of orbifloxacin from plasma and milk: Application to disposition kinetics. Anal Chim Acta, 2009, 631(1): 108-115.
[120] Zougagh M, Bouabdallah M, Salghi R, et al. Supercritical fluid extraction as an on-line clean-up technique for rapid amperometric screening and alternative liquid chromatography for confirmation of paraquat and diquat in olive oil samples. J Chromatogr A, 2008, 1204(1): 56-61.
[121] Rodil R, Carro A M, Lorenzo R A, et al. Multicriteria optimisation of a simultaneous supercritical fluid extraction and clean-up procedure for the determination of persistent organohalogenated pollutants in aquaculture samples. Chemosphere, 2007, 67(7): 1453-1462.
[122] Quan C, Li S, Tian S, et al. Supercritical fluid extraction and clean-up of organochlorine pesticides in ginseng. J Supercrit Fluids, 2004, 31(2): 149-157.
[123] Choi J H, Mamun M I R, El-Aty A M A, et al. Inert matrix and Na_4EDTA improve the supercritical fluid extraction efficiency of fluoroquinolones for HPLC determination in pig tissues. Talanta, 2009, 78(2): 348-357.
[124] Stefani R, Buzzi M, Grazzi R. Supercritical fluid extraction of pesticide residues in fortified apple matrices. J Chromatogr A, 1997, 782(1): 123-132.
[125] Boulaid M, Aguilera A, Busonera V, et al. Assessing supercritical fluid extraction for the analysis of fipronil, kresoxim-methyl, acrinathrin, and pyridaben residues in melon. J Environ Sci Health, 2007, 42(7): 809-815.

[126] Kaihara A, Yoshii K, Tsumura Y, et al. Multi-residue analysis of 18 pesticides in fresh fruits, vegetables and rice by supercritical fluid extraction and liquid chromatography-electrospray ionization mass spectrometry. J Health Sci, 2002, 48(2): 173-178.

[127] Zhao C, Hao G, Li H, et al. Decontamination of organochlorine pesticides in *Radix Codonopsis* by supercritical fluid extractions and determination by gas chromatography. Biomed Chromatogr, 2006, 20(9): 857-863.

[128] Rissato S R, Galhiane M S, Souza A G, et al. Development of a supercritical fluid extraction method for simultaneous determination of organophosphorus, organohalogen, organonitrogen and pyretroids pesticides in fruit and vegetables and its comparison with a conventional method by GC-ECD and GC-MS. J Brazil Chem Soc, 2005, 16(5): 1038-1047.

[129] Ono Y, Yamagami T, Nishina T, et al. Pesticide multiresidue analysis of 303 compounds using supercritical fluid extraction. Anal Sci, 2006, 22(11): 1473-1476.

[130] Lanças F M, Rissato S R. Influence of temperature, pressure, modifier, and collection mode on supercritical CO_2 extraction efficiencies of Diuron from sugar cane and orange samples. J Microcol Sep, 1998, 10(6): 473-478.

[131] Aguilera A, Rodríguez M, Brotons M, et al. Evaluation of supercritical fluid extraction/aminopropyl solid-phase “in-line” cleanup for analysis of pesticide residues in rice. J Agric Food Chem, 2005, 53(24): 9374-9382.

[132] Machalova Z, Sajfrtova M, Pavela R, et al. Extraction of botanical pesticides from *Pelargonium graveolens* using supercritical carbon dioxide. Ind Crop Prod, 2015, 67: 310-317.

[133] Ismadji S, Ju Y H, Soetaredjo F E, et al. Solubility of azadirachtin in supercritical carbon dioxide at several temperatures. J Chem Eng Data, 2011, 56(12): 4396-4399.

[134] Zahedi G, Elkamel A, Lohi A. Genetic algorithm optimization of supercritical fluid extraction of nimbin from neem seeds. J Food Eng, 2010, 97(2): 127-134.

[135] Zahedi G, Elkamel A, Lohi A, et al. Optimization of supercritical extraction of nimbin from neem seeds in presence of methanol as co-solvent. J Supercrit Fluids, 2010, 55(1): 142-148.

[136] Kiriamiti H K, Camy S, Gourdon C, et al. Pyrethrin exraction from pyrethrum flowers using carbon dioxide. J Supercrit Fluids, 2003, 26(3): 193-200.

[137] 李新社. 超临界流体萃取蔬菜中的残留农药. 食品科学, 2003, 24(6): 124-125.

[138] El-Saeid M H, Al-Dosari S A. Monitoring of pesticide residues in Riyadh dates by SFE, MSE, SFC, and GC techniques. Arab J Chem, 2010, 3(3): 179-186.

[139] Papilloud S, Haerdi W, Chiron S, et al. Supercritical fluid extraction of atrazine and polar metabolites from sediments followed by confirmation with LC-MS. Environ Sci Technol, 1996, 30(6): 1822-1826.

[140] Goli D M, Locke M A, Zablotowicz R M. Supercritical fluid extraction from soil and HPLC analysis of cyanazine herbicide. J Agric Food Chem, 1997, 45(4): 1244-1250.

[141] Rezaei F, Yamini Y, Asiabi H, et al. Determination of diphenylamine residue in fruit samples by supercritical fluid extraction followed by vesicular based-supramolecular solvent microextraction. J Supercrit Fluids, 2015, 100: 79-85.

[142] Forero-Mendieta J R, Castro-Vargas H I, Parada-Alfonso F, et al. Extraction of pesticides from soil using supercritical carbon dioxide added with methanol as co-solvent. J Supercrit Fluids, 2012, 68(8): 64-70.

[143] Aguilera A, Brotons M, Rodríguez M, et al. Supercritical fluid extraction of pesticides from a table-ready food composite of plant origin (gazpacho). J Agric Food Chem, 2003, 51 (19): 5616-5621.

[144] Rissato S R, Galhiane M S, Apon B M, et al. Multiresidue analysis of pesticides in soil by supercritical fluid extraction/gas chromatography with electron-capture detection and confirmation by gas chromatography-mass spectrometry. J Agric Food Chem, 2005, 53 (1): 62-69.

[145] Eskilsson C S, Mathiasson L. Supercritical fluid extraction of the pesticides carbosulfan and imidacloprid from process dust waste. J Agric Food Chem, 2000, 48 (11): 5159-5164.

[146] Nerin C, Batlle R, Cacho J. Quantitative analysis of pesticides in postconsumer recycled plastics using off-line supercritical fluid extraction/GC-ECD. Anal Chem, 1997, 69 (16): 3304-3313.

[147] Bagheri H, Yamini Y, Safari M, et al. Simultaneous determination of pyrethroids residues in fruit and vegetable samples via supercritical fluid extraction coupled with magnetic solid phase extraction followed by HPLC-UV. J Supercrit Fluids, 2016, 107: 571-580.

[148] Asiabi H, Yamini Y, Moradi M. Determination of sulfonylurea herbicides in soil samples via supercritical fluid extraction followed by nanostructured supramolecular solvent microextraction. J Supercrit Fluids, 2013, 84 (5): 20-28.

[149] Xiao Z, Song R, Rao Z, et al. Development of a subcritical water extraction approach for trace analysis of chloramphenicol, thiamphenicol, florfenicol, and florfenicol amine in poultry tissues. J Chromatogr A, 2015, 1418 (4): 29-35.

[150] Kim J Y, Kim J H, Byun J H, et al. Antioxidant and anticancer activities of water and ethanol extracts obtained from *Sasa quelpaertensis* Nakai. Life Sci J, 2013, 10 (1): 1250-1254.

[151] Choi D Y, Lee Y J, Hong J T, et al. Antioxidant properties of natural polyphenols and their therapeutic potentials for Alzheimer's disease. Brain Res Bull, 2012, 87 (2-3): 144-153.

[152] Ende W V D, Peshev D, Gara L D. Disease prevention by natural antioxidants and prebiotics acting as ROS scavengers in the gastrointestinal tract. Trends Food Sci Technol, 2011, 22 (12): 689-697.

[153] Zulkafli Z D, Wang H, Miyashita F, et al. Cosolvent-modified supercritical carbon dioxide extraction of phenolic compounds from bamboo leaves (*Sasa palmata*). J Supercrit Fluids, 2014, 94: 123-129.

[154] Gunenc A, Hadinezhad M, Farah I, et al. Impact of supercritical CO_2 and traditional solvent extraction systems on the extractability of alkylresorcinols, phenolic profile and their antioxidant activity in wheat bran. Funct Foods, 2015, 12: 109-119.

[155] Solana M, Boschiero I, Dall'Acqua S, et al. A comparison between supercritical fluid and pressurized liquid extraction methods for obtaining phenolic compounds from *Asparagus officinalis* L. J Supercrit Fluids, 2015, 100: 201-208.

[156] Sökmen M, Demir E, Alomar S Y. Optimization of sequential supercritical fluid extraction (SFE) of caffeine and catechins from green tea. J Supercrit Fluids, 2018, 133: 171-176.

[157] 周小锋, 何艺, 童国通. 基于 SFE-GC/MS 检测烷基酚 (OP) 的前处理方法研究. 山西化工, 2015, 35 (6): 7-10.

[158] Daneshvand B, Raofie F. Supercritical fluid extraction combined with ultrasound-assisted dispersive liquid-liquid microextraction for analyzing alkylphenols in soil samples. J Iran Chem Soc, 2015, 12(7): 1-6.

[159] Wild S R, Jones K C. Polynuclear aromatic hydrocarbons in the United Kingdom environment: A preliminary source inventory and budget. Environ Pollut, 1995, 88(1): 91-108.

[160] Halasall C J, Coleman P J, Davis B J, et al. Polycyclic aromatic hydrocarbons in U. K. Urban air. Environ Sci Technol, 1994, 28(13): 2380-2386.

[161] Wild S R, Jones K C. The significance of polynuclear aromatic hydrocarbons applied to agricultural soils in sewage sludges in the U.K. Waste Manag Res, 1994, 12(1): 49-59.

[162] Dennis A J, Massey R C, McWeeny D J, et al. Polynuclear Aromatic Hydrocarbons: Seventh International Symposium on Formation, Metabolism and Measurement. Columbus OH: Battelle Press, 1982.

[163] Hawthorne S B, Miller D J. Extraction and recovery of polycyclic aromatic hydrocarbons from environmental solids using supercritical fluids. Anal Chem, 1987, 59(13): 1705-1708.

[164] Hawthorne S B, Langenfeld J J, Miller D J, et al. Comparison of supercritical $CHClF_2$, N_2O, and CO_2 for the extraction of polychlorinated biphenyls and polycyclic aromatic hydrocarbons. Anal Chem, 1992, 64: 1614-1622.

[165] Howard A L, Yoo W J, Taylor L T, et al. Supercritical fluid extraction of environmental analytes using trifluoromethane. J Chromatogr Sci, 1993, 31(10): 401-408.

[166] Hawthorne S B, Yang Y, Miller D J. Extraction of organic pollutants from environmental solids with sub- and supercritical water. Anal Chem, 1994, 66: 2912-2920.

[167] Lage-Yusty M A, Alvarez-Perez S, Punın-Crespo M O. Supercritical fluid extraction of polycyclic aromatic hydrocarbons from seaweed samples before and after the prestige oil spill. Bull Environ Contam Toxicol, 2009, 82(2): 158-161.

[168] Hills J W, Hill H H. Carbon dioxide supercritical fluid extraction with a reactive solvent modifier for the determination of polycylic aromatic hydrocarbons. J Chromatogr Sci, 1993, 31(1): 6-12.

[169] Lee H B, Peart T E, Hong-You R L, et al. Supercritical carbon dioxide extraction of polycyclic aromatic hydrocarbons from sediments. J Chromatogr A, 1993, 653(1): 83-91.

[170] Benner B A. Summarizing the effectiveness of supercritical fluid extraction of polycyclic aromatic hydrocarbons from natural matrix environmental samples. Anal Chem, 1998, 70(21): 4594-4601.

[171] Tena M T, Luque de Castro M D, Valcárcel M, et al. Screening of polycyclic aromatic hydrocarbons in soil by on-linc fiber-optic-interfaced supercritical fluid extraction spectrofluorometry. Anal Chem, 1996, 68(14): 2386-2391.

[172] Hawthorne S B, Azzolina N A, Neuhauser E F, et al. Predicting bioavailability of sediment polycyclic aromatic hydrocarbons to *Hyalella azteca* using equilibrium partitioning, supercritical fluid extraction, and pore water concentrations. Environ Sci Technol, 2007, 41(17): 6297-6304.

[173] Hawthorne S B, Grabanski C B. Correlating selective supercritical fluid extraction with bioremediation behavior of PAHs in a field treatment plot. Environ Sci Technol, 2000, 34(19): 4103-4110.

[174] Becnel J M, Dooley K M. Supercritical fluid extraction of polycyclic aromatic hydrocarbon mixtures from contaminated soils. Ind Eng Chem Res, 1998, 37(2): 584-594.

[175] Bogokte B T, Ehlers G A C, Braun R, et al. Estimation of PAH bioavailability to *Lepidium sativum* using sequential supercritical fluid extraction—A case study with industrial contaminated soils. Eur J Soil Biol, 2007, 43 (4): 242-250.

[176] Kreitinger J P, Quinones-Rivera A, Neuhauser E F, et al. Supercritical carbon dioxide extraction as a predictor of polycyclic aromatic hydrocarbon bioaccumulation and toxicity by earthworms in manufactured-gas plant site soils. Environ Toxicol Chem, 2007, 26 (9): 1809-1817.

[177] Yang Y, Cajthaml T, Hofmann T. PAH desorption from river floodplain soils using supercritical fluid extraction. Environ Pollut, 2008, 156 (3): 745-752.

[178] Sushkova S N, Vasilyeva G K, Minkina T M, et al. New method for benzo[a]pyrene analysis in plant material using subcritical water extraction. J Geochem Explor, 2014, 144 (part B): 267-272.

[179] Hyotylainen T, Andresson T, Hartonen K, et al. Pressurized hot water extraction coupled on-line with LC-GC: Determination of polyaromatic hydrocarbons in sediment. Anal Chem, 2000, 72 (14): 3070-3076.

[180] Langenfeld J J, Hawthorne S B, Miller D J, et al. Effects of temperature and pressure on supercritical fluid extraction efficiencies of polycyclic aromatic hydrocarbons and polychlorinated biphenyls. Anal Chem, 1993, 65 (4): 338-344.

[181] Nilsson T, Bøwadt S, Björklund E. Development of a simple selective SFE method for the determination of desorption behaviour of PCBs in two Swedish sediments. Chemosphere, 2002, 46 (3): 469-476.

[182] Björklund E, Bøwadt S, Mathiasson L, et al. Determining PCB sorption/desorption behavior on sediments using selective supercritical fluid extraction. 1. Desorption from historically contaminated samples. Environ Sci Technol, 1999, 33 (13): 2193-2203.

[183] Pilorz K, Björklund E, Bøwadt S, et al. Determining PCB sorption/desorption behavior on sediments using selective supercritical fluid extraction. 2. Describing PCB extraction with simple diffusion models. Environ Sci Technol, 1999, 33 (13): 2204-2212.

[184] Hawthorne S B, Björklund E, Bøwadt S, et al. Determining PCB sorption/desorption behavior on sediments using selective supercritical fluid extraction. 3. Sorption from water. Environ Sci Technol, 1999, 33 (18): 3152-3159.

[185] Zhu X R, Lee H K. Monitoring polychlorinated biphenyls in pine needles using supercritical fluid extraction as a pretreatment method. J Chromatogr A, 2002, 976 (1-2): 393-398.

[186] Punín-Crespo M O, Lage-Yusty M A. Comparison of supercritical fluid extraction and Soxhlet extraction for the determination of PCBs in seaweed samples. Chemosphere, 2005, 59 (10): 1407-1413.

[187] Bøwadt S, Johansson B, Wunderll S, et al. Independent comparison of Soxhlet and supercritical fluid extraction for the determination of PCBs in an industrial soil. Anal Chem, 1995, 67 (14): 2424-2430.

[188] Jia K, Feng X M, Liu K, et al. Development of a subcritical fluid extraction and GC-MS validation method for polychlorinated biphenyls (PCBs) in marine samples. J Chromatogr B, 2013, 923-924 (3): 37-42.

[189] Johansen H R, Becher G, Greibrokk T. Determination of planar PCBs by combining on-line SFE-HPLC and GC-ECD or GC/MS. Anal Chem, 1994, 66: 4068-4073.

[190] Hale R C, Gaylor M O. Determination of PCBs in fish tissues using supercritical fluid extraction. Environ Sci Technol, 1995, 29(4): 1043-1047.

[191] Berg B E, Lund H S, Kringstad A, et al. Routine analysis of hydrocarbons, PCB and PAH in marine sediments using supercritical CO_2 extraction. Chemosphere, 1999, 38(3): 587-599.

[192] Björklund E, Bøwadt S, Nilsson T, et al. Pressurized fluid extraction of polychlorinated biphenyls in solid environmental samples. J Chromatogr A, 1999, 836(2): 285-293.

[193] Nilsson T, Björklund E, Bøwadt S. Comparison of two extraction methods independently developed on two conceptually different automated supercritical fluid extraction systems for the determination of polychlorinated biphenyls in sediments. J Chromatogr A, 2000, 891(1): 195-199.

[194] Nilsson T, Sporring S, Björklund E. Selective supercritical fluid extraction to estimate the fraction of PCB that is bioavailable to a benthic organism in a naturally contaminated sediment. Chemosphere, 2003, 53(8): 1049-1052.

[195] Numata M, Yarita T, Aoyagi Y, et al. Sediment certified reference materials for the determination of polychlorinated biphenyls and organochlorine pesticides from the National Metrology Institute of Japan(NMIJ). Anal Bioanal Chem, 2007, 387(7): 2313-2323.

[196] 杨永滨，郑明辉，刘征涛. 二噁英类毒理学研究新进展. 生态毒理学报，2006, 1(2): 105-115.

[197] Miyawaki T, Kawashima A, Honda K, et al. Entrainer effect of water on supercritical carbon dioxide extraction for dioxins in soils. Bunseki Kagaku, 2005, 54(1): 43-49.

[198] Miyawaki T, Kawashima A, Honda K, et al. Development of supercritical carbon dioxide extraction with a solid-phase trap for dioxins in soil. Bunseki Kagaku, 2005, 54(8): 707-713.

[199] Miyawaki T, Kawashima A, Honda K. Development of supercritical carbon dioxide extraction with a solid phase trap for dioxins in soils and sediments. Chemosphere, 2008, 70(4): 648-655.

[200] Mannila M, Koistinen J, Vartiainen T. Development of supercritical fluid extraction with a solid-phase trapping for fast estimation of toxic load of polychlorinated dibenzo-*p*-dioxins-dibenzofurans in sawmill soil. J Chromatogr A, 2002, 975(1): 189-198.

[201] Kawashima A, Watanabe S, Iwakiri R, et al. Removal of dioxins and dioxin-like PCBs from fish oil by countercurrent supercritical CO_2 extraction and activated carbon treatment. Chemosphere, 2009,75(6): 788-794.

[202] Iwakiri R, Kawashima A, Matsubara A, et al. Extraction removal of PCDD/DFs and coplanar PCBs from fish oil with supercritical carbon dioxide. J Environ Sci-China, 2004, 14(2): 253-262.

[203] Kawashima A, Iwakiri R, Honda K. Experimental study on the removal of dioxins and coplanar polychlorinated biphenyls(PCBs) from fish oil. J Agric Food Chem, 2006, 54(26): 10294-10299.

[204] Windal I, Eppe G, Gridelet A C, et al. Supercritical fluid extraction of polychlorinated dibenzo-*p*-dioxins from fly ash: The importance of fly ash origin and composition on extraction efficiency. J Chromatogr A, 1998, 819(1-2): 187-195.

[205] Gdbarra P, Cogollo A, Recasens F, et al. Supercritical fluid process for removal of polychlorodibenzodioxin and dibenzofuran from fly ash. Environ Prog Sustain, 1999, 18(1): 40-49.

[206] Dooley K M, Ghonasgi D, Knopf F C, et al. Supercritical CO_2-cosolvent extraction of contaminated soils and sediments. Environ Prog Sustain, 1990, 9(4): 197-203.

[207] Onuska F I, Terry K A. Supercritical fluid extraction of 2,3,7,8-tetrachlorodibenzo-*p*-dioxin from sediment samples. HRC, 1989, 12(6): 357-361.

[208] Onuska F I, Terry K A. Supercritical fluid extraction of polychlorinated dibenzo-*p*-dioxins from municipal incinerator fly ash. HRC, 1991, 14(12): 829-834.

[209] Dolezal I S, Segebarth K P, Zennegg M, et al. Comparison between supercritical fluid extraction(SFE) using carbon dioxide/acetone and conventional Soxhlet extraction with toluene for the subsequent determination of PCDD/PCDF in a single electrofilter ash sample. Chemosphere, 1995, 31(9): 4013-4024.

[210] Cruz R, Cunha S C, Marques A, et al. Polybrominated diphenyl ethers and metabolites—An analytical review on seafood occurrence. TrAC-Trends Anal Chem, 2017, 87: 129-144.

[211] 王森, 袁琪, 韩瑞霞, 等. 环境介质中多溴联苯醚(PBDEs)分布特征的研究进展. 生态毒理学报, 2017, 12: 2584-2599.

[212] Król S, Zabiegała B, Namieśnik J. PBDEs in environmental samples: Sampling and analysis. Talanta, 2012, 93: 1-17.

[213] 王赛赛, 宋怿, 韩刚, 等. 多溴联苯醚污染现状研究进展. 中国农学通报, 2017, 33(20): 149-157.

[214] 韦朝海, 廖建波, 刘浔, 等. PBDEs 的来源特征、环境分布及污染控制. 环境科学学报, 2015, 35(10): 3025-3041.

[215] Pettersson A, Bavel B V, Engwall M, et al. Polybrominated diphenylethers and methoxylated tetrabromodiphenylethers in cetaceans from the mediterranean sea. Arch Environ Contam Toxicol, 2004, 47(4): 542-550.

[216] Routti H, Letcher R J, Chu S, et al. Polybrominated diphenyl ethers and their hydroxylated analogues in ringed seals(*Phoca hispida*) from Svalbard and the Baltic Sea. Environ Sci Technol, 2009, 43(10). 3494-3499.

[217] Calvosa F C, Lagalante A F. Supercritical fluid extraction of polybrominated diphenyl ethers(PBDEs) from house dust with supercritical 1,1,1,2-tetrafluoroethane(R134a). Talanta, 2010, 80(3): 1116-1120.

[218] Peng S, Liang S, Yu M. Extraction of polybrominated diphenyl ethers from plastic solution by supercritical carbon dioxide anti-solvent. Procedia Environ Sci, 2012, 16: 327-334.

[219] Bossi R, Dam M, Rigét F F. Perfluorinated alkyl substances(PFAS) in terrestrial environments in Greenland and Faroe Islands. Chemosphere, 2015, 129: 164-169.

[220] 郭睿, 蔡亚岐, 江桂斌, 等. 全氟辛烷磺酰基化合物(PFOS)的污染现状与研究趋势. 化学进展, 2006, 1(6): 808-813.

[221] 史亚利, 蔡亚岐. 全氟和多氟化合物环境问题研究. 化学进展, 2014, 26(4): 665-681.

[222] 张睿佳, 周枝凤, 马安德. 全氟化合物测定的样品前处理技术研究进展. 环境科学与技术, 2016, 39(8): 119-124.

[223] 梁欢欢, 吴明红, 徐刚, 等. PFCs 在水和底泥中的分布、毒性和去除. 上海大学学报(自然科学版), 2017, 23(5): 752-761.

[224] 宋彦敏, 周连宁, 郝文龙, 等. 全氟化合物的污染现状及国内外研究进展. 环境工程, 2017, 35(10): 82-86.

[225] Bossi R, Riget F F, Dietz R. Temporal and spatial trends of perfluorinated compounds in ringed seal (*Phoca hispida*) from Greenland. Environ Sci Technol, 2005, 39 (19): 7416-7422.

[226] Dietz R, Bossi R, Riget F F, et al. Increasing perfluoroalkyl contaminants in east Greenland polar bears (*Ursus maritimus*): A new toxic threat to the Arctic bears. Environ Sci Technol, 2008, 42 (7): 2701-2707.

[227] Rigét F, Bossi R, Sonne C, et al. Trends of perfluorochemicals in Greenland ringed seals and polar bears: Indications of shifts to decreasing trends. Chemosphere, 2013, 93 (8): 1607-1614.

[228] Ahrens L, Shoeib M, Harner T, et al. Comparison of annular diffusion denuder and high volume air samplers for measuring per-and polyfluoroalkyl substances in the atmosphere. Anal Chem, 2011, 83 (24): 9622-9628.

[229] Zhao X, Li J, Shi Y, et al. Determination of perfluorinated compounds in wastewater and river water samples by mixed hemimicelle-based solid-phase extraction before liquid chromatography-electrospray tandem mass spectrometry detection. J Chromatogr A, 2007, 1154 (1-2): 52-59.

[230] Zhao X, Cai Y, Wu F, et al. Determination of perfluorinated compounds in environmental water samples by high-performance liquid chromatography-electrospray tandem mass spectrometry using surfactant-coated Fe_3O_4 magnetic nanoparticles as adsorbents. Microchem J, 2011, 98 (2): 207-214.

[231] Guo R, Zhou Q, Cai Y, et al. Determination of perfluorooctanesulfonate and perfluorooctanoic acid in sewage sludge samples using liquid chromatography/quadrupole time-of-flight mass spectrometry. Talanta, 2008, 75 (5): 1394-1399.

[232] Shi Y, Vestergren R, Xu L, et al. Characterizing direct emissions of perfluoroalkyl substances from ongoing fluoropolymer production sources: A spatial trend study of Xiaoqing River, China. Environ Pollut, 2015, 206: 104-112.

[233] Cao D, Wang Z, Han C, et al. Quantitative detection of trace perfluorinated compounds in environmental water samples by matrix-assisted laser desorption/ionization-time of flight mass spectrometry with 1,8-bis (tetramethylguanidino) -naphthalene as matrix. Talanta, 2011, 85 (1): 345-352.

[234] Ruan T, Jiang G B. Analytical methodology for identification of novel per-and polyfluoroalkyl substances in the environment. TrAC-Trends Anal Chem, 2017, 95: 122-131.

[235] Chen H Y, Liao W, Wu B Z, et al. Removing perfluorooctane sulfonate and perfluorooctanoic acid from solid matrices, paper, fabrics, and sand by mineral acid suppression and supercritical carbon dioxide extraction. Chemosphere, 2012, 89 (2): 179-184.

[236] Liu W L, Hwang B H, Li Z G, et al. Headspace solid phase microextraction *in-situ* supercritical fluid extraction coupled to gas chromatography-tandem mass spectrometry for simultaneous determination of perfluorocarboxylic acids in sediments. J Chromatogr A, 2011, 1218 (43): 7857-7863.

第 3 章　加速溶剂萃取技术在 POPs 分析中的应用

本章导读

- 介绍加速溶剂萃取的发展历程、萃取原理及其优点。
- 阐述加速溶剂萃取的影响因素。
- 介绍加速溶剂萃取在 POPs 分析中的应用。

持久性有机污染物(POPs)具有高毒性、生物富集性、持久性及长距离传输性等特性，近年来受到了越来越多的关注。尽管各类 POPs 的产生、来源、传输和环境行为各有差异，但是大多具有较长的污染历史，因此许多 POPs，如多环芳烃、多氯联苯、杀虫剂、二噁英等均具有广泛的存在空间，可对环境及人类健康产生严重威胁。随着人们环境保护意识的提高及相关研究工作的深入展开，大量的研究数据表明，一些新的化合物具有 POPs 的特征，相继列入 POPs 进行管理，如十氯酮、六溴联苯、六六六(包括林丹)、六氯丁二烯、八溴二苯醚、十溴二苯醚、五氯苯、多氯化萘和短链氯化石蜡(short chain chlorinated paraffins，SCCPs)等。这些具有 POPs 特性的化合物是环境领域非常关注的重要污染物，它们在环境中的存在浓度通常较低，对其进行定量分析存在困难，解决此问题通常需要更灵敏的新型分析技术或者高效的样品处理技术。虽然现在许多现代仪器分析方法具有很高的灵敏度，但是其对样品处理技术的要求非常高。高效的样品处理既可以达到目标污染物高效富集的目的，又可以降低或者消除共存物质对分析的干扰，实现高效净化从而增加分析结果的准确性。样品处理技术发展非常早，发展也较快，早期的索氏萃取、液液萃取等占据主要地位。随着科学技术的发展，新型技术如固相萃取技术、微波辅助萃取技术、超声辅助萃取技术、超临界流体萃取技术、液相微萃取技术、固相微萃取技术、加速溶剂萃取技术等[1-29]，相继获得了高速发展，在多个领域获得了广泛的应用。其中，加速溶剂萃取技术因高效的富集性能及高的自动化水平获得了广泛的应用，同时在美国 EPA 方法及我国的环境标准中被采用[30-36]。

3.1 概 述

加速溶剂萃取技术自开发应用以来，不同的研究者采用了多种不同的名称，如压力流体萃取、高压溶剂萃取、压力热溶剂萃取、高温高压溶剂萃取、压力热水萃取、亚临界流体萃取等。随着研究的进一步深入，加速溶剂萃取技术获得了巨大的进步，对环境样品、食品、生物样品中污染物的残留分析起到了越来越重要的作用，在相关方法开发中获得了快速发展。加速溶剂萃取技术因其独特的优点，在商品化方面也获得了长足的进步，国内外多家公司开展了相关的研究工作，其中最成熟的是戴安公司(目前已并入赛默飞世尔科技有限公司)，该公司很早开始了加速溶剂萃取仪的研发，经历了很长的历程，开发了多种型号的自动化加速溶剂萃取仪，主要产品及研发时间见图 3-1。目前应用较多的是 ASE-100、ASE-150、ASE-200、ASE-300、ASE-350(图 3-2)。

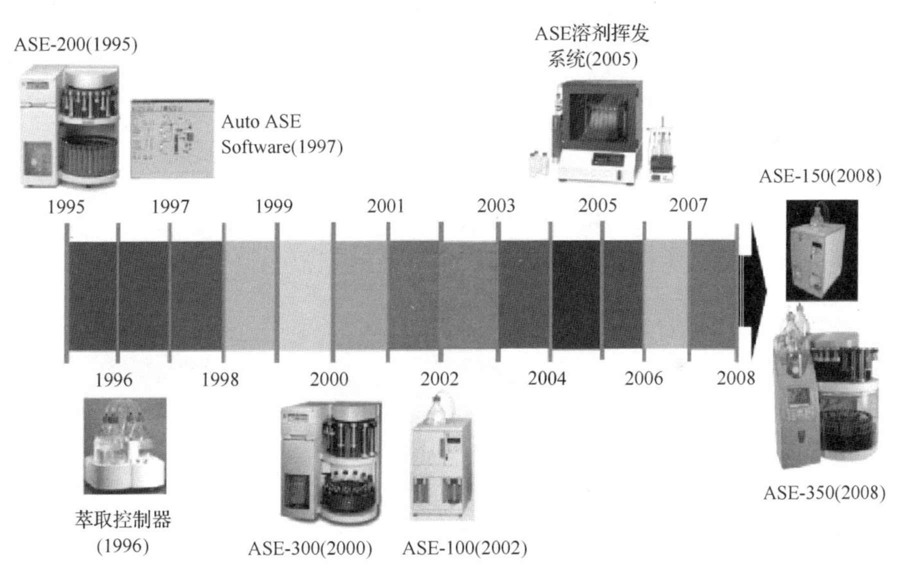

图 3-1 加速溶剂萃取仪研发历程

加速溶剂萃取仪主要由以下几部分构成：溶剂输送系统、氮气吹扫系统、萃取池、加热系统、加压系统、萃取液收集系统、废液收集系统、控制系统(图 3-3)。

加速溶剂萃取一般包括以下几个过程：装填萃取池、填充溶剂、加热加压、静态萃取、新鲜溶剂冲洗、氮气吹扫、萃取液收集处置。随着采用萃取模式的不同，上述过程可进行一定的微调。

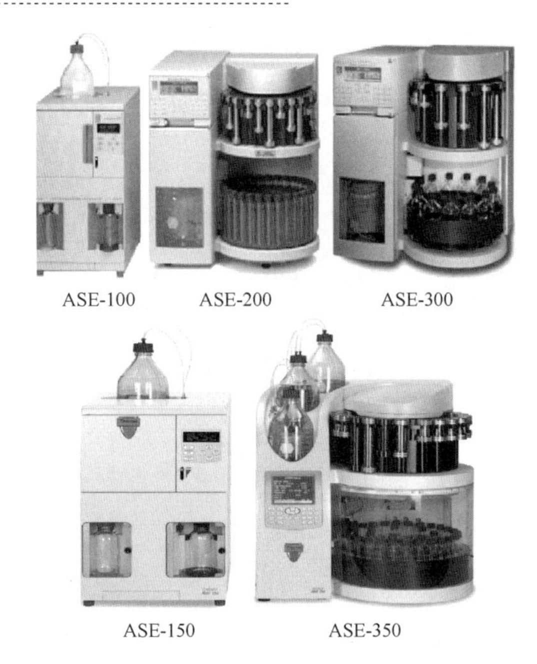

图 3-2　Dionex™ ASE™加速溶剂萃取仪

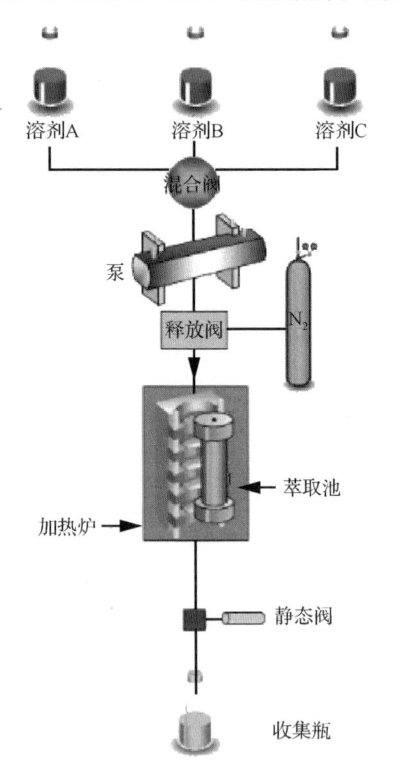

图 3-3　加速溶剂萃取仪组成

一些比较简单的样品不需要任何预处理也可以获得有效萃取。但由于许多实际环境样品的复杂性，一般情况下不能将样品直接装载到萃取池中进行萃取，而是需要加一个样品处理环节。样品制备是一个重要的处理环节，对基于溶剂萃取的技术更是如此。适合于加速溶剂萃取技术直接萃取的理想样品是一种干燥的、分散好的固体样品，然而，许多样品达不到这样的要求。为了获得更高的萃取效率，像索氏萃取或超声萃取一样，在萃取前对样品进行相应的处理，使其达到一定的要求，从而提高目标污染物的萃取效率。常见的前处理过程通常包括三个部分：干燥、研磨、分散。

多数环境样品含有一定量的水分，水分的存在不利于非极性溶剂对目标物的萃取，采用极性强的溶剂如丙酮或甲醇，或者溶剂混合物如正己烷/丙酮、二氯甲烷/丙酮等可对湿样品进行有效萃取。对于采用非极性溶剂进行的萃取，萃取前的样品干燥也是有效的处理方法。样品干燥有三种方式，一是直接往湿样品中添加干燥剂，可用的干燥剂种类很多，如硅藻土、无水硫酸钠、纤维素等。干燥剂的添加种类需要根据样品的类型合理选择，戴安公司制备的干燥剂及其他常规干燥剂均可根据需要选择使用。对于水分含量较高的样品或者水果、蔬菜类样品等可以用纤维素作为干燥剂，硫酸镁、硫酸钠等的应用需要根据样品的特性及目标污染物的特性进行评价，原因主要是硫酸镁在高温下易熔化，而硫酸钠易溶解进而在出口管线中沉积发生堵塞。对于含水量超过 30%的样品，采用无水硫酸钠干燥时，特别是萃取混合溶剂中使用丙酮时，易导致硫酸钠结晶，引起萃取池过滤砂芯堵塞。因此，这类样品建议采用可适用于任何湿度样品的干燥剂，如硅藻土。二是采用干燥箱等进行干燥。三是冷冻干燥。采用后两种方式，对于挥发性目标物而言，其萃取回收率可能受到一定影响。因此，在实际工作中，应该综合分析、优化调整有关条件，尽可能降低相关影响。

目标物的有效萃取与样品粒径大小有紧密联系。只有溶剂与目标物有很好的接触，才可实现高效萃取。样品的表面积越大，溶剂与之充分接触的可能性越大，萃取就越快速、越完全。所以对于大粒径样品，研磨是一个非常重要的环节。大多数情况下，对于可以获得较好的萃取效果的样品，其最小粒径一般小于 0.5 mm。研磨可以用传统的研钵、研磨机、电动研磨机或磨粉机等。通常研磨过的样品较细，定量转移比较困难，一般取过量的样品进行研磨，然后称取定量样品进行萃取。但是，样品颗粒过细，则非常容易发生团聚，导致溶剂难以进入颗粒内部，使吸附到内芯中的目标污染物难以迁移到萃取溶剂中，从而对最终的萃取效果产生非常不利的影响。这种情况下，通常采用惰性材料进行分散，提供类似骨架支撑，显著降低团聚概率，提高样品颗粒与溶剂的接触面，进而达到提高萃取效率的目的。目前，比较常用的惰性材料有渥太华砂(Ottawa sand，赛默飞世尔)或硅藻土(Thermo Scientifc™ Dionex™ ASE™ Prep DE)等。

3.2 加速溶剂萃取的原理

加速溶剂萃取的原理在很多文献中都有阐述[37-42]，主要是通过升高温度至超过溶剂的沸点并增加萃取池的压力，使溶剂仍保持液态，从而加强溶剂对目标物的溶解能力，同时克服基质与目标物的相互作用，增加其扩散速率。加速溶剂萃取的解吸过程与超临界流体萃取非常相似，包括三个过程：污染物从固体颗粒上解离，在颗粒孔隙内的溶剂中扩散，转移到溶剂流体中。这三个过程都受到多种因素的影响，因此萃取效率的提高可以通过相关参数的优化来实现。

加速溶剂萃取的萃取模式有静态萃取、动态萃取，或者二者结合，这些方式在商品化的加速溶剂萃取仪上可以通过参数设置很容易地实现。通常情况下静态萃取应用得较多，而动态萃取需要注入新鲜溶剂，打破平衡，从而加速质量转移速率，因此，动态萃取需要更多的溶剂。动态萃取的另一缺点是容易造成目标物的稀释，这种情况可以采用添加一个浓缩过程来解决。从萃取效率来讲，动态萃取的萃取效率要大于或等于静态萃取，而萃取时间与静态萃取相当，所以通常在开发加速溶剂萃取时可在动态萃取前加一个静态萃取过程，达到缩短萃取时间的目的[43-45]。

加速溶剂萃取适用的对象主要是固体、半固体样品，针对这类样品，传统的索氏萃取、超声萃取、微波萃取、超临界流体萃取等都可以完成相关的萃取过程，但是彼此之间的差别明显。加速溶剂萃取与超临界流体萃取的原理相近，相关的参数也相近，但是超临界流体萃取的参数要求更高，对设备的要求更严格，可选的溶剂范围较窄，而加速溶剂萃取的温度要求相对较低，通常在 40～200℃，对溶剂的要求也较低，各种极性的溶剂均可以使用。与其他几种萃取方式相比，加速溶剂萃取的样品量较大，但消耗的溶剂量较少，萃取时间也较短，通常 20 min 内可以完成。

综上，加速溶剂萃取技术的优点如下：

(1) 萃取条件温和，对设备的要求相对较低。

(2) 对多种化合物均可以进行萃取，应用领域非常宽。

(3) 对溶剂要求相对较低，多种极性的溶剂均可以使用，溶剂的选择范围宽。

(4) 萃取效率高，重现性好。

(5) 溶剂使用量少。

(6) 萃取时间短。

(7)处理样品量有较大的范围。

(8)根据目标物的不同，通过选择不同的溶剂实现选择性萃取。

(9)安全性强，全自动化。

3.3　加速溶剂萃取的影响因素

加速溶剂萃取技术萃取效率高，易于自动化，高度的商业化使得其在多个领域获得了广泛应用。该技术的萃取效率受到多种因素的影响，简单地说，样品基质的特性、待萃取物的理化性质以及待萃取物在基质中的位置等是主要的影响因子。理想的萃取过程就是简单、快速、对目标物有定量的回收率(不发生损失或降解)，可以提供完全的自动化萃取过程，同时产生非常少的二次污染物。

3.3.1　温度

对于加速溶剂萃取而言，温度是非常重要的参数之一。在萃取过程中，高温对溶剂的性质产生重要影响，它可以提高萃取速率，增加目标物的溶解度，同时降低目标物与基质之间的相互作用、溶剂黏度及表面张力。当温度处于或超过沸点，且体系保持较高的压力时，溶剂仍保持液体状态，溶剂可强制进入通常气体条件下难以到达的地方，从而显著提高萃取效率，也就是说，高温对萃取效率的影响是通过提高扩散速率来实现的。在高温条件下，蒽的溶解度相比常温下可以增加13倍。水在非极性溶剂中的溶解度也会增加，吸附在孔隙中的目标物因其中的水在非极性溶剂中的溶解度增加进而被溶剂萃取；升高温度(25～150℃)，扩散速率增加2～10倍，目标物与基质组分之间的强作用力，如范德瓦耳斯力、氢键等被减弱或破坏，降低解吸过程的活化能；升高温度，溶剂的黏度及表面张力降低，孔隙中的穿透力增大，显著提高质量转移速率，例如，当温度由25℃升至200℃时，异丙醇的黏度降低9倍[37,46-48]。

研究表明，在采用该技术萃取大米中赭曲霉毒素A时，温度选择40℃，其回收率大于90%，而继续升高温度时，其回收率因基质的共萃取而降低[49]。加速溶剂萃取技术萃取土壤中的氯代酚[五氯酚(PCP)、2,3,4,6-四氯酚(2,3,4,6-TeCP)、4-氯-3-甲基酚(4-C-3-MP)、2,4,6-三氯酚(2,4,6-TCP)、4-氯酚(4-CP)、2-氯酚(2-CP)、2,4-二氯酚(2-CP)]时，温度的影响见图3-4。当温度在75～150℃变化时，萃取率随温度升高显著增加，多数在150℃时达到最大值，2-氯酚在200℃时达到最大值，而疏水性强的五氯酚及2,3,4,6-四氯酚的萃取率相对较低，其萃取率在125℃时达到最大[50]。食品包装材料中的PCBs采用加速溶剂萃取，温度的影响见表3-1[51]。PCBs的萃取效率随温度的升高而增加，80℃达到最佳效果，只有PCB52在90℃

时有较高的回收率。两种氟喹诺酮的萃取效率在 50～100℃范围内随温度的升高而增加，而在 100～150℃之间则保持不变[52]。采用加速溶剂萃取处理肌肉与肝脏样品中四环素[土霉素(OTC)、四环素(TC)、金霉素(CTC)、二甲胺四环素(MINO)、甲烯土霉素(META)、地美环素(DEMC)、强力霉素(DOX)]时[53]，当温度在 40～80℃变化时，萃取回收率由 69%提高到 94%，最佳萃取温度是 60℃(图 3-5)。超过 60℃时萃取回收率降低的主要原因可能是发生了降解或形成差向异构体，低温下萃取回收率低主要归因于四环素的不完全解吸及溶解。红茶是一种常见的饮品，但是种植过程中使用杀虫剂导致红茶中可能存在残留，准确、快

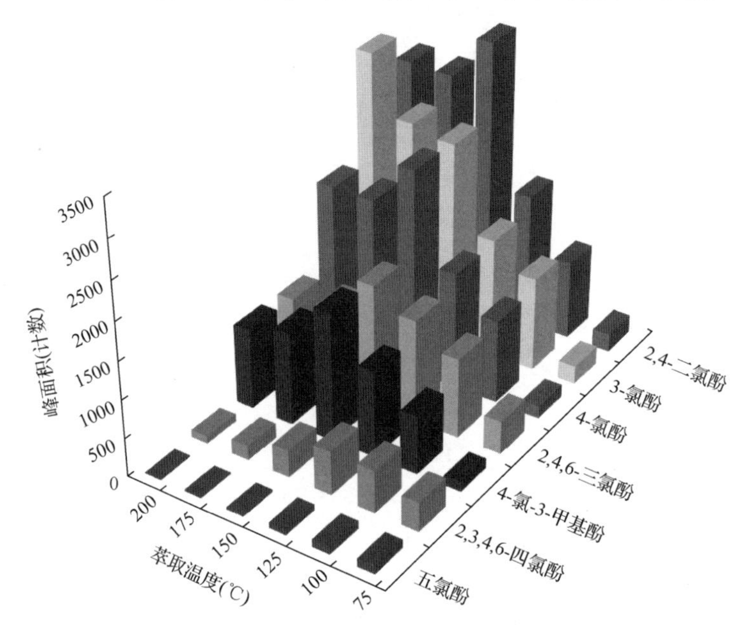

图 3-4 温度对氯代酚萃取的影响

表 3-1 温度对加速溶剂萃取 PCBs 的影响(n=5)

	萃取回收率(%)			
	60℃	70℃	80℃	90℃
PCB28	65.2±4.72	74.10±4.84	100.35±3.81	97.22±4.83
PCB52	49.90±4.59	66.24±3.95	76.22±3.35	80.59±4.99
PCB101	56.64±5.27	76.24±4.10	86.79±3.96	78.57±5.66
PCB118	69.64±4.91	95.41±4.07	94.53±3.61	86.25±3.85
PCB138	64.92±4.78	80.02±3.79	89.73±2.67	81.41±3.02
PCB153	64.25±5.02	79.70±3.62	101.57±2.59	87.90±3.43
PCB180	65.01±5.80	80.74±4.31	98.65±1.99	69.85±2.60
PCB198	74.81±5.32	81.69±3.22	105.61±3.46	90.50±3.87

速萃取红茶中的杀虫剂也是其安全性评价的重要过程，加速溶剂萃取可以解决这个问题。研究发现，温度对萃取过程影响较大，采用水作为溶剂，静态萃取温度由 50℃升高到 100℃，14 种杀虫剂的萃取率在 6%～116.4%，但是当温度升高到 200℃，其中 7 种杀虫剂的萃取率比 100℃时降低了 17.4%～30%，而其他 7 种则增加了 11.5%～34.8%(图 3-6)[54]。因此，温度在加速溶剂萃取中起到非常重要的作用，

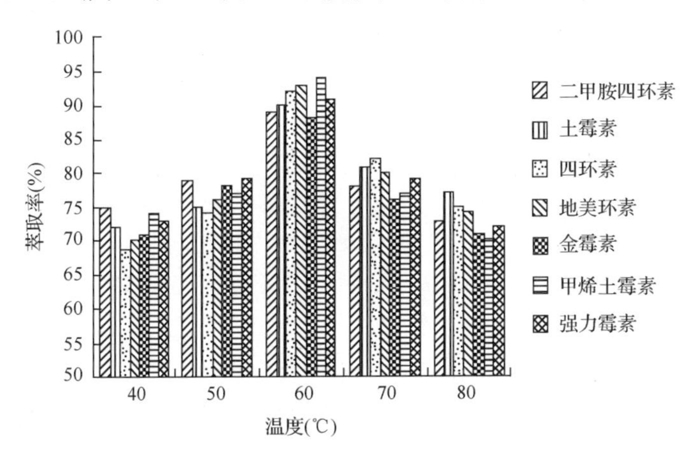

图 3-5　温度对四环素萃取的影响

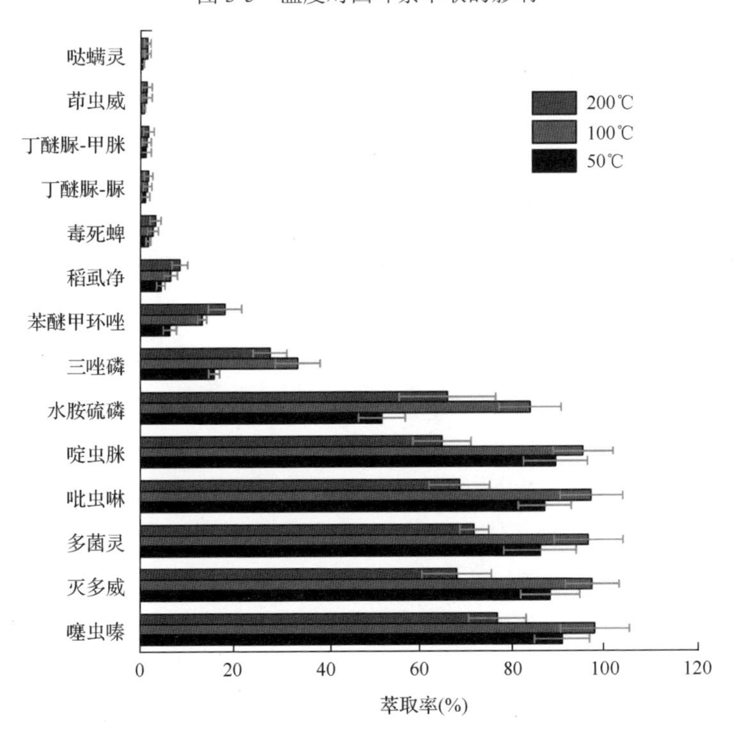

图 3-6　温度对红茶样品中 14 种杀虫剂加速溶剂萃取的影响

通常情况下，较高的温度下可获得较高的萃取回收率，但是存在一个最佳温度，并非温度越高越好。主要考虑到目标物与溶剂之间的相互作用及其自身的理化性质，特别是易降解污染物或热不稳定污染物，温度升高容易导致热不稳定及易降解污染物的加速分解或降解。因而在采用加速溶剂萃取技术时需要依据目标物的理化性质及相关参数对温度进行合理优化，选择最佳温度，获得理想的萃取效率。

3.3.2 压力

与超临界流体萃取过程相似，压力同样是加速溶剂萃取过程中的重要影响因素，高压可以使溶剂在远超溶剂沸点的高温下仍保持液态，增加了其穿透力，促使溶剂进入颗粒内部微孔，从而使更多的目标物进入溶剂中，进而获得更好的萃取效果。在加速溶剂萃取中，压力通常在 500～3000 psi（$1\ \text{psi} = 6.89476\times10^3\ \text{Pa}$），其对加速溶剂萃取回收率的影响相对小些，其主要作用是使溶剂在高温下保持液体状态，并增强溶剂的穿透力。

例如，采用水作溶剂萃取红茶中的 14 种杀虫剂时，压力在 1000～2000 psi 变化时，对高萃取率（大于 90%）的几种杀虫剂（噻虫嗪、灭多威、多菌灵、吡虫啉、啶虫脒）的影响非常小，其他 9 种杀虫剂的萃取率增加了 5.2%～44.4%（图 3-7）[54]。当温度为 70℃时，采用甲醇-乙腈（50∶50，*v/v*）作为萃取剂萃取小麦样品中玉米

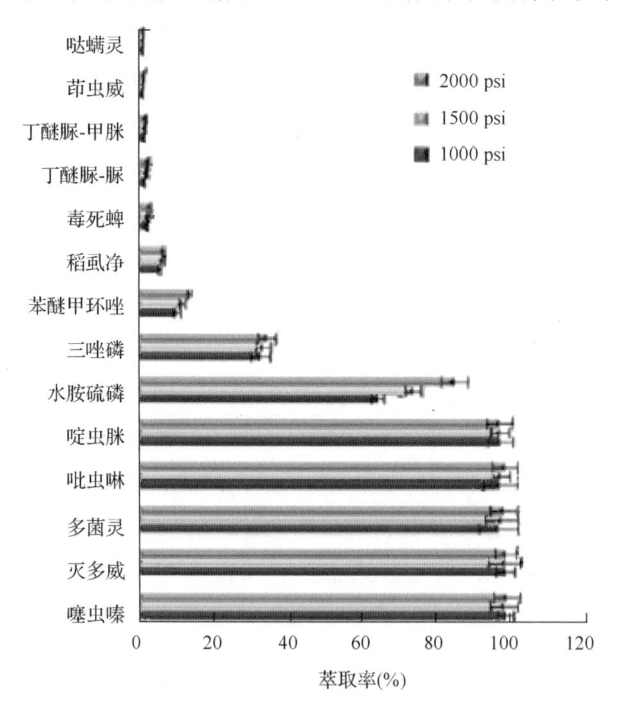

图 3-7　压力对红茶样品中 14 种杀虫剂加速溶剂萃取的影响

烯酮和 α-玉米赤霉烯醇时，压力在 1000～2000 psi 之间调节，两种物质的萃取率均比较高，玉米烯酮的回收率超过了 86%，α-玉米赤霉烯醇的萃取率超过了 91%，1000 psi、1500 psi、2000 psi 三个不同压力下的实验结果之间差异很小，但是高压(2000 psi)下萃取物颜色变深，主要是因为其他基质组分也被萃取。同时更高的压力下溶剂的密度增加，虽然可以增加萃取物的溶剂化能力，但是密度增加，其扩散系数会降低，从而减小萃取效率，也就是说在采用加速溶剂萃取时，并非压力越大越好[55, 56]。对于四环素的萃取，压力对萃取效率的影响很小[53]，充分体现了上述讨论的结论。

3.3.3 溶剂

对于样品前处理技术而言，溶剂总是非常关键的参数，只有合适的溶剂才可以完全或者高效地从样品中萃取出目标分析物，达到富集或者净化的目的。传统的萃取过程，通常按照相似相溶原理来进行溶剂选择，也就是说所选择溶剂的极性应该与目标物的极性相近。醇类和烷烃是对环境较友好的溶剂，其他卤代化合物及杂环化合物毒性较大，要尽量不采用或者少采用。丙酮或者其与正己烷的混合物也是一个比较好的溶剂，但是共萃取物较多，可能需要后续的净化处理。因此，选择合适的溶剂考虑的因素较多，首先是根据目标物的理化性质来选择合适的溶剂，溶剂的理化性质，如沸点、极性、密度、毒性等都在考虑范围之列。加速溶剂萃取溶剂选择的范围非常宽，除了强酸、强碱及在 40～200℃内易自燃的溶剂，如二硫化碳、乙醚、1,4-二氧六环等外，多数溶剂均可使用，弱酸或弱碱以及其他非腐蚀性添加剂，其含量一般不超过溶剂的 10%，强碱，如氢氧化钾、氢氧化钠作为溶剂时，体积分数一般小于 0.1%。常见的溶剂有甲醇、乙腈、乙酸乙酯、甲苯、二氯甲烷、水等，对于特殊的目标污染物，可能一种溶剂难以完全萃取，可以采用混合溶剂进行萃取，以获得更高的效率。

水是一种常见的溶剂，对于极性目标物，采用水作为溶剂有比较好的溶解度，可以获得比较高的萃取率，其成本低，萃取效率高，常被视为绿色溶剂。另外，升高温度与压力，水的介电常数、黏度与表面张力都会降低，扩散性质获得了加强，进而增加了非极性化合物及有机化合物在其中的溶解度及质量迁移速率，也加强了对化合物在介质表面吸附平衡的破坏作用，增强了对介质颗粒的穿透作用。同时，升高温度有助于破坏目标化合物与介质的相互作用，如范德瓦耳斯力、氢键、目标化合物与介质中活性位点之间的偶极吸引力等，从而提高萃取效率。

对于四环素而言，采用单一的有机溶剂甲醇或者乙腈可以获得很好的萃取效果，但是其他的有机物也会同时被萃取出来而引起干扰。对肌肉样品中的四环素的萃取，水是一种很好的溶剂，但是对肝脏样品，以同样的萃取方法分析四环素及氧四环素时存在严重干扰，是由于水萃取了其他杂质，以三氯乙酸(pH=4)与乙腈的混合溶液(1∶2，v/v)作为溶剂，就可以很好地消除干扰[53]。为了获得更高的萃取效率，可以将极性溶剂与非极性溶剂按一定比例混合，通过极性调节提高目标物的萃取效率。例如，2,4-二甲胺比双甲脒极性更大，所以如果萃取2,4-二甲胺，萃取剂中甲醇的比例大一些会获得满意的回收率，而如果需要萃取双甲脒，则混合溶剂中正己烷的比例大一些效果更好，而如果需要同时萃取2,4-二甲胺和双甲脒，则正己烷与甲醇的最佳混合比为1∶9(v/v)时萃取效果更好[56]。

多环芳烃是典型的持久性污染物，在环境中广泛存在，加速溶剂萃取是其主要的样品处理技术之一。在土壤及蚯蚓样品中的多环芳烃萃取过程中，不同溶剂的萃取效率存在明显差别，二氯甲烷的萃取回收率为87.6%～110.3%，丙酮的萃取回收率为87.1%～105.6%，正己烷的萃取回收率为66.6%～92.4%，正己烷-丙酮混合液(1∶1，v/v)的萃取回收率为83.6%～108.2%，正己烷-丙酮混合液(4∶1，v/v)的萃取回收率为87.4%～112.2%。混合溶剂萃取的结果相对标准偏差更小，方法更稳定，数据更可靠。丙酮极性比正己烷强，可以溶解多种极性有机物，丙酮的存在有助于多环芳烃的萃取，同时也增加了杂质的共萃取。多环芳烃多数是非极性的，所以混合溶剂中正己烷的比例增加，可以更好地萃取多环芳烃，同时也降低极性污染物的共萃取，为后续的净化处理与分析降低了难度[57]。甲醇-水混合溶剂也是常用的溶剂，对于四环素样品，采用甲醇-水混合溶剂(50∶50，v/v)、海砂作为分散剂，温度定为70℃进行萃取，其萃取效率比采用纯水萃取要高4%～10%[58]。污泥中四环素和磺胺类药物的处理也可采用加速溶剂萃取，文献报道生物固体样品中的抗生素可以采用乙腈-水(7∶3，v/v)混合溶液进行萃取[59]，实际上采用这个混合溶剂萃取污泥中四环素和磺胺类药物的回收率较低，只有0%～49%。通过实验发现，改变混合溶剂，采用0.2 mol/L柠檬酸-甲醇(1∶1，pH=3)作为溶剂，四环素和磺胺类药物[氧四环素(OTC)、四环素(TC)、二氧环素(DC)、氯四环素(CTC)、磺胺噻唑(STZ)、磺胺吡啶(SPY)、磺胺甲嗪(SMN)、磺胺甲噁唑(SMX)]的回收率提高到93%～99%(图3-8)[60]。在萃取渥太华砂中酞酸酯[邻苯二甲酸二甲基酯(DMP)、邻苯甲酸二乙基酯(DEP)、邻苯甲酸苄基丁基酯(BBP)、邻苯甲酸二乙基己基酯(DEHP)、邻苯甲酸二正辛基酯(di-*n*-butyl phthalate，D*n*OP)、邻苯二甲酸二戊酯(DPP)、邻苯二甲酸二正丁酯(D*n*BP)]时，考虑酞酸酯的极性差异较大，混合溶剂将会获得较理想的效果。将乙酸乙酯、正己烷、二氯甲烷三种溶剂进行混合(1∶1∶1，v/v/v)，萃取温度与萃取时间分别设定为100℃与20 min，研究表明，D*n*BP与BBP的回收率分别为36%和76%，当溶剂的混合比更改为2∶1∶2(v/v/v)，萃取效率获得极大的改善，D*n*BP的回收率由36%增加到56%，DMP的回收率显著增加到79%，通过实验优化，溶剂混合比为2∶3∶2时，萃取效率达到最佳，D*n*BP与BBP的回收率分别为75%与90%，其他酞酸酯的回收率在78%～90%(图3-9)[61]。

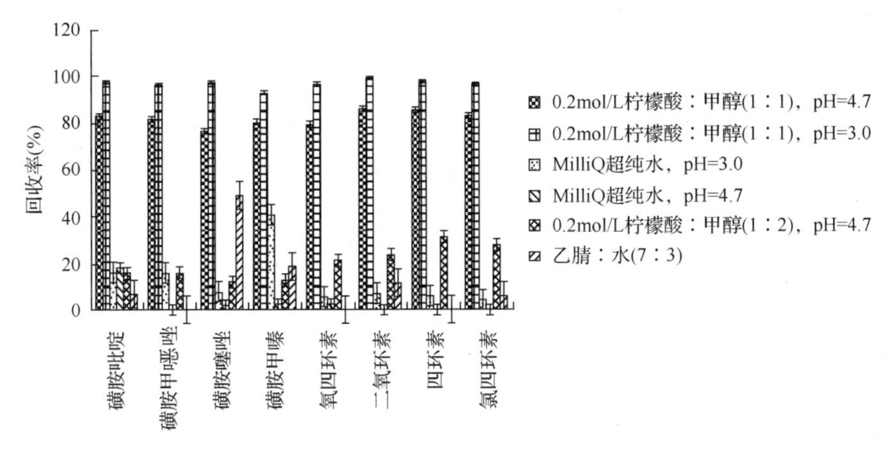

图 3-8　污泥中四环素及磺胺类药物加速溶剂萃取不同溶剂对萃取效果的影响

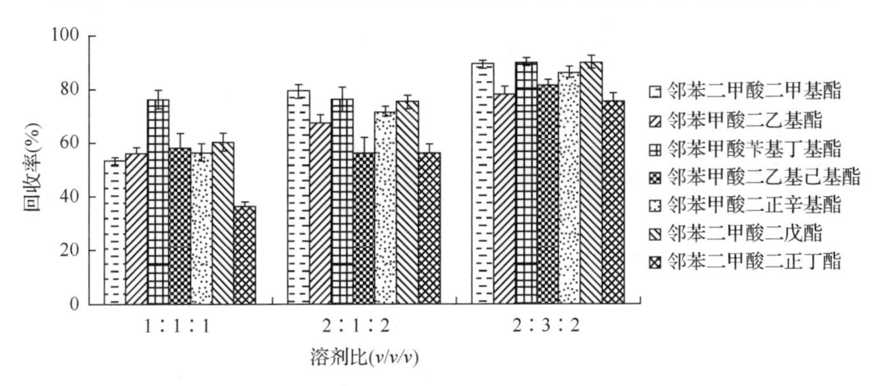

图 3-9　混合溶剂对酞酸酯加速溶剂萃取的影响

3.3.4　改性剂及添加剂

基于目标物理化性质的多样性，在萃取过程中，除了选择合适的萃取剂外，有些情况下需要添加一些试剂增加目标化合物在溶剂中的溶解度，以及目标化合物与溶剂之间的相互作用，从而提高萃取效率。对于以解离状态存在的离子分析物，调节 pH 是常用的有效方法，通过 pH 调节提高其在选择的萃取剂中的溶解度，进而促进萃取进程。对于热不稳定及疏水性强的目标分析物，也可以通过添加一些物质来实现高效萃取。鱼肉样品中 PAHs 的萃取，采用水作为萃取剂，萃取温度 200℃，萃取时间 15 min，但添加一定浓度的表面活性剂十二烷基磺酸钠(SDS，2.5×10^{-2} mol/L)时，萃取效率得到了显著提高[62]。

多数情况下，基于目标物的理化性质，添加少量与萃取溶剂不同的有机溶剂，如甲醇、乙腈、丙酮等，与超临界流体萃取一样，针对不同极性目标物质调节萃取溶剂的极性，达到提高萃取效率的目的。对于土壤样品中 PAHs 的萃取，研究发现采用正己烷作为萃取溶剂时，添加丙酮使五环的 PAHs 的萃取率获得显著提高，不添加改性剂时的萃取率只有添加丙酮后的萃取率的 70%，而六环 PAHs 萃取率的增加更加明显，添加改性剂后萃取率提高了一倍(图 3-10)。对于极性的酚类化合物，添加一定量的极性共溶剂丙酮促进了定量萃取，不添加改性剂时的回收率只有添加后的 15%～30%，将改性剂丙酮改为甲醇，其改进效果与丙酮基本一致(图 3-11)[63]。

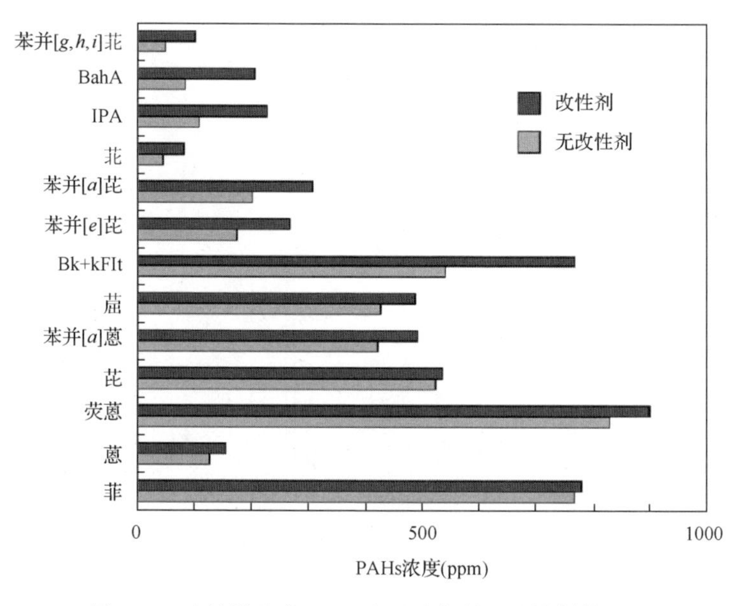

图 3-10 土壤样品中 PAHs 加速溶剂萃取改性剂的影响

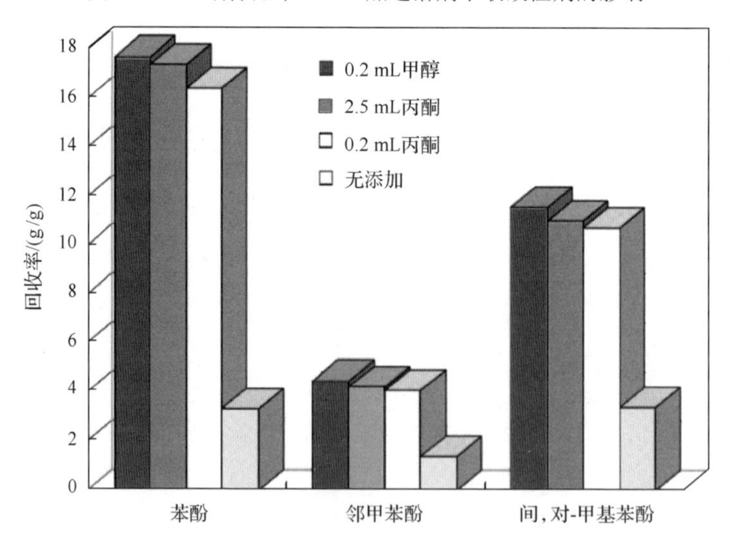

图 3-11 土壤样品中酚类化合物加速溶剂萃取改性剂的影响

采用压力热水萃取技术萃取红球甘蓝中花青素的过程中，添加 5%的乙醇可以显著改进花青素的萃取效果[64]。萃取土壤中的氯代酚时添加改性剂同样可以改善萃取效果，以水作为溶剂，添加 5%的甲醇、丙酮、乙腈均可以改进萃取效率，特别是丙酮和乙腈的改进效果显著(图 3-12)[51]。采用加速溶剂萃取进行清洁柴油烟尘中 PAHs 萃取时，发现含一个苯环的甲苯对 20 余种 PAHs 的萃取效率高于二氯甲烷，但对大分子量 PAHs 的萃取效率不是很理想，而吡啶作为溶剂则显著改进了 PAHs 的萃取效果。这主要是因为分子中有孤对电子而具有碱性，同时它也是很强的电子给体，可以很好地将 PAHs 从烟尘表面脱附下来。但是吡啶对硝基多环芳烃的萃取效果较差，因此为了获得更好的萃取效率，向吡啶中添加 17%的碱性二乙胺，PAHs 特别是大分子量的 PAHs 的萃取效率获得了大幅度增加，而采用向吡啶中添加 1%乙酸可以显著提高硝基多环芳烃的萃取效率[65]。

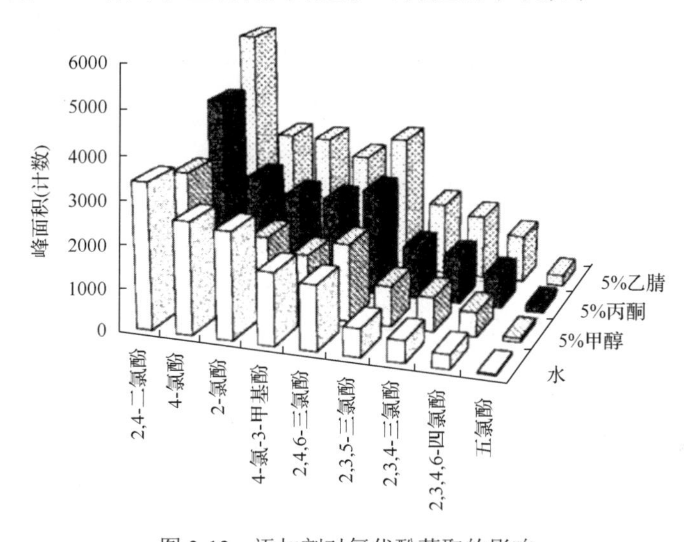

图 3-12　添加剂对氯代酚萃取的影响

在加速溶剂萃取过程中添加络合剂或者衍生试剂也是常用的方法之一。例如，生物样品中有机锡形态的萃取分析，采用甲醇体系作为萃取剂，随着甲醇比例的提高，一丁基锡(monobutyltin，MBT)、二丁基锡(dibutyltin，DBT)、三丁基锡(tributyltin，TBT)的回收率显著增加，相比较而言，三者的极性随丁基的增加而降低，也就是说 MBT、DBT 的回收率比 TBT 的回收率要低，而在 90%甲醇的萃取体系中加入 0.03%(*w/v*)环庚三烯酚酮络合剂可使 MBT 的萃取率提高 60%，DBT 的萃取率提高 12%，其原因就是络合剂与 MBT 及 DBT 作用形成了低极性的络合物，降低了其极性，使其在萃取溶剂中的溶解度增加，从而增加萃取效率。TBT 由于其本身极性相对较低，络合剂的加入对其影响很小[66]。160 余种极性煤焦油组分的萃取是非常困难的，采用三甲基硅烷衍生后加速溶剂萃取，萃取剂使用100%正己烷，温度为150℃，压力10 MPa，动态萃取7 min，静态萃取两个循环(每个循环5 min)，冲洗体积为150%池体积，吹扫时间为60 s便可获得很好的萃取效果[67]。该过程中萃取率获得较大改善的主要原因是发生了甲基化反应，这是许多极性化合物萃取时常采用的衍生方法之一。

酚、苯二酚、甾醇、羧酸等极性污染物的萃取相对困难，可以采用乙酸酐、双三甲基硅基三氟乙酰胺、14%三氟化硼甲醇溶液、苯基三甲基氢氧化铵、三甲基氢氧化硫分别作为乙酰化、硅烷化、甲基化试剂进行原位衍生化反应，调节极性污染物的极性，从而提高萃取效率。由于硅烷化试剂对水非常敏感，因此，湿样品或污泥样品需要干燥后才可以进行原位硅烷化加速溶剂萃取。例如，化妆品中两种含溴防腐剂、七种对羟苯甲酸酯、抗菌剂丁基氨基甲酸碘代丙炔酯、三氯生、抗氧化剂等的分析可以采用同时原位乙酰化加速溶剂萃取GC-MS分析。100μL乙酸酐(2.5%吡啶)在干燥前加入样品中，萃取压力1500 psi，冲洗体积为60%池体积，吹扫时间为60 s，萃取温度为120℃，乙酸乙酯用作萃取剂，Florisil树脂作为分散剂，萃取时间为15 min，萃取池无须净化可以直接进行GC-MS分析，因衍生化是在萃取过程中实施的，方法检测限远远低于欧洲化妆品分析规范的限量标准，这个方法可以作为例行质量控制方法，回收率在84%～111%之间[68-70]。面包中污染物3-氯-1,2-丙二醇、1,3-二氯异丙醇采用加速溶剂萃取GC-MS分析时，可以将70 μL双(三甲基硅基)三氟乙酰胺-三甲基氯硅烷(BSTFA/TCMS，99∶1)加入1 g样品中作为硅烷化试剂进行原位衍生。在萃取过程中将1.0 g Florisil树脂作为净化剂、0.1 g硫酸钠作为干燥剂、2.5 g硅藻土作为分散剂分别添加到萃取池中，以乙酸乙酯作为萃取剂，萃取压力调为1500 psi，静态萃取3 min，萃取温度70℃，冲洗体积为80%池体积，吹扫时间90 s，回收率在86.2%～109%之间，比萃取后衍生节省时间，回收率更高、更稳定，分析快速、灵敏度高，样品处理自动化程度高，减少了样品处理时间[71]。

酯化反应也是重要的衍生方法，采用α-溴代五氟甲苯作为衍生试剂进行酯化衍生反应，可以实现13种极性除草剂和20种非极性有机氯杀虫剂的高效加速溶剂萃取。利用有机氯杀虫剂与酯化产物相似的电负性，以GC-NCI-MS对两类化合物进行灵敏检测，采用10 g土壤样品、1.5 mL水、0.5 g EDTA，温度控制在100℃，压力控制在10.3 MPa，α-溴代五氟甲苯过量，萃取与衍生在10 min内完成，检测限均低于10 μg/kg，回收率在68%～120%。此方法对实际土壤样品中酸性除草剂的检测展现了非常好的效果[72, 73]。

在萃取过程中，当样品颗粒的粒径较小时，在高压下容易发生板结或凝结，从而影响萃取池中溶剂流路，不利于加速溶剂萃取过程。为了解决这个问题，可以加入一定量的分散剂或干燥剂防止颗粒结块，避免萃取池堵塞，提高萃取效率。

对土壤样品或沉积物样品，除非特别干燥，一般最好采用分散剂分散后进行萃取，如果样品湿度非常大，可以应用细沙或硅藻土进行分散。硅藻土因其良好的吸水性能，是最常用的分散剂，目前应用较多。另外，萃取池中样品水分的去除常用无水硫酸钠、海砂、其他吸附剂等，如果选用无水硫酸钠，需要考虑萃取剂的极性、样品基质性质、目标萃取物的理化性质及操作参数等因素，通常情况下，在使用非极性溶剂，如正己烷、正庚烷、甲苯等时使用，采用极性溶剂时一般避免使用。

3.3.5　样品颗粒粒径

在加速溶剂萃取中，样品粒径会对萃取效率产生重要影响，主要是因为样品颗粒粒径与目标物在萃取过程中的质量迁移紧密相关。如果扩散作用是决定萃取效率的控制因子，那么样品颗粒的粒径越小，质量迁移速率就越大，萃取效率就越高。也就是说，溶剂与目标萃取物充分接触是获得好的萃取效率的关键，样品的表面积越大，与溶剂接触越充分，萃取过程就越快，效率就越高。因此充分地研磨样品，使其粒径较小是提高萃取效率的有效措施，一般最好小于 1 mm。土壤和沉积物样品一般不需要研磨，需要除去样品中的石块及木棍类杂物，高聚物样品必须进行研磨才能获得其添加成分的高效率萃取，高聚物和橡胶类样品最好在低温下(如液氮)进行研磨，动物和植物样品可以通过多种方式获得均匀化样品。样品颗粒粒径过细，容易导致堵塞，因此，有时需要采用分散剂混合保持一定的流路通畅。实际工作中，当样品粒径已经在 0.4 mm 以下时，在参数优化时可不再考虑粒径的影响。

3.3.6　静态循环次数

在经典的商品化加速溶剂萃取过程中，静态循环次数对萃取效率具有非常显著的影响。通过静态循环向萃取池注入新鲜溶剂，提高总的萃取效率。静态循环次数多于 1 时，冲洗溶剂会按一定体积比均分，在每次循环时和“用过的”溶剂一起进入收集瓶，然后将萃取池下出口关闭，再一次使溶剂盛满样品，进入下一个静态萃取过程。氮气吹扫在最后一个静态循环结束时进行，由于最初的冲洗溶剂的体积被均分，因此无须添加额外的溶剂进行萃取。一般情况下，浓度很高或者基质穿透性很差的样品，采用多次静态循环可以获得非常显著的萃取效果。同时可以通过调节静态萃取时间来减少整个萃取过程的时间，如三次 3 min 的静态萃取可以相当于一次 10 min 的静态循环。当萃取温度比较低时，可以采用多次静态循环解决在加热阶段引入的新鲜溶剂量过少的问题。

3.3.7 萃取时间

目前商品化的加速溶剂萃取仪具有很高的自动化程度，一般萃取时间比传统的固液萃取技术，如索氏萃取等短很多。采用静态萃取模式，目标组分的定量萃取在 5～20 min 内即可完成，对于复杂样品介质，如聚合物等，需要的时间稍长，为 30～60 min。有些情况下，单一的静态萃取不能达到定量萃取的目的，组分定量分离与分布系数紧密相关时，需要进行动力学实验研究，优化实验，确定目标组分的最佳萃取时间。而动态萃取模式中，样品一直与新鲜溶剂接触，萃取时间一般在 5～30 min，复杂样品的萃取时间根据复杂程度会有不同程度的延长。

3.3.8 固相吸附剂

样品基质比较复杂时，采用加速溶剂萃取时脂类等有机物可能随目标化合物一起共萃取，影响萃取效率。这种情况一般可采用两种方式消除基质效应，一是萃取后采用新试剂对萃取液进行处理。例如，萃取食品包装材料中 PCBs 的过程中，脂类物质随 PCBs 一起萃取出来，直接进行色谱分析会影响分析结果，而采用硫酸处理，避免了额外的净化过程，减少了溶剂的使用。硫酸的用量与基质有关，不同特性的基质，需要的硫酸用量不同，因此需要通过优化获得最佳硫酸用量，进而获得 PCBs 的最佳萃取效率[51]。二是采用吸附剂进行净化处理。对于多数基质而言，加速溶剂萃取后需要一个净化过程，使获得的萃取液更“干净”，从而满足后续的色谱分析与检测的要求，这个净化过程可以离线进行，也可以在萃取池中添加吸附剂实现在线净化。常用的吸附剂有酸性硅胶、铝粉、硅胶、碱性氧化铝、活性炭、铜粉、离子交换树脂、C_{18} 树脂、Florisil 树脂等，它们分别用于去除非极性脂类物质、干扰离子、硫黄及辅助纯化等。离线净化采用一种或多种吸附剂装成固相萃取柱进行处理。例如，土壤样品中 PAHs 萃取液采用离线净化，固相吸附剂填装由下而上分别为 0.5 g 无水硫酸钠、1.0 g 硅胶、0.5 g 无水硫酸钠，而蚯蚓样品中的 PAHs 萃取液净化所用固相萃取柱由下而上为 0.5 g 无水硫酸钠、0.5 g 硅胶、0.5 g 氧化铝、0.5 g 无水硫酸钠[57]。在线净化是在萃取池底部按照基质特征及需要去除的干扰物质选择一种或多种吸附剂分层装填，然后再将样品或样品与分散剂的均匀混合物进行装填，在萃取过程中实现净化。这种在线萃取与净化合二为一的萃取过程常称为选择性加速溶剂萃取，在有机污染物的萃取方面应用非常广泛。

这种选择性加速溶剂萃取一般从三个方面进行优化：温度、萃取溶剂种类、吸附剂。萃取温度高，选择性就差，降低温度有利于提高选择性，但是回收率相对较低，如果提高回收率，就需要长的萃取时间。但如果萃取时间过长，就失去了加速溶剂萃取的优点，所以温度条件控制与后面的溶剂选择及添加吸附剂等条件应该统筹考虑。针对目标组分及基质组分的性质，采用合适的单一溶剂分步萃取或者采用混合溶剂进行分步萃取，需要具体样品具体分析。将吸附剂置入萃取池底层，样品置于吸附剂上面，在萃取时，顺着萃取剂的流向，不需要的干扰性物质保留在选定的吸附剂层上，相对“干净”的目标组分就进入收集瓶，从而达到非常高的萃取效率。例如，采用加速溶剂萃取进行鱼组织中 PCBs 的萃取时，用氧化铝作吸附剂可以除去萃取液中的共萃脂肪[74]。随着萃取温度的升高或者溶剂极性的增大，氧化铝除去脂肪的容量降低。如果采用正己烷或正庚烷作为萃取溶剂，氧化铝对脂肪的吸附容量为 70 mg/g；如果采用二氯甲烷作萃取剂，氧化铝对脂肪的吸附容量则为 35 mg/g。因此，干扰物质的去除与溶剂的选择、萃取温度、吸附剂均密切相关。

通常情况下，基质的复杂性决定了干扰物质的多样性，所以为了获得更好的萃取效果，多种吸附剂的共同使用成为必然的选择。干扰物质的去除也可以采用顺序加速溶剂萃取的方法进行，第一步，采用温和的温度条件及混合溶剂条件，去除中性脂类物质；第二步，采用极性大些的混合溶剂在相对高的温度条件下萃取极性脂类物质或目标化合物。例如，将硅胶及氰丙基修饰硅胶作为吸附剂置于顺序加速溶剂萃取的萃取池底部，采用正己烷/丙酮(9∶1, *v/v*)作为萃取剂，萃取温度 50℃、静态循环 2 次(10 min/次)，可以很好地除去中性干扰脂类物质，进而用氯仿/甲醇(1∶4, *v/v*)萃取极性的磷脂及羟基脂肪酸等。该方法可用于肉类产品中中枢神经系统的诊断性脂类标记物的筛选[75, 76]。这种选择性加速溶剂萃取技术比目前报道的比较好的脂类全萃取再固相萃取分离的方法，具有更好的分离效果及更高的萃取效率。

选择性加速溶剂萃取降低了分析成本，改进了分析技术的通量，加快了分析进度，特别是在环境灾难性事件中加快了样品分析速度，减少了分析成本，有利于决策者快速做出响应，采用可靠的处理技术，从而减轻对环境的危害。选择性加速溶剂萃取一般针对复杂基质，采用多层吸附剂来实现萃取与净化，通常先在萃取池底部装填多层吸附剂，然后再装入均一化样品，选择的吸附剂对目标化合物几乎不吸附，对脂类等干扰性物质吸附性强，而萃取剂对干扰性物质的溶解性能差，对目标化合物的溶解性能非常好，这样就实现了对目标化合物的选择性萃取与净化，同时对基质干扰物的萃取量极小的目标。食品及饲料中二噁英类物质(PCDDs 和 PCDFs)及类二噁英 PCBs(DL-PCBs)的典型选择性加速溶剂萃取过程见图 3-13[77, 78]。

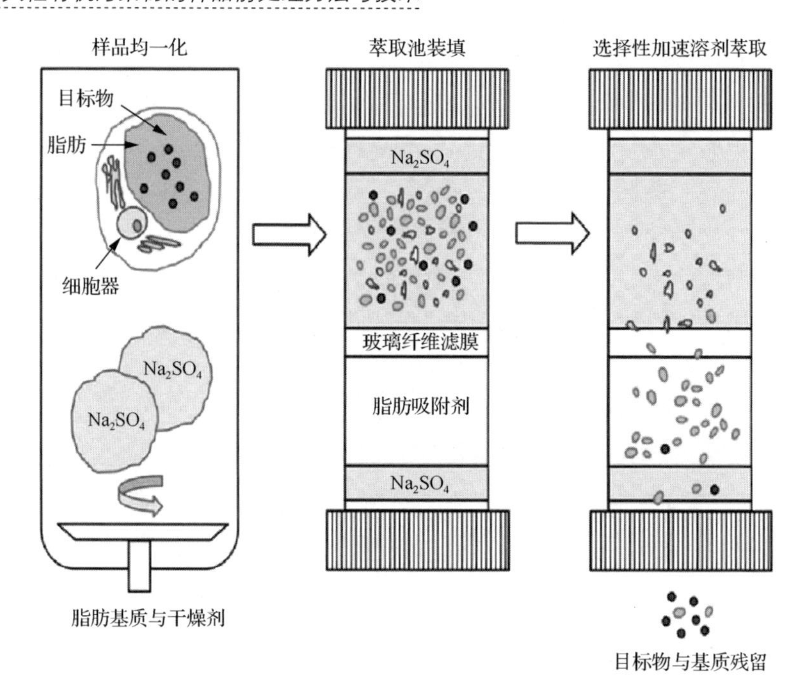

图 3-13 食品与饲料中 PCDDs/Fs 及 DL-PCBs 的选择性加速溶剂萃取过程

首先样品与无水硫酸钠按 1.5～2∶1(*w/w*)的比例均匀混合，这个过程实现细胞破坏及样品干燥，进而在萃取池中依次装入滤膜或滤纸、无水硫酸钠、脂肪吸附剂、玻璃纤维滤膜、样品、无水硫酸钠、滤纸或滤膜，最后进行目标物萃取洗脱，使绝大部分的脂肪类物质保留在吸附剂中，而目标物进入萃取剂进而进入收集瓶以备分析。在选择性加速溶剂萃取中，吸附剂、目标物、基质之间的内在相互作用对萃取效果存在重要影响，也是选择性加速溶剂萃取开发成功的重要关键因素，所以在进行选择性加速溶剂萃取开发时，要重点考虑这些因素选择吸附剂与萃取剂。

对鱼组织中的二噁英类物质(PCDDs 和 PCDFs)及 DL-PCBs 进行选择性加速溶剂萃取，则利用分子空间平面性，以石墨化碳黑、硅藻土混合物作为吸附剂并结合其他净化吸附剂，可以高效地将超过 90%的 DL-PCBs 与 PCDDs/Fs 进行分离，二氯甲烷与正己烷(1∶1, *v/v*)可以很好地洗脱 PCBs，而甲苯则高效洗脱 PCDDs/Fs，其主要原因就是 PCDDs 与 PCDFs 具有平面结构，在具有平面结构的吸附剂石墨化碳黑上吸附，具有平面结构的溶剂甲苯则很好地将其溶解并洗脱下来，从而实现有效分离。但是由于甲苯对 DL-PCBs 的溶解性能也非常好，因此第一次洗脱时采用二氯甲烷和正己烷的混合溶剂将 PCBs 先洗脱下来，而 PCDDs 与 PCDFs 则保留在吸附剂石墨化碳黑上，DL-PCBs 的回收率为 96.5%±1.6%，PCDDs/Fs 的回收率则只有 6.7%±4.5%；第二次则采用甲苯洗脱，PCDDs/Fs 的回收率为 90.7%±

4.5%，而 DL-PCBs 的回收率则为 5.0%±4.7%，这样的洗脱顺序可以很好地实现二者的分离并节约溶剂，反之，虽可获得很好的回收率，但是不能实现很好的分离[79]。其萃取池装填及洗脱原理见图 3-14，洗脱顺序效果及回收率见图 3-15。优先控制杀虫剂，如艾氏剂、狄氏剂、六氯环己烷、DDT 及其代谢物等[80]是典型的持久性有机污染物，也有研究采用选择性加速溶剂萃取对海藻中优先控制杀虫剂进行样品处理，进而检测分析。结果表明，正己烷是良好的萃取剂，而六种吸附剂(Florisil、酸性氧化铝、中性氧化铝、碱性氧化铝、硅胶、石墨化碳黑)的净化效果存在很大差异。三种氧化铝吸附剂中，酸性氧化铝的效果最好，中性氧化铝次之，碱性氧化铝相对差一些，但是中性氧化铝对 β-HCH、4,4′-DDE、4,4′-DDT、灭蚁灵的净化效果还是比较好的；除了 β-HCH、γ-HCH、δ-HCH、α-硫丹、4,4′-DDE、毒死蜱外，硅胶的净化效果比三种氧化铝差一些；石墨化碳黑的效果最差。整体而言，几种吸附剂的在线净化效果顺序为：Florisil＞酸性氧化铝＞中性氧化铝＞硅胶＞碱性氧化铝＞石墨化碳黑。选择性加速溶剂萃取自开发以来，针对生物及非生物样品中典型有机污染物、个人护肤品、有机磷杀虫剂、有机氯杀虫剂、烷基酚、氨基甲酸酯类杀虫剂等展开了一系列的研究工作，获得了比较好的应用效果。

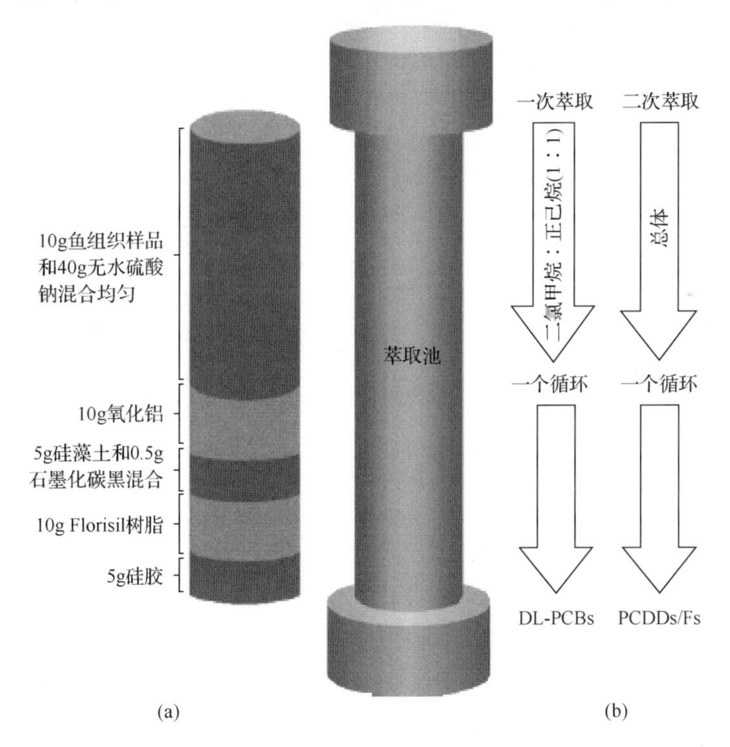

图 3-14　鱼组织样品 PCDDs/Fs 及 DL-PCBs 选择性加速溶剂萃取萃取池填装(a)及洗脱原理(b)图

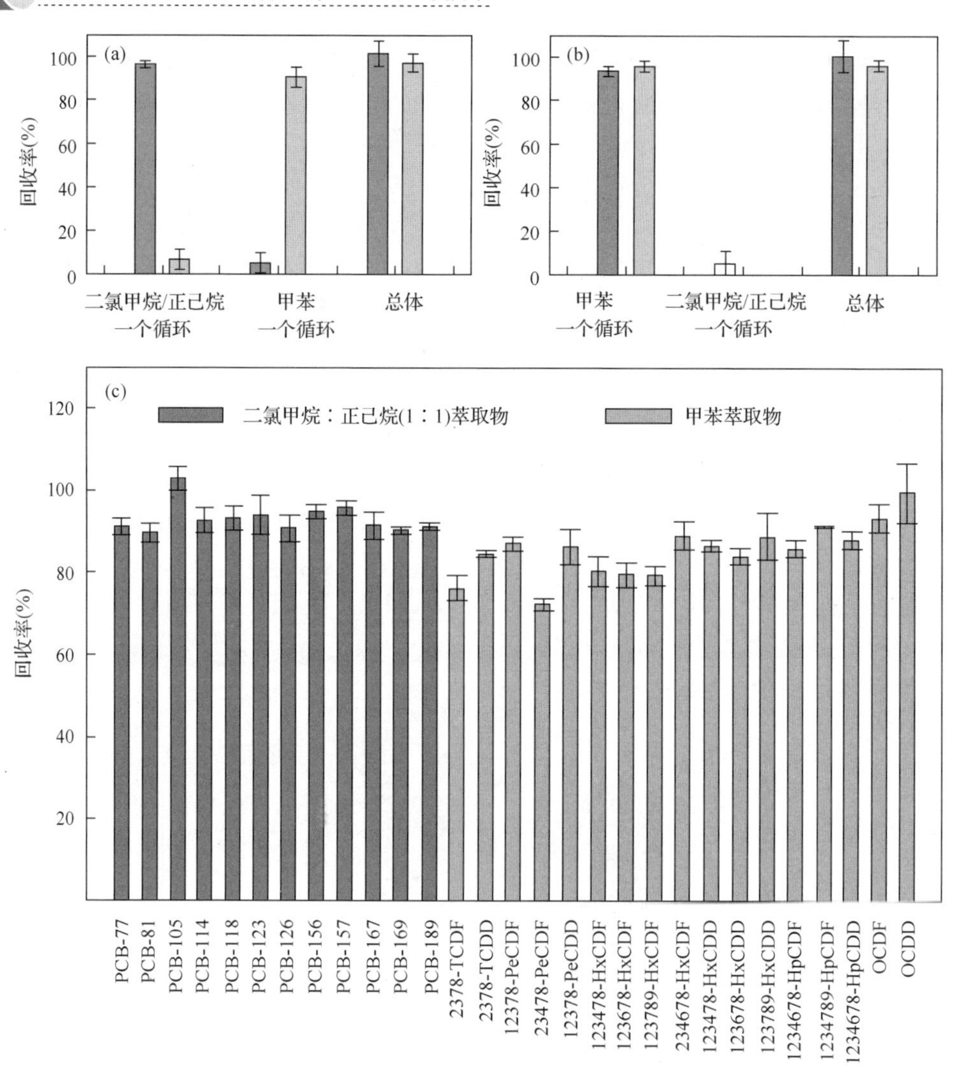

图 3-15　PCDDs/Fs 和 DL-PCBs 洗脱顺序效果[(a)、(b)]及回收率(c)

3.4　加速溶剂萃取在多环芳烃分析中的应用

我国正处在高速发展时期，快速的工业化与城市化促进了经济发展，同时也伴生了严重的环境污染问题，如严重的 PAHs 污染，其主要来源是化石燃料及生物质的燃烧。研究表明，我国是 PAHs 排放量最大的国家，PAHs 排放量约占全球 PAHs 排放量的 22%[81, 82]。虽然城市化进程导致大量污染及高耗能产业，如钢厂、焦炭厂、杀虫剂生产企业、化学工业等向偏远地区迁移，但是许多地区的土壤被 PAHs 污染，特别是北京、天津、上海、珠三角地区，地表土壤 PAHs 平均浓度约为 730 ng/g，总 PAHs 浓度分布依次为：东北地区＞华北地区＞华东地区＞华南地区＞西北地区[83, 84]。大气中 PAHs 的重要来源是含碳、氢的物质，如煤、石油、木材、石化产品等的不完全燃烧或热解，它们在一定条件下可转化为其他官能团取代的 PAHs。室内空气中 PAHs 的浓度差异很大，在相当宽的范围内变化（50 pg/m^3～1.7 $\mu g/m^3$），这与采集样品的时间与位置有关。通常情况下，工业区、城市市区、居民区要高于郊区，从季节上看，冬季要高于其他季节，冬季总 PAHs 浓度约为夏季与秋季的 5 倍。

针对 PAHs 的研究发展很快，已有一些评论性的文章分别对 PAHs 的来源、排放因子、管理、寿命、环境中的浓度及人体健康效应[85, 86]、区域存在[87]、环境效应及修复[88, 89]等进行了总结，为有效管理与控制 PAHs 奠定了良好的基础。PAHs 通过多种途径进入环境，可以进行长距离传输，同时可以通过水体在底泥中沉积，或者通过食物链进入动物体内，进而对人体健康构成一定的威胁。因此，为了更好地监控 PAHs，开发高效的检测技术是环境工作者面临的重要任务。随着科学的进步与材料科学的高速发展，基于不同原理的灵敏检测技术相继面世，为 PAHs 的检测提供了非常有力的支持。其中，固相萃取、固相微萃取等技术是典型的高效分离技术的代表，而核心则是吸附材料的研究。对于针对 PAHs 的吸附剂而言，最重要的挑战是缺少功能化的键合官能团，PAHs 的疏水性很强，通常与基质中多种物质一起被萃取，影响分析结果。随着研究的进一步深入，一些新兴材料，如功能化硅胶、介孔硅、介孔硅纳米颗粒、磁性纳米材料、碳纳米材料、量子点、金属及金属氧化物纳米材料、功能化磁性纳米材料、骨架材料、分子印迹材料等的开发，给 PAHs 的分离检测带来了新的机遇[90]。

目前加速溶剂萃取技术在 PAHs 分析中已经获得较多的应用，基于其优良的性能，美国 EPA 开发了 method 3545，主要针对土壤、沉积物、污泥、固体废物等中不溶于水及微溶于水的半挥发性有机化合物[31]。目前许多研究中采用的加速溶剂萃取技术萃取不同基质中 PAHs 的方法，其萃取条件主要是参考 EPA method 3545 而确定的，比较典型的就是萃取温度设为 100℃，萃取压力控制为 140 bar，萃取时间 5 min，常用的萃取溶剂是丙酮-二氯甲烷（1∶1，*v/v*）或者丙酮-正己烷（1∶1，*v/v*），在这个萃取条件下多数情况都可获得非常满意的结果。从报道的相关研究工作来看，采用相同的其他萃取条件，二氯甲烷、乙腈、甲苯-甲醇作为萃取剂也可以得到比较好的萃取效果，回收率在 90%～110%。通过比较发现，萃取 PAHs 的萃取剂应有比较好的极性[91]，从土壤样品中萃取 PAHs，丙酮、二氯甲烷、甲醇、乙腈作为萃取溶剂，均获得了比较好的萃取效果，其回收率分别为 95%、104%、95%、95%，正己烷-丙酮也获得了比较好的实验结果。但只用正己烷作为萃取剂的萃取回收率比较低，只有 84%。在 PAHs 的萃取过程中，甲苯也是非常好的溶剂，它在采用加速溶剂萃取技术萃取 PAHs 方面比二氯甲烷-丙酮（1∶1，v/v）或正己烷-丙酮（1∶1, v/v）的萃取效率更优。大气颗粒物是 PAHs 赋存的主要介质之一，$PM_{2.5}$ 和 PM_{10} 是关注的重点，加速溶剂萃取技术可以很好地将 PM_{10} 吸附的 PAHs[萃取温度控制在 125℃，压力为 1500 psi，静态循环 2 次，每次 5 min，冲洗体积为 60%池体积，萃取溶剂为丙酮-正己烷（1∶1，v/v）]以比较高的萃取效率萃取出来，PAHs 的回收率在 96%～103%[92]。$PM_{2.5}$ 吸附的 PAHs 也可以采用加速溶剂萃取技术进行萃取，研究表明，采用乙腈作为萃取剂、温度设定为 100℃、压力为 1500 psi，静态萃取 5 min、HPLC-FLD（荧光检测法）检测，16 种 PAHs 的回收率在 78.3%～113.2%之间，检测限在 0.007～0.062 ng/m^3 之间，萃取效率远优于超声萃取和索氏萃取[93]。颗粒物质也可以采用二氯甲烷-丙酮（4∶1，v/v）作为萃取剂，温度设为 100℃、压力为 500 psi、静态萃取 5 min，PAHs 的回收率在 70%～100%之间[94]。加速溶剂萃取在 PAHs 样品处理与检测中的主要应用见表 3-2。

3.5 加速溶剂萃取在多氯联苯检测中的应用

多氯联苯（PCBs）是一类重要的持久性有机污染物，具有很强的化学与热稳定性，在环境中可以长期存在，同时具有很强的亲脂性。研究表明，PCBs 具有很强的毒性并通过干扰体内激素产生突变性效应，导致乳腺癌、子宫癌及其他癌症等。PCBs 的长期应用使大量的 PCBs 通过不同的路径，如电厂燃煤排放、家庭及城市供热系统木材或煤的燃烧、废物焚烧、火灾、车辆或机械排放废气、热交换器或变压器泄漏、填埋厂泄漏、工业过程排放、废垃圾及塑料的非法焚烧等进入环境中，在生物环境及非生物环境中长期存在，严重影响环境及人类健康。开发灵敏的检测技术及样品前处理技术进行 PCBs 监测是环境领域的重要课题。

加速溶剂萃取作为新型、高效、自动化的样品前处理技术，用于 PCBs 环境样品萃取处理具有独特的优势，获得了广泛应用。加速溶剂萃取技术萃取 PCBs 的条件与萃取 PAHs 的条件在许多情况下可以通用，或者进行微调，当然也可以采用新的萃取条件。当温度控制在 100℃、压力控制在 140 bar、静态萃取时间为 5 min，以丙酮-正己烷（1∶1, v/v）进行萃取可以获得 65%的回收率，而采用甲苯作为萃取剂，将温度调到 160℃，萃取效果获得了显著改善，平均回收率提高到 85%[107]。同时也表明，对有机碳含量低的沉积物与烟灰中 PCBs 的萃取应用 EPA method 3545，用丙酮-正己烷（1∶1, v/v）作萃取剂，静态萃取 5 min，可以获得定量结果。对于有机碳含量高的沉积物，甲苯是更好的萃取剂。乙腈和二氯甲烷作为溶剂在 PCBs 的加速溶剂萃取方面也是比较好的选择。生物固体是 PCBs 赋存的介质之一，研究表明，采用加速溶剂萃取进行生物固体中 PCBs 的萃取时，动态萃取时间是影响萃取效率的控制性因子，将温度固定在 50℃，压力控制在 1800 psi，动态萃

表 3-2　加速溶剂萃取在 PAHs 样品处理与检测中的主要应用

目标物	样品基质	吸附剂（在池净化）	萃取剂	萃取条件		检测限	目标物相对回收率（%）	检测技术	文献
				萃取温度（℃）	压力（MPa）				
7 种 PAHs	土壤 蚯蚓	—	正己烷-丙酮（4∶1）	125	10	0.15～0.85 ng/g	83.5～110.2 81.2～97.1	HPLC	[57]
19 种 PAHs	银杏树干、树皮、树叶、寄主土壤	—	二氯甲烷-丙酮（1∶1）	120	10.3～13.8	1～10 ng/g	53.0～117	GC-MS	[95]
8 种 PAHs	可可豆	硅胶	正己烷-二氯甲烷（85∶15）	100	—	0.01～0.31 ng/g	74.99～109.73	GC-MS	[96]
16 种 PAHs	大气细颗粒物	—	乙腈	100	10.3	0.007～0.062 ng/m^3	78.3～113.2	HPLC	[93]
19 种 PAHs	单一颗粒物	—	二氯甲烷-丙酮（4∶1）	100	3.5	商用池：0.0011～0.0148 ng 改良池：0.0011～0.0106 ng	70～100	GC-MS	[94]
4 种 PAHs	熏烤肉制品	硅胶	正己烷	100	10	0.11～0.23 ng/g	74～109	HPLC	[97]
17 种 PAHs	卢森堡南部大气	—	正己烷-二氯甲烷（1∶1）	150	10.3	0.1～5 ng/PAS	42.9～113.9	GC-MS	[98]
17 种 PAHs	污泥	Florisil、硅胶	正己烷	140	10.3	4～70 ng/g	84.8～106.6	PTV-LVI-GC-MS/MS	[99]
19 种 PAHs	煤烟	—	吡啶-二乙胺（83∶17）	150	10	0.1～21 ng/g	72～103	GC-MS	[65]
16 种 PAHs	淤泥	—	正己烷-丙酮（1∶1）	90	10.3	0.001～0.08 ng/g	70.4～124.7	GC-MS-MS	[100]

续表

目标物	样品基质	吸附剂（在池净化）	萃取剂	萃取条件		检测限	目标物相对回收率（%）	检测技术	文献
				萃取温度（℃）	压力（MPa）				
16 种 PAHs	海岸沉积物	氧化铝、铜	二氯甲烷	100	10.3	—	30～133	GC-MS/MS	[101]
22 种 AHs	大气颗粒物	—	二氯甲烷-丙酮（2∶1）	100	—	3.73～65.4 μg/L	84.2～96.4	GC-EI-MS	[102]
13 种 AHs	苔藓	—	PLE：正己烷	80	15	—	67～77	HPLC-FLD	[103]
16 种 AHs	雾霾	—	正己烷	100	10.3	0.25～5 μg/L	57～113	HPLC	[104]
16 种 AHs	土壤	—	正己烷-丙酮（1∶1）	100	—	0.001～0.03 ng/g	62.5～113.7	GPC-GC-MS	[105]
16 种 AHs	土壤	—	正己烷-丙酮（1∶1）	100	10.5	0.05～0.9 ng/g	72.5～115.3	GC	[106]

注：LVI，大体积进样；PTV，程序升温气化；PLE，加压流体萃取。

取 30 min，PCBs 平均回收率约为 73%，也就是说大约有 30%的 PCBs 仍然保留在生物固体介质中。为了解决这个问题，将超声能量(50℃，35 Hz)与加速溶剂萃取有机结合，PCBs 的回收率获得了显著的提高，达到 103%[108]。鱼组织样品脂肪含量高，而 PCBs 是亲脂性的化合物，因此在鱼组织样品中 PCBs 的检测是比较复杂的过程，脂肪含量高会产生非常大的干扰，采用标准参考物质 CRM-EDF-2525 进行 PCBs 加速溶剂萃取条件优化。结果发现，温度设定为 100℃、压力为 10 MPa、加热 5 min、静态萃取 5 min、冲洗体积为 60%池体积、氮气吹扫 90 s、丙酮-正己烷(1∶1, *v/v*)作为萃取剂时，PCBs 的平均回收率可以达到 96%，二氯甲烷作为萃取剂时，PCBs 的平均回收率为 96%，乙腈作为萃取剂时，PCBs 的平均回收率为 91%，也就是这三种溶剂均可以达到非常好的萃取效果。在 PCBs 的萃取过程中，脂肪的干扰是不可回避的问题，如果萃取液直接进色谱系统，会破坏色谱柱，污染质谱的离子源，降低分析灵敏度。对萃取液进行净化处理势在必行，通过实验发现，用浓硫酸进行消解处理，可以获得非常好的效果[109]。另外，对于脂类物质的去除，皂化及凝胶渗透色谱也是非常好的方法，凝胶渗透色谱方法对脂类物质无破坏性，根据具体情况可以选用。分层填装多种吸附剂(如 28 g 酸性硅胶、16 g 碱性硅胶、6 g 中性硅胶)也可高效去除脂类物质[110]。

选择性加速溶剂萃取集萃取-净化于一体，相对于离线净化，减少了样品处理时间，简化了萃取-净化过程，是一种很好的样品处理技术，在 PCBs 萃取方面也可以发挥重要作用。对于高含脂样品，采用选择性加速溶剂萃取时，需要考虑选择合适的脂吸附剂和萃取溶剂。研究发现，Florisil、氧化铝、硅胶、2,3-二羟基丙氧基丙基键合硅胶、氰丙基键合硅胶都可定量萃取 PCBs，相比较而言，以二氯甲烷-正戊烷作为萃取剂，温度控制在 40℃，Florisil 作为吸附剂，获得的萃取液最“干净”[111]。另外，将中性硅胶、硫酸浸渍处理的硅胶、高脂样品与无水硫酸钠均匀混合，依次由下而上装入加速溶剂萃取池，也能取得很好的脱脂效果[111]。土壤样品基质复杂，PCBs 在土壤中普遍存在，检测其在土壤中的浓度也是环境领域的重要研究内容，采用加速溶剂萃取可以实现在线净化，重要的净化吸附剂包括酸性硅胶(44% H_2SO_4)、碱性硅胶(33% NaOH)、硅胶-$AgNO_3$(10% $AgNO_3$)，装填顺序见图 3-16。温度控制在 40℃，静态萃取 2 min，冲洗体积为 60%池体积，采用甲苯作为萃取剂，与二氯甲烷、正己烷作萃取剂无显著差异，$^{13}C_{12}$-PCBs 的回收率分别为 108%、104%、114%[112]。加速溶剂萃取在选择多层吸附剂进行去脂时，需要根据样品中含脂量及组分进行吸附剂种类及量的确定，以期达到最佳效果。通常情况下，酸性硅胶对萃取 PCBs 时的脱脂效果比酸性、碱性、中性氧化铝及 Florisil 的效果要好。加速溶剂萃取在复杂介质中 PCBs 萃取中的应用见表 3-3。

表 3-3 加速溶剂萃取在复杂介质中 PCBs 萃取中的应用

标物	样品基质	吸附剂(在池净化)	萃取剂	萃取条件		检测限	目标物相对回收率(%)	检测技术	文献
				萃取温度(℃)	压力(MPa)				
9 种 DL-PCBs	鱼体组织	硅胶、Florisil、石墨化碳黑/硅藻土、氧化铝	二氯甲烷-正己烷(1∶1)	100	10.3	2.62～10.1 ng/kg	101～135	HRGC-ECNI/MS	[79]
22 种 PCBs	大气 树皮	硅胶、酸性硅胶 酸性硅胶	二氯甲烷-正己烷(1∶1)	150 50	10.3	0～3 ng/PAS 0.3～3.9 ng/g	86～121 55～69	GC-ECD	[113]
8 种 PCBs	食品包装材料	—	正己烷	80	—	0.1828～0.3798 μg/L	77.90～100.08	GC-ECD	[51]
18 种 PCBs	鱼	—	丙酮-正己烷(1∶1)	100	10	0.4～1.1 ng/g	80～110	GC-MS	[109]
5 种 PCBs	鱼	—	丙酮-正己烷(1∶1)	120	15	—	55～77	GC-HRMS	[114]
8 种 PCBs	鲸鱼耳垢	碱性氧化铝、硅胶、Florisil	正己烷-二氯甲烷(1∶1)	100	10.3	1.0～3.7 pg/g	87～97	GC-MS ECNI、EI	[115]
12 种 DL-PCBs	沉积物	Florisil、氧化铝、硅胶	甲苯	100	10.3	1.0～65.4 pg/g	61.6～78.4	GC-MS	[116]
12 种 DL-PCBs	蛤蜊、螃蟹组织	硅胶、Florisil、石墨化碳黑/硅藻土、氧化铝	正己烷-二氯甲烷(1∶1)	100	10.3	1.96～43.9 pg/g	75～92	GC-MS	[117]
7 种 PCBs	羊肝组织	中性硅胶、酸性硅胶	异己烷-二氯甲烷(9∶1)	80	10.3	2～29 pg/g	86～103	GC-MS	[118]
23 种 PCBs	饲料	中性硅胶、酸性硅胶	正己烷-二氯甲烷(1∶1)、正己烷	50	10.5	0.01～0.2 ng/g	60～120	GC-μECD、GC-MS/MS	[119]
16 种 PCBs	鱼	Florisil	正己烷-二氯甲烷(75∶25)	100	10.3	—	65～87	GC-MS	[120]

续表

标物	样品基质	吸附剂(在池净化)	萃取剂	萃取条件		检测限	目标物相对回收率(%)	检测技术	文献
				萃取温度(℃)	压力(MPa)				
28 种 PCBs	淤泥	—	正己烷-丙酮(1∶1)	90	10.3	0.07～0.89 ng/g	95.6～125.7	GC-MS/MS	[100]
6 种 PCBs	莲藕与沉积物	—	正己烷-丙酮(1∶1)	100	10.3	0.01～0.02 ng/g	82.8～117	GC-MS	[121]
19 种 PCBs	土壤、鱼	—	正己烷-丙酮(1∶1)	150	10.3	—	86～111	HRGC/HRMS	[122]
12 种 DL-PCBs	大气	—	正己烷-二氯甲烷(1∶1)	100	10.3	2～17 fg/m^3	49～147	HRMS、EI	[123]
17 种 PCBs	松针	Florisil	正己烷-二氯甲烷(10∶90) 正己烷-二氯甲烷(75∶25)	100	10.3	2.8～21 fg/g 3.4～33 fg/g	—	GC/MS	[124]
29 种 PCBs	鱼	—	正己烷-二氯甲烷(1∶1)	120	10.3	0.01～0.28 ng/g	85.2～102.6	GC-MS (NCI)	[125]
11 种 PCBs	鲸脂	中性硅胶、酸性硅胶	正己烷	100	10.3	0.06～0.93 ng/g	80～86	GC-MS	[126]
5 种 PCBs	海岸沉积物	氧化铝、铜	二氯甲烷	100	10.3	—	81～123	GC-MS/MS	[101]
18 种 PCBs	大气颗粒物	—	二氯甲烷-丙酮(2∶1)	100	—	1.74～6.69 μg/L	84.3～89.5	GC-ECNI-MS	[102]

注：ECNI，电子捕获负化学电离源。

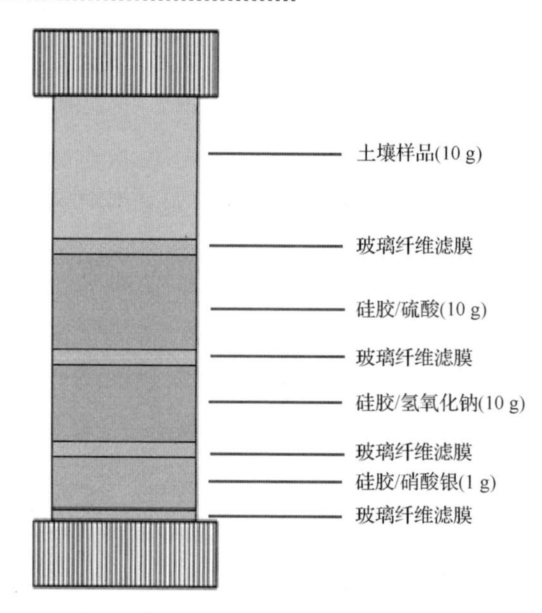

图 3-16　土壤样品采用加速溶剂萃取技术萃取 PCBs 时萃取池装填原理图

3.6　加速溶剂萃取在二噁英类污染物分析中的应用

二噁英类污染物是一类多氯代化合物，主要包括 PCDDs 和 PCDFs，PCDDs 有 75 种同系物，PCDFs 有 135 种同系物。该类物质具有很强的致癌性、致畸性、急性致死毒性、肝毒性、生殖毒性、内分泌干扰毒性、发育毒性、免疫毒性以及心血管系统、呼吸系统及神经系统毒性等[127]。基于这些毒性特征，2001 年其被列入在瑞典签署的《斯德哥尔摩公约》中规定的 12 种需要优先控制和治理的持久性有机污染物中，美国 EPA 也将其列为破坏免疫系统、干扰激素调节的严重致癌物。二噁英类污染物的来源主要是各种工业活动，如化石燃料的燃烧、城市废弃物及医疗废弃物的焚烧、化工生产、杀虫剂生产、造纸工业、氯碱工业、金属冶炼等的伴生产物，早期并未受到重视，直到意大利化工厂爆炸导致的严重的二噁英污染事件、比利时鸡饲料二噁英污染事件、我国香港迪士尼乐园工地土壤二噁英污染事件以及多国食品二噁英含量超标事件的发生，其毒性及安全性引起了人们的高度关注。

基于二噁英的化学稳定性、极低的水溶性和高的脂溶性，其在水体中大量存在的概率很低，但是极易在土壤、底泥、颗粒物及生物组织等介质中富集。对自然环境中二噁英类污染物的污染水平的调查表明，绝大多数欧洲国家的土壤及沉积物中均检测到了二噁英类污染物的存在。我国的一些研究也在颗粒物、土壤、沉积物、生物体等介质中检出了不同水平的二噁英，在浙江、上海、台湾、香港、辽宁等不同地区的母乳中也检测到了一定水平的二噁英[128]。二噁英污染已成为全球性的污染问题，由于二噁英类污染物的多样性和介质的复杂性，准确定量分析环境介质中微量乃至痕量二噁英类污染物具有极大的挑战性。

目前，二噁英类污染物的分析检测技术多数都是以 GC-LRMS(低分辨质谱)、GC-MS/MS、GC-ECD(电子捕获检测器)、GC-HRMS(高分辨质谱)、HRGC-HRMS、GC×GC-TOF-MS、GC-QQQ-MS(三重四极杆质谱)、气相色谱-傅里叶变换离子回旋共振质谱(GC-FT-ICR MS)等为基础开发出来的[129]。美国 EPA、我国生态环境部及多个国家与国际组织针对二噁英制定了多个不同标准方法。基于样品介质的复杂性与灵敏检测仪器对样品的高要求，样品进样前的富集及净化处理成为一个非常重要的环节。通常情况下，样品加入内标后用甲苯或正己烷作溶剂进行索氏萃取或采用其他溶剂萃取，萃取液进一步浓缩进而进行一系列的净化过程，如凝胶渗透色谱、硫酸酸化硅胶柱、多层硅胶柱、氧化铝柱、Florisil 柱、活性炭柱等，其中多层硅胶柱一般由无水硫酸钠、活化硅胶、硫酸酸化硅胶、NaOH 处理硅胶、$AgNO_3$ 处理硅胶组成。具体根据样品成分及介质的复杂性，选择适合的吸附净化技术[128, 130]。除传统的萃取技术用于二噁英样品的处理外，新型技术的出现也提供了比较好的选择。加速溶剂萃取技术自 20 世纪 90 年代问世以来，很快实现了自动化与商品化，在多个领域获得了广泛的应用，二噁英主要赋存的介质恰是加速溶剂萃取的主要针对类型，因此加速溶剂萃取在二噁英的萃取方面有非常多的应用，为二噁英监测与安全性评价提供了极好的技术支持。街道灰尘是比较复杂的介质，其中二噁英的萃取采用加速溶剂萃取相对简单。将萃取温度控制在 140℃、压力控制在 110 bar、预热 5 min、静态萃取 5 min、冲洗体积为 60%池体积、吹扫 60 s，甲苯作萃取溶剂，萃取液进行离线净化。净化分两步：第一步采用多层固相柱净化，固相柱依次填充 2 g 硅胶、1 g $AgNO_3$(10%)处理硅胶、2 g 硅胶、5 g NaOH (33%)处理硅胶、2 g 硅胶、10 g H_2SO_4(44%)处理硅胶、2 g 硅胶、10 g Na_2SO_4；第二步采用碱性氧化铝柱净化洗脱液，结果标准参考物质 NIST SRM 1649a 中二噁英的萃取效率达到了 98.8%[131]。通常情况下，从复杂介质中萃取二噁英类污染物，比较好的方法是先将样品进行酸处理，有利于其在介质中释放出来，进而促进后续的萃取过程。也有研究表明，直接进行加速溶剂萃取的萃取效率比采用酸处理后的索氏萃取的效率高[44]，在线酸处理加速溶剂萃取的萃取效率也比采用酸处理后的索氏萃取的效率高，这些情况说明加速溶剂萃取技术对强吸附介质中污染物的萃取具有非常好的效果。

传统的加速溶剂萃取技术是萃取后再采用多个固相萃取柱进行净化，相比而言，比较耗费人力、物力、溶剂及时间，样品通量比较小，限制了其优势的推广。因此去除杂质干扰而不增加样品制备时间成为样品处理的发展趋势，将样品萃取与净化进行集成，在萃取池中完成净化，也称为选择性加速溶剂萃取或加强加速溶剂萃取，其在二噁英样品处理方面可发挥重要作用。沉积物是二噁英类污染物在环境中存在的主要介质之一，也是环境工作者关注的重点之一。研究表明[116]，选择性加速溶剂萃取是处理沉积物样品的重要技术，萃取前将 Na_2SO_4 在 500℃下预处理 12 h 后冷却备用，硅胶、氧化铝、Florisil 采用热电 ASE-350 商品化加速溶剂萃取仪在 100℃、1500 psi 下以甲苯作溶剂进行静态循环 2 次 5 min 的预洗，沉积样品与 Na_2SO_4 混匀，萃取池按图 3-17 顺序进行填装。3 g 铜粉用 20%(*v/v*)硝酸活化后用去离子水、丙酮、正己烷清洗，然后装入收集瓶，加入 5 mL 甲苯作收集液，铜粉的功能是去除萃取液中的硫，萃取液采用 HRGC-HRMS 进行最后的样品分析。加速溶剂萃取条件为萃取温度 100℃、萃取压力 1500 psi，应用二氯甲烷-正己烷(1∶1, *v/v*)和甲苯分别进行二噁英的萃取。结果表明，采用二氯甲烷-正己烷(1∶1, *v/v*)溶剂的一次静态萃取对 PCDDs/Fs 的萃取效率不足 60%，而甲苯对 PCDDs/Fs 的萃取效率超过了 90%，采用 2 个静态循环萃取 PCDDs/Fs 的萃取效率为 84%±5.8%。由此可以看出，针对不同介质，净化吸附剂与萃取剂适当不同，萃取效果会有非常大的变化，静态萃取循环次数也是需要考虑的重要参数。加速溶剂萃取在不同介质中二噁英萃取方面的应用见表 3-4。

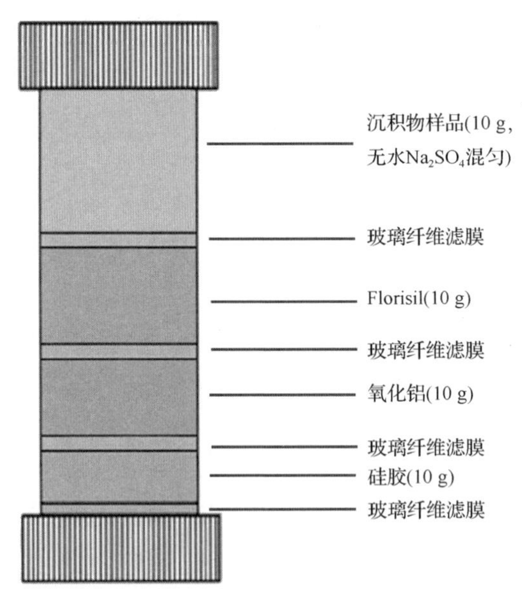

图 3-17　沉积物中二噁英采用加速溶剂萃取时萃取池装填原理图

表 3-4　加速溶剂萃取在不同介质中二噁英萃取方面的应用

目标物	样品基质	吸附剂(在池净化)	萃取剂	萃取条件		检测限	目标物相对回收率(%)	分析技术	文献
				萃取温度(℃)	压力(MPa)				
17 种 PCDDs/Fs	鱼体组织	硅胶、Florisil、石墨化碳黑/硅藻土、氧化铝	甲苯	100	10.3	1.96～43.9 ng/kg	97～116	HRGC-ECNI/MS	[79]
17 种 PCDDs/Fs	鱼	—	正己烷	100	—	20～200 fg	95.57～108.28	GC-HRMS	[132]
17 种 PCDDs/Fs	土壤、沉积物	酸性硅胶、活化硅胶、碱性硅胶	二氯甲烷-正庚烷(1∶1) 二乙醚-正庚烷(1∶2)	110	—	—	68～120	GC-HRMS	[133]
17 种 PCDDs/Fs	沉积物	Florisil、氧化铝、硅胶	甲苯	100	10.3	1.8～45.6 pg/g	78.2～89.8	HRGC- HRMS、GC-MS	[116]
17 种 PCDDs/Fs	蛤蜊、螃蟹组织	硅胶、Florisil、石墨化碳黑/硅藻土、氧化铝	甲苯	100	10.3	1.96～43.9 pg/g	84～94	HRGC- HRMS、GC-MS	[117]
17 种 PCDDs/Fs	底泥	—	正己烷-二氯甲烷(1∶1)	150	10.3	0.05～0.34 μg/L	49～90	GC- MS/MS	[134]
17 种 PCDDs/Fs	大气	—	正己烷-二氯甲烷(1∶1)	100	10.3	6～246 fg/m^3	41～114	HRMS、EI	[123]
17 种 PCDDs/Fs	大气	—	正己烷	100	10.3		26～116	GC-MS	[135]
17 种 PCDDs/Fs	土壤	—	正己烷-二氯甲烷(1∶1)	120	10.3	0.04～0.25 μg/L	50～95	GC-MS/MS	[136]
15 种 PCDDs/Fs	废线路板	—	甲苯	190	10.3	0.01～0.3 pg/g	58.6～101	HRGC-HRMS	[137]

3.7 加速溶剂萃取在酚类污染物分析中的应用

酚类化合物及其衍生物是一类重要的化工原料，广泛应用于制药、造纸、炼焦等多个化工行业，其可以通过多种方式进入环境中，也可以通过空气及水进行长距离传输，同时可在土壤或沉积物中长期存在。某些酚类化合物具有致癌、致畸、致突变等潜在毒性，某些酚类化合物，如壬基酚、辛基酚、双酚A等具有显著的内分泌干扰活性，进入生物体后干扰体内正常激素的合成、储存、转运、结合及清除等过程，导致生物的生殖功能异常、生长发育异常、雌雄同体率提高、子宫肌瘤、动脉硬化、睾丸肿瘤、卵巢癌、免疫系统异常等，是典型的环境内分泌干扰物质，它们在环境中的存在对环境及人类健康造成了严重的威胁。它们引起的环境问题通常具有迟发性特点，具有比较长的潜伏期，因此它们导致的环境问题已引起了世界各国的重视。近些年来，我国多次发生酚类污染物泄漏事故，导致大量酚类污染物进入水体等造成多起严重的环境污染事件，我国的一些重点河流、湖泊均可以检出较高水平的酚类污染物。目前，我国以及其他多个国家和国际组织均将重点酚类污染物列入优先控制名单，加强对其安全监管，并在多种标准中制定了限量水平。

目前，针对酚类污染物已开发了一系列样品前处理技术及检测技术。在样品前处理方面有微波辅助萃取、固相微萃取、超声萃取、液相微萃取、超临界流体萃取、磁性固相萃取等，而检测技术则有HPLC-UV、HPLC-MS、GC-MS等。这些高效的样品前处理及检测技术对酚类污染物的检测与监控起到了非常重要的作用，但是在固体样品如土壤样品、沉积物样品、生物组织样品等的萃取效率与时间方面，还有很大的提升空间。20世纪90年代自加速溶剂萃取技术开发以来，在酚类污染物萃取方面也有不少的尝试[138]，取得了许多重要成果。沉积物样品中的酚类污染物可以采用加速溶剂萃取技术萃取，将萃取温度及压力分别控制在100℃、1500 psi，采用二氯甲烷作为萃取剂，萃取物用乙酸酐或BF_3进行衍生，然后采用GC-MS检测，辛基酚与壬基酚的检测限分别为0.005 μg/g、0.010 μg/g[139]。研究表明[140]，将沉积物样品与无水硫酸钠混匀，装入萃取池，温度与压力分别控制在50℃、1500 psi，以丙酮-甲醇(1∶1, *v/v*)作为萃取剂，预热5 min，静态循环2次(每次5 min)，冲洗体积为60%池体积，氮气吹扫60 s，可以获得非常好的萃取效果。酚类化合物的加速溶剂萃取条件与PCBs、PCDDs/Fs等有所不同，一般无须高温，可以采用比较低的温度及相对温和的条件，特别是对热不稳定的多酚类化合物。由于酚类污染物有较强的极性，其萃取剂采用极性强些的溶剂，如水、乙醇、甲醇、丙酮等会有更好的效果[141-143]，采用水、乙醇等环境友好的溶剂进行萃取，属于环境友好萃取，符合绿色化学的要求。对于沉积物，采用水或水及少量改性剂等简单的溶剂作萃取剂能够获得良好的萃取效果，是最好的选择。研究发现[144]，沉积物中的酚类化合物如 4-叔丁基辛基酚、4-正辛基酚、4-正壬基酚、壬基酚等，采用加速溶剂萃取与膜辅助溶剂萃取相结合可以取得良好效果，萃取物采用 LC-MS/MS 检测可以获得非常高的灵敏度。采用水添加少量甲醇(95∶5, *v/v*)作为萃取剂，萃取温度与压力分别为 200℃、2000 psi，静态循环 2 次每次(7 min)，萃取效率令人满意。该方法具有环境友好性，降低了可能的二次污染问题；但该萃取方法中温度与压力相对较高，主要是因为水的黏度较大。实验中也发现随温度从 100℃升高到 200℃，四种酚类化合物的萃取回收率也随之快速增加，少量甲醇的存在起到了调节极性与改进萃取效率的作用，四种酚类化合物的回收率为 92%～103%，检测限为 0.024～0.6 ng/g。这种采用水加少量有机溶剂作为萃取剂的加速溶剂萃取方法，具有灵敏度高、选择性好、快速、自动化程度高、试剂用量少、分析时间短、污染少等优点，具有非常好的应用推广潜力。

谷物中的酚类化合物与细胞壁结合紧密，采用常规的温和加速溶剂萃取条件，要破坏其相互作用，使其释放出酚类化合物是比较困难的。控制加速溶剂萃取的压力为 1500 psi、静态萃取时间为 1 min、冲洗体积为 70%池体积、氮气吹扫时间为 120 s，黑高粱麸皮中的酚类化合物采用柠檬酸/水(pH=2.5)、水、50%乙醇/水、70%乙醇/水、酸化甲醇(1% HCl)、70%丙酮水溶液作为萃取剂的萃取效果见图 3-18[145]。当温度控制在 60℃时，采用上述溶剂的加速溶剂萃取效果与传统萃取的效果相近，传统萃取采用 70%丙酮水溶液萃取酚类物质的效率最高，当温度升高至 120℃及 150℃，柠檬酸/水(pH=2.5)、水、50%乙醇/水、70%乙醇/水四种溶剂采用加速溶剂萃取的萃取效率显著提升，明显高于采用传统萃取模式的效率，

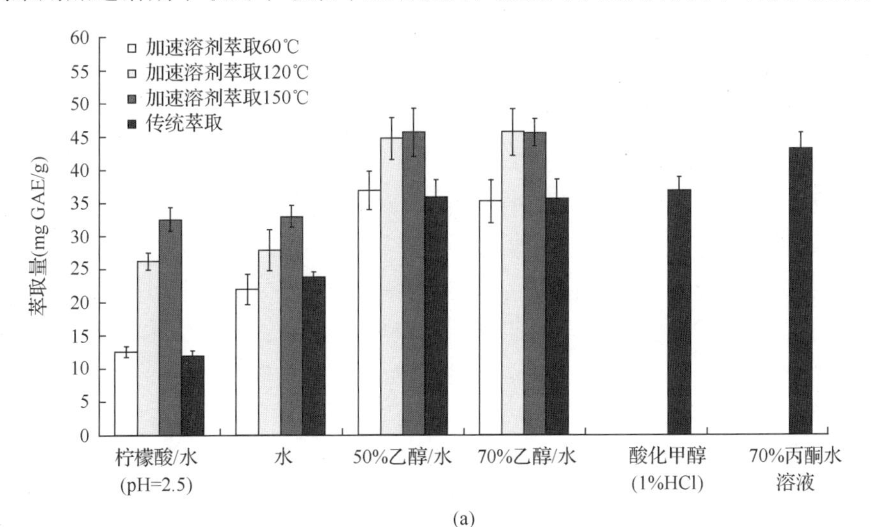

(a)

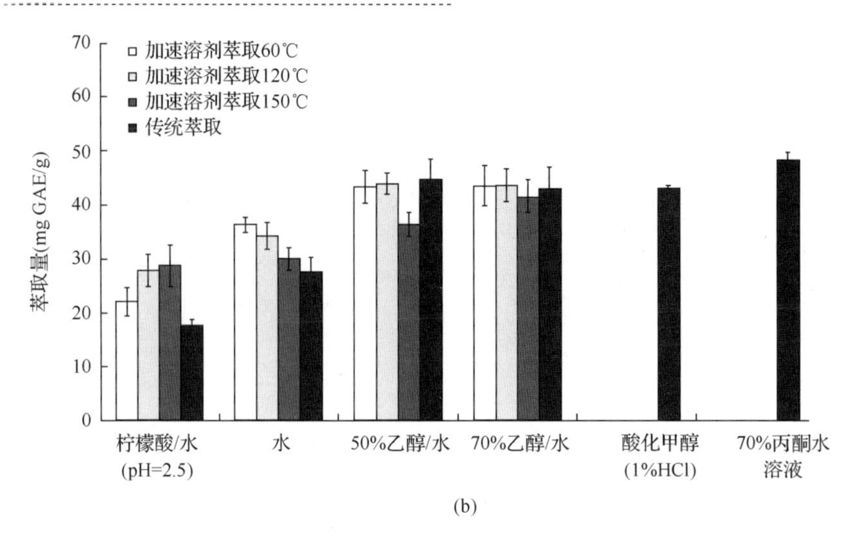

(b)

图 3-18　黑高粱麸皮(a)和单宁高粱麸皮(b)中的酚类化合物采用不同温度与萃取剂的加速溶剂萃取效果与传统萃取效果的比较

50%乙醇/水、70%乙醇/水的萃取效率与采用 70%丙酮水溶液作萃取剂的传统萃取相当。而单宁高粱麸皮中的酚类化合物的萃取则存在很大的不同，乙醇/水体系的加速溶剂萃取效果则比传统萃取要差一些，而采用柠檬酸/水(pH=2.5)、水的加速溶剂萃取的效果则比传统萃取好很多，主要原因可能是单宁高粱麸皮中的酚类化合物与生物大分子结合紧密，更难释放。因此，针对不同的介质需要采用不同的条件。加速溶剂萃取在酚类污染物检测中的其他应用见表 3-5。

3.8　加速溶剂萃取在农药分析中的应用

农药是一类非常重要的化学品，在农业、林业等领域发挥了重要作用，包括除草剂、杀虫剂、杀菌剂等，种类繁多，有很多在环境中可以长期存在，尽管许多农药已禁用多年，但是在环境中依然可以检测到它的存在。另外，新型农药的开发与应用，其环境安全性也需要进一步评价。这些工作就需要灵敏、可靠、快速的样品前处理技术与灵敏检测技术的结合。近年来，针对不同基质农药的样品前处理技术获得了很大进步，加速溶剂萃取技术的研发成功及其自动化商品的出现，极大地促进了固体、半固体环境和生物组织样品中农药萃取技术的进步。其中以水作溶剂的加速溶剂萃取技术特别适合于固体样品中除草剂、杀虫剂的萃取，萃取时温度与压力可以分别在 50～300℃、20～500 bar 之间进行调节。针对不同的样品介质选择合适的温度与压力，同时也可以选用动态萃取、静态萃取、动态静态萃取相结合等不同的方式，进行不同种类农药的选择性萃取[152]。研究表明，沙土样品中马拉硫磷、七氯、狄氏剂、艾氏剂、丁草胺、甲霜灵、丙环唑的萃取需要在 160℃

表 3-5　加速溶剂萃取在酚类污染物检测中的其他应用

目标物	样品基质	吸附剂(在池净化)	萃取剂	萃取条件		检测限	目标物相对回收率(%)	分析技术	文献
				萃取温度(℃)	压力(MPa)				
双酚 A 辛基苯酚 壬基苯酚	奶粉	C_{18} 反相硅胶	乙酸乙酯	70	10.3	0.005 μg/g 0.003 μg/g 0.005 μg/g	89～92 84～98 93～101	LC-MS/MS	[146]
双酚 A 8 种烷基苯酚	污泥	Florisil	二氯甲烷	130	—	10.7 ng/g 1.2～41.6 ng/g	81～105	GC-MS	[147]
双酚 A 及其 4 种氯化衍生物	污泥	—	乙酸乙酯	100	6.89	2～9 ng/g	97.7～103.1	LC-MS/MS	[148]
双酚 A 4 种烷基苯酚	贝类	中性氧化铝	甲醇	40	10.3	0.9 ng/g 0.5～1.4 ng/g	80～107	LC-ESI-MS/MS	[149]
六溴环十二烷、四溴双酚 A	农田土壤	—	正己烷-丙酮(3∶1)	120	10	1.8～10 pg/g	73.8～106.9	HPLC-MS/MS	[150]
六溴环十二烷、四溴双酚 A	鸡蛋	—	正己烷-二氯甲烷(1∶1)	100	10.4	—	47.4～109.2	HPLC-MS/MS、GC-NCI/MS	[151]

下进行[153]，氯丹与杀草丹在萃取温度分别为 120℃和 180℃时可以获得比较满意的萃取效果[153]。土壤中有机氯杀虫剂的萃取采用加速溶剂萃取与搅棒吸附萃取结合[154]，可以获得较理想的萃取效率。

苯并咪唑是一种重要的驱虫药物，长期暴露会产生致畸、贫血及胚胎毒性效应，生物组织样品中苯并咪唑的萃取是其分析检测和安全评价的关键一环。加速溶剂萃取是比较好的选择，温度控制在60℃、压力控制在1500 psi、静态萃取5 min、用 60%池体积的乙腈冲洗，乙腈的萃取效率高于甲醇和乙酸乙酯，但萃取液中脂肪含量较高，影响后续的分析检测，在萃取剂中加入一定量的非极性溶剂会显著减少脂肪的萃取量，研究结果表明，乙腈与正己烷的比例为 80∶20(*v*/*v*)时效果最好，采用这些参数可以极好地完成苯并咪唑及其 10 种代谢物的萃取与分析，加标回收率在 70.1%～92.7%之间，检测限在 0.01～0.2 μg/kg 之间[155]。动物源食品中多种杀虫剂的同时分析检测可以节约大量的分析时间，提高工作效率，是目前分析检测工作所期望的分析方法。通过加速溶剂萃取，采用乙腈作为萃取剂，可以非常好地从脂肪性样品中同时萃取 109 种杀虫剂，萃取液采用自动 GPC 净化系统进行净化，与 GC-MS 结合实现定量分析，大多数杀虫剂的平均回收率在 62.6%～107.8%之间[156]。

有机氯杀虫剂在 20 世纪应用量较大，该类化合物性质稳定，许多具有明显的生物富集性，可以在土壤及植物中存在很多年，也可以通过多种途径进行转移和沿食物链累积，并最终进入植物源或动物源食品中，因此食品中的有机氯杀虫剂是目前常规的例行检测项目。蔬菜中有机氯杀虫剂的加速溶剂萃取目前已经成为例行的有效处理技术。在萃取过程中，将蔬菜样品与一定的硅藻土混匀，装入萃取池，将温度与压力分别控制在 110℃与 1500 psi，考虑到其脂类物质相对较高，采用丙酮-正己烷(1∶1, *v*/*v*)作为萃取剂，预热 5 min，静态萃取 5 min，冲洗体积为 60%池体积，氮气吹扫 60 s，不同品种的蔬菜中有机氯杀虫剂的萃取回收率都非常好[157]。Mezcua 等针对婴儿奶粉中 12 种有机氯及有机磷杀虫剂开发了选择性加速溶剂萃取方法，采用氧化铝进行在线池内净化，萃取温度与压力分别为 100℃与 1500 psi，静态萃取 5 min，冲洗体积为 60%池体积，氮气吹扫 60 s，萃取液采用 GC-MS/MS 检测，大多数物质的平均回收率在 70%～110%之间[158]，建立的多残留分析检测方法具有简单、快速、选择性好等优点，在线净化显著降低了样品处理时间，增加了样品分析通量。对于鱼肉组织样品中的有机氯杀虫剂，脂肪含量较高，可以采用加速溶剂萃取，以正己烷-二氯甲烷(1∶1, *v*/*v*)或正己烷-丙酮(4∶1, *v*/*v*)作为萃取剂进行萃取[159]。海豹组织样品中的有机氯杀虫剂用正己烷-二氯甲烷(1∶1, *v*/*v*)萃取，进而用 40%硫酸处理的硅胶柱净化，消除了介质的干扰，应采用 GC-IT(离子阱)-MS 检测，显著地提高了选择性和灵敏度[160]。

有机磷杀虫剂是重要的持久性污染物，也是目前获得关注的重要污染物之一。

采用加速溶剂萃取结合 GC-MS 进行检测也有报道[161]，肉类样品采用乙酸乙酯进行萃取，再采用 GPC（Envirogel 柱）进行净化，以正己烷-乙酸乙酯（1∶1, v/v）洗脱，进而分析检测，其回收率在 70%～90%之间，用于实际鸡肉、猪肉、羊肉样品中杀虫剂的检测，获得了较好的结果。食品中有机磷杀虫剂残留采用加速溶剂萃取的方法也有其他报道，萃取温度与压力分别控制在 100℃、1500 psi，湿样品采用 Extrelut 干燥剂进行干燥，除甲胺磷与乙酰甲胺磷外，19 种杀虫剂的回收率在 80%～90%之间[162]。采用乙酸乙酯-环己烷或二氯甲烷-丙酮作为萃取剂可以有效萃取苹果和胡萝卜中的 26 种有机磷杀虫剂[163]，萃取温度和压力分别控制在 100℃、10 MPa，乙酸乙酯-环己烷作萃取剂，萃取液用 GPC 净化后以 GC-FPD（火焰光度检测器）检测，26 种有机磷杀虫剂在苹果和胡萝卜中的回收率分别为 91% 和 89.7%[164]。加速溶剂萃取在农药分析检测中的其他应用见表 3-6。

3.9 加速溶剂萃取在多溴二苯醚分析中的应用

多溴二苯醚（PBDEs）是一类重要的持久性有机污染物，因其良好的阻燃性能，可在塑料、家具、纺织品、电缆、水管、办公设备、电子产品等的生产中作为添加剂，自 20 世纪 60 年代取代多溴联苯、多氯联苯作为阻燃剂以来，PBDEs 很快成为最受欢迎的阻燃剂。1970～2005 年，十溴二苯醚生产量达 110 万～125 万吨，约占世界 PBDEs 类产品的 75%。PBDEs 种类繁多，有 209 种同系物。该类物质具有极强的疏水性，lgK_{ow} 值较高（5.9～10），使其极易在动物组织中富集。PBDEs 具有比较低的口服急性毒性，在人体中的半衰期为 15 天到 11.7 年，同系物结构及溴代程度不同，半衰期会存在比较大的差异[179-181]。同时 PBDEs 具有较强的毒性，能够影响甲状腺激素和性激素水平，导致中枢神经系统及生殖系统的慢性毒性效应[182]。PBDEs 相关产品通过多种途径进入环境中，目前已经引起了世界范围的广泛关注。它不但存在于工业化地区和人口稠密地区，也存在于远离工业区的偏远地区。例如，青藏高原平均海拔 4000 m 以上，是中国最大、世界海拔最高的高原，由于人类活动相对较少，通常将其作为持久性有毒物质的背景地区[183, 184]。近些年来，随着西藏地区的快速城市化发展，地方人口及旅游人数大量增加，产生了大量的废物，这些废物就成为持久性有机污染物的重要排放源[185, 186]。对拉萨最大的填埋厂附近的土壤及表层沉积物的研究表明，两类样品中均发现了 PBDEs 的存在，其总浓度分别在 128～1219 ng/kg，447～7295 ng/kg 之间[187]。另外，随着污水的排放入海，在海水及海洋沉积物中也发现了 PBDEs。例如，有研究在海水及海洋沉积物中检出了浓度分别在 1.58～6.94 ng/L、2.18～307 ng/g dw 范围之间的 PBDEs，且其浓度随离排放口距离的增加而减小，随深度的增加而降低[188]。同时在食品中同样发现不同水平的 PBDEs[189]。

表 3-6　加速溶剂萃取在农药分析检测中的应用

目标物	样品基质	吸附剂(在池净化)	萃取剂	萃取条件		检测限	相对回收率(%)	检测技术	文献
				萃取温度(℃)	压力(MPa)				
有机氯农药(18 种)	河流沉积物	硅藻土、铜粉、硅胶	二氯甲烷-正己烷(4∶3)	105	10.3	0.004～0.134 μg/L	47.66～117.97	GC-MS/MS	[165]
有机氯农药(5 种)	鱼	—	丙酮-正己烷(1∶1)	120	15	—	54～72	GC-HRMS	[114]
新烟碱类杀虫剂(7 种)	牛肝	—	纯水	80	10	0.8～1.5 ng/g	83.2～101.9	LC-ESI-MS/MS	[166]
苯甲酰脲类杀虫剂(9 种)	食品	硅藻土	乙酸乙酯	80	10.3	0.7～3.4 ng/g	58～97	LC-MS/MS	[167]
优级杀虫剂(22 种)	石斑鱼苗期海藻	Florisil	正己烷	120	10.3	0.2～3.2 ng/g	71～103	GC-ECD	[80]
杀虫剂(12 种)	茶叶	—	丙酮-正己烷(2∶1)	120		0.02～10.83 ng/g	95.96～102.04	GC-HRIDS	[168]
杀虫剂(25 种)	土壤	硅胶、Florisil	乙腈-水(2∶1)	100	10.3	—	65.1～122.2	UHPLC-MS	[169]
杀虫剂(12 种)	蜂蜜	硅胶	乙酸乙酯	75	10.3	—	82～104	LC-IT-MS	[170]
有机氯杀虫剂(9 种)	鲸鱼耳垢	碱性氧化铝、硅胶、Florisil	正己烷-二氯甲烷(1∶1)	100	10.3	100～960 pg/g	71～121	GC-MS ECNI 和 EI	[115]
有机氯杀虫剂(11 种)	鱼	Florisil	正己烷-二氯甲烷(75∶25)	100	10.3	—	51～89	GC-MS	[120]
有机氯、有机磷、氨基甲酸酯类、拟除虫菊酯类(52 种)	草本植物	Florisil、石墨化碳黑	乙酸乙酯	120	10.3	0.2～5 ng/g	62～127	GC-MS/MS	[171]
拟除虫菊酯类	屋内尘埃	中性硅胶、酸性硅胶	二氯甲烷	100	13.8	1～10 ng/g	85～120	GC-MS	[172]

续表

目标物	样品基质	吸附剂(在池净化)	萃取剂	萃取条件		检测限	相对回收率(%)	检测技术	文献
				萃取温度(℃)	压力(MPa)				
杀虫剂(8种)	海藻	Florisil	乙腈	100	10.3	1.1～12.5 ng/g	87～120	LC-MS	[173]
杀虫剂(5种)	蘑菇堆肥	Florisil	丙酮-二氯甲烷(1∶1)	105	10.3	0.1～6 ng/mL	81～103	GC-MS/MS	[174]
杀虫剂(109种)	动物源性食品	—	乙腈	80	10.3	0.1～11.0 ng/g	62.6～107.8	GC-MS	[156]
杀虫剂(130多种)	水果蔬菜	—	乙酸乙酯	70	10.3	0.1～10 ng/g	70～120	GC-MS/MS	[175]
有机氯、拟除虫菊酯杀虫剂(50种)	菊花	—	正己烷-乙酸乙酯(85∶15)	100	10.3	2.1～6.9 ng/g	73.4～120.1	GC	[176]
有机氯(33种)、拟除虫菊酯杀虫剂(9种)	巴戟天	Florisil	丙酮-正己烷(1∶1)	50	10.3	0.01～3 ng/g	69.3～112	GC-MS	[177]
有机氯杀虫剂(12种)	松针	Florisil	正己烷-二氯甲烷(10∶90) 正己烷-二氯甲烷(75∶25)	100	10.3	PLE: 0.54～570 fg/g SPLE: 0.27～830 fg/g		GC/MS	[124]
有机氯杀虫剂(8种)	鲸脂	中性硅胶、酸性硅胶	正己烷	100	10.3	0.27～8.3 ng/g	65～87	GC-MS	[126]
杀虫剂(150种)	块茎作物		乙酸乙酯	100	9.7	—	70～120	GC-MS/MS	[178]

PBDEs 有 209 种同系物，同时检测所有 PBDEs 常常比较困难，通常在开发方法时选择关注比较多的同系物，目前环境科学界关注较多的有 BDE-17、28、47、49、66、71、77、85、99、100、119、126、138、153、154、183、209 等 17 种。目前固体样品中 PBDEs 的萃取使用较多的方法有溶剂萃取、索氏萃取、超声辅助萃取、微波辅助萃取、介质固相分散等[190-198]，常用的萃取溶剂有正己烷、二氯甲烷、丙酮、乙酸乙酯、乙腈或者它们的混合物。溶剂萃取相比较而言比较简单，无须昂贵的仪器，但重复萃取过程比较浪费时间，同时需要的溶剂量较大，运行成本较高；索氏萃取是持久性有机污染物分析中非常经典的萃取方法，对设备的要求较低，但是使用溶剂量较大，需要时间较长；超声辅助萃取与微波辅助萃取可以显著改进萃取效果，介质固相分散是固相萃取的一种改进模式，是除去介质进行净化的比较好的方法之一。由于突出的优点，加速溶剂萃取目前已经成为 PBDEs 固体和半固体环境样品萃取的最有力工具[199]。例如，土壤样品中 PBDEs 的萃取是环境中持久性有机污染物检测经常遇到的问题，采用加速溶剂萃取进行处理是非常简便的方法，将萃取温度与压力分别设定为 100℃和 1500 psi，预热 5 min，静态萃取 5 min，冲洗体积为 60%池体积，氮气吹扫 60 s，正己烷-丙酮(4∶1, *v/v*)作为萃取溶剂，获得了非常好的萃取效率，萃取液采用离线酸性硅胶柱进行净化，10 种 PBDEs 的检测限在 0.04～0.22 ng/mL,平均回收率在 85.4%～103.1%之间[199]。选择性加速溶剂萃取也在 PBDEs 的萃取方面获得了良好的效果。研究表明[200]，采用氧化铝作为萃取池吸附剂进行在线净化，萃取池填装由下而上分别为 6 g 氧化铝、1 g 沉积物与氧化铝和铜粉的混合物(1∶2∶2)、硅藻土，将萃取温度与压力分别控制在 100℃、1500 psi，加热 5 min，静态循环 2 次(每次 10 min)，冲洗体积为 100%池体积，正己烷-二氯甲烷(1∶1, *v/v*)为萃取剂，39 种 PBDEs 的萃取效果非常好，正己烷-二氯甲烷(4∶1, *v/v*)作为萃取剂同样有很好的萃取效率，采用 GC-NCI-MS 检测，检测限在 1～46 pg/g dw。

鱼肉组织脂肪含量高，检测其中的 PBDEs 需要先解决共萃取的脂肪的干扰，采用选择性加速溶剂萃取则可以选择合适的脱脂剂直接在萃取过程中将脂肪吸附保留在脱脂剂上，从而获得“干净”的萃取物进行分析，进而得到更准确的分析结果。实验研究表明，Florisil 是非常好的脱脂吸附剂，可以获得比较好的净化效率，经过优化，将萃取温度与压力分别控制为 100℃、1500 psi，静态循环 3 次(每次 5 min)，采用正己烷-二氯甲烷(90∶10, *v/v*)进行萃取，采用 GC-ITMS-MS 检测，PBDEs 回收率在 83%～108%，检测限在 10～34 pg/g ww，萃取液如果再增加一个离线净化，检测灵敏度可以获得进一步的提高[201,202]。对于不同的生物组织样品，在线净化的脱脂剂也会有所不同。研究发现，对羊肝脏样品采用酸性硅胶可以获得很好的效果，在温度为 80℃、压力为 10.3 MPa，静态循环 2 次(每次 5 min)，采用正己烷-二氯甲烷(9∶1, *v/v*)进行萃取时，PBDEs 的回收率在 86%～103%，检测限在 5～96 pg/g[119]。加速溶剂萃取在其他样品中 PBDEs 检测中的应用见表 3-7。

表 3-7　加速溶剂萃取在 PBDEs 检测中的应用

目标物	样品基质	吸附剂(在池净化)	萃取剂	萃取条件		检测限	相对回收率(%)	检测技术	文献
				萃取温度(℃)	压力(MPa)				
10 种 PBDEs	土壤	—	正己烷-丙酮(4∶1)	100	10.3	0.04～0.22 μg/L	74.4～125.2	GC-ECD	[199]
9 种 PBDEs	沉积物	Florisil、氧化铝、酸性硅胶	正己烷-二氯甲烷(1∶1)	100	10.3	—	91～118	GC-MS/MS HPLC-UV	[203]
7 种 BDEs	污泥	Florisil	正己烷-二氯甲烷(1∶1)	40	10.3	0.4～3 ng/L	92～102	GC-MS	[204]
7 种 BDEs	室内尘埃	Florisil	正己烷-二氯甲烷(1∶1)	40	10.3	0.06～0.24 ng/g	82～101	GC-MS/MS	[205]
4 种 PBDEs	鲸鱼耳垢	碱性氧化铝、硅胶、Florisil	正己烷-二氯甲烷(1∶1)	100	10.3	4.1～26 pg/g	72～76	GC-MS ECNI、EI	[115]
7 种 PBDEs	羊肝组织	中性硅胶、酸性硅胶	异己烷-二氯甲烷(9∶1)	80	10.3	5～96 pg/g	86～103	GC-MS	[118]
15 种 PBDEs	饲料	中性硅胶、酸性硅胶	正己烷-二氯甲烷(1∶1)、正己烷	50	10.5	0.002～0.04 ng/g	86～114	GC-μECD GC-MS	[119]
9 种 PBDEs	鱼和贝类	Florisil	正己烷-二氯甲烷(9∶1)	100	10.3	1.0～16.8 pg/g	88～98	GC ITMS-MS	[202]
8 种 MeO-PBDEs 和 9 种 PBDEs	鱼	Florisil	正己烷-二氯甲烷(9∶1)	100	10.3	0.4～2.5 pg (injected)	90～98	GC-ITMS-MS	[206]
7 种 PBDEs	鱼	Florisil	正己烷-二氯甲烷(75∶25)	100	10.3	—	91～114	GC-MS	[120]
13 种 PBDEs	土壤、鱼	—	正己烷-丙酮(1∶1)	150	10.3	—	77～118	HRGC/HRMS	[122]
7 种 PBDEs	土壤	—	二氯甲烷	100	10.3	11～54 pg/g	86～104	GC-MS	[207]
16 种 PBDEs	房屋和汽车灰尘	Florisil	正己烷-二氯甲烷(1∶1)	100	10.3	—	90～109	GC-MS	[208]
40 种 PBDEs	母乳	—	正己烷-二氯甲烷(1∶1)	100	10.3	0.01～0.05 ng/g	56～131	GC-NCI-MS	[209]
8 种 PBDEs	母乳	—	正己烷-丙酮(1∶1)	110	10.3	2.3～40 pg/g	87.3～96.7	GC-MS	[210]
12 种 PBDEs	室内尘埃	—	正己烷、正己烷-二氯甲烷(1∶1)	150	6	—	—	GC-EIMS、GC-μECD	[211]
3 种 PBDEs	鲸脂	中性硅胶、酸性硅胶	正己烷	100	10.3	0.21～1.9 ng/g	83～85	GC-MS	[126]
16 种 PBDEs	大气颗粒物	—	二氯甲烷-丙酮(2∶1)	100	—	1.67～10.3 μg/L	80.9～86.7	GC-ECNI-MS	[102]
13 种 PBDEs	土壤 植物	Oasis HLB	正己烷-二氯甲烷(1∶1)	100	10.3	0.016～0.26 ng/g 0.028～0.64 ng/g	68.1～106.9 65.1～93.4	GC-ECD	[212]

3.10 加速溶剂萃取应用实例

3.10.1 粮谷中 475 种农药及相关化学品残留量测定[213]

1. 方法原理

试样于加速溶剂萃取仪中用乙腈提取，提取液经固相萃取柱净化后，用乙腈-甲苯溶液(3∶1，*v/v*)洗脱农药及相关化学品，用气相色谱-质谱仪检测。

2. 试剂与材料

乙腈(色谱纯)；硅藻土(优级纯)；无水硫酸钠(分析纯)，用前在 650℃灼烧 4 h，储于干燥器中，冷却后备用；甲苯(优级纯)；丙酮(分析纯)，重蒸馏；二氯甲烷(色谱纯)。农药及相关化学品标准物质：纯度≥95%，参见附录 1。除另有规定外，所有试剂均为分析纯，水为符合 GB/T 6682—2008 中规定的一级水。Envi-18 柱(12 mL，2 g)；Envi-Carb 柱(6 mL，0.5 g)；Sep-Pak NH_2 柱(3 mL，0.5 g)。

1) 标准储备溶液

准确称取 5～10 mg(精确至 0.1 mg)农药及相关化学品各标准物，并分别置于 10 mL 容量瓶中，根据标准物的溶解性和测定的需要选甲苯、甲苯-丙酮混合液、二氯甲烷等溶剂溶解并定容至刻度(溶剂选择参见附录 1)。

2) 混合标准溶液(混合标准溶液 A、B、C、D 和 E)

按照农药及相关化学品的性质和保留时间，将 475 种农药及相关化学品分成 A、B、C、D、E 五个组，并根据每种农药及相关化学品在仪器上的响应灵敏度，确定其在混合标准溶液中的浓度。本标准对 475 种农药及相关化学品的分组及其混合标准溶液浓度参见附录 1，依据每种农药及相关化学品的分组号、混合标准溶液浓度及标准储备液的浓度，移取一定量的单种农药及相关化学品标准储备溶液于 100 mL 容量瓶中，用甲苯定容至刻度。混合标准溶液避光 4℃保存，保存期为一个月。

3) 内标溶液

准确称取 3.5 mg 环氧七氯于 100 mL 容量瓶中，用甲苯定容至刻度。

4) 基质混合标准工作溶液

A、B、C、D、E 组农药及相关化学品基质混合标准工作溶液的配制是将 40 μL 内标溶液和一定体积的混合标准溶液分别加到 1.0 mL 的样品空白基质提取液中，混匀，配成基质混合标准工作溶液 A、B、C、D 和 E。基质混合标准工作溶液应现用现配。

3. 仪器与设备

气相色谱-质谱仪，配有电子轰击源(EI)；分析天平，精密度为 0.01 g 和 0.0001 g；加速溶剂萃取仪，配有 34 mL 萃取池；氮气吹干仪。

4. 试样制备与保存

按 GB 5491—1985 称取的粮谷样品经粉碎机粉碎后全部过 425 μm 的标准网筛，并混匀，制备好的试样均分成两份，装入洁净的盛样容器内，密封并标明标记。

5. 分析过程

1) 萃取

称取 10 g 试样(精确至 0.01 g)，与 10g 硅藻土混合，移入加速溶剂萃取仪的 34 mL 萃取池中，在 10.34 MPa 压力、80℃条件下，加热 5 min，用乙腈静态萃取 3 min，循环 2 次，然后用 60%池体积的乙腈(20.4 mL)冲洗萃取池，并用氮气吹扫 100 s。萃取完毕后，将萃取液混匀，对含油量较小的样品取萃取液体积的二分之一(相当于 5 g 试样量)，对含油量较大的样品取萃取液体积的四分之一(相当于 2.5 g 试样量)，待净化。

2) 净化

用 10 mL 乙腈预洗 Envi-18 柱，然后将 Envi-18 柱放入固定架上，下接梨形瓶，移入上述萃取液，并用 15 mL 乙腈洗涤 Envi-18 柱，收集萃取液及洗涤液，在旋转蒸发仪上将收集的液体浓缩至约 1 mL，备用。

在 Envi-Carb 柱中加入约 2 cm 高无水硫酸钠，将该柱连接在 Sep-Pak NH_2 柱顶部，用 4 mL 乙腈-甲苯溶液(3∶1)预洗串联柱，下接梨形瓶，放入固定架上。将上述样品浓缩液转移至串联柱中，用 3×2 mL 乙腈-甲苯溶液洗涤样液瓶，并将洗涤液移入柱中，在串联柱上加上 50 mL 储液器，再用 25 mL 乙腈-甲苯溶液洗涤串联柱，收集上述所有流出物于梨形瓶中，并在 40℃水浴中旋转浓缩至约 0.5 mL。加入 2×5 mL 正己烷进行两次溶剂交换，最后使样液体积约为 1 mL，加入 40 μL 内标溶液，混匀，用于气相色谱-质谱测定。

3) 测定

气相色谱-质谱参考条件如下：

(1) 色谱柱：DB-1701 石英毛细管柱(30 m×0.25 mm×0.25 μm)或相当者。

(2) 色谱柱温度：首先以 40℃保持 1 min，然后以 30℃/min 程序升温至 130℃，再以 5℃/min 升温至 250℃，最后以 10℃/min 升温至 300℃，保持 5 min。

(3) 载气：氦气，纯度≥99.999%，流速 1.2 mL/min。

(4)进样口温度：290℃。

(5)进样量：1 μL。

(6)进样方式：无分流进样，1.5 min 后打开分流阀和隔垫吹扫阀。

(7)电子轰击源：70 eV。

(8)离子源温度：230℃。

(9)GC-MS 接口温度：280℃。

(10)选择离子监测：每种化合物分别选择一个定量离子，2～3 个定性离子。每组所有需要检测的离子按照出峰顺序，分时段分别检测。每种化合物的保留时间、定量离子、定性离子及定量离子与定性离子丰度的比值，参见附录 2。每组检测离子的开始时间和驻留时间参见附录 3。

a. 定性测定

进行样品测定时，如果检出的色谱峰的保留时间与标准样品相一致，并且在扣除背景后的样品质谱图中，所选择的离子均出现，而且所选择的离子丰度比与标准样品的离子丰度比相一致(相对丰度＞50%，允许±10%偏差；相对丰度 20%～50%，允许±15%偏差；相对丰度 10%～20%，允许±20%偏差；相对丰度≤10%，允许±50%偏差)，则可判断样品中存在这种农药或相关化学品。如果不能确证，应重新进样，以扫描方式(有足够灵敏度)、采用增加其他确证离子的方式或用其他灵敏度更高的分析仪器来确证。

b. 定量测定

本方法采用内标法单离子定量测定，内标物为环氧七氯。为减少基质的影响，应采用空白样液配制混合标准工作溶液用于定量。标准溶液的浓度应与待测化合物的浓度相近。本方法的 A、B、C、D、E 五组标准物质在粮谷基质中的选择离子监测 GC-MS 图参见附录 4。

6. 精密度

在重复性条件下获得的两次独立测定结果的绝对差值与其算术平均值的比值(百分数)，应符合附录 5 的要求。在再现性条件下获得的两次独立测定结果的绝对差值与其算术平均值的比值(百分数)，应符合附录 6 的要求。

7. 定量限和回收率

本方法的定量限(limit of quantity，LOQ)见附录 1。当添加水平为 LOQ、4×LOQ 时，添加回收率参见附录 7。

3.10.2　固体废物中有机物的提取[34]

1. 方法原理

将经过处理的固体废物样品加入密闭容器中，选择合适的有机溶剂，在加压、加热条件下，处于液态的有机溶剂和样品充分接触，将固体废物中的有机物提取到有机溶剂中。加速溶剂萃取可提取部分有机物见附录 8。

2. 试剂与材料

除非另有说明，分析时均使用符合国家标准的优级纯试剂。实验用水为新制备的不含有机物的超纯水或蒸馏水。二氯甲烷，农残级；正己烷，农残级；丙酮，农残级；丙酮-二氯甲烷混合溶液(1∶1)，用丙酮和二氯甲烷按 1∶1 的体积比混合；丙酮-正己烷混合溶液(1∶1)，用丙酮和正己烷按 1∶1 的体积比混合；磷酸：$\rho_{磷酸}$=1.69 g/mL，优级纯；磷酸溶液(1+1)：用磷酸和实验用水按 1∶1 的体积比混合；丙酮-二氯甲烷-磷酸溶液的混合溶液(250∶125∶15)，用丙酮、二氯甲烷和磷酸溶液(1∶1)按 250∶125∶15 的体积比混合。

干燥剂：粒状硅藻土或其他等效干燥剂，20～100 目。使用前应对干燥剂进行净化处理，具体净化方法是在 400℃烘 4 h，或用有机溶剂二氯甲烷、正己烷或丙酮浸洗，去除干扰物。石英砂：20～30 目，使用前须进行净化处理，具体方法同干燥剂的净化处理。氮气：纯度≥99.999%。

3. 仪器与设备

加压流体萃取装置：加热温度范围为 100～180℃；压力可达 2000 psi(约合 13.8 MPa)。配备 40 mL、60 mL 或其他规格的玻璃接收瓶(螺纹瓶盖，涂有硅树脂的 PTFE 密封垫)、金属材质专用漏斗、专用的玻璃纤维滤膜等。萃取池：11 mL、22 mL、34 mL、66 mL 或其他规格，为不锈钢材质，或可耐 2000 psi(约合 13.8 MPa)压力的其他材料，内部经过特殊抛光处理；上、下两端分别配有螺旋纹密封盖和不锈钢砂芯。筛：孔径 1 mm，金属网。研钵：由玛瑙、玻璃或陶瓷等材质制成。

4. 样品采集与处置

按照 HJ/T 20—1998 的相关规定进行固体废物样品的采集和保存。

将固体废物样品放入清洁、无干扰的具塞棕色玻璃瓶中，加盖密封。运输过程中应避光、冷藏保存，尽快运回实验室进行分析，途中避免引入干扰或样品被破坏。若不能及时分析，应于 4℃以下冷藏、避光和密封保存，测定用半挥发性有机化合物的样品保存时间为 10 天，不挥发性有机物为 14 天，易变质的样品应尽快分析。

样品提取前应进行干燥、粉碎、均化和筛分，使之成为细小颗粒。对于灰渣等干燥的固体废物，可直接进行研磨均化。大体积的干燥固体废物应先粉碎，再研磨均化、筛分。

1）样品干燥脱水

将样品放在搪瓷盘或不锈钢盘上，混匀，除去枝棒、叶片、石子、玻璃、废金属等异物。样品的干燥可依据目标物的性质选择以下不同的方式。

方法一：不挥发性有机物（如多氯联苯等）的新鲜样品在室温条件下避光、风干。

方法二：需要测定新鲜样品时，使用冻干法进行干燥脱水。

方法三：需要测定新鲜样品时，也可采用干燥剂脱水方法。称取适量含有少量水分的颗粒态固体废物样品，加入一定量的硅藻土充分混匀、脱水，在研钵中反复研磨至样品呈散粒状（约 1 mm），全部转入萃取池中进行萃取。

注意：(1) 所有样品均不能使用烘箱干燥脱水。

(2) 如果固体废物样品存在明显的水相，应先离心分离水相，再选择上述合适的方式进行干燥处理。本方法的测定结果仅为固相中含量，水相中的污染物不计算在内。

2）样品均化筛分

将风干（方法一）或冻干脱水（方法二）后的样品按照 HJ/T 20—1998 进行缩分、研磨、过筛均化处理，使其成为约 1 mm 的细小颗粒。

注意：黏性样品或油腻的样品可采用方法三进行干燥脱水、研磨。纤维态固体废物样品应先切碎、绞碎，使之尽可能小，然后称取一定量样品掺入硅藻土或石英砂研磨成粒度约 1 mm 的颗粒态。

5. 分析过程

1）萃取池的选择

一般情况下，11 mL 的萃取池可装 10 g 试样，22 mL 萃取池可装 20 g 试样，34 mL 萃取池可装 30 g 试样。萃取池的选择，应考虑称取固体废物试样的质量、体积及需要掺入干燥剂的量等因素。

注意：称取试样量取决于样品性质及使用分析方法的灵敏度、分析目的和样品的污染程度，含有机碳较多的固体废物应适当减少取样量。例如，污水处理场的污泥，应控制在 2～5 g 范围内。

2）试样的装填

将洗净的萃取池拧紧底盖，垂直放在水平台面上。将专用的玻璃纤维滤膜置于其底部，顶部放置专用漏斗。用小烧杯称取适量试样，如需加入替代物或同位素内标，应一并加入试样中，轻微晃动小烧杯使其混入试样。按编号将试样依次通过专用漏斗小心转移至萃取池，然后移去漏斗，拧紧顶盖。竖直平稳拿起萃取池再次拧紧两端盖子，将其竖直平稳地放入加压流体萃取装置样品盘中。

在每个萃取池对应位置上放置干净的接收瓶，记录每个样品对应的萃取池和接收瓶的编号。对应接收瓶体积一般为萃取池体积的0.5～1.4倍，不同仪器会有所不同。

注意：装入试样后的萃取池上端，应保证留有0.5～1.0 cm高的空间；若萃取池上端空间大于1.0 cm，应加入适量石英砂。

3）溶剂的选择

有机磷农药：二氯甲烷或丙酮-二氯甲烷混合溶液（1∶1）。

有机氯农药：丙酮-二氯甲烷混合溶液（1∶1）或丙酮-正己烷混合溶液（1∶1）。

氯代除草剂：丙酮-二氯甲烷-磷酸溶液的混合溶液。

多环芳烃：丙酮-正己烷混合溶液（1∶1）。

多氯联苯：正己烷、丙酮-二氯甲烷混合溶液（1∶1）或丙酮-正己烷混合溶液（1∶1）。

其他半挥发性有机化合物：丙酮-二氯甲烷混合溶液（1:1）或丙酮-正己烷混合溶液（1∶1）。

4）萃取条件

载气压力：0.8 MPa；加热温度：100℃（有机磷农药也可选择80℃，多氯联苯可选择120℃）；萃取池压力：1200～2000 psi；预加热平衡时间：5 min；静态萃取时间：5 min；溶剂淋洗体积：60%萃取池体积；氮气吹扫时间：60 s（可根据萃取池体积适当增加吹扫时间，以便彻底淋洗样品）；静态萃取次数：1～2次。

上述参数为本方法优化参考条件，也可根据目标化合物或不同仪器选择其他参考条件。高浓度固体废物样品（有机质含量高）至少须进行2次静态萃取。

5）试样的自动萃取

条件设置好后，启动程序，仪器自动完成萃取。萃取结束后，依次取下接收瓶，按分析方法要求进行萃取液浓缩、净化等后续处理和分析。

3.10.3 用加速溶剂萃取技术萃取环境样品中的多环芳烃[214]

1. 样品基体

固体废物，包括土壤、污泥和沉积物。

2. 仪器与试剂

仪器：Dionex ASE200 配11 mL以上不锈钢萃取池、Dionex HPLC系统、

SUPELCOSIL LC-PAH 柱(15 cm×4.6 mm)、Dionex 萃取采集瓶(40 mL、60 mL)。

试剂：二氯甲烷、丙酮、乙腈。

3. 分析过程

1)样品制备

样品在填装萃取池之前应进行干燥和研磨，含水量大于 10%的样品应与硫酸钠或 Hydromatrix 硅藻土等比例混合。样品经研磨后应不少于 10～20 g，黏性、纤维状或油状不能磨碎的物质应切碎，最好加入无水硫酸钠(与样品质量比 1∶1)混合后研磨，以提高研磨效率。称取约 10 g 样品放入 11 mL 的萃取池，准备萃取。

2)ASE 操作条件

系统压力：10 MPa(1500 psi)；温度：100℃；样品量：7 g；加热时间：5 min；静态萃取时间：5 min；溶剂：二氯甲烷/丙酮(1∶1, *v*/*v*)；冲洗体积：60%萃取池体积；N_2 吹扫：1 MPa(150 psi)下吹扫 60 s；干燥剂：Na_2SO_4 或 Hydromatrix 硅藻土。

3)HPLC 分析条件

流动相：0～5 min，60%水、40%乙腈；5～25 min，100%乙腈(线性梯度)。

检测器：UV 检测(254 nm)；荧光检测(激发波长 300 nm，发射波长 410 nm)。

4)GC/MS 分析条件

采用 EPA method 8270 方法进行分析。

4. 分析结果

分析结果见表 3-8 和表 3-9。

表 3-8　污染土壤(SRS 103-100)中多环芳烃的回收率[a]

化合物	平均回收率(%，以索氏萃取为基值，*n*=8)	RSD(%)
芴	83.4	1.6
菲	119.2	1.9
蒽	88.0	6.6
荧蒽	101.2	14
芘	104.8	18
苯并[*a*]蒽	93.6	10
䓛	121.8	15
苯并[*b*, *k*]荧蒽[b]	142.3	8.1
苯并[*a*]芘	100.3	15

a. 分析物浓度范围：20～1400 mg/kg(每个组分)；b. 苯并[*b*]荧蒽和苯并[*k*]荧蒽之和。

表 3-9　海洋沉积物 HS-3 中多环芳烃的浓度

化合物	平均回收率(%, $n=4$)	标准偏差	确认值(mg/kg)	90% CI
萘	8.87	1.00	9.0	0.7
苊烯	ND	NA	0.3	0.1
苊	4.89	0.51	4.5	1.5
芴	10.09	1.26	13.6	3.1
菲	68.80	6.44	85.0	20
蒽	7.73	0.57	13.4	0.5
荧蒽	54.73	4.82	60.0	9
芘	33.70	2.83	39.0	9
苯并[*a*]蒽	12.40	1.07	14.6	2
䓛	14.95	1.52	14.1	2
苯并[*a*]芘	6.27	0.65	7.4	3.6
苯并[*b*]荧蒽	11.46	1.27	7.7	1.2
苯并[*k*]荧蒽	10.16	1.28	2.8	2
苯并[*g,h,i*]苝	4.14	0.69	5.0	2
二苯并[*a,h*]蒽	2.58	0.33	1.3	0.5
茚并[1,2,3-*cd*]芘	4.30	0.77	5.4	1.3

CI，平均值的置信区间；ND，未检测到(检测限为 1.5 mg/kg)；NA，不适用。

3.10.4　用加速溶剂萃取技术萃取环境样品中的多氯联苯[215]

1. 样品基体

污水、污泥、河流沉积物、海洋沉积物、海产品组织（如牡蛎）。

2. 仪器与试剂

仪器：Dionex ASE200 配 11 mL 以上不锈钢萃取池、GC-ECD、Dionex 萃取采集瓶（40 mL、60 mL）。

试剂：正己烷、丙酮。

3. ASE 操作条件

系统压力：14 MPa(2000 psi)；温度：100℃；样品量：5～10 g；加热时间：5 min；静态萃取时间：5 min；溶剂：正己烷/丙酮(1∶1, *v*/*v*)；冲洗体积：60%萃

取池体积；N_2吹扫：1 MPa(150 psi)下吹扫 60 s。

4. 样品制备

样品应干燥，并研磨。含有大于 10%水分含量的样品要与相同比例的硫酸钠或 Hydromatrix 硅藻土混合。经加速溶剂萃取后得到的样品应浓缩为 1 mL，进行 GC 分析。

5. 分析结果

分析结果见表 3-10～表 3-12。

表 3-10 城市污泥中多氯联苯回收率[a]

多氯联苯同类物	平均回收率(%，以索氏萃取为基值，$n = 6$)	RSD(%)
PCB28	118.1	2.5
PCB52	114.0	4.7
PCB101	142.9	7.4
PCB153	109.5	5.8
PCB138	109.6	3.9
PCB180	160.4	7.5

a. 分析物浓度范围：160～200 μg/kg(每个组分)。

表 3-11 牡蛎组织样品中多氯联苯回收率[a]

多氯联苯同类物	平均回收率(%，以索氏萃取为基值，$n = 6$)	RSD(%)
PCB28	90.0	7.8
PCB52	86.9	4.0
PCB101	83.3	1.5
PCB153	84.5	3.5
PCB138	76.9	3.0
PCB180	87.0	4.3

a. 分析物浓度范围：50～150 μg/kg(每个组分)。

表 3-12 土壤样品(CRM911-050)中 Arochlor 1254 的测定

运行次数	Arochlor 1254 测定值(μg/kg)
1	1290.0
2	1365.8
3	1283.4
4	1368.6
平均值(μg/kg)	1327.0(回收率 99.0%)
RSD(%)	3.51

3.10.5　用加速溶剂萃取技术萃取有机磷农药[216]

1. 样品基体

土壤、污泥、其他固体废物。

2. 仪器与试剂

仪器：Dionex ASE200 配 11 mL 或 22 mL 不锈钢萃取池、GC(带有 NPD)、Dionex 萃取采集瓶(40 mL、60 mL)。

试剂：二氯甲烷、丙酮。

3. ASE 操作条件

系统压力：14 MPa(2000 psi)；温度：100℃；加热时间：5 min；静态萃取时间：5 min；溶剂：二氯甲烷/丙酮(1∶1, *v*/*v*)；冲洗体积：60%萃取池体积。

4. 样品制备

样品研磨成 100～200 目(150～75 μm)。湿样品用无水硫酸钠(1∶1,*w*/*w*)干燥或风干。称取样品研磨后装入 11 mL 或 22 mL 萃取池中。

5. 分析结果

分析结果见表 3-13 和表 3-14。

表 3-13　三种不同土壤中有机磷杀虫剂的平均回收率——加速溶剂萃取与索氏萃取比较

有机磷杀虫剂	平均回收率 [a](%，以索氏萃取为基值)
敌敌畏	112.7
速灭磷	100.3
内吸磷	108.7
灭克磷	96.7
焦磷酸四乙酯	100.0
甲拌磷	98.5
治螟磷	111.3
二溴磷	100.0
二嗪农	98.2
乙拌磷	96.8
久效磷	100.0
乐果	92.8

续表

有机磷杀虫剂	平均回收率[a](%，以索氏萃取为基值)
皮蝇磷	95.3
毒死蜱	96.7
甲基对硫磷	96.6
乙基对硫磷	96.3
倍硫磷	96.5
丙硫磷	97.4
杀虫威	103.5
硫丙磷	99.9
苯硫磷	90.0
三硫磷	94.5
甲基谷硫磷	93.1
地虫硫磷	97.0

a. 沙土、肥土、干土的平均值。

表 3-14 三种不同土壤中萃取有机磷杀虫剂的平均回收率及精确度

基质[a]	加速溶剂萃取回收率(%，以加标为基值)	加速溶剂萃取精确度(RSD,%)	索氏萃取回收率(%，以加标为基值)	索氏萃取精确度(RSD,%)	加速溶剂萃取回收率(%，以索氏萃取为基值)
黏土(低)	55.0	6.2	56.4	7.6	98.8
黏土(高)	69.2	5.2	72.3	16.3	96.3
肥土(低)	61.3	11.6	60.4	8.6	103.6
肥土(高)	61.4	7.8	64.2	6.3	96.5
沙(低)	59.0	13.0	63.3	6.7	95.0
沙(高)	64.1	11.9	63.2	4.8	101.2

a. 低加标浓度约为 2.50 μg/kg，高加标浓度约为 2500 μg/kg。

注：每个样品的回收率和精确度是先求出每一种化合物的七次测量值的平均值，进而得到的所有化合物的平均值。

3.10.6 用加速溶剂萃取技术选择性萃取鱼肉中的多氯联苯[217]

1. 样品基体

鱼肉。

2. 仪器与试剂

仪器：Dionex ASE200 配 11 mL 或 22 mL 不锈钢萃取池、分析天平、Dionex

萃取采集瓶(40 mL、60 mL)、GC(带有 ECD)。

试剂：正己烷(农药级)。

3. 萃取条件

压力：10 MPa(1500 psi)；温度：100℃；加热时间：5 min；静态萃取时间：5 min；溶剂：正己烷；冲洗体积：60%萃取池体积；N_2 吹扫时间：90s；循环次数：2 次；总萃取时间：每个样品 17 min。

4. 样品制备

将 3 g 样品与 15 g 硫酸钠均匀混合后研磨、干燥。将 5 g 氧化铝通过纤维过滤器填入 33 mL 萃取池内，然后将样品-硫酸钠的混合物填充在氧化铝的上面。填装时，注意萃取池的方向。

5. 分析结果

图 3-19 为鱼肉组织样品采用加速溶剂非选择性萃取及部分同一样品选择性萃取的色谱图。图 3-19 表明，使用氧化铝可以防止油脂和其他共萃取物在萃取过程中被萃取出来，可简化定量分析，避免干扰。分析结果见表 3-15～表 3-17。

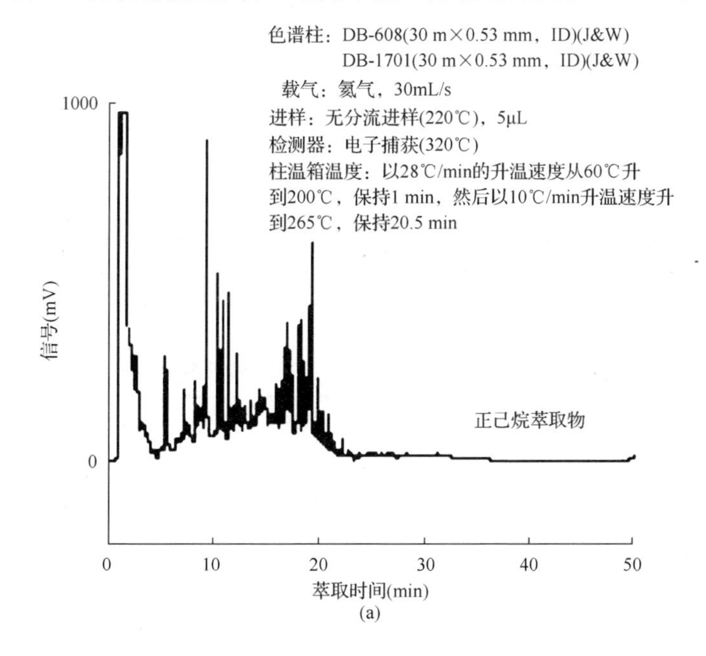

(a)

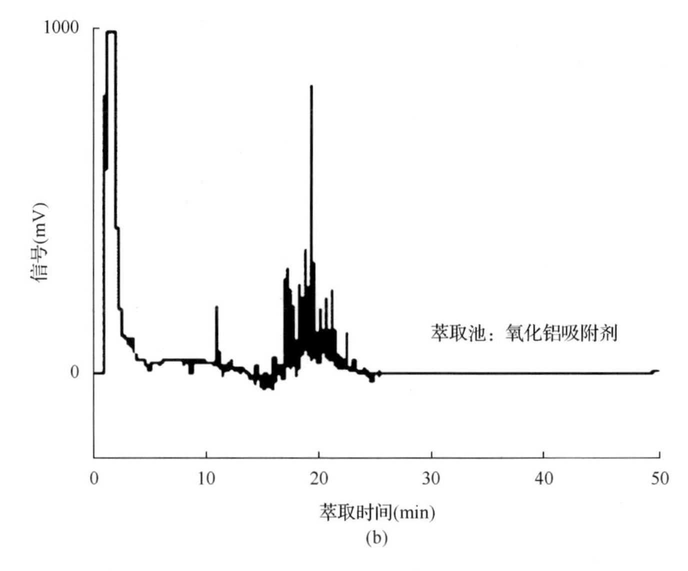

图 3-19 鱼肉组织样品采用加速溶剂非选择性萃取(a)及部分同一样品选择性萃取(b)的色谱图

表 3-15 第一组：采用选择性加速溶剂萃取技术萃取鱼肉组织中 PCBs 的回收率(浓度，μg/kg)

同系物	基准值*	萃取 1	萃取 2	萃取 3	平均值	标准偏差	RSD(%)
52	124±32	100	107	99	102	4.4	4.3
101/98	124±37	101	103	100	101	1.5	1.5
105	54±24	124	128	125	126**	2.1	1.7
118	132±60	107	109	107	108	1.2	1.1
138/163/164	102±23	28	48	48	48**	0.0	N/A
153	83±39	48	48	48	48	0.0	N/A
170/190	22±8	30	31	31	31	0.58	1.9
180	46±14	65	62	64	64**	1.5	2.4
187/182	36±16	30	30	30	30	0.0	N/A

* 给出 95% 置信区间的限值；** 在 95%置信区间外的值。

表 3-16 第二组：采用选择性加速溶剂萃取技术萃取鱼肉组织中 PCBs 的回收率(浓度，μg/kg)

同系物	基准值*	萃取 1	萃取 2	萃取 3	平均值	标准偏差	RSD(%)
52	124±32	99	104	97	100	3.6	3.6
101/98	124±37	93	100	93	95.3	4.0	4.2
105	54±24	119	127	121	122**	4.2	3.4
118	132±60	97	105	108	103	5.7	4.8
138/163/164	102±23	41	44	40	42**	2.1	5.0
153	83±39	41	44	40	42**	2.1	5.0
170/190	22±8	28	31	28	29	1.7	3.4
180	46±14	54	57	54	55	1.7	3.1
187/182	36±16	35	38	35	36	1.7	4.7

* 给出 95%置信区间的限值；** 在 95%置信区间外的值。

表 3-17　第二组：采用非选择性加速溶剂萃取技术萃取鱼肉组织中 PCBs 的回收率(浓度，μg/kg)

同系物	基准值*	萃取 1	萃取 2	萃取 3	平均值	标准偏差	RSD(%)
52	124±32	99	101	100	100	1.0	1.0
101/98	124±37	145	138	134	139	5.6	4.0
105	54±24	114	119	118	117**	2.6	2.2
118	132±60	69	92	92	85	14	17
138/163/164	102±23	54	37	37	43**	9.8	23
153	83±39	54	37	37	43	9.8	23
170/190	22±8	42	ND	N/D	14**	24	171
180	46±14	64	57	57	60	3.8	6.4
187/182	36±16	ND	47	47	29	25.1	87

* 给出 95%置信区间的限值；** 在 95%置信区间外的值。

选择性萃取的样品量为 1～4 g，是由萃取池中氧化铝的体积和样品的干燥程度来决定的。样品量大于 10 g 时，采用非选择性萃取，溶剂选用正己烷或二氯甲烷/丙酮(1∶1)，由于脂肪被共萃取，所以需要清洗和改变溶剂。

如果鱼肉被冻干或风干，可用大量样品，但需混合硫酸钠、硅藻土或沙子，以便更好地渗透样品基体。

参 考 文 献

[1] USEPA: United States Environmental Protection Agency. Test Methods for Evaluating Solid Waste, Method 3541. USEPA SW-846. 3rd ed. Update Ⅲ. Washington DC: U.S. GPO, 1995.

[2] Lopez-Avila V, Bauer K, Milanes J, et al. Evaluation of Soxtec extraction procedure for extracting organic compounds from soils and sediments. J AOAC Int, 1993, 76: 864-880.

[3] Abu-Sumra A, Morris J S, Koirtyohann S R, et al. Wet ashing of some biological samples in a microwave oven. Anal Chem, 1975, 47: 1475-1477.

[4] Nadkarni R A. Applications of microwave oven sample dissolution in analysis. Anal Chem, 1984, 56(12): 2233-2237.

[5] Kingston H M, Jassie L B. Microwave energy for acid decomposition at elevated temperatures and pressures using biological and botanical samples. Anal Chem, 1986, 58(12): 2534-2541.

[6] Ganzler K, Salgó A, Valkó K. Microwave extraction: A novel sample preparation method for chromatography. J Chromatogr A, 1986, 371: 299-306.

[7] Eiceman G A, Viau A C, Karasek F W. Ultrasonic extraction of polychlorinated dibenzo-*p*-dioxins and other organic compounds from fly ash from municipal incinerators. Anal Chem, 1980, 52(9): 1492-1496.

[8] Golden C, Sawicki E. Determination of benzo(*a*)pyrene and other polynuclear aromatic hydrocarbons in airborne particulate material by ultrasonic extraction and reverse phase high pressure liquid chromatography. Anal Lett, 1978, 11(12): 1051-1062.

[9] Chatot G, Castegnaro M, Roche J L, et al. Etude comparee des ultra-sons et du Soxhlet dans l' extraction des hydrocarbures polycycliques atmospheriques. Anal Chim Acta, 1971, 53(2): 259-265.

[10] Oostdyk T S, Grob R L, Snyder J L, et al. Study of sonication and supercritical fluid extraction of primary aromatic amines. Anal Chem, 1993, 65(5): 596-600.

[11] Hawthorne S B. Analytical-scale supercritical fluid extraction. Anal Chem, 1990, 62(11): 633A-642A.

[12] Chester T L, Pinkston J D, Raynie D E. Supercritical fluid chromatography and extraction. Anal Chem, 1994, 66(12): 106R-130R.

[13] Liška I. Fifty years of solid-phase extraction in water analysis—Historical development and overview. J Chromatogr A, 2000, 885(1-2): 3-16.

[14] Majors R E, Raynie D E. Sample preparation and solid-phase extraction. LC GC, 1997, 15(12): 1106-1117.

[15] Schmidt L, Fritz J S. Ion-exchange preconcentration and group separation of ionic and neutral organic compounds. J Chromatogr A, 1993, 640(1-2): 145-149.

[16] Slobodník J, Hoekstra-Oussoren S J F, Jager M E, et al. On-line solid-phase extraction-liquid chromatography-particle beam mass spectrometry and gas chromatography-mass spectrometry of carbamate pesticides. Analyst, 1996, 121(9): 1327-1334.

[17] Verdú-Andrés J, Campins-Falco P, Herráez-Hernández R. Determination of aliphatic amines in water by liquid chromatography using solid-phase extraction cartridges for preconcentration and derivatization. Analyst, 2001, 126(10): 1683-1688.

[18] Belardi R P, Pawliszyn J B. The application of chemically modified fused silica fibers in the extraction of organics from water matrix samples and their rapid transfer to capillary columns.Water Pollut Res J Can, 1989, 24(1): 179-191.

[19] Arthur C L, Pawliszyn J. Solid phase microextraction with thermal desorption using fused silica optical fibers. Anal Chem, 1990, 62(19): 2145-2148.

[20] Hawthorne S B, Miller D J, Pawliszyn J, et al. Solventless determination of caffeine in beverages using solid-phase microextraction with fused-silica fibers. J Chromatogr A, 1992, 603(1-2): 185-191.

[21] Pawliszyn J.Solid Phase Microextraction Theory and Practice. Chichester: Wiley-VCH, 1997.

[22] Arthur C L, Killam L M, Motlagh S, et al. Analysis of substituted benzene compounds in groundwater using solid-phase microextraction. Environ Sci Technol, 1992, 26(5): 979-983.

[23] Buchholz K D, Pawliszyn J. Optimization of solid-phase microextraction conditions for determination of phenols. Anal Chem, 1994, 66(1): 160-167.

[24] Poerschmann J, Zhang Z, Kopinke F D, et al. Solid phase microextraction for determining the distribution of chemicals in aqueous matrices. Anal Chem, 1997, 69(4): 597-600.

[25] Wang L, Weller C L, Schlegel V L, et al. Supercritical CO_2 extraction of lipids from grain sorghum dried distillers grains with solubles. Bioresource Technol, 2008, 99(5): 1373-1382.

[26] Jenab E, Rezaei K, Emam-Djomeh Z. Canola oil extracted by supercritical carbon dioxide and a commercial organic solvent. Eur J Lipid Sci Technol, 2006, 108(6): 488-492.

[27] da Silva T L, Bernardo E C, Nobre B, et al. Extraction of victoria and red globe grape seed oils using supercritical carbon dioxide with and without ethanol. J Food Lipids, 2008, 15(3): 356-369.

[28] Yee J L, Walker J, Khalil H, et al. Effect of variety and maturation of cheese on supercritical fluid extraction efficiency. J Agric Food Chem, 2008, 56(13): 5153-5157.
[29] Brunner G. Supercritical fluids: Technology and application to food processing. J Food Eng, 2005, 67(1-2): 21-33.
[30] Bruce E, Brian A, John L, et al. Accelerated solvent extraction: A technique for sample preparation, Anal Chem, 1996, 68: 1033-1039.
[31] USEPA: United States Environmental Protection Agency. Pressurised Fluid Extraction, Test Methods for Evaluating Solid Waste, Method 3545. USEPA SW-846. 3rd ed. Update III. Washington DC: U.S. GPO, 1995.
[32] 国家卫生和计划生育委员会. GB 31604.35—2016 食品接触材料及制品全氟辛烷磺酸(PFOS)和全氟辛酸(PFOA)的测定. 北京: 中国标准出版社, 2016.
[33] 国家质量监督检验检疫总局, 国家标准化管理委员会. GB/T 23376—2009 茶叶中农药多残留测定　气相色谱/质谱法. 北京: 中国标准出版社, 2009.
[34] 中华人民共和国环境保护部. HJ 782—2016 固体废物　有机物的提取　加压流体萃取法. 北京: 中国环境科学出版社, 2016.
[35] 中华人民共和国环境保护部. HJ 783—2016 土壤和沉积物有机物的提取　加压流体萃取法. 北京: 中国环境科学出版社, 2016.
[36] 国家质量监督检验检疫总局, 国家标准化管理委员会. GB/T 22996—2008 人参中多种人参皂甙含量的测定　液相色谱-紫外检测法. 北京: 中国标准出版社, 2008.
[37] Richter B E, Jones B A, Ezzell J L, et al. Accelerated solvent extraction: A technique for sample preparation. Anal Chem, 1996, 68(6): 1033-1039.
[38] Giergielewicz-Możajska H, Dąbrowski Ł, Namieśnik J. Accelerated solvent extraction (ASE) in the analysis of environmental solid samples-some aspects of theory and practice. Crit Rev Anal Chem, 2001, 31(3): 149-165.
[39] Smith R M. Extractions with superheated water. J Chromatogr A, 2002, 975(1): 31-46.
[40] Zhu Q Z, Sun Q, Su Z G, et al. A soil water extraction method with accelerated solvent extraction technique for stable isotope analysis. Chin J Anal Chem, 2014, 42(9): 1270-1275.
[41] Nieto A, Borrull F, Pocurull E, et al. Pressurized liquid extraction: A useful technique to extract pharmaceuticals and personal-care products from sewage sludge. TrAC-Trends Anal Chem, 2010, 29(7): 752-764.
[42] Carabias-Martínez R, Rodríguez-Gonzalo E, Revilla-Ruiz P, et al. Pressurized liquid extraction in the analysis of food and biological samples. J Chromatogr A, 2005, 1089(1-2): 1-17.
[43] Picó Y. Chapter four—Pressurized liquid extraction of organic contaminants in environmental and food samples. Compr Anal Chem, 2017, 76: 83-110.
[44] Bautz H, Polzer J, Stieglitz L. Comparison of pressurised liquid extraction with Soxhlet extraction for the analysis of polychlorinated dibenzo-*p*-dioxins and dibenzofurans from fly ash and environmental matrices. J Chromatogr A, 1998, 815(2): 231-241.
[45] Herrera M C, Prados-Rosales R C, Luque-Garcıa J L, et al. Static-dynamic pressurized hot water extraction coupled to on-line filtration-solid-phase extraction-high-performance liquid chromatography-post-column derivatization-fluorescence detection for the analysis of *N*-methylcarbamates in foods. Anal Chim Acta, 2002, 463(2): 189-197.
[46] Vazquez-Roig P, Picó Y. Pressurized liquid extraction of organic contaminants in environmental and food samples. Trends Anal Chem, 2015, 71: 55-64.

[47] Pawliszyn J. Kinetic model of supercritical fluid extraction. J Chromatogr Sci, 1993, 31(1): 31-37.
[48] Lide D R. CRC Handbook of Chemistry and Physics. Boca Raton: CRC Press Inc, 1993.
[49] Juan C, González L, Soriano J M, et al. Accelerated solvent extraction of ochratoxin A from rice samples. J Agric Food Chem, 2005, 53(24): 9348-9351.
[50] Wennrich L, Popp P, Möder M. Determination of chlorophenols in soils using accelerated solvent extraction combined with solid-phase microextraction. Anal Chem, 2000, 72(3): 546-551.
[51] Li Z, Li D, Ren J, et al. Optimization and application of accelerated solvent extraction for rapid quantification of PCBs in food packaging materials using GC-ECD. Food Control, 2012, 27(2): 300-306.
[52] Golet E M, Strehler A, Alder A C, et al. Determination of fluoroquinolone antibacterial agents in sewage sludge and sludge-treated soil using accelerated solvent extraction followed by solid-phase extraction. Anal Chem, 2002, 74(21): 5455-5462.
[53] Yu H, Tao Y, Chen D, et al. Development of an HPLC-UV method for the simultaneous determination of tetracyclines in muscle and liver of porcine, chicken and bovine with accelerated solvent extraction. Food Chem, 2011, 124(3): 1131-1138.
[54] Chen H, Pan M, Liu X, et al. Evaluation of transfer rates of multiple pesticides from green tea into infusion using water as pressurized liquid extraction solvent and ultra-performance liquid chromatography tandem mass spectrometry. Food Chem, 2017, 216: 1-9.
[55] Reindl S, Hoefler F. Optimization of the parameters in supercritical fluid extraction of polynuclear aromatic hydrocarbons from soil samples. Anal Chem, 1994, 66(11): 1808-1816.
[56] Yu H, Tao Y, Le T, et al. Simultaneous determination of amitraz and its metabolite residue in food animal tissues by gas chromatography-electron capture detector and gas chromatography-mass spectrometry with accelerated solvent extraction. J Chromatogr B, 2010, 878(21): 1746-1752.
[57] Zhang, Y N,Yang XL, Bian Y R, et al. An accelerated solvent extraction-solid phase extraction-high performance liquid chromatographic method for determination of polycyclic aromatic hydrocarbons in soil and earthworm samples. Chin J Anal Chem, 2016, 44(10): 1514-1520.
[58] Blasco C, Di Corcia A, Picó Y. Determination of tetracyclines in multi-specie animal tissues by pressurized liquid extraction and liquid chromatography-tandem mass spectrometry. Food Chem, 2009, 116(4): 1005-1012.
[59] Ding Y, Zhang W, Gu C, et al. Determination of pharmaceuticals in biosolids using accelerated solvent extraction and liquid chromatography/tandem mass spectrometry. J Chromatogr A, 2011, 1218(1): 10-16.
[60] Pamreddy A, Hidalgo M, Havel J, et al. Determination of antibiotics (tetracyclines and sulfonamides) in biosolids by pressurized liquid extraction and liquid chromatography-tandem mass spectrometry. J Chromatogr A, 2013, 1298: 68-75.
[61] Khosravi K, Price G W. Determination of phthalates in soils and biosolids using accelerated solvent extraction coupled with SPE cleanup and GC-MS quantification. Microchem J, 2015, 121: 205-212.
[62] Morales-Munoz S, Luque-Garcıa J L, de Castro M D L. Static extraction with modified pressurized liquid and on-line fluorescence monitoring: Independent matrix approach for the

removal of polycyclic aromatic hydrocarbons from environmental solid samples. J Chromatogr A, 2002, 978(1-2): 49-57.

[63] Li K, Landriault M, Fingas M, et al. Accelerated solvent extraction (ASE) of environmental organic compounds in soils using a modified supercritical fluid extractor. J Hazard Mater, 2003, 102(1): 93-104.

[64] Arapitsas P, Turner C. Pressurized solvent extraction and monolithic column-HPLC/DAD analysis of anthocyanins in red cabbage. Talanta, 2008, 74(5): 1218-1223.

[65] Oukebdane K, Portet-Koltalo F, Machour N, et al. Comparison of hot Soxhlet and accelerated solvent extractions with microwave and supercritical fluid extractions for the determination of polycyclic aromatic hydrocarbons and nitrated derivatives strongly adsorbed on soot collected inside a diesel particulate filter. Talanta, 2010, 82(1): 227-236.

[66] Wasik A, Ciesielski T. Determination of organotin compounds in biological samples using accelerated solvent extraction, sodium tetraethylborate ethylation, and multicapillary gas chromatography-flame photometric detection. Anal Bioanal Chem, 2004, 378(5): 1357-1363.

[67] Gauchotte-Lindsay C, Richards P, McGregor L A, et al. A one-step method for priority compounds of concern in tar from former industrial sites: Trimethylsilyl derivatisation with comprehensive two-dimensional gas chromatography. J Chromatogr A, 2012, 1253: 154-163.

[68] Sanchez-Prado L, Lamas J P, Lores M, et al. Simultaneous in-cell derivatization pressurized liquid extraction for the determination of multiclass preservatives in leave-on cosmetics. Anal Chem, 2010, 82(22): 9384-9392.

[69] Monsef-Mirzai P. Acetylation of phenol derivatives by different methods: Relation to coal acetylation. Fuel, 1996, 75(14): 1684-1687.

[70] Carro A M, González P, Lorenzo R A. Applications of derivatization reactions to trace organic compounds during sample preparation based on pressurized liquid extraction. J Chromatogr A, 2013, 1296: 214-225.

[71] Pörschmann J, Plugge J, Toth R. *In situ* derivatisation using pressurized liquid extraction to determine phenols, sterols and carboxylic acids in environmental samples and microbial biomasses. J Chromatogr A, 2001, 909(1): 95-109.

[72] Gui J Y, Wei F X, Qi J X, et al. Simultaneous determination of organochlorine pesticides and acid herbicides in soil by *in situ* derivatization method with accelerated solvent extraction. Chin J Anal Chem, 2011, 39(12): 1877-1881.

[73] Zhang I, Gui J Y, Qi J X, et al.Determination of acidic herbicide in soil by complexing extraction *in situ* derivatization. Chin J Anal Chem, 2011, 39(8): 1238-1242.

[74] Ezzell J, Richter B, Francis E. Selective extraction of polychlorinated biphenyls from fish tissue using accelerated solvent extraction. Am Environ Lab, 1996, 8(10): 12-13.

[75] Poerschmann J, Carlson R. New fractionation scheme for lipid classes based on "in-cell fractionation" using sequential pressurized liquid extraction. J Chromatogr A, 2006, 1127(1-2): 18-25.

[76] Poerschmann J, Trommler U, Biedermann W, et al. Sequential pressurized liquid extraction to determine brain-originating fatty acids in meat products as markers in bovine spongiform encephalopathy risk assessment studies. J Chromatogr A, 2006, 1127(1-2): 26-33.

[77] Wiberg K, Sporring S, Haglund P, et al. Selective pressurized liquid extraction of polychlorinated dibenzo-*p*-dioxins, dibenzofurans and dioxin-like polychlorinated biphenyls from food and feed samples. J Chromatogr A, 2007, 1138(1-2): 55-64.

[78] Subedi B, Aguilar L, Robinson E M, et al. Selective pressurized liquid extraction as a sample-preparation technique for persistent organic pollutants and contaminants of emerging concern. TrAC-Trends Anal Chem, 2015, 68: 119-132.

[79] Subedi B, Usenko S. Enhanced pressurized liquid extraction technique capable of analyzing polychlorodibenzo-*p*-dioxins, polychlorodibenzofurans, and polychlorobiphenyls in fish tissue. J Chromatogr A, 2012, 1238: 30-37.

[80] Pinto M I, Micaelo C, Vale C, et al. Screening of priority pesticides in *Ulva* sp. seaweeds by selective pressurized solvent extraction before gas chromatography with electron capture detector analysis. Arch Environ Contam Toxicol, 2014, 67(4): 547-556.

[81] Li Y, Duan X, Li Y, et al. Polycyclic aromatic hydrocarbons in sediments of China Sea. Environ Sci Pollut Res, 2015, 22(20): 15432-15442.

[82] Zhang Y, Tao S. Global atmospheric emission inventory of polycyclic aromatic hydrocarbons (PAHs) for 2004. Atmos Environ, 2009, 43(4): 812-819.

[83] Ma W L, Liu L Y, Tian C G, et al. Polycyclic aromatic hydrocarbons in Chinese surface soil: Occurrence and distribution. Environ Sci Pollut Res, 2015, 22(6): 4190-4200.

[84] Zhang P, Chen Y. Polycyclic aromatic hydrocarbons contamination in surface soil of China: A review. Sci Total Environ, 2017, 605-606: 1011-1020.

[85] Kim K H, Jahan S A, Kabir E, et al. A review of airborne polycyclic aromatic hydrocarbons (PAHs) and their human health effects. Environ Int, 2013, 60: 71-80.

[86] Dat N D, Chang M B. Review on characteristics of PAHs in atmosphere, anthropogenic sources and control technologies. Sci Total Environ, 2017, 609: 682-693.

[87] Chang K F, Fang G C, Chen J C, et al. Atmospheric polycyclic aromatic hydrocarbons (PAHs) in Asia: A review from 1999 to 2004. Environ Pollut, 2006, 142(3): 388-396.

[88] Abdel-Shafy H I, Mansour M S M. A review on polycyclic aromatic hydrocarbons: Source, environmental impact, effect on human health and remediation. Egypt J Pet, 2016, 25(1): 107-123.

[89] Usman M, Hanna K, Haderlein S. Fenton oxidation to remediate PAHs in contaminated soils: A critical review of major limitations and counter-strategies. Sci Total Environ, 2016, 569: 179-190.

[90] Ncube S, Madikizela L, Cukrowska E, et al. Recent advances in the adsorbents for isolation of polycyclic aromatic hydrocarbons (PAHs) from environmental sample solutions. TrAC-Trends Anal Chem, 2018, 99: 101-116.

[91] Saim N, Dean J R, Abdullah M P, et al. An experimental design approach for the determination of polycyclic aromatic hydrocarbons from highly contaminated soil using accelerated solvent extraction. Anal Chem, 1998, 70(2): 420-424.

[92] Yusa V, Quintas G, Pardo O, et al. Determination of PAHs in airborne particles by accelerated solvent extraction and large-volume injection-gas chromatography-mass spectrometry. Talanta, 2006, 69(4): 807-815.

[93] Yuan X X, Jiang Y, Yang C X, et al. Determination of 16 kinds of polycyclic aromatic hydrocarbons in atmospheric fine particles by accelerated solvent extraction coupled with high performance liquid chromatography. Chin J Anal Chem, 2017, 45(11): 1641-1647.

[94] Astolfi M L, Di Filippo P, Gentili A, et al. Semiautomatic sequential extraction of polycyclic aromatic hydrocarbons and elemental bio-accessible fraction by accelerated solvent extraction on a single particulate matter sample. Talanta, 2017, 174: 838-844.

[95] Yin H, Tan Q, Chen Y, et al. Polycyclic aromatic hydrocarbons (PAHs) pollution recorded in annual rings of gingko (*Gingko biloba* L.): Determination of PAHs by GC/MS after accelerated solvent extraction. Microchem J, 2011, 97(2): 138-143.

[96] Belo R F C, Figueiredo J P, Nunes C M, et al. Accelerated solvent extraction method for the quantification of polycyclic aromatic hydrocarbons in cocoa beans by gas chromatography-mass spectrometry. J Chromatogr B, 2017, 1053: 87-100.

[97] Suranová M, Semanová J, Sklároová B, et al. Application of accelerated solvent extraction for simultaneous isolation and pre-cleaning up procedure during determination of polycyclic aromatic hydrocarbons in smoked meat products. Food Anal Methods, 2015, 8(4): 1014-1020.

[98] Schummer C, Appenzeller B M, Millet M. Monitoring of polycyclic aromatic hydrocarbons (PAHs) in the atmosphere of southern Luxembourg using XAD-2 resin-based passive samplers. Environ Sci Pollut Res, 2014, 21(3): 2098-2107.

[99] Pena M T, Casais M C, Mejuto M C, et al. Development of a sample preparation procedure of sewage sludge samples for the determination of polycyclic aromatic hydrocarbons based on selective pressurized liquid extraction. J Chromatogr A, 2010, 1217(4): 425-435.

[100] Wang B, Wang Y, Dong F, et al. Analysis and occurrence of polychlorinated biphenyls and polycyclic aromatic hydrocarbon in sludge dredged from a serious eutrophic lake. China Proc Environ Sci, 2016, 31: 860-866.

[101] Pintado-Herrera M G, González-Mazo E, Lara-Martín P A. In-cell clean-up pressurized liquid extraction and gas chromatography-tandem mass spectrometry determination of hydrophobic persistent and emerging organic pollutants in coastal sediments. J Chromatogr A, 2016, 1429: 107-118.

[102] Clark A E, Yoon S, Sheesley R J, et al. Pressurized liquid extraction technique for the analysis of pesticides, PCBs, PBDEs, OPEs, PAHs, alkanes, hopanes, and steranes in atmospheric particulate matter. Chemosphere, 2015, 137: 33-44.

[103] Foan L, Simon V. Optimization of pressurized liquid extraction using a multivariate chemometric approach and comparison of solid-phase extraction cleanup steps for the determination of polycyclic aromatic hydrocarbons in mosses. J Chromatogr A, 2012, 1256: 22-31.

[104] 刘兴国, 张艳海, 刘晓达,等. 高效液相色谱法同时测定雾霾中的 16 种多环芳烃. 环境化学, 2015, 34(7): 1383-1385.

[105] 车金水, 赵紫珺, 余翀天. 加速溶剂提取-在线凝胶净化色谱-气质联用法分析检测土壤中多环芳烃. 环境化学, 2016, 35(7): 1543-1545.

[106] 王娜. 加速溶剂萃取-固相萃取净化-色谱法测定土壤中的多环芳烃和有机氯. 环境化学, 2013, 32(3): 524-525.

[107] Bandh C, Björklund E, Mathiasson L, et al. Comparison of accelerated solvent extraction and Soxhlet extraction for the determination of PCBs in Baltic Sea sediments. Environ Sci Technol, 2000, 34(23): 4995-5000.

[108] Rocco G, Toledo C, Ahumada I, et al. Determination of polychlorinated biphenyls in biosolids using continuous ultrasound-assisted pressurized solvent extraction and gas chromatography-mass spectrometry. J Chromatogr A, 2008, 1193(1-2): 32-36.

[109] Ottonello G, Ferrari A, Magi E. Determination of polychlorinated biphenyls in fish: Optimisation and validation of a method based on accelerated solvent extraction and gas chromatography-mass spectrometry. Food Chem, 2014, 142: 327-333.

[110] Focant J F, Eppe G, Pirard C, et al. Fast clean-up for polychlorinated dibenzo-*p*-dioxins, dibenzofurans and coplanar polychlorinated biphenyls analysis of high-fat-content biological samples. J Chromatogr A, 2001, 925(1-2): 207-221.

[111] Müller A, Björklund E, von Holst C. On-line clean-up of pressurized liquid extracts for the determination of polychlorinated biphenyls in feedingstuffs and food matrices using gas chromatography-mass spectrometry. J Chromatogr A, 2001, 925(1-2): 197-205.

[112] Klees M, Bogatzki C, Hiester E. Selective pressurized liquid extraction for the analysis of polychlorinated biphenyls, polychlorinated dibenzo-*p*-dioxins and dibenzofurans in soil. J Chromatogr A, 2016, 1468: 10-16.

[113] Guéguen F, Stille P, Millet M. Optimisation and application of accelerated solvent extraction and flash chromatography for quantification of PCBs in tree barks and XAD-2 passive samplers using GC-ECD with dual columns. Talanta, 2013, 111: 140-146.

[114] Otake T, Aoyagi Y, Yarita T, et al. Characterization of certified reference material for quantification of polychlorinated biphenyls and organochlorine pesticides in fish. Anal Bioanal Chem, 2010, 397(6): 2569-2577.

[115] Robinson E M, Trumble S J, Subedi B, et al. Selective pressurized liquid extraction of pesticides, polychlorinated biphenyls and polybrominated diphenyl ethers in a whale earplug (earwax): A novel method for analyzing organic contaminants in lipid-rich matrices. J Chromatogr A, 2013, 1319: 14-20.

[116] Aguilar L, Williams E S, Brooks B W, et al. Development and application of a novel method for high-throughput determination of PCDD/Fs and PCBs in sediments. Environ Toxicol Chem, 2014, 33(7): 1529-1536.

[117] Subedi B, Aguilar L, Williams E S, et al. Selective pressurized liquid extraction technique capable of analyzing dioxins, furans, and PCBs in clams and crab tissue. Bull Environ Contam Toxicol, 2014, 92(4): 460-465.

[118] Zhang Z, Ohiozebau E, Rhind S M. Simultaneous extraction and clean-up of polybrominated diphenyl ethers and polychlorinated biphenyls from sheep liver tissue by selective pressurized liquid extraction and analysis by gas chromatography-mass spectrometry. J Chromatogr A, 2011, 1218(8): 1203-1209.

[119] Penaabaurrea M, Ramos J J, Gonzalez M J, et al. Miniaturized selective pressurized liquid extraction of polychlorinated biphenyls and polybrominated diphenyl ethers from feedstuffs. J Chromatogr A, 2013, 1273(2): 18-25.

[120] Ghosh R, Hageman K J, Björklund E. Selective pressurized liquid extraction of three classes of halogenated contaminants in fish. J Chromatogr A, 2011, 1218(41): 7242-7247.

[121] Dai S H, Zhao H L, Wang M, et al. Determination of polychlorinated biphenyl enantiomers in lotus root and sediment by chiral gas chromatography-mass spectrometry. Chin J Anal Chem, 2012, 40(11): 1758-1763.

[122] Wang P, Zhang Q, Wang Y, et al. Evaluation of Soxhlet extraction, accelerated solvent extraction and microwave-assisted extraction for the determination of polychlorinated biphenyls and polybrominated diphenyl ethers in soil and fish samples. Anal Chim Acta, 2010, 663(1): 43-48.

[123] Li Y, Wang P, Ding L, et al. Atmospheric distribution of polychlorinated dibenzo-*p*-dioxins, dibenzofurans and dioxin-like polychlorinated biphenyls around a steel plant area, Northeast China. Chemosphere, 2010, 79(3): 253-258.

[124] Lavin K S, Hageman K J. Selective pressurised liquid extraction of halogenated pesticides and polychlorinated biphenyls from pine needles. J Chromatogr A, 2012, 1258: 30-36.
[125] Al-Rashdan A, Helaleh M I H. Development of different strategies for the clean-up of polychlorinated biphenyls（PCBs）congeners using pressurized liquid extraction. J Environ Prot, 2013, 4(01): 99-107.
[126] Robinson E M, Jia M, Trumble S J, et al. Selective pressurized liquid extraction technique for halogenated organic pollutants in marine mammal blubber: A lipid-rich matrix. J Chromatogr A, 2015, 1385: 111-115.
[127] 杨永滨, 郑明辉, 刘征涛. 二恶英类毒理学研究新进展. 生态毒理学报, 2006, 1(2): 105-115.
[128] Liu G, Zheng M, Jiang G, et al. Dioxin analysis in China. TrAC-Trends Anal Chem, 2013, 46: 178-188.
[129] Malisch R, Kotz A. Dioxins and PCBs in feed and food—Review from European perspective. Sci Total Environ, 2014, 491-492: 2-10.
[130] Kanan S, Samara F. Dioxins and furans: A review from chemical and environmental perspectives. Trends Environ Anal Chem, 2018, 17: 1-13.
[131] Klees M, Hiester E, Bruckmann P, et al. Determination of polychlorinated biphenyls and polychlorinated dibenzo-*p*-dioxins and dibenzofurans by pressurized liquid extraction and gas chromatography coupled to mass spectrometry in street dust samples. J Chromatogr A, 2013, 1300: 17-23.
[132] Augusti D V, Magalhaes E J, Nunes C M, et al. Method validation and occurrence of dioxins and furans（PCDD/Fs）in fish from Brazil. Anal Methods, 2014, 6(6): 1963-1969.
[133] Do L, Lundstedt S, Haglund P. Optimization of selective pressurized liquid extraction for extraction and in-cell clean-up of PCDD/Fs in soils and sediments. Chemosphere, 2013, 90(9): 2414-2419.
[134] Wu J J, Zhang B, Dong S J. Determination of ultratrace polychlorinated dibenzo-*p*-dioxins and dibenzofurans by gas chromatography-triple quadrupole mass spectrometry.Chin J Anal Chem, 2011, 39(9): 1297-1301.
[135] Ren Z, Zhang B, Lu P, et al. Characteristics of air pollution by polychlorinated dibenzo-p-dioxins and dibenzofurans in the typical industrial areas of Tangshan City, China. J Environ Sci, 2011, 23(2): 228-235.
[136] 邬静, 胡吉成, 马玉龙, 等. 加速溶剂萃取-硅胶柱净化-碱性氧化铝柱分离-气相色谱三重四极杆质谱法测定土壤中的二噁英类化合物. 分析化学, 2017, 45(6): 799-808.
[137] 蔡璐, 赵文杰, 周全法. 加速溶剂萃取法与索氏提取法对废线路板中二噁英测定的影响. 分析化学, 2017, 45(5): 687-692.
[138] Kreißelmeier A, Dürbeck H W. Determination of alkylphenols and linear alkylbenzene sulfonates in sediments applying accelerated solvent extraction（ASE）. Fresenius J Anal Chem, 1996, 354(7-8): 921-924.
[139] Mayer T, Bennie D, Rosa F, et al. Occurrence of alkylphenolic substances in a Great Lakes coastal marsh, Cootes Paradise, ON, Canada. Environ Pollut, 2007, 147(3): 683-690.
[140] Brix R, Postigo C, González S, et al. Analysis and occurrence of alkylphenolic compounds and estrogens in a European river basin and an evaluation of their importance as priority pollutants. Anal Bioanal Chem, 2010, 396(3): 1301-1309.

[141] Kukula-Koch W, Aligiannis N, Halabalaki M, et al. Influence of extraction procedures on phenolic content and antioxidant activity of Cretan barberry herb. Food Chem, 2013, 138(1): 406-413.

[142] Ayala R S, De Castro M D L. Continuous subcritical water extraction as a useful tool for isolation of edible essential oils. Food Chem, 2001, 75(1): 109-113.

[143] Co M, Fagerlund A, Engman L, et al. Extraction of antioxidants from spruce (*Picea abies*) bark using eco-friendly solvents. Phytochem Anal, 2012, 23(1): 1-11.

[144] Salgueiro-Gonzalez N, Turnes-Carou I, Muniategui-Lorenzo S, et al. Pressurized hot water extraction followed by miniaturized membrane assisted solvent extraction for the green analysis of alkylphenols in sediments. J Chromatogr A, 2015, 1383: 8-17.

[145] Barros F, Dykes L, Awika J M, et al. Accelerated solvent extraction of phenolic compounds from sorghum brans. J Cereal Sci, 2013, 58(2): 305-312.

[146] Ferrer E, Santoni E, Vittori S, et al. Simultaneous determination of bisphenol A, octylphenol, and nonylphenol by pressurised liquid extraction and liquid chromatography-tandem mass spectrometry in powdered milk and infant formulas. Food Chemi, 2011, 126(1): 360-367.

[147] Martínez-Moral M P, Tena M T. Focused ultrasound solid-liquid extraction and selective pressurised liquid extraction to determine bisphenol A and alkylphenols in sewage sludge by gas chromatography-mass spectrometry. J Sep Sci, 2011, 34(18): 2513-2522.

[148] Dorival-García N, Zafra-Gómez A, Navalón A, et al. Analysis of bisphenol A and its chlorinated derivatives in sewage sludge samples. Comparison of the efficiency of three extraction techniques. J Chromatogr A, 2012, 1253: 1-10.

[149] Salgueiro-González N, Turnes-Carou I, Muniategui-Lorenzo S, et al. Fast and selective pressurized liquid extraction with simultaneous in cell clean up for the analysis of alkylphenols and bisphenol A in bivalve molluscs. J Chromatogr A, 2012, 1270: 80-87.

[150] 王晓春, 陶静, 李铁纯. 高效液相色谱-串联质谱法同时测定农田土壤中的六溴环十二烷和四溴双酚 A. 分析测试学报, 2016, 35(11): 1440-1444.

[151] 李敏洁, 金芬, 杨莉莉,等. 凝胶渗透色谱-分散固相萃取法同时测定鸡蛋中多溴联苯醚及其衍生物、四溴双酚 A 和六溴环十二烷. 分析化学, 2014, (9): 1288-1294.

[152] Teo C C, Tan S N, Yong J W H, et al. Pressurized hot water extraction (PHWE). J Chromatogr A, 2010, 1217(16): 2484-2494.

[153] Chienthavorn O, Su-In P. Modified superheated water extraction of pesticides from spiked sediment and soil. Anal Bioanal Chem, 2006, 385(1): 83-89.

[154] Rodil R, Popp P. Development of pressurized subcritical water extraction combined with stir bar sorptive extraction for the analysis of organochlorine pesticides and chlorobenzenes in soils. J Chromatogr A, 2006, 1124(1-2): 82-90.

[155] Chen D, Tao Y, Zhang H, et al. Development of a liquid chromatography-tandem mass spectrometry with pressurized liquid extraction method for the determination of benzimidazole residues in edible tissues. J Chromatogr B, 2011, 879(19): 1659-1667.

[156] Wu G, Bao X, Zhao S, et al. Analysis of multi-pesticide residues in the foods of animal origin by GC-MS coupled with accelerated solvent extraction and gel permeation chromatography cleanup. Food Chem, 2011, 126(2): 646-654.

[157] Barriada-Pereira M, González-Castro M J, Muniategui-Lorenzo S, et al. Comparison of pressurized liquid extraction and microwave assisted extraction for the determination of organochlorine pesticides in vegetables. Talanta, 2007, 71(3): 1345-1351.

[158] Mezcua M, Repetti M R, Agüera A, et al. Determination of pesticides in milk-based infant formulas by pressurized liquid extraction followed by gas chromatography tandem mass spectrometry. Anal Bioanal Chem, 2007, 389(6): 1833-1840.

[159] Suchan P, Pulkrabová J, Hajšlová J, et al. Pressurized liquid extraction in determination of polychlorinated biphenyls and organochlorine pesticides in fish samples. Anal Chim Acta, 2004, 520(1-2): 193-200.

[160] Wang D, Atkinson S, Hoover-Miller A, et al. Analysis of organochlorines in harbor seal (*Phoca vitulina*) tissue samples from Alaska using gas chromatography/ion trap mass spectrometry by an isotopic dilution technique. Rapid Commun Mass Spectrom, 2005, 19(13): 1815-1821.

[161] Frenich A G, Vidal J L M, Sicilia A D C, et al. Multiresidue analysis of organochlorine and organophosphorus pesticides in muscle of chicken, pork and lamb by gas chromatography-triple quadrupole mass spectrometry. Anal Chim Acta, 2006, 558(1-2): 42-52.

[162] Obana H, Kikuchi K, Okihashi M, et al. Determination of organophosphorus pesticides in foods using an accelerated solvent extraction system. Analyst, 1997, 122(3): 217-220.

[163] 戴安公司. 戴安方法 AN343 用加速溶剂萃取（ASE)技术测定大体积食品样品中的农药. http://www.doc88. com/p-756220641609.html[2018-10-01].

[164] Richter B E, Hoefler F, Linkerhaegner M. Determining organophosphorus pesticides in foods using accelerated solvent extraction with large sample sizes. LC GC N Am, 2001, 19(4): 408-413.

[165] Duodu G O, Goonetilleke A, Ayoko G A. Optimization of in-cell accelerated solvent extraction technique for the determination of organochlorine pesticides in river sediments. Talanta, 2016, 150: 278-285.

[166] Xiao Z, Li X, Wang X, et al. Determination of neonicotinoid insecticides residues in bovine tissues by pressurized solvent extraction and liquid chromatography-tandem mass spectrometry. J Chromatogr B, 2011, 879(1): 117-122.

[167] Brutti M, Blasco C, Picó Y. Determination of benzoylurea insecticides in food by pressurized liquid extraction and LC-MS. J Sep Sci, 2010, 33(1): 1-10.

[168] Feng J, Tang H, Chen D, et al. Accurate determination of pesticide residues incurred in tea by gas chromatography-high resolution isotope dilution mass spectrometry. Anal Methods, 2013, 5(16): 4196-4204.

[169] Homazava N, Gachet Aquillon C, Vermeirssen E, et al. Simultaneous multi-residue pesticide analysis in soil samples with ultra-high-performance liquid chromatography-tandem mass spectrometry using QuEChERS and pressurised liquid extraction methods. Intern J Environ Anal Chem, 2014, 94(11): 1085-1099.

[170] Blasco C, Vazquez-Roig P, Onghena M, et al. Analysis of insecticides in honey by liquid chromatography-ion trap-mass spectrometry: Comparison of different extraction procedures. J Chromatogr A,2011, 1218(30): 4892-4901.

[171] Du G, Xiao Y, Yang H R, et al. Rapid determination of pesticide residues in herbs using selective pressurized liquid extraction and fast gas chromatography coupled with mass spectrometry. J Sep Sci, 2012, 35(15): 1922-1932.

[172] Emon J M, Chuang J C. Development of a simultaneous extraction and cleanup method for pyrethroid pesticides from indoor house dust samples. Anal Chim Acta, 2012, 745: 38-44.

[173] Lorenzo R A, Pais S, Racamonde I, et al. Pesticides in seaweed: Optimization of pressurized liquid extraction and in-cell clean-up and analysis by liquid chromatography-mass spectrometry. Anal Bioanal Chem, 2012, 404(1): 173-181.

[174] Labarta P, Martínez-Moral M P, Tena M T. In-cell clean-up pressurised liquid extraction method to determine pesticides in mushroom compost by gas chromatography-tandem mass spectrometry. ISRN Anal Chem, 2012, 2012: 680894.

[175] Cervera M I, Medina C, Portolés T, et al. Multi-residue determination of 130 multiclass pesticides in fruits and vegetables by gas chromatography coupled to triple quadrupole tandem mass spectrometry. Anal Bioanal Chem, 2010, 397(7): 2873-2891.

[176] Huang X, Zhao X, Lu X, et al. Simultaneous determination of 50 residual pesticides in *Flos Chrysanthemi* using accelerated solvent extraction and gas chromatography. J Chromatogr B, 2014, 967: 1-7.

[177] Liu H, Kong W, Gong B, et al. Rapid analysis of multi-pesticides in *Morinda officinalis* by GC-ECD with accelerated solvent extraction assisted matrix solid phase dispersion and positive confirmation by GC-MS. J Chromatogr B, 2015, 974: 65-74.

[178] Khan Z, Kamble N, Bhongale A, et al. Analysis of pesticide residues in tuber crops using pressurised liquid extraction and gas chromatography-tandem mass spectrometry. Food Chem, 2018, 241: 250-257.

[179] Pietroń W J, Małagocki P. Quantification of polybrominated diphenyl ethers (PBDEs) in food: A review. Talanta, 2017, 167: 411-427.

[180] Kaj T, Peter H, Lars H, et al. Apparent half-lives of hepta- to decabrominated diphenyl ethers in human serum as determined in occupationally exposed workers. Environ Health Perspect, 2006, 114(2):176-181.

[181] Geyer H J, Schramm K W, Darnerud P O, et al. Terminal elimination half-lives of the brominated flame retardants TBBPA, HBCD, and lower brominated PBDEs in humans. Organohalogen Compd, 2004, 66: 3867-3872.

[182] Lyche J L, Rosseland C, Berge G, et al. Human health risk associated with brominated flame-retardants (BFRs). Environ Int, 2015, 74: 170-180.

[183] Tao S, Wang W, Liu W, et al. Polycyclic aromatic hydrocarbons and organochlorine pesticides in surface soils from the Qinghai-Tibetan Plateau. J Environ Monit, 2011, 13(1): 175-181.

[184] Yuan G L, Xie W, Che X C, et al. The fractional patterns of polybrominated diphenyl ethers in the soil of the central Tibetan Plateau, China: The influence of soil components. Environ Pollut, 2012, 170: 183-189.

[185] Yuan G L, Wu L J, Sun Y, et al. Polycyclic aromatic hydrocarbons in soils of the central Tibetan Plateau, China: Distribution, sources, transport and contribution in global cycling. Sci Total Environ, 2015, 203: 137-144.

[186] Li J, Yuan G L, Li P, et al.The emerging source of polycyclic aromatic hydrocarbons from mining in the Tibetan Plateau: Distributions and contributions in background soils. Sci Total Environ, 2017, 584-585: 64-71.

[187] Li J, Yuan G L, Li P, et al. Insight into the local source of polybrominated diphenyl ethers in the developing Tibetan Plateau: The composition and transport around the Lhasa landfill. Environ Pollut, 2018, 237: 1-9.

[188] Lee H J, Jeong H J, Jang Y L, et al. Distribution, accumulation, and potential risk of polybrominated diphenyl ethers in the marine environment receiving effluents from a sewage treatment plant. Mar Pollut Bull, 2018, 129(1): 364-369.
[189] Cai Y M, Ren G F, Lin Z, et al. Assessment of exposure to polybrominated diphenyl ethers associated with consumption of market hens in Guangzhou. Ecotoxicol Environ Safe, 2018, 153: 40-44.
[190] Dosis I, Athanassiadis I, Karamanlis X. Polybrominated diphenyl ethers (PBDEs) in mussels from cultures and natural population. Mar Pollut Bull, 2016, 107(1): 92-101.
[191] Tapie N, Budzinski H, Le Ménach K. Fast and efficient extraction methods for the analysis of polychlorinated biphenyls and polybrominated diphenyl ethers in biological matrices. Anal Bioanal Chem, 2008, 391(6): 2169-2177.
[192] Poma G, Volta P, Roscioli C, et al. Concentrations and trophic interactions of novel brominated flame retardants, HBCD, and PBDEs in zooplankton and fish from Lake Maggiore (Northern Italy). Sci Total Environ, 2014, 481: 401-408.
[193] Li Y F, Yang Z Z, Wang C H, et al. Tissue distribution of polybrominated diphenyl ethers (PBDEs) in captive domestic pigs, *Sus scrofa*, from a village near an electronic waste recycling site in South China. Bull Environ Contam Toxicol, 2010, 84(2): 208-211.
[194] Jürgens M D, Johnson A C, Jones K C, et al. The presence of EU priority substances mercury, hexachlorobenzene, hexachlorobutadiene and PBDEs in wild fish from four English rivers. Sci Total Environ, 2013, 461: 441-452.
[195] Zeng Y H, Luo X J, Tang B, et al. Habitat-and species-dependent accumulation of organohalogen pollutants in home-produced eggs from an electronic waste recycling site in South China: Levels, profiles, and human dietary exposure. Environ Pollut, 2016, 216: 64-70.
[196] Labadie P, Alliot F, Bourges C, et al. Determination of polybrominated diphenyl ethers in fish tissues by matrix solid-phase dispersion and gas chromatography coupled to triple quadrupole mass spectrometry: Case study on European eel (*Anguilla anguilla*) from Mediterranean coastal lagoons. Anal Chim Acta, 2010, 675(2): 97-105.
[197] Fontana A R, Camargo A, Martinez L D, et al. Dispersive solid-phase extraction as a simplified clean-up technique for biological sample extracts. Determination of polybrominated diphenyl ethers by gas chromatography-tandem mass spectrometry. J Chromatogr A, 2011, 1218(18): 2490-2496.
[198] Sapozhnikova Y, Simons T, Lehotay S J. Evaluation of a fast and simple sample preparation method for polybrominated diphenyl ether (PBDE) flame retardants and dichlorodiphenyltrichloroethane (DDT) pesticides in fish for analysis by ELISA compared with GC-MS/MS. J Agric Food Chem, 2015, 63(18): 4429-4434.
[199] Xiang L L, Song Y, Bian Y R, et al. A purification method for 10 polybrominated diphenyl ethers in soil using accelerated solvent extraction-solid phase extraction. Chin J Anal Chem, 2016, 44(5): 671-677.
[200] De la Cal A, Eljarrat E, Barceló D. Determination of 39 polybrominated diphenyl ether congeners in sediment samples using fast selective pressurized liquid extraction and purification. J Chromatogr A, 2003, 1021(1-2): 165-173.
[201] Losada S, Santos F J, Galceran M T. Selective pressurized liquid extraction of polybrominated diphenyl ethers in fish. Talanta, 2009, 80(2): 839-845.

[202] Losada S, Parera J, Abalos M, et al. Suitability of selective pressurized liquid extraction combined with gas chromatography-ion-trap tandem mass spectrometry for the analysis of polybrominated diphenyl ethers. Anal Chim Acta, 2010, 678(1): 73-81.

[203] Song S, Shao M, Tang H, et al. Development, comparison and application of sorbent-assisted accelerated solvent extraction, microwave-assisted extraction and ultrasonic-assisted extraction for the determination of polybrominated diphenyl ethers in sediments. J Chromatogr A,2016, 1475: 1-7.

[204] Martínez-Moral M P, Tena M T. Use of microextraction by packed sorbents following selective pressurised liquid extraction for the determination of brominated diphenyl ethers in sewage sludge by gas chromatography-mass spectrometry. J Chromatogr A,2014, 1364: 28-35.

[205] Martínez M P, Carrillo J D, Tena M T. Determination of brominated diphenyl ethers (from mono-to hexa-congeners) in indoor dust by pressurised liquid extraction with in-cell clean-up and gas chromatography-mass spectrometry. Anal Bioanal Chem, 2010, 397(1): 257-267.

[206] Losada S, Santos F J, Covaci A, et al. Gas chromatography-ion trap tandem mass spectrometry method for the analysis of methoxylated polybrominated diphenyl ethers in fish. J Chromatogr A, 2010, 1217(32): 5253-5260.

[207] Zhang Z, Shanmugam M, Rhind S M. PLE and GC-MS determination of polybrominated diphenyl ethers in soils. Chromatographia, 2010, 72(5-6): 535-543.

[208] Cunha S C, Kalachova K, Pulkrabova J, et al. Polybrominated diphenyl ethers (PBDEs) contents in house and car dust of Portugal by pressurized liquid extraction(PLE) and gas chromatography-mass spectrometry (GC-MS). Chemosphere, 2010, 78(10): 1263-1271.

[209] Lacorte S, Guillamon M. Validation of a pressurized solvent extraction and GC-NCI-MS method for the low level determination of 40 polybrominated diphenyl ethers in mothers' milk. Chemosphere, 2008, 73(1): 70-75.

[210] Shi Z, Wang Y, Niu P, et al. Concurrent extraction, clean-up, and analysis of polybrominated diphenyl ethers, hexabromocyclododecane isomers, and tetrabromobisphenol A in human milk and serum. J Sep Sci, 2013, 36(20): 3402-3410.

[211] Król S, Zabiegała B, Namieśnik J. Determination of polybrominated diphenyl ethers in house dust using standard addition method and gas chromatography with electron capture and mass spectrometric detection. J Chromatogr A, 2012, 1249: 201-214.

[212] 由宗政, 孔德洋, 许静,等. 加速溶剂萃取-气相色谱法测定土壤、植物样品中 13 种多溴联苯醚. 环境化学, 2013, (7): 1410-1416.

[213] 国家卫生和计划生育委员会, 农业部, 国家食品药品监督管理总局. GB 23200.9—2016 粮谷中 475 种农药及相关化学品残留量的测定气相色谱-质谱法. 北京: 中国标准出版社, 2017.

[214] 戴安公司. 用加速溶剂萃取(ASE)技术选择性提取鱼肉中的多氯联苯(PCBs). 环境化学, 2008, 27: 315-316.

[215] 戴安公司. 戴安方法 AN316 用加速溶剂萃取(ASE)技术提取环境样品中的多氯联苯 PCBs. http://www.doc88.com/p-97133884557.html[2018-10-01].

[216] 戴安公司. 戴安方法 AN319 用加速溶剂萃取(ASE)技术提取有机磷农药. http://www.doc88.com/p-94857318191.html[2018-10-01].

[217] 戴安公司. 戴安方法 AN322 用加速溶剂萃取(ASE)技术有选择的提取鱼肉中的多氯联苯 PCBs. http://www. doc88.com/p-97133884557.html[2018-10-01].

第 4 章　固相萃取技术在 POPs 分析中的应用

本章导读

- 介绍固相萃取技术的原理、特点和主要装置。
- 介绍不同模式下固相萃取的基本原理，并对固相萃取的各个步骤中需要注意的事项进行了分析。
- 根据组成的不同，分别介绍不同类型固相萃取吸附剂的特点、吸附原理和适用范围，并以实际样品为例，重点论述各种吸附剂在环境样品中 POPs 萃取富集中的应用。
- 介绍磁性固相萃取和固相萃取自动化技术的原理、特点及在环境样品中 POPs 萃取富集中的应用情况，并对固相萃取技术在未来的发展方向进行展望。

持久性有机污染物(POPs)一般具有生物毒性，而且性质稳定，进入环境介质之后可以长期存留，并随同物质的循环流动扩散到地球表面的其他区域。更为严重的是，POPs 往往脂溶性较强，可以通过生物浓缩和生物放大进入食物链，并在食物链顶端达到较高的浓度，由此可能引发一系列的生态毒性效应，甚至危害到人类的身体健康。因此，需要对环境介质中的 POPs 进行分析和监测，了解其中的 POPs 污染水平，从而制订和采取合理的环境保护措施，提高整体的环境质量。

与其他样品相比，环境样品有两个突出的特点：①其中的 POPs 浓度一般较低；②基体比较复杂，含有大量的天然有机质(natural organic matter, NOM)，严重干扰目标物的测定。为了保证分析的灵敏度、准确度和可靠性，需要采用各种样品前处理手段。但是，传统的液液萃取样品前处理方法往往耗时长、劳动强度大、精密度差，而且需要使用大量有毒的有机溶剂，严重制约了环境样品中 POPs 的分析测定。与之相比，近几十年来普遍使用的固相萃取(SPE)技术是一种效果更好的 POPs 分析样品制备方法。

4.1 固相萃取技术简介

4.1.1 固相萃取的原理

固相萃取是一种基于液固分离萃取和液相色谱技术的样品前处理技术。现代固相萃取技术的出现要从1978年第一个一次性商品化的固相萃取柱(Sep-Pak cartridge)算起。该萃取柱填充了颗粒细小的多孔固相吸附剂，当大体积的环境样品通过萃取柱时，与吸附剂具有更强亲和性的被测物质可以选择性地吸附于萃取柱上，其他的干扰物则穿过萃取柱，从而与被测物质分离。随后经洗涤进一步除去残余干扰物后，被定量吸附在萃取柱上的被测物质可以用另一种体积较小的溶剂或用热解析法从吸附剂上解吸附，从而达到纯化、富集被测物质的目的。随后出现的其他固相萃取产品的萃取原理都基本相同，只是在吸附剂的选择和萃取装置上有所改变。在利用固相萃取柱的萃取过程中，被测物质的吸附和解吸附实质上都是柱色谱分离过程，故固相萃取从机理上与高效液相色谱(high performance liquid chromatography，HPLC)非常类似，但固相萃取柱填料的粒径(一般粒径40～80 μm)比高效液相色谱填料粒径(3～10 μm)大，柱长度(10～75 mm)比高效液相色谱柱短(250 mm)，故固相萃取柱的柱效比高效液相色谱柱低得多，因此固相萃取只能分离性质差别较大的物质，而且分离时，希望分析物尽可能被完全吸附，而在洗脱时，被吸附的分析物则应尽量被完全洗脱，这样才能保证较高的萃取回收率。

4.1.2 固相萃取的特点

与传统的液液萃取分离富集方法相比，固相萃取技术具有如下优点。

(1)通过选择合适的固相萃取体系，可以获得较高的回收率和富集因子。多数环境样品的固相萃取可以获得高达70%～100%的回收率；另外，由于解吸附时所用有机溶剂很少，而且洗脱之后还可以轻松地利用蒸发溶剂获得更小的样品体积，所以只要吸附剂的吸附能力足够强，环境样品的量又足够多，固相萃取的富集因子一般很容易就能达到几百、几千，甚至几万，远高于传统的分离富集方法。

(2)相比液液萃取，固相萃取在样品洗脱时使用的高纯有毒有机溶剂量很少，对环境的污染也相对较小，是一种环境友好的分离富集方法。

(3)上样萃取和洗脱分析物的同时完成固液分离，避免了由传统液液萃取的相分离操作所造成的样品损失。

(4)操作简单、方便、易于实现自动化，对操作人员的身体健康影响较小。在环境样品的固相萃取中，可以借助高压泵或真空泵使较大体积的样品溶液较快地通过固相萃取介质，包括随后的洗涤除杂质、被分析物的定量洗脱和洗脱液的浓缩等步骤均可以很容易地实现自动化，人工参与较少。而传统的液液萃取则要经过加萃取剂、剧烈摇动、消除乳化、静置分层等操作，有时还要进行洗涤与反萃取，这一系列烦琐的过程均需人工操作，不但费时费力，而且在操作过程中使用的有机溶剂对操作人员损害较大。

固相萃取技术的上述特点引起了人们极大的兴趣，使之在环境样品的前处理过程中获得了广泛的应用。经固相萃取处理之后，一方面，样品中的痕量被测组分高度富集，从而有效地降低分析方法的检测限，提高灵敏度；另一方面，样品中的干扰物与被测组分分离，消除基体干扰对后续测定的影响，提高分析的准确度。因此，将固相萃取和气相色谱、高效液相色谱及其他检测方法相结合，可以高效、准确地测定环境样品中痕量的 POPs 组分[1-5]。

4.1.3　固相萃取的装置

固相萃取的装置主要由两部分组成：萃取装置和过滤装置。

1. 固相萃取的萃取装置

固相萃取的萃取装置种类很多，从其结构来分，最基本的有两种：固相萃取柱(SPE cartridge)和固相萃取盘(SPE disk)。

1) 固相萃取柱

一般商品化固相萃取柱的结构如图 4-1 所示，其柱体通常由纯度极高的聚丙烯制成(有时为了特殊需要，柱体也可用玻璃或聚四氟乙烯制成)。固相萃取柱的容积为 1～50 mL，典型的商品化固相萃取柱容积为 1～6 mL，装填的吸附剂(又称填料)的质量多在 0.1～2 g 之间，常用的有 0.3 g、0.6 g、0.9 g 几种规格，填料的粒径多为 40 μm，其成分可能是键合硅胶、活性炭、石墨化碳黑等碳基材料、硅酸镁等无机物或聚苯乙烯类高聚物等(具体在 4.4 节中论述)。在填料的上、下两端各有一个聚乙烯(或聚丙烯、聚四氟乙烯、不锈钢等)制成的筛板，起固定和阻挡作用。具体工作中，需根据固相萃取柱对分析对象的萃取能力、样品溶液的体积、洗脱液的总体积、后续的检测手段及实验室条件等选择填料合适、规格合理的固相萃取柱。此外，还要根据样品溶液中分

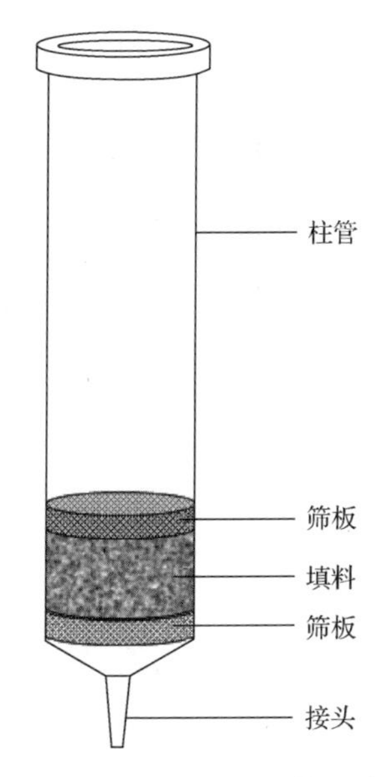

图 4-1　固相萃取柱的结构示意图

析物及干扰物的总量选择容量合适的固相萃取柱，一般吸附于吸附剂上的分析物及干扰物的总质量不应超过吸附剂总质量的5%，而洗脱溶剂的体积一般应是萃取柱填料体积的2～5倍。几种常见的商品固相萃取柱的规格、萃取剂类型及其主要用途可查阅有关产品介绍手册[6-8]。

除了商品化固相萃取柱之外，有时可根据自己工作的需求，选择合适规格的柱体和填料自行装填固相萃取微柱(SPE minicolumn)，这样可以获得比商品化固相萃取柱更好的萃取效果。当然，不管是商品柱还是自己装填的萃取柱，都要注意柱体材料、筛板材料及填料中的杂质是否会对分析物的萃取及分析测定产生影响，因此进行固相萃取操作时，必须同时做空白实验。如果空白值太高，则必须对萃取条件或萃取装置加以改进，从而降低污染。

萃取柱选定之后，还必须注意选择合适的洗涤液和洗脱溶剂，如果选择不当，可能会引起柱体材料或筛板材料中增塑剂、稳定剂的溶出或柱体材料自身的溶解。对于各种柱体材料中杂质的溶出情况及柱体本身的溶解情况，应在使用前查阅相关手册或产品使用说明。

2) 固相萃取盘

考虑到萃取过程中萃取柱两端的反压不能过大，常规的固相萃取柱的填料粒径不能过小(一般为40 μm)，填充长度也不能过大，并且在萃取柱两端还配有多孔的金属或塑料筛板用于填料的固定和阻隔。这种特定的萃取柱结构和粒径较大的吸附剂填料，导致在萃取过程中的传质效率较低，而且溶液通过填充的吸附剂时会有沟流现象发生。因此，萃取时的加样流速不能太大，否则会引起萃取效率和样品回收率的降低。为了改善这种情况，人们开发出了一种新型的萃取装置——固相萃取盘。

固相萃取盘的工作原理与固相萃取柱相同，但在结构上略有差别。最早的商品化固相萃取盘是于1989年由美国3M公司推出的Empore系列产品。这种新型的固相萃取装置能够比传统固相萃取柱更加高效、快速地进行环境样品的前处理。固相萃取盘一般由粒径很小(8～12 μm)的填料加少量聚四氟乙烯或玻璃纤维丝压制而成，作为支撑基质的聚四氟乙烯或玻璃纤维丝占总质量的10%～40%，填料和固相萃取柱基本相同，可以是键合硅胶、有机高聚物、碳基材料、金属氧化物等。固相萃取盘的厚度只有0.5～1 mm，横截面积却约为固相萃取柱的10倍。由于固相萃取盘的这种特殊结构，即使采用了小粒径的填料，它仍然可以在保持较高的流速下获得较低的反压。此外，小粒径填料在固相萃取盘上的使用，能够有效提高萃取效率和萃取容量，即使样品溶液的流速达到了每分钟几十毫升，仍可定量萃取目标分析物，大大节省了样品前处理时间。固相萃取盘的优点还包括：减小了由筛板引起的污染；小粒径填料的紧密填充基本消除了沟流现象；大而薄的结构不易堵塞，而且洗脱分析物所需洗脱剂体积较小(例如，Empore固相萃取盘洗脱时一般仅需10 mL溶剂)。固相萃取盘的这些特点，使其特别适合用于从较大体积的水溶液中萃取富集痕量被测物，这对于环境样品中痕量 POPs 的测定尤为重要。目前，固相萃取盘已广泛应用于各种饮用水、地下水、地表水及其废水样品中包括多环芳烃、多氯联苯、二噁英类、酚类、苯二甲酸酯类、有机磷类杀虫剂、有机氯类杀虫剂等 POPs 的分析测定[9-14]。

现有的商品化固相萃取盘可根据填料种类和盘片规格分为多种类型，固相萃取盘的规格用盘片的直径来表示，其规格为 4.6～90 mm，其中最常使用的是 47 mm 萃取盘，适合于处理 0.5～1 L 的水样，其典型用时为 10～20 min。与固相萃取柱的使用一样，具体工作中，需根据分析对象、待萃取的样品溶液体积大小、检测手段及实验室条件选择合适填料、合理规格的固相萃取盘。几种经美国 EPA 验证的 Empore 盘固相萃取法列于表 4-1。

表 4-1　经美国 EPA 验证的 Empore 盘固相萃取法

方法编号	分析对象	Empore 固相萃取盘型号
506	己二酸酯	C_{18}, 47 mm
507	含氮、含磷杀虫剂	C_{18}, 47 mm
608	有机氯类杀虫剂	C_{18}, 90 mm
508.1	有机氯类杀虫剂	C_{18}, 47 mm
8061	邻苯二甲酸酯	C_{18}, 47 mm
513、1631B	二噁英	C_{18}, 47 mm
515.2、555	氯酸	C_{18}, SDB, 47 mm
550.1	多环芳烃	C_{18}, 47 mm
525.2	半挥发性有机化合物	C_{18}, 47 mm
552.1	卤代乙酸及茅草枯	Anion X, 47 mm
553	联苯胺	C_{18}，SDB, 47 mm
554	羰基化合物	C_{18}, 47 mm
549.1	百草枯及杀草快	C_{18}, 47 mm
1664	油和油脂	Oil and Grease, 47 mm

2. 固相萃取的过滤装置

除了固相萃取柱(或盘)这个核心部件之外，在进行固相萃取操作时，为了加快萃取速度，使样品溶液顺利通过萃取装置，往往还需要通过加压或负压抽吸等进行辅助的过滤装置。在加压或负压抽吸的条件下，样品溶液与吸附剂的接触更为紧密，更易于进入吸附剂的孔隙，可以显著提高萃取效率。另外，活化溶剂和洗脱溶剂在该条件下也能与吸附剂紧密接触，因此，也能获得较高的活化效率和洗脱效率，可用较少量的溶剂完成对萃取柱(或盘)的活化和分析物从吸附剂上的洗脱，即节约了溶剂，又减轻了污染。

如果样品量较大，进行固相萃取时的加压操作可通过在液体样品储液桶的上方用空气或氮气钢瓶施加 1～2 bar 的压力来实现。如果仅有少量（几毫升）样品溶液需要处理，可将样品溶液加入固相萃取柱的储液桶中，然后将萃取柱与一个较大的桶状注射器相连，利用在注射器的活塞上手动加压，使样品溶液通过固相萃取柱。

与加压操作相比，利用负压抽吸是一种更为常用的使样品溶液快速通过固相萃取柱（或盘）的方法。图 4-2 是负压抽吸式固相萃取过滤装置的结构示意图。通过将固相萃取柱（或盘）的下方与真空泵相连，造成适当的真空度，从而加快样品溶液通过固相萃取柱（或盘）的速度。这种装置可自行组装，也可购买商品化的固相萃取过滤装置，这些过滤装置往往允许同时处理多个样品（最常见的为同时处理 12 或 24 个样品），有利于提高处理效率。

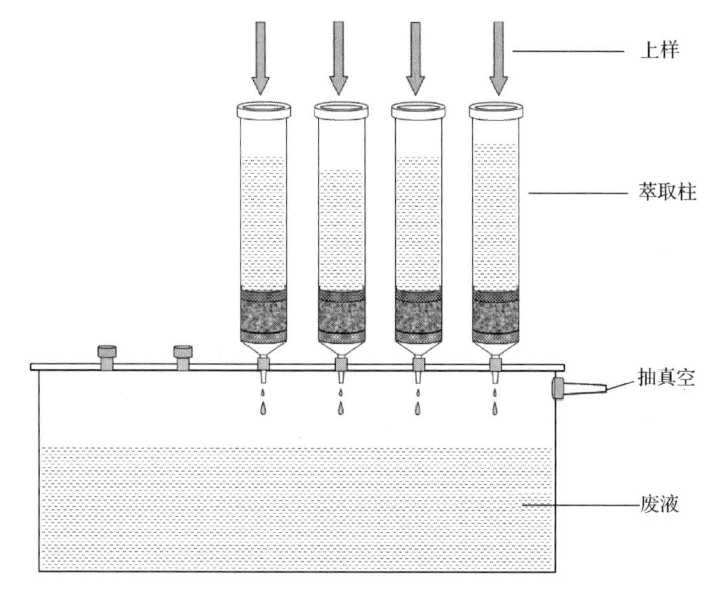

图 4-2　负压抽吸式固相萃取过滤装置的结构示意图

4.2　固相萃取的作用模式

固相萃取在基本原理上与液相色谱类似，按其作用模式也可分为反相固相萃取（reversed phase SPE）、正相固相萃取（normal phase SPE）、离子交换固相萃取（ion exchange SPE）、次级相互作用固相萃取（secondary interaction SPE）和混合作用固相萃取（mixed interaction SPE）等。下面对各种作用模式作一介绍。

4.2.1 反相固相萃取

反相固相萃取是目前 POPs 分析中最为常用的一种固相萃取模式，其基本原理是使用非极性的疏水性吸附剂，如长链烷基键合硅胶、苯乙烯-二乙烯基苯共聚物(polystyrene divinylbenzene，PS-DVB)、碳分子筛(carbon molecular sieve，CMS)、石墨化碳黑等从极性的样品溶液(如水样)中萃取非极性或弱极性的分析物，定量萃取分析物后，再用少量有机溶剂将分析物从吸附剂上洗脱下来进行测定。表 4-2 列出了常用的键合硅胶基质的反相固相萃取吸附剂。

表 4-2　常用的反相商品化键合硅胶固相萃取吸附剂

吸附剂	制造商	孔径(nm)	粒径(μm)	封端	含碳量(%)
Sep-Pak C_{18} t	Waters	12.5	37～55	是	17
Sep-Pak C_{18}	Waters	12.5	37～55	是	12
Sep-Pak C_8	Waters	12.5	37～55	是	9
Bond-Elut C_{18}	Varian	6.0	40/120	是	18
Bond-Elut C_{18}/OH	Varian	6.0	40/120	否	13.5
Bond-Elut C_8	Varian	6.0	40/120	是	12.5
Bond-Elut C_2	Varian	6.0	40/120	是	5.6
Bond-Elut C_1	Varian	6.0	40/120	是	4.1
Bond-Elut PH	Varian	6.0	40/120	是	10.7
Bond-Elut CH	Varian	6.0	40/120	是	9.6
Isolute C_{18}(EC)	IST	5.5	70	是	18
Isolute C_{18}	IST	5.5	70	否	16
Isolute C_8(EC)	IST	5.5	70	是	12
Isolute C_8	IST	5.5	70	否	12
Bakebond C_{18}	J.T.Baker	6.0	40	是	17～18
Bakebond C_{18}-Polar-Plus	J.T.Baker	6.0	40	否	16
Bakebond C_{18}-Light	J.T.Baker	6.0	40	否	12～13
Bakebond C_8	J.T.Baker	6.0	40	是	14
Zorbax C_{18}	Agilent	8.0	30/80	否	11
Zorbax C_{18} EC	Agilent	8.0	30/80	是	14.8

反相固相萃取柱中最常用的吸附剂是 C_{18} 键合硅胶，其他的还有 C_8 键合硅胶、苯基键合硅胶、活性炭、碳分子筛、石墨化碳黑及疏水性高聚物填料等，这些吸附剂具有强的疏水性，对水溶液中的大多数 POPs 化合物具有良好的吸附能力。其中

C_{18} 键合硅胶由于发展较早，现有的商品化吸附剂种类多，所以应用也最为广泛。例如，利用填充了 Varian 公司的 Bond-Elut C_{18} 填料的固相萃取柱可以高效地从自来水、河水等环境水样中萃取其中的短链氯化石蜡[15]，环己烷和二氯甲烷用于分析物的洗脱，浓缩后的洗脱液经活性氧化铝、碱性硅胶、酸性硅胶和硫酸钠依次净化，最后通过气相色谱-三重四极杆质谱联用在电子捕获负离子模式下进行测定，分析物的检测限可达 5.0～20 ng/L。

反相固相萃取吸附剂对大多数非极性及中等极性的 POPs 分析物具有良好的萃取能力，在这样的萃取体系中，洗脱剂的洗脱能力按照己烷、四氢呋喃、乙酸乙酯、二氯甲烷、丙酮、乙腈、甲醇的顺序依次减弱，但是对于极性较强的分析物，则洗脱能力按此顺序逐渐增强。尽管存在洗脱能力的差别，在多数反相固相萃取中仍然可以使用能与水混溶的乙腈、甲醇等溶剂，以便于最后用气相色谱进行测定。

对于可离子化的 POPs 分析物，也可以采用反相模式进行固相萃取，方式一般是通过调节溶液的 pH，使分析物以中性化合物的形式被反相吸附剂吸附，洗脱时可调节洗脱溶液的 pH，使分析物以离子状态存在，这样即可有效洗脱分析物。例如，双酚 A 及其类似物(如四溴双酚 A)在较高 pH 下可以电离出质子，从而带负电荷，因此可以用 ENVI-Carb 石墨化碳黑固相萃取柱和 Sep-Pak C_{18} 固相萃取柱在较低的 pH 下进行吸附和净化，然后在中性条件下用甲醇洗脱后，用液相色谱进行测定[16,17]。

4.2.2 正相固相萃取

正相固相萃取是指使用极性较大的亲水性吸附剂(如硅胶、氧化铝、氧化镁等)从憎水性样品溶液中萃取极性较大的分析物的固相萃取过程。与反相固相萃取相反，在正相固相萃取体系中，分析物被定量吸附后需要使用极性较大的溶剂将分析物从固定相上洗脱下来进行检测。

常用的正相固相萃取吸附剂包括硅胶、活性氧化铝、硅镁型吸附剂，以及用极性有机基团(如氨基、氰基、二醇基等)修饰的键合硅胶等。这类吸附剂较少用于直接萃取非极性溶液中的极性成分，在 POPs 的分析中，其主要用途是对分析前的样品进行净化(clean-up)，特别是用于对复杂的固体及液体样品的有机提取液的净化。一般的程序是首先用非极性的有机溶剂如正己烷、异辛烷对样品进行提取，分离出有机提取液，干燥除去其中水分后，将此提取液通过填充有正相固相萃取吸附剂的萃取柱，收集流出液，此流出液即为较为干净的非极性组分溶液，可以经浓缩后用于后续的测定。此外，被吸附在萃取柱上的组分还可以依次用极性由小到大的洗脱剂进行分步洗脱，分别收集到的淋洗液即为极性逐渐增大的一系列较干净的组分。因此，利用这种方法不但可以净化分析物，而且可以对复杂的样品组分进行分组，从而减少后续测定中的相互干扰，提高分析测定的准确度。

例如，在测定复杂水样中的有机磷农药毒死蜱时，水样中的油脂会干扰有机磷的色谱测定，测定前应予除去。处理的步骤是：首先用含 2%乙醚的正己烷将水样中的分析物萃取出来，则样品中的脂类物质随同分析物一起进入有机相；然后利用无水硫酸钠除去水分后，将萃取液浓缩至 5 mL，再用装有弗罗里硅土和硅镁型吸附剂的萃取柱进行净化；最后利用正己烷和二氯甲烷的混合溶液将分析物洗脱，此时油脂将被吸附在吸附剂上从而与分析物分离，浓缩后的洗脱液即可进行液相色谱测定[18]。

4.2.3　离子交换固相萃取

当分析物的分子结构中含有可电离基团时，可以考虑选择含有阳离子或阴离子官能团的吸附剂来萃取。离子交换固相萃取的作用机理是以离子状态存在的分析物与带相反电荷的离子交换吸附剂之间的静电作用。基于这一点，在进行此类萃取时，应注意选择合适的 pH，使分析物在上样萃取阶段以离子状态存在，从而被吸附到离子交换型吸附剂上；样品溶液过柱完成后，应该用少量水-有机溶剂混合液洗涤萃取柱，以除去留在萃取柱中的非离子性杂质。而在洗脱时，对于弱酸和弱碱型分析物，应选择合适的有机溶剂并调节其 pH，使分析物转化为电中性的分子状态，从而被有机溶剂定量洗脱。而对于在任何酸度下都以离子状态存在的 POPs 分析物(如季铵盐型有机阳离子或磺酸盐型有机阴离子等)，其上样萃取和洗脱不能利用酸度来控制，此时可以通过选择合适的离子强度来加以控制，或者采用一种与吸附剂亲和能力更强的离子溶液将分析物置换洗脱下来。

离子交换固相萃取过程中，常用的固相萃取吸附剂有阴离子型和阳离子型两种，强阳离子交换吸附剂的主要官能团是磺酸基($—SO_3^- H^+$)；弱阳离子交换吸附剂的主要官能团是羧酸基($—COO^-H^+$)；强阴离子交换吸附剂的主要官能团是季铵盐基团；弱阴离子交换吸附剂的主要官能团是伯胺基和仲胺基。表 4-3 列出了常用的离子交换固相萃取吸附剂的类型。

表 4-3　常用的离子交换固相萃取吸附剂

吸附剂	硅胶基体	聚合物基体
强阳离子交换吸附剂	$Si—(CH_2)_3—C_6H_4—SO_3^-H^+$、 $Si—(CH_2)_3—SO_3^-H^+$	$PS\text{-}DVB\text{-}SO_3^-H^+$
弱阳离子交换吸附剂	$Si—CH_2—CH_2—COOH$	PS-DVB-COOH PA-COOH
强阴离子交换吸附剂	$Si—(CH_2)_3—N^+(CH_2)_3Cl^-$	$PS\text{-}DVB\text{-}CH_2N^+(CH_2)_3Cl^-$
弱阴离子交换吸附剂	$Si—(CH_2)_3NH_2$、 $Si—(CH_2)_3NH—CH_2CH_2NH_2$	$PS\text{-}DVB\text{-}CH_2NH^+(CH_2)_2Cl^-$ PS-VP 共聚物

注：PA，聚丙烯酸酯(polyacrylate)；VP，乙烯基吡啶(vinylpyridine)。

许多可电离的 POPs 物质可使用离子交换固相萃取法进行有效的分离富集。例如，苯酚类和有机酸类物质虽然可以用普通的反相固相萃取吸附剂进行萃取，但其缺点是无法将苯酚类和有机酸类物质与其他非极性有机化合物相区别，选择性较差，此时可以考虑使用离子交换型固相萃取吸附剂。酚类和有机酸类分析物的固相萃取可以使用强阴离子交换剂来进行，首先，将溶液的 pH 用氢氧化钠溶液调节至 10 以上，此时，酚类和有机酸类化合物被转化为阴离子形式，再将该溶液上样过柱，则分析物通过离子交换被吸附于萃取柱上；然后，用碱性甲醇溶液淋洗萃取柱以除去保留在萃取柱上的中性杂质分子，最后，被萃取的分析物可以使用稀盐酸的甲醇或丙酮溶液来进行洗脱，洗脱原理就是在酸性溶液中，分析物又被转化为中性分子形式，这种中性分子形式易溶于甲醇等有机溶剂，从而可以从萃取柱上完全洗脱下来[19-21]。

使用离子交换固相萃取法处理基体复杂的环境样品时遇到的最大问题是该类样品中往往存在较高浓度的无机离子，这些无机离子的存在会造成离子交换吸附剂的饱和，从而使吸附剂的萃取能力降低或完全丧失。对于这种情况，必须事先对样品溶液进行化学预处理，处理方法大多采用沉淀法或配位法。例如，对一般环境水样中存在的大量钙、镁及一些重金属离子，可加入草酸盐及乙二胺四乙酸(EDTA)等进行掩蔽，消除干扰。这样的方法可以被应用于水溶液中氨基三唑农药的固相萃取及分析测定，该类化合物的极性和水溶性较大，在通常的反相吸附剂上没有保留，无法富集分离，因此对这种化合物最好采用磺酸型强阳离子交换吸附剂进行萃取，萃取前加入草酸盐和 EDTA 进行掩蔽，从而消除了无机离子的影响[22,23]。

减小或消除大量无机离子对离了交换固相萃取所造成的干扰的另一种方法是将一般的反相固相萃取与离子交换固相萃取相结合。该方法经过两步萃取进行，首先，调节合适的溶液酸度，使分析物以中性分子形式存在，将此溶液通过弱极性的反相固相萃取吸附剂。此时，分析物被该吸附剂吸附，而无机离子将直接通过萃取柱进入废液。然后，用合适的洗脱剂洗脱分析物后，调节合适的酸度使分析物以离子状态存在，将所得溶液通过填充有离子交换剂的固相萃取柱，则分析物会以离子形式被吸附于萃取柱上。最后，用合适酸度的洗脱液将分析物以中性分子形式从离子交换吸附剂上洗脱下来，收集洗脱液进行后续测定。这种两步萃取法已成功地用于萃取并测定了环境水样中痕量的酚类物质、苯氧乙酸类除草剂和有机磷农药等[24-27]。

4.2.4 次级相互作用和混合作用模式固相萃取

次级相互作用的概念最初起源于利用极性较强的键合硅胶吸附剂萃取具有可电离基团的化合物时对其吸附机理的解释。此类化合物的结构中含有可解离(酸性、碱性或两性解离)的基团，因此该类物质在不同 pH 下可以阴离子、阳离子、两性离子或中性分子等不同形式存在。存在形式不同，其与吸附剂之间的作用机理就不完全相同，洗脱的情况也不完全相同。在吸附过程中，除了反相的疏水性相互作用之外，往往还存在如阴阳离子间的静电作用和硅醇基与极性分子间的氢键作用等其他次级相互作用。在上述三种作用力中，疏水性相互作用力最弱(小于 10 kcal/mol)，阴阳离子间静电作用最强(大于 100 kcal/mol)，氢键作用介于二者之间(约为 10 kcal/mol)。

在可解离的 POPs 的固相萃取中，当使用极性较大的吸附剂如氨丙基、氰丙基、二醇基键合硅胶等进行反相固相萃取时，次级相互作用往往无法忽视，有时甚至会变为主要作用，其对固相萃取的影响要视具体情况而定。如果溶液的 pH 使分析物质子化而带正电，并同时使吸附剂上的硅醇基解离而带负电，则在静电引力作用下，分析物会牢固地吸附在萃取柱上。此时，使用一般反相固相萃取中常用的乙腈和甲醇很难将分析物洗脱下来，往往需要较大体积的洗脱剂才能完全洗脱(多者甚至达几十倍的柱床体积)，即所谓的过度保留现象，这显然对固相萃取是不利的。对于这种由正负离子间的静电引力造成的过度保留，可以在乙腈或甲醇的水溶液中加入一些阳离子(如 Na^+、K^+、NH_4^+、Cu^{2+}等)电解质，通过离子交换作用使洗脱效果大大改善，用少量洗脱液即可将分析物洗脱下来，其作用原理与离子交换吸附中的淋洗相同[28-30]。

当然，如果条件控制得当，次级相互作用在某些情况下也可以被我们利用，从而达到提高萃取选择性等的特殊目的。例如，人们有意地在一些疏水性吸附剂(大多为 C_8 键合硅胶)的表面引入合适比例的离子性基团(如磺酸基和季铵盐基团等)，这样得到的吸附剂就兼有疏水性相互作用和离子静电相互作用，属于混合型作用机理固相萃取吸附剂。

现在使用的混合作用模式的吸附剂大多是键合硅胶类，Varian 公司的 Bond-Elut Certify Ⅰ和 Bond-Elut Certify Ⅱ、IST 公司的 Isolute-Confirm HAX/HCX 和佑迪化工科技有限公司的 Clean Screen® DAU™ 等是这类产品常见的代表，目前主要应用于生物样品中药物的分析测定[31,32]。当然，它们在环境样品中 POPs 的分析领域也有应用。例如，Varian 公司的 Bond-Elut Certify 可用于萃取尿液样品中的酞酸酯、对羟基苯甲酸酯和 2-羟基-4-甲氧基苯甲酮[33]。阴离子型混合模式吸附剂也可以用于对环境水样中的苯氧酸和三嗪类除草剂进行萃取分离富集。酸性、中性和碱性农药都可以吸附到混合作用型吸附剂上，尤其是强极性和酸性除草剂，如二氯吡啶酸、麦草畏和毒莠定等。此时，利用甲醇可以很容易地将中性和酸性除草剂洗脱下来。最后，再使用酸化的甲醇即可将碱性农药洗脱下来[34]。

若分析物为疏水性更强的离子型有机物，分析物与离子交换吸附剂之间除了静电作用之外，还有次级的疏水性相互作用，此时，分析物与离子交换吸附剂之间的作用远强于杂质无机离子，可无须进行沉淀或螯合处理，直接用离子交换吸附剂对分析物进行固相萃取。例如，对水样中主要成分为含氮有机弱碱的三嗪类除草剂(如阿特拉津等)进行固相萃取时，可先将水溶液的酸度调节至酸性(pH=2)，此时，该类化合物以质子化的阳离子存在，可以选用磺酸型强酸性阳离子交换剂对分析物进行有效的固相萃取。萃取后，再用碱性较强的 0.1 mol/L K_3PO_4 的乙腈-水(1∶1)混合溶液进行洗脱，此时，分析物将转化为中性分子形式，更容易被乙腈-水混合液洗脱，从而达到对分析物的分离富集[35]。

4.2.5 分子印迹固相萃取

分子印迹技术(molecular imprinted technology，MIT)是在模拟自然界中酶和底物以及抗原和抗体相互作用的基础之上开发的一项技术。它的基本原理是模板分子(即印迹分子)与聚合物的单体(monomer)分子之间通过共价键或(和)非共价键形成多重作用位点；当加入交联剂(crosslinker)并引发聚合过程时，模板分子通过这种多重作用被“捕获”到聚合物的立体结构中；利用适当的方法将模板分子除去后，聚合物中就会形成与模板分子的空间构型相匹配的具有多重作用位点的空腔，此即为分子印迹聚合物(molecularly imprinted polymer，MIP)。该类聚合物通过具有特殊结构的空腔对模板分子及其结构类似物产生特异性识别和高度选择性吸附。将 MIP 装填成固相萃取小柱，即可用于环境样品中结构类似物的选择性萃取。其合成示意图见图 4-3。

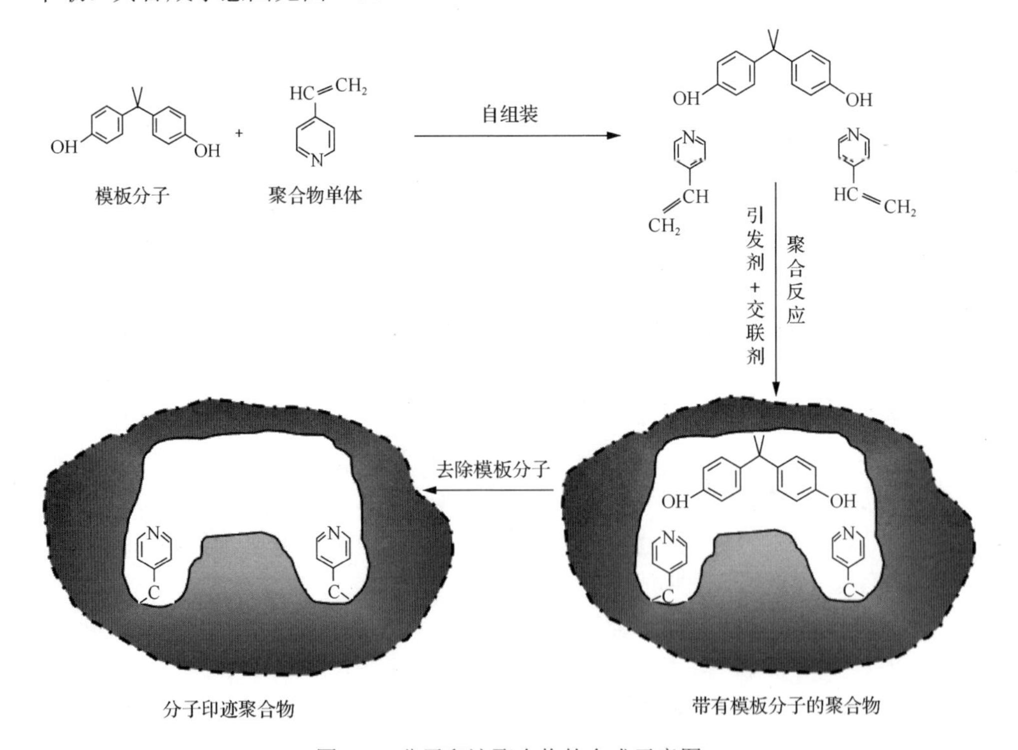

图 4-3 分子印迹聚合物的合成示意图

合成MIP时采用的方法根据功能单体分子与模板分子之间的相互作用方式可分为三种：共价印迹法、非共价印迹法和半共价印迹法。共价印迹法中，首先让模板分子与功能单体发生共价反应生成模板功能单体复合物，然后加入交联剂并引发聚合反应，得到含有模板分子的聚合物；非共价印迹法直接将适量的模板分子、功能单体、交联剂和引发剂按照一定比例在适当溶剂中均匀混合，模板分子通过静电作用、疏水性相互作用和氢键等非共价作用力与功能单体和交联剂等生成分子自组装体，再引发聚合反应，生成含模板分子的聚合物。将得到的聚合物研磨成粉末，然后用适当溶剂除去模板分子，即可制得所需的MIP。以上两种方法各有千秋，共价印迹法所得的聚合物中模板分子与功能单体分子之间结合作用更强，形成的复合物立体结构稳定，选择性更强，但是制备过程烦琐，条件相对苛刻，且模板分子结合得过于牢固，因此很难将其完全去除，在目标物萃取过程中会因为残留模板分子的流失(即模板渗漏)对后续测定带来干扰[36-38]。与之相比，非共价印迹法过程更为简单，所得的聚合物中的模板分子更易去除干净，所以适用范围更为广泛，但是由于模板分子与功能单体及交联剂之间的作用力较为复杂，可形成不止一种分子络合物，制备的MIP的结合位点并不均一，降低了萃取选择性[39-41]。为了解决模板渗漏问题，可以采用模板分子的类似物替代模板分子合成MIP，由此得到的MIP的空腔结构对模板分子也能够产生特异性识别，因此对分析物也具有萃取能力。如果在萃取过程中发生模板渗漏，可以利用色谱法将分析物和其类似物分离，避免模板渗漏对测定产生干扰[42-49]。对于模板渗漏问题，半共价印迹法是另一种理想的解决方案。这种方法与共价印迹法相似，模板分子与功能单体之间也是以共价键结合，因而所得MIP也具有结合位点均一、结构稳定的优点。但在洗脱聚合物上的模板分子时，通过加热或其他方式破坏了模板分子与聚合物之间的共价键，使模板分子去除得更为干净，获得的MIP与模板分子的亲和作用更强，萃取容量更大。而利用该MIP萃取待测物时，待测物与MIP之间仅靠非共价作用相结合，因此，即使有少量的模板分子残留在聚合物中，由于其与聚合物之间是以共价键结合的，在用有机溶剂洗脱时，一般不会随同分析物一起洗脱下来，这样就避免了模板渗漏对待测物萃取测定的影响[38-40]。

合成MIP时采用的功能单体主要是甲基丙烯酸及其衍生物如*N*, *N*-二甲基氨乙基甲基丙烯酸酯、三氟甲基丙烯酸、4-乙烯基吡啶等，交联剂主要是二甲基丙烯酸乙二醇酯，引发方式可以是光引发、热引发，或加入引发剂，需要根据被萃取分析物的具体情况选择合适的功能单体、交联剂和合成条件。MIP吸附剂主要用于生物样品中结构相似的药物的选择性萃取[40,42,49]，尤其是手性药物的分离[50-53]。在POPs分离萃取中，研究较多的是双酚类内分泌干扰物的MIP[54-55]。也有报道以甲基丙烯酸为单体，二甲基丙烯酸乙二醇酯为交联剂合成了有机磷农药的MIP，并将其应用于液体样品中毒死蜱的萃取富集[56]。除此之外，硅胶也是一种理想的 MIP 材料。

利用硅胶聚合物为基质，可以合成硝基芳香类炸药和双酚 A 的 MIP，并将其用于爆炸后的样品和液体样品中目标物的萃取测定，萃取回收率均超过了 90%，样品检测限可达 0.05～0.17 ng/mL[57-58]。

4.2.6 限进介质固相萃取

当用固相萃取分离富集复杂基质环境样品中的 POPs 分析物时，经常受到样品中的天然有机质(NOM，如蛋白质、核酸及腐殖酸等)的干扰。这些 NOM 经常会被吸附于疏水性的反相固相萃取吸附剂表面，造成填料孔径堵塞、分析物在吸附剂上的传质效率下降等不利影响，使萃取效率降低、吸附容量下降、萃取柱寿命缩短[59]。限进介质固相萃取(restricted access matrix SPE)吸附剂可以很好地解决这一问题。这类吸附剂通过控制合适的孔径或对外表面进行适当的亲水性基团修饰，使得样品溶液中的大分子干扰物不能进入吸附剂的孔隙内，也不会在吸附剂的外表面发生不可逆的吸附，而吸附剂的孔隙内仍为疏水基团所修饰而具有反相萃取能力，保证了在较多大分子干扰物的存在下，可以实现对小分子 POPs 分析物的有效固相萃取[60-62]。其结构示意图和抗干扰机理见图 4-4。目前，商品化限进介质固相萃取吸附剂的种类还很有限，常用的此类产品有 Chrompack 公司的 ChromSper 5 BioMatrix、Supelco 公司的 HiSep、Hypersil 公司的 Ultrabiosep、Chromtech 公司的 Biotrap 500 和 Merck 公司的 LiChrospher ADS 等[63]。

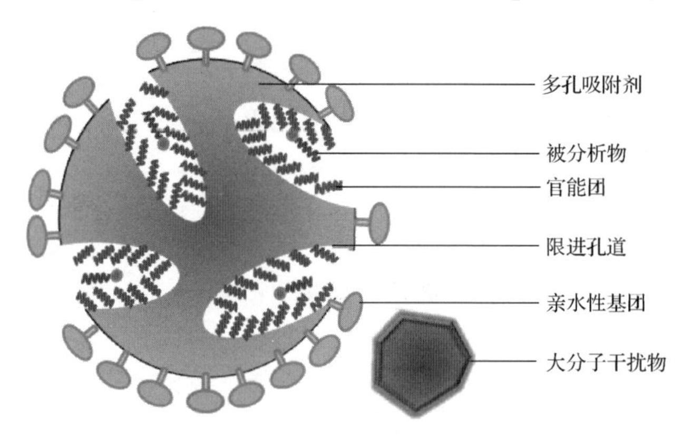

图 4-4 表面亲水化修饰的限进介质固相萃取吸附剂的吸附及抗干扰示意图

除上述几种较常用的固相萃取模式外，近年来人们还研究开发出了更新型的，并具有独特优势的免疫亲和型固相萃取吸附剂(immunoaffinity extraction sorbents)。但是免疫亲和固相萃取模式主要用于生物样品中的药物及其衍生物的萃取测定，在环境样品中 POPs 的分离富集方面的应用较少，在此不做详细介绍。了解了固相萃取的几种类型后，在具体工作中就可根据样品的类型、分析物及主要基体的性质，选择合适的固相萃取类型。

4.3　固相萃取的步骤

一个完整的固相萃取操作包括吸附剂的活化(activating)、加样(loading or absorption)、洗去干扰杂质(washing the packing)、分析物的洗脱和收集(elution and collection)四个步骤(图 4-5)。在上样和洗去干扰杂质两步中，要尽可能使分析物完全吸附在吸附剂上，即不发生穿透现象，同时使干扰物尽量不被吸附介质吸附，从而实现分析物的纯化；而在分析物的洗脱和收集过程中，则要使分析物尽可能完全解脱，即不发生残留，同时尽量减少洗脱液的用量，节省操作成本，减轻有机溶剂的使用对环境的影响。

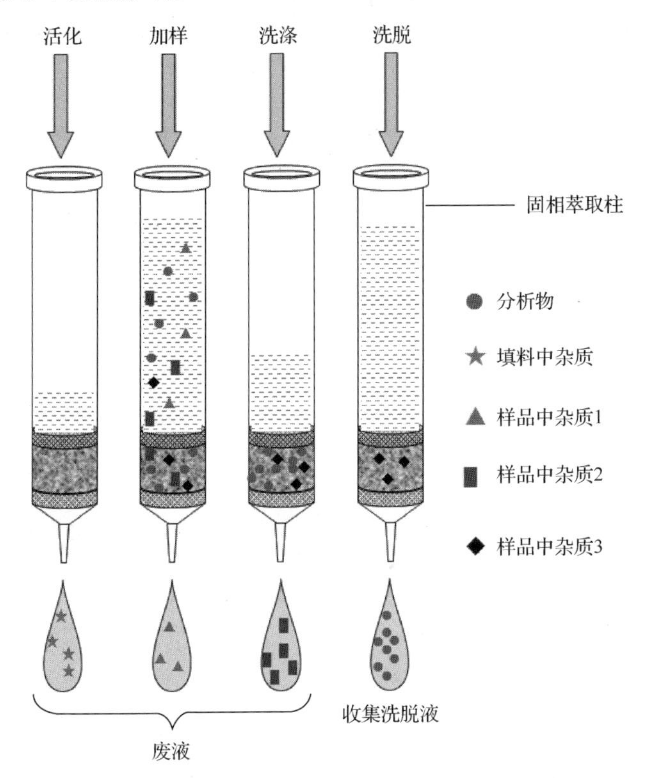

图 4-5　固相萃取的基本步骤

4.3.1　固相萃取吸附剂的活化处理

在吸附分析物前，固相萃取吸附剂必须经过适当的活化处理。活化的目的主要有两个：一方面，去除吸附剂中可能存在的杂质，减少其对样品的污染和对后续分析的影响；另一方面，使吸附剂与样品溶液更为相容，这样在加样吸附时，样品溶液就可与吸附剂的表面紧密接触，以保证获得较高的萃取效率和回收率。所以，吸附剂活化时一般需要两个溶剂，初溶剂用于净化吸附剂，终溶剂则使吸附剂溶剂化，便于吸附剂更好地发挥吸附作用。每 100 mg 吸附剂需要 1～2 mL 溶剂进行活化。

不管是商品化固相萃取柱还是自制的固相萃取柱，均含有一定量杂质，如果杂质去除不彻底将会严重干扰对分析物的测定，所以选择的初溶剂应该能够有效地去除该吸附剂上所含有的杂质。而选择终溶剂时，最重要的是其溶剂强度应与萃取时样品溶液的溶剂强度基本一致，若终溶剂的强度太高，会导致分析物回收率的下降。表 4-4 列出了正、反相固相萃取中常见溶剂强度的大小。

表 4-4 正、反相固相萃取中常见溶剂强度的大小

正相固相萃取法	溶剂强度	反相固相萃取法
己烷	弱	水
异辛烷	↓	甲醇
甲苯		异丙醇
氯仿		乙腈
二氯甲烷		丙酮
四氢呋喃		乙酸
乙醚		乙醚
乙酸		四氢呋喃
丙酮		二氯甲烷
乙腈		氯仿
异丙醇		甲苯
甲醇		异辛烷
水	强	己烷

不同的固相萃取吸附剂的活化方法有所不同。常用的反相 C_{18} 固相萃取吸附剂萃取水样中疏水性 POPs 物质前的活化方法是：首先，使适量的正己烷通过萃取柱以活化其中的吸附剂，未经处理的吸附剂表面的 C_{18} 长链处于卷曲状态，经正己烷活化处理后，C_{18} 长链处于伸展状态(呈毛刷状)，有利于其与分析物的紧密接触和分析物的吸附，同时除去一些吸附剂上的有机杂质；然后，为了使吸附剂与样品溶液相容，再将适量甲醇通过萃取柱，使正己烷完全置换出来并充满吸附剂的微孔；最后，用水或缓冲溶液通过萃取柱，将甲醇替换成水相，并使其 pH 与待萃取的水样尽量一致，这样就可以保证憎水性的吸附剂表面与样品水溶液能够良好接触，提高萃取效率。

有机高聚物型的固相萃取吸附剂的活化处理则相对简单，直接用少量甲醇将其憎水性表面润湿即可，而表面经亲水性基团修饰的有机高聚物固相萃取吸附剂，甚至不经活化处理就可直接用于样品水溶液的固相萃取。

在活化过程中和活化结束后，都要注意不能将活化溶剂抽干，否则会使填料干裂，进入气泡，导致柱效的降低，从而降低萃取的回收率和分析的重现性。

4.3.2　加样或吸附

加样(也称上样)是指利用高压泵或真空泵将样品溶液以适当流速通过固相萃取吸附剂。在此过程中，与吸附剂亲和能力较强的待分析物被吸附在吸附剂上，一部分干扰物则会直接穿过萃取柱与分析物分离。为了能够获得高的样品回收率，防止分析物的损失，同时使更多的干扰物不被吸附，操作时应注意以下几个方面。

(1)为了提高分析物的萃取效率，需要根据萃取对象和样品溶液性质的不同，选择合适的吸附剂和萃取模式，同时对样品溶液进行适当的处理，使之具有合适的溶剂强度。选择固相萃取吸附剂时，应尽可能选择与分析物极性相似的吸附剂，因为分析物的极性与吸附剂的极性越相似，两者之间的作用力就越强，分析物就越容易被该吸附剂所吸附。例如，萃取低极性的烃类化合物、芳香族化合物等物质时，应选用低极性的反相吸附剂，如 C_{18} 键合硅胶、聚乙烯-聚苯乙烯共聚物、碳分子筛等；而萃取中等极性的物质时，正、反相吸附剂都可使用。

在选择吸附剂时还应考虑样品溶液的极性。样品为极性较强的水溶液时，应用反相固相萃取模式，此时应选用 C_{18} 键合硅胶等反相填料，原因是在反相固相萃取模式下，水的溶剂强度极弱，分析物在吸附剂上更好地保留。与之相反，当样品的溶剂是极性较弱的正己烷时，则应选用正相填料，因为对于反相固相萃取来说，正己烷的溶剂强度过大，使得分析物在 C_{18} 键合硅胶等反相填料上基本不会保留或保留极少，无法完成吸附。此外，对于能够离子化的分析物，还可以使用离子交换吸附剂。

在固相萃取之前，还应调整样品溶液的溶剂配比、离子强度或 pH，使其溶剂强度相对于吸附剂尽可能地弱，以保证分析物在吸附剂上能有较强的吸附保留，既可保证萃取的高回收率，又可获得较大的穿透体积和富集因子。如果加样时的溶剂强度太大，分析物在吸附剂上的保留就很弱，容易随同溶剂一起穿过萃取柱，导致分析物的穿透体积很小，回收率很低。例如，以反相固相萃取模式萃取水样中的有机物时，溶液中的有机溶剂量一般不应超过 10%(体积分数)。离子交换吸附过程中，保持溶液中较低的离子强度和适当的 pH，使吸附剂和分析物处于电性相反的状态，以利于分析物的吸附。

(2)选择合适的试样体积。为了获得较高的富集因子和分析灵敏度，可以适当提高样品的加样量。但是，固相萃取柱中吸附剂的吸附能力和数量都有一定限度，如果试样体积过大，则会超出吸附剂的吸附极限，使样品中分析物穿过萃取柱而使回收率下降。此外，基体中竞争性干扰组分的存在也会进一步降低样品的回收率。因此，要想获得较高的富集因子和样品回收率，合适的试样体积至关重要。应先用前沿色谱法绘制穿透曲线，从而得到穿透体积。固相萃取柱选定之后，吸附剂的类型及数量就确定下来了。此时，样品溶液的穿透体积主要与试样中分析物的浓度及竞争性干扰组分的浓度有关。得到了穿透体积，就得到了该萃取体系可萃取的最大样品溶液体积，最后选定的试样体积应该小于穿透体积。

(3)选择适当的加样流速。较快的流速可以使样品前处理所需的时间缩短，但是如果流速过快，可能造成样品中的分析物没来得及吸附于固相萃取吸附剂上就穿过萃取柱，导致样品回收率的下降，同时萃取柱两端的反压也会急剧增大，需要更大的动力消耗推动样品溶液，所以应对加样流速进行优化。加样时采用的合理流速取决于固相萃取吸附剂的萃取效率和萃取柱两端的反压，而萃取柱两端的反压又受萃取柱中吸附剂的装填长度和吸附剂粒径大小的影响。一般来讲，小颗粒吸附剂的萃取效率较高，可使用较短的填充柱和较高的流速。例如，采用大约 10 μm 粒径的固相萃取吸附剂时，填充的柱长应小于 10 mm，这样即使流速较大，柱两端的反压也不至于太大，还可以保证较高的样品回收率；与之相比，较大粒径的吸附剂的萃取效率相对较低，则需使用较长的填充柱和较低的流速。例如，采用粒径为 50～100 μm 的吸附剂填料时，应使填充柱长度大于 50 mm，并使用较低的流速，这样才能保证分析物能够有效地被吸附剂吸附。

除了以上几点之外，还应指出的是，与活化过程类似，在整个加样萃取过程中，应尽量避免萃取柱流干进入气泡。否则，进入的气泡将会在填充柱中形成裂隙，影响样品溶液与吸附剂之间的紧密接触，进而影响萃取效率。如果由于操作不慎，萃取柱流干，进入了气泡，应该重新活化萃取柱之后再开始萃取。

4.3.3 洗去干扰杂质

加样之后，除了分析物之外，还有一些基体干扰组分也被吸附到吸附剂上，常需使用合适的溶剂对吸附剂进行洗涤。洗涤的目的就是去除吸附在萃取柱上的干扰物，使随后的洗脱液的基体更为干净，有利于得到更准确的分析结果，也可以更好地保护分析用的色谱柱，从而延长色谱柱的使用寿命。

洗涤液的溶剂强度非常重要，其强度不能太高，也不能太低，合适的洗涤液应该既能将基体中的干扰组分尽可能除净，又不会导致被吸附的分析物从吸附剂上洗脱出来造成流失，影响样品的回收率，所以其强度应大于或等于上样溶剂，又小于后续的洗脱溶剂。为了确定洗涤液的最佳配比和适当的洗涤液体积，可在萃取柱上加入一定量的加标试样，然后用体积为固相萃取柱床体积 5～10 倍的洗涤液进行洗脱，收集流出液进行成分分析，根据洗涤液中分析物和干扰杂质的洗涤曲线，优化洗涤液的组成(即溶剂强度)，最终确定洗涤液的配比和体积。当然，这一步除去的是与吸附剂的亲和能力比分析物低的杂质，另有一部分与吸附剂亲和能力更强的杂质仍然和分析物一起被保留在萃取柱上。

4.3.4　分析物的洗脱和收集

有效的洗脱对一个固相萃取体系同样非常重要。为了方便后续的分析测定，需要用尽可能少量的合适溶剂将分析物从吸附剂上洗脱下来，使其重新进入溶液，再用仪器进行测定。洗脱完全所需要的洗脱剂体积越小，则萃取的富集因子越大。这一步的关键是尽可能地将分析物完全洗脱下来，同时还要使与吸附剂的亲和能力比分析物更强的杂质尽可能地保留在固相萃取柱上，因此，选择合适强度的洗脱溶剂是成功的关键。太强的洗脱溶剂会将分析物和杂质一起洗脱下来，干扰后续的测定，所以，为了得到基体干净的洗脱液，一般选择强度较弱的洗脱溶剂，增大洗脱溶剂体积，将分析物洗脱后利用氮气将洗脱液浓缩，再用合适的方法测定。与洗涤去除干扰杂质类似，合适的洗脱剂强度和体积，也可以根据不同强度和体积的洗脱溶剂条件下固相萃取柱上的加标样品中分析物的回收率来加以选择。对于大多数化合物的反相固相萃取，乙腈是比甲醇及乙醇更好的洗脱溶剂。选用单一溶剂洗脱效果不理想时，可考虑使用混合溶剂进行洗脱。

另外，还应注意所选洗脱溶剂的黏度、纯度、毒性、反应性及与后续的分析仪器是否匹配等问题。在同等条件下，应该选择黏度低、纯度高、毒性小、与分析物及吸附剂不发生反应的溶剂，从而加快洗脱速度、降低对分析的干扰、减小对环境的污染。同时，所选用的洗脱溶剂在分析物的检测波长下不应有吸收，即溶剂不对分析物的检测产生干扰，这样洗脱后就可以直接进样分析测定，省略了溶剂蒸发及置换的步骤。否则，需要用氮气等惰性气体将该溶剂吹干，再用另一种合适的溶剂溶解分析物后进行色谱测定。

洗脱时还必须注意一个问题：残留在萃取柱中的少量试样溶液会随同洗脱液一起被淋洗下来，不仅会造成所得试样溶液的稀释，而且当洗脱溶剂与水不相混溶时，还会产生分层或乳化现象，所以在洗脱之前，必须先用抽真空或吹入氮气的办法尽可能地将残留试样溶液去除。

4.4　固相萃取吸附剂及其在POPs分析中的应用

固相萃取中最核心的部分是其使用的吸附剂，吸附剂的组成、结构和粒径决定了吸附剂上吸附位点的数目和传质速率，进而影响萃取效率。要想获得较高的萃取回收率，需要根据分析物及样品基体中干扰物的性质，选择合适的吸附剂。

4.4.1 固相萃取吸附剂的要求

近几十年来，商品化固相萃取柱的种类日渐增多，其中的固相萃取吸附剂也多种多样，一种理想的固相萃取吸附剂应该满足下列要求。

(1) 为了获得更大的比表面积和更强的吸附能力，固相萃取吸附剂最好为孔径较小的多孔固体颗粒。其原因是多孔结构可以使吸附剂获得更高的比表面积；颗粒的孔径与其比表面积之间往往存在着负相关的关系，即颗粒越小，其孔隙率将越大，比表面积就越大。目前广泛使用的固相萃取吸附剂的比表面积大多在 200～800 m^2/g 之间，高者甚至达到 1000 m^2/g 以上。

(2) 尽量提高吸附剂的纯度，降低固相萃取的空白值。吸附剂中的杂质在萃取过程中可能会随分析物一起洗脱下来，给后续的测定带来干扰，从而影响分析的检测限。因此必须不断改进制造工艺，以提高其纯度，而且萃取柱在使用前需要用合适的溶剂进行充分的洗涤，以便减少杂质，降低空白值。

(3) 分析物在吸附剂上的吸附过程必须是可逆的，即吸附剂不但能迅速、定量地吸附分析物，而且还能在用合适的溶剂洗脱时迅速、定量地释放出分析物，这样才能获得较高的且恒定的萃取回收率(最好为 100%)，保证分析结果更为可靠、准确和精密。例如，活性炭是一种具有很大表面积和吸附容量的吸附剂，但不是一种良好的固相萃取吸附剂，原因之一就是活性炭对很多分析物的吸附能力太强，被其吸附的分析物不易被定量洗脱；此外，活性炭具有一定的催化活性，有时会使分析物在其表面发生化学反应，引起分析物回收率的降低，从而造成分析误差。

(4) 固相萃取吸附剂要有较高的化学稳定性，应能抵抗较强的酸、碱、有机溶剂的腐蚀，在用常见溶剂处理时和较大 pH 范围内不发生明显的膨胀或收缩，也不会溶解或软化。如果吸附剂在特定条件下的性质不够稳定，则在使用时需要选择合适的萃取条件。例如，常用的 C_{18} 键合硅胶吸附剂在 pH 为 8 以上的碱性溶液或强酸性溶液中会发生长链烷基与硅胶基质之间共价键的断裂，使用时应设法避免此现象的发生。在这方面，有机高聚物型吸附剂的稳定性要好得多。

(5) 固相萃取吸附剂必须与样品溶液有良好的界面接触，这样才能保证吸附剂对溶液中分析物的定量萃取。环境样品中 POPs 测定前最为常用的固相萃取吸附剂是强疏水性的 C_{18} 键合硅胶和苯乙烯-二乙烯基苯共聚物。吸附剂的强疏水性可以保证它对水样中的非极性 POPs 产生定量吸附，但是太强的疏水性会使这类吸附剂与水溶液之间的接触界面减小，降低分析物的萃取效果，影响萃取回收率。因此，这类吸附剂在使用前经常需用甲醇、乙醇、乙腈或丙酮等有机溶剂进行活化预处理，其目的之一就是使吸附剂能够与样品水溶液形成紧密接触的界面，从而获得好的吸附效果。

为了获得更高的萃取效率，还可以对此类吸附剂的表面进行适当的亲水性化学修饰，使其表面具有一定的亲水性，因而能够更好地与样品水溶液接触，极大地改善其萃取效果，此类吸附剂可不需要活化而直接应用于水样中 POPs 的固相萃取[64, 65]。此外，吸附剂表面的多种活性基团赋予此类吸附剂广谱的萃取能力，即能同时满足对亲水性、亲脂性、酸性、碱性及中性化合物的固相萃取。研究开发此类两亲型吸附剂的关键是把控好表面亲水性基团的数量，在疏水性和亲水性之间找到恰当的平衡，使得引入的亲水性基团既能保证吸附剂表面有足够的亲水性，改善其与样品溶液的接触，又不影响吸附剂表面的疏水性基团对分析物的吸附。由于此类新型吸附剂具有优良的萃取性能，各家公司也竞相开发相关产品，如 Nexus 系列固相萃取柱、Zorbax SB-Aq 系列固相萃取柱、Oasis 系列固相萃取柱和 Abselut 系列固相萃取柱等。

要想满足以上要求，需要选择合适的材料作为基体，用于制备各种固相萃取吸附剂。下面根据材料的基本组成，具体介绍一些常用的固相萃取吸附剂及其在 POPs 分析中的应用。

4.4.2 键合硅胶类吸附剂

1. 键合硅胶类吸附剂的基本性质

键合硅胶类吸附剂是目前应用最为广泛的固相萃取柱填料。由于此类吸附剂发展较早，商品货源充足，因此价格也相对便宜。此类吸附剂一般通过硅胶与氯硅烷或甲氧基硅烷反应制得，反应式如下所示，R 代表吸附剂上的活性基团。

$$\text{Si—OH} + \text{Cl—Si(CH}_3)_2\text{—R} \longrightarrow \text{Si—O—Si(CH}_3)_2\text{—R} + \text{HCl}$$

键合硅胶类吸附剂具有良好的机械强度，常见的有机溶剂对其没有不良的影响，一般不会引起膨胀或收缩。此类固相萃取产品的生产厂商较多，产品种类丰富，选择时需重点考察吸附剂的粒径和比表面积。在其他条件相同时，一般应该选择粒径小、比表面积大的吸附剂，这样萃取能力更强，萃取效果更好。但是，过小的粒径必然增加萃取过程中溶液通过萃取柱时的阻力，这点也应予以注意。POPs 的固相萃取中使用的键合硅胶吸附剂的粒径一般大于 40 μm，比表面积一般在 50～500 m^2/g 之间，表面的孔径大多在 5～50 nm 之间，由于键合硅胶类吸附剂采用比表面积较大的硅胶作为基体，故保证了其具有较强的吸附能力。

此外，吸附剂是否经过封端处理也会对萃取效率产生严重影响。在制备键合硅胶类吸附剂时，由于空间位阻的存在，硅胶表面的硅醇基并未完全发生反应，这样得到的键合硅胶表面必然残留一定量的硅醇基。残留的硅醇基会对极性较大的干扰组分(如醇或胺)以次级作用的方式产生吸附，这种残留硅醇基引起的次级吸附往往对分析物的固相萃取产生不利影响。为了尽可能地减少残留的硅醇基，以使次级作用降至最小，更好地对水样中的 POPs 组分进行萃取，可以使用三官能团硅烷化试剂与硅胶反应，以尽量减少硅胶表面的硅醇基，并在硅胶的长链烷烃键合完成以后，对吸附剂表面残留的极少量硅醇基进行封端处理，使用更加活泼且较短的硅烷化试剂如三甲基氯硅烷等与吸附剂上残留的硅醇基发生如下反应，使残留的硅醇基被封闭或惰性化。

$$Si—OH + Cl—Si(CH_3)_3 \longrightarrow Si—O—Si(CH_3)_3 + HCl$$

经封端处理的吸附剂对水溶液中的非极性及弱极性 POPs 分析物的萃取更加完全，回收率更高，而对极性干扰组分则保留很少，有利于提高萃取的选择性。硅胶表面残留的硅醇基与干扰物之间的次级作用还与溶液的 pH 密切相关，通过控制溶液的酸度，可使这种次级作用降至最小。当硅胶表面的硅醇基处于解离状态(带负电荷)及干扰物带正电荷时，这种次级作用主要表现为能量较大的静电作用，而当硅胶表面的硅醇基及干扰物均处于未解离状态(未带电荷)时，这种次级作用可降至最小，并可忽略不计。硅醇基及干扰物处于何种状态(是否带电)主要取决于溶液的酸度。对硅醇基而言，溶液 pH 越高，其解离程度越大，一般 pH 大于 4.0 时，硅醇基即带有明显的负电荷。而干扰物所带电荷状况较为复杂，与其结构和性质有关。对于一个固相萃取体系来说，理想的溶液酸度就是硅醇基及干扰物均不发生解离(即均不带电荷)的酸度。

但是，随着固相萃取技术的进一步发展，人们认识到，残留的硅醇基与极性组分之间的次级作用也有有利的一面。合理数量硅醇基的存在可以使疏水性的键合硅胶与样品溶液之间的接触更加紧密，而且在键合硅胶与极性较大的分析物之间额外增加了除疏水性相互作用以外的氢键作用、离子静电相互作用、偶极-偶极相互作用等次级相互作用，因而可以实现对极性较大的 POPs 分析物的萃取。例如，C_{18} 基团修饰的键合硅胶类吸附剂在吸附富集氨基甲酸酯类杀虫剂、双酚类及酞酸酯类化合物时，吸附剂上的羟基基团与极性较大的分析物之间的次级相互作用在萃取过程中均发挥了巨大的作用，因此能够获得较高的吸附回收率[66,67]。不仅如此，还可以控制硅胶表面硅醇基的多少，以便得到不同极性的键合硅胶，并通过调节萃取时的溶液 pH，有意加强硅醇基与分析物之间的次级相互作用，从而获得对不同极性的分析物具有一定选择性的键合硅胶类吸附剂，扩大该类吸附剂的适用范围。这一类吸附剂对分析物的吸附萃取属于混合作用机理。

键合硅胶类吸附剂的另一个不足是其对强碱性及强酸性介质的敏感性。硅胶颗粒在强碱性溶液中会被溶解，此外，在强酸性或强碱性条件下会发生硅胶与烷基碳链之间化学键的断裂，所以在使用中要注意控制溶液的 pH。

2. 键合硅胶类吸附剂的分类及应用

商品化键合硅胶类吸附剂价格便宜，适用化合物种类范围广泛，可以根据吸附剂上修饰基团的碳链长短和吸附剂的极性进行分类。一般在萃取极性较大的分析物时，应该选择极性较大的吸附剂，反之亦然。此类吸附剂的极性与修饰基团碳链的种类和长度、吸附剂的含碳量、硅烷化试剂是单功能团试剂还是三功能团试剂，以及吸附剂是否经过封端处理等有关。常用的键合硅胶类吸附剂的固定相、极性及应用见表 4-5。

表 4-5　常用的键合硅胶类吸附剂

固定相	简称	极性	应用
辛烷基	C_8	非极性	反相吸附剂
十八烷基	C_{18}(ODS)	非极性	反相吸附剂
乙基	C_2	弱极性	反相吸附剂
环己基	CH	弱极性	反相吸附剂
苯基	PH	弱极性	反相吸附剂
氰丙基	CN	极性	正相吸附剂
二醇基	diol (2OH)	极性	正相吸附剂
硅胶	Si (Si—OH)	极性	正相吸附剂
氨丙基	NH_2	极性	弱离子交换吸附剂
羧甲基	CBA	极性	弱离子交换吸附剂
丙基苯基磺酸	SCX	极性	强离子交换吸附剂
三甲基氨丙基	SAX	极性	强离子交换吸附剂

键合硅胶吸附剂在 POPs 分析中应用最广泛的是 C_{18} 键合硅胶反相填料[15-17, 68-72]。若以二甲苯为模型化合物，一般 C_{18} 键合硅胶对其穿透容量可达到 4 mg/g C_{18} 键合硅胶以上，有的甚至更高，洗脱时使用的洗脱剂用量一般为(2～5 mL)/500 mg 吸附剂[73]。例如，对于环境水样中含量较低的 DDT 的分析测定，最常用的分析方法就是将 C_{18} 键合硅胶固相萃取分离富集与液相色谱检测方法相结合，其萃取程序是：首先依次用 5 mL 甲醇和 5 mL 水对 C_{18} 键合硅胶固相萃取柱进行预处理，然后将 500 mL 过滤后的水样通过萃取柱，用 10 mL 去离子水洗涤后，利用真空将残存水分抽干，最后分别用 3 mL 丙酮、3 mL 正己烷和 3 mL 乙酸乙酯将分析物洗脱，氮气吹干并用 1 mL 丙酮定容后利用液相色谱进行测定[69]。

一般而言，碳链越长，含碳量越高，吸附剂的极性越小；而碳链短，含碳量低的吸附剂的极性相对较大。总体来说，C_{18} 键合硅胶吸附剂对非极性和中等极性的 POPs 分析物的萃取效果较好，其他修饰 C_8、C_2、环己基、苯基等的键合硅胶也经常使用，其萃取性能基本与 C_{18} 键合硅胶一致，主要对非极性分析物有较好的萃取能力[74-77]。相比而言，C_2 键合硅胶极性较强，其对非极性分析物的萃取能力比其他几种更弱。由于芳香性苯环的引入，苯基键合硅胶对具有芳香性的 POPs

分析物具有较好的萃取能力[78]。含有氰基、二醇基、氨基、磺酸基、三甲基氨丙基的吸附剂极性较大，主要用于极性较大或离子型化合物的固相萃取。

键合硅胶吸附剂在限进介质固相萃取中也有应用。在这方面，介孔硅胶材料由于具有巨大的比表面积、均匀有序的孔径分布和高度的结构稳定性最为引人关注。由于其介孔通道内可以修饰大量的官能团，因此具有更好的萃取性能。此外，其独特的垂直导向型介孔通道可以通过空间位阻抵抗复杂样品中的大分子天然有机质对小分子目标物萃取的干扰[79]。例如，由外表面负载亲水性的甲基纤维素，内孔分别修饰 C_4、C_8 或 C_{18} 的多孔硅胶限进介质吸附剂填充而成的固相萃取柱可应用于复杂水样中盐酸多巴胺、对乙酰氨基酚、对羟基苯甲酸和酞酸二乙酯的萃取分析[80]，水样中的蛋白质等生物大分子可通过空间位阻被排斥在吸附剂的孔道外，而不会影响孔道内的疏水性基团对目标小分子的吸附。与普通的固相萃取柱相比，限进介质固相萃取柱对水样中天然有机质等大分子干扰物具有更加优良的抗干扰能力。

对于强极性的分析物(如三氯苯酚和部分短链有机磷酸酯)，使用键合硅胶吸附剂进行萃取的效果往往不能令人满意，即使充分利用残留硅醇基的次级作用来增强其对极性组分的萃取能力，效果也相当有限[81,82]，此外，由于硅胶型吸附剂在强酸或强碱介质中不稳定，也不适于离子交换吸附，此时应该考虑使用有机聚合物型或石墨化碳黑型吸附剂进行萃取。

4.4.3 有机聚合物型吸附剂

1. 普通有机聚合物型吸附剂

最常见的有机聚合物型吸附剂是非极性的苯乙烯-二乙烯基苯共聚物填料。与键合硅胶类吸附剂相比，有机聚合物型吸附剂具有如下优点：在强酸和强碱中具有极高的稳定性，可以在任意酸度下使用；表面没有活性羟基，消除了由此引起的次级作用[83,84]；表面积一般大于键合硅胶类吸附剂，对大多数 POPs 分析物的吸附比键合硅胶类更加完全，回收率更高；在大多数情况下，被吸附的分析物用少量有机溶剂即可定量洗脱。但是，早期的有机聚合物型吸附剂的纯化清洗较为费时麻烦，因此商品化的有机聚合物固相萃取柱(或盘)的发展比键合硅胶类相对滞后，这种情况直到近些年通过优化合成工艺，改进合成方法，获得更高纯度的有机聚合物填料后才有所改变，各种商品化有机聚合物类固相萃取柱不断涌现。目前，该类产品种类较多，其基体材料除了常见的苯乙烯-二乙烯基苯共聚物之外，还有聚甲基丙烯酸甲酯、苯乙烯-二乙烯基苯-乙烯基乙苯共聚物及苯乙烯-二乙烯基苯-乙烯吡咯烷酮共聚物等。表 4-6 列出了一些常见有机聚合物型商品固相萃取吸附剂及性能参数。

表 4-6　常见有机聚合物型商品固相萃取吸附剂及性能参数

吸附剂	制造商	结构类型	孔径(nm)	粒径(μm)	比表面积(m^2/g)
Porapak RDX	Waters	PS-DVB-NVP	5.5	120	550
Oasis	Waters	DVB-NVP	8.2	—	830
Oasis HLB	Waters	PS-DVB-NVP	5.5	30/60	800
XAD-2	Supelco	PS-DVB	9.0	300～630	300
DAX-8	Supelco	PA	22.5	300～450	160
CG-71	Supelco	PA	25.0	80～160	500
CG-161	Supelco	PS-DVB	15.0	80～160	900
CG-300s	Supelco	PS-DVB	30.0	20～50	700
CG-300m	Supelco	PS-DVB	30.0	50～100	700
CG-1000s	Supelco	PS-DVB	100.0	20～50	250
ENVI-Chrom P	Supelco	PS-DVB	14.0	80～160	900
OSTION SP-1	Lab instruments	PS-DVB	8.5	—	350
Synachrom	Lab instruments	PS-DVB-EVB	9.0	—	520～620
Spheron MD	Lab instruments	PA-DVB	—	—	320
Bond-Elut ENV	Varian	PS-DVB	45.0	125	500
Bond-Elut PPL	Varian	PS-DVB	30.0	125	700
Empore disk	J.T. Baker	PS-DVB	—	6.8	350
Speedisk-DVB	J.T. Baker	PS-DVB	15.0	—	700
SDB	J.T. Baker	PS-DVB-EVB	30.0	40～120	1060
LiChrolut® EN	Merck	PS-DVB	8.0	40～120	1200
Isolute ENV+	IST	PS-DVB	10.0	90	1000
Chromabond HR-P	Machery-Nagel	PS-DVB	—	50～100	1200
Hysphere-1	Spark Holland	PS-DVB	—	5～20	1000
PRP-1	Hamilton	PS-DVB	7.5	5/10	415
PLRPS	Polymer Labs	PS-DVB	10.0	15/60	550

注：NVP，*N*-乙烯基吡咯烷酮; PA，聚甲基丙烯酸酯; EVB，乙烯基乙苯。

有机聚合物型吸附剂对非极性有机化合物的吸附原理主要是疏水性相互作用，但由于一般商品化的苯乙烯-二乙烯基苯共聚物吸附剂比键合硅胶的比表面积更大，而且疏水性更强，因此对 POPs 分析物(包括极性较大的分析物如酚类、杀虫剂类等)的吸附比键合硅胶更完全，回收率更高[85]。例如，用非离子型苯乙烯-二乙烯基苯共聚物型的 LiChrolut® EN 多孔聚合物吸附剂(250 mg，粒径 40～120 μm，比表面积 1200 m^2/g)填充的固相萃取柱可以实现对鱼肝油中的有机氯农药进行定量萃取。过程如下：首先，分别用 10 mL 的丙酮、正己烷、乙腈清洗萃取柱，再分别用 8 mL 甲醇和 8 mL 水活化；然后，使水样以 6～8 mL/min 的流速通过萃取柱，强极性的干扰物和脂类在萃取柱上没有保留，而目标物被吸附到吸附剂上；最后，用 50 mL 水清洗 2 次后真空抽干，再用 10 mL 二氯甲烷将目标物洗脱下来，洗脱液经过酸化的硅胶柱除去残余脂类和非卤代芳香化合物后，利用配有电子捕获检测器的高分辨气相色谱测定分析，加标回收率均在 90%以上[86]。对于特丁津、磺草酮等极性较大的农药，也可以采用 J.T. Baker 公司生产的规格为 6 mL 的 Bakerbond SDB-1 型固相萃取柱(柱填料为粒径 40～120 μm、比表面积 965 m^2/g 的 PS-DVB)进行萃取，然后通过后续的液相色谱分离和紫外检测进行分析测定[87]。Goss 等也利用 Varian 公司生产的 Bond Elut PPL 型固相萃取柱成功地从地表水中富集了痕量的极性较大的三卤甲烷前驱体等化合物[88]。

但是，一般未经修饰的苯乙烯-二乙烯基苯共聚物吸附剂的表面极性太小，对极性化合物的吸附能力仍显不足。此时，可使用极性较大的官能团对其进行修饰，从而增强其对具有极性基团的分析物的萃取性能。

2. 功能化修饰的有机聚合物型吸附剂

与键合硅胶类吸附剂类似，有机聚合物型吸附剂也可通过在其表面引入各种官能团来提高其萃取性能。在这方面，亲水-亲脂(hydrophilic-lipophilic)两亲平衡型固相萃取吸附剂的研究开发最值得关注[89-91]。该类吸附剂一般由非极性苯乙烯-二乙烯基苯共聚物填料发展而来，通过傅氏反应在其表面键合适当的亲水性基团如—CH_2OH、—$COCH_2CH_2COOH$、—$COCH_3$、—CH_2CN、邻羧基苯甲酰基、磺酸基等，使高聚物的亲水性增加，从而具有脂-水两亲性。极性基团的引入，增加了填料与水溶液的亲和性，有利于吸附剂表面与分析物之间更加亲密地接触，从而改善其吸附萃取效果。对有机聚合物填料进行亲水性修饰的一个重要原则是引入极性基团的数量必须合适，即既要保证亲水性基团足够多，使吸附剂能与分析物紧密地接触，又不能使极性基团的数量过多，影响吸附剂主体的疏水性，降低其对分析物的吸附萃取。这类吸附剂有两个显著的特点：一是由于其本身固有的两亲性，其表面具有了永久润湿性，因此该类产品在萃取前不需经过活化预处理，可直接用来对样品溶液进行萃取；二是其具有的两亲平衡性可使该类产品具有通用型萃取剂的性质，使用范围广泛，无论分析物是极性的还是非极性的，其都适用，因此又被称为通用型吸附剂。例如，通过在苯乙烯-二乙烯基苯共聚物表面引入乙酰基、邻羧基苯甲酰基等极性基团，改善聚合物表面的亲水性，其对极性较大的分析物(如苯酚类)的萃取效果显著提高[92,93]。

这类吸附剂目前已经实现了商业化，典型的代表是 Waters 公司的 Oasis HLB 和 Oasis MCX。Oasis HLB 型固相萃取吸附剂是由亲脂性的二乙烯基苯和亲水性的 *N*-乙烯基吡咯烷酮两种单体共聚而成的大孔共聚物，通过调节两种单体合适的比例可以获得两亲平衡型的吸附剂。该产品对多种 POPs 化合物具有极高的吸附容量，一般可以达到 C_{18} 键合硅胶的 5 倍，可被用于对水溶液中的极性和非极性组分进行有效的萃取[94]。例如，为了萃取液体样品中的四溴双酚 A 和六溴环十二烷，可以将添加了内标的样品通过经 5 mL 甲醇和去离子水活化后的 Oasis HLB 型萃取小柱(6 cm, 200 mg)，用 1 mL 纯水清洗萃取柱之后用氮气吹干，然后用 2×3 mL 二氯甲烷∶甲醇(7∶3)将目标物洗脱，浓缩至 1 mL 后用 LC-MS/MS 测定，方法的检测限可达 0.991～150 ng/g[95]。类似的方法也可用于血浆中的 PCBs、有机氯农药以及有机磷酸酯阻燃剂的固相萃取[96,97]。此外，通过选择不同酸度条件的洗涤液和洗脱液，还可使被吸附的酸性组分和碱性组分获得分离，实现被测组分的净化。在用 Oasis HLB 型固相萃取柱对土壤、底泥、污泥等环境样品中的全氟羧酸类化合物进行萃取净化时，可首先用甲醇超声提取样品中的目标化合物，提取液用去离子水稀释后过 Oasis HLB 型萃取柱进行萃取，然后用 20%的甲醇水溶液冲洗，去除其中的杂质，真空抽干残留水分后，用甲醇将全氟化合物洗脱，洗脱液经浓缩、定容后用 HPLC-ESI(电喷雾电离)-MS/MS 进行检测[98]。Oasis HLB 型固相萃取柱还可以对含有微量多溴二苯醚或灭草松的血清、全血等生物样品进行净化处理。处理步骤如下：首先依次用 3 mL 二氯甲烷、2 mL 甲醇和 2 mL 水活化萃取柱，然后将去除蛋白的血清样品通过 Oasis HLB 型萃取柱，再依次分别用 3 mL 水洗涤除去强极性杂质，2 mL 硫酸去除脂类，10 mL 水+2 mL 10%甲醇水溶液洗涤后，用 3×3 mL 二氯甲烷将目标物洗脱。洗脱液用氮气吹干，加 100 μL 正己烷溶解后，进气相色谱-负离子化质谱分析即可[99,100]。

由于有机聚合物型吸附剂比传统的硅胶型吸附剂在强酸或强碱条件下具有更高的稳定性，所以更适于作为离子交换吸附剂用于可离子化分析物的固相萃取。固相萃取中使用的有机聚合物型离子交换吸附剂一般是高度交联的具有一定刚性结构的大孔树脂，这种特殊结构决定了其对离子型分析物具有交换吸附速度快、吸附容量大的特点，而且不仅可用于水溶液中分析物的萃取，还适用于有机溶液中分析物的萃取，不会出现普通树脂在有机溶剂中塌陷的现象。现在已有填充有机聚合物型离子交换吸附剂的固相萃取柱(或盘)可供使用。例如，在萃取水样中的草甘膦除草剂及其转化产物氨甲基膦酸时，可以使用美国 Hamilton 公司生产的修饰三甲基铵的 PRP-X100 型阴离子交换固相萃取柱(PS-DVB 基质，20 mm×2 mm，10 μm)。洗脱液经柱后衍生后，利用阳离子交换高效液相色谱-荧光检测(HPLC-FLD)测定目标物，方法的检测限分别为 0.02 ng/mL 和 0.1 ng/mL[101]。

Oasis WAX 是 Waters 公司生产的一种混合型弱阴离子交换反相吸附剂，Oasis WAX 型萃取柱对强酸性 POPs 化合物具有很高的选择性和灵敏度，尤其是在全氟化合物的萃取测定中获得了很好的应用。处理步骤一般为：首先，Oasis WAX 型萃取柱(200 mg，6 cm^3)依次用 4 mL 0.1%氨水的甲醇溶液、4 mL 甲醇和 4 mL 水进行活化；然后将 500 mL 添加内标的过滤水样通过活化的萃取柱；样品过完后，用 4 mL、pH 为 4 的 25 mmol/L 乙酸盐缓冲液冲洗萃取柱；高速离心除去残留水分，最后依次用 4 mL 甲醇和 4 mL 0.1%氨水的甲醇溶液将目标分析物洗脱。洗脱液浓缩、定容至 1 mL 待测[102-107]。

Waters 公司的另一产品是 Oasis MCX，该产品是磺酸基取代的二乙烯基苯与 *N*-乙烯基吡咯烷酮的共聚物，磺酸基的引入改善了聚合物吸附剂对尿样、血浆样及全血样中碱性组分萃取的选择性和灵敏度，在烷基磷酸和烷基膦酸（有机磷化学武器试剂的酸性降解产物）的萃取中，该固相萃取剂的萃取效果远优于硅胶基质的阴离子交换固相萃取柱，萃取之后的分析物可以用酸化的甲醇定量洗脱，检测限可达 5×10^{-4} mg/L [108]。3M 公司的 Empore™ 固相萃取圆盘也具有类似的组成，其对酞酸酯等极性较大的分析物的萃取效果非常理想，而且不用进行预处理[109]。

除了以 PS-DVB 为基质的有机聚合物型吸附剂外，其他类型的有机聚合物用于固相萃取的研究也有少量报道。例如，采用化学聚合法将苯胺聚合物接枝到壳聚糖或磁性硅胶颗粒表面，得到的吸附剂可用于水溶液中酞酸酯及酚类化合物的分散固相萃取。与其他几种商品化吸附剂如 C_{18} 键合硅胶及 PS-DVB 共聚物对比，聚苯胺吸附剂对极性较大的物质有更好的萃取效果，而且该吸附剂的亲水性较好，可以更好地分散于水溶液中，有利于萃取剂更好地发挥吸附作用[110,111]。

上述各种聚合物固相萃取吸附剂的保留机理虽然各有差异，但它们最基本的保留机理仍然是疏水性相互作用，因此对于已经被这类吸附剂吸附萃取的分析物，洗脱时使用的最基本的洗脱剂与 C_{18} 键合硅胶相似，即仍然为有机溶剂。由于该类吸附剂的吸附能力大于 C_{18} 键合硅胶，所以洗脱时应该使用较多的溶剂，一般应为柱床体积的 2～3 倍。

4.4.4 碳基吸附剂

碳基吸附剂种类较多，其性质随制造方法和原料的不同而有较大差异，其中，最常见的是活性炭和碳分子筛。活性炭是最早用来从水溶液中萃取低极性和中等极性分析物的吸附剂之一[112]，但是其对分析对象的不可逆吸附往往导致被其吸附的分析物洗脱较为困难，而且活性炭所具有的催化性能还容易导致被萃取物的结构发生变化，使回收率降低[113]，因此活性炭在固相萃取领域已经很少使用。碳分子筛具有极好的机械强度和很大的比表面积，但由于碳分子筛吸附分析物之后，其洗脱速度较慢，要消耗较大体积的有机溶剂，所以，这类吸附剂也未能在固相萃取领域获得广泛应用。

近几十年来，随着材料科学的飞速发展，许多新型碳材料相继被开发出来，作为性能独特的固相萃取吸附剂，因其对极性化合物表现出较高的萃取能力而在 POPs 的固相萃取中获得了广泛的应用。

1. 石墨化碳黑

石墨化碳黑(graphitized carbon blacks，GCBs)是将碳黑加热到 2700～3000℃制成的，是目前应用最为广泛的碳基固相萃取吸附剂。最早的商品化石墨化碳黑吸附剂有 Supelco 公司的 Carbopack B 和 ENVI-Carb SPE，以及 Altech 公司的 Carbograph 1，它们是无孔的低比表面积固体颗粒，其比表面积约为 100 m^2/g。Carbograph 4 是较新出现的该类吸附剂，其比表面积为 210 m^2/g。该类吸附剂表面往往带有一些官能团，如羟基、羧基、羰基等，另外还有一些带有正电荷的活性中心，这些都使得该类吸附剂对极性较大的酸类、碱类、磺酸盐类分析物能很好地吸附萃取，这也是该类固相萃取吸附剂有别于其他固相萃取吸附剂的特点之一。石墨化碳黑已经被成功应用于全氟磺酸、全氟羧酸[114]、PAHs[115]、DDT[116]及一些极性杀虫剂[117-120]的固相萃取。林金明等研究了石墨化碳黑对芳香烃类化合物的萃取行为，并将其与 RP-18 型 C_{18} 键合硅胶和 PRP-1 型 PS-DVB 共聚物固相萃取吸附剂进行了比较，实验结果表明，石墨化碳黑对该类化合物的萃取比后两者好得多[121]。如果以 PCBs 类污染物为萃取对象，则 Carbopack B、Carbopack C、Amoco PX-21、Carbosphere 这几种碳基固相萃取吸附剂中，Carbopack B 的分离富集能力最强，而且 Carbopack B 的提取液干扰背景也小，重现性最好[122]。另外，石墨化碳黑萃取膜盘也已制得，并已经用于对地下水中 pg/mL 浓度级的 *N*-亚硝基甲胺的固相萃取[12]。

2. 多孔石墨碳

虽然石墨化碳黑吸附剂在萃取极性较大的 POPs 分析物方面取得了一定的成功，但其机械强度较差的特性阻碍了其在固相萃取中的应用，而多孔石墨碳(porous graphitic carbons，PGC)能很好地弥补这一缺陷。

商品化的多孔石墨碳固相萃取吸附剂出现于 20 世纪 80 年代后期，其商品名为 Hypersep PGC。该吸附剂的制造采用硬模板法：将苯酚与甲醛在多孔硅胶的内外表面进行聚合，然后在 1000℃下充分碳化，用浓度为 5 mol/L 的氢氧化钠溶液除去硅胶硬模板后在 2000～2800℃下进行石墨化处理，即可得到具有二维晶面的多孔石墨碳吸附剂。该材料是石墨层状结构，层内的碳原子以 sp^2 杂化排列成六边形，层与层之间紧密地纠缠在一起，使其具有较好的机械强度。多孔石墨碳对分析物的保留机理主要基于疏水性相互作用和 π-π 电子堆积，这种多重的作用机理使得其对极性或非极性的众多化合物均具有强的吸附能力，尤其是具有平面分子结构且含有极性基团和离域大 π 键、孤对电子的分析物。例如，环境水样中的微量蓝藻毒素是极性很大的分析物，使用传统的固相萃取柱往往效果很差，用 Hypercarb 型多孔石墨碳萃取柱则可以很好地将其从水中萃取出来，配合后续的

HPLC-MS/MS 测定，分析的检出限可达 0.034～63 ng/mL[123]。

3. 富勒烯

除了石墨化碳黑和多孔石墨碳之外，近年来，富勒烯(C_{60})作为碳基吸附剂用于固相萃取的情况也有报道。富勒烯是由碳元素组成的球状物质，其球面是一个具有离域大 π 键的共振结构，具有芳香性，因此对芳香族化合物具有较强的吸附作用。利用这个性质，可以将富勒烯填充的 SPE 小柱用于萃取水样中苯的同系物，该萃取柱的萃取性能优于常规的 C_{18} 和 Tenax TA 萃取柱[124]。

4. 碳纳米管

碳纳米管(CNTs)是由石墨原子单层或多层绕同轴卷曲而成的管状结构。由于 CNTs 可以通过疏水相互作用、π-π 电子堆积、范德瓦耳斯力、氢键及静电作用等次级作用对有机物产生强的吸附作用，因此可以用于环境水样中 POPs 污染物的富集萃取[125]。CNTs 根据卷曲成管的片层数可分为单壁碳纳米管(single-walled carbon nanotubes，SWCNTs)和多壁碳纳米管(MWCNTs)。两者相比，MWCNTs 由于具有多层同心石墨烯片层，对有机物的吸附能力比 SWCNTs 更为优越，这种差别对于极性较强的有机分子表现得更为明显。较早应用于环境水样中有机物固相萃取的也是多壁碳纳米管。研究表明，多壁碳纳米管不但能定量吸附水样中的分析物，而且可以很容易地用少量甲醇或乙腈将吸附于其上的分析物洗脱下来，该吸附剂对双酚 A 的萃取效果优于或相当于常见的商品 C_{18} 键合硅胶和 XAD-2 共聚物固相萃取吸附剂，而且具有富集因子大(富集因子可达到几百)、操作简单方便和吸附剂持久耐用等特点。将此固相萃取吸附剂与高效液相色谱结合建立的分析方法已经应用于一些环境水样中双酚 A、烷基酚、酞酸酯类有机物的测定，检测限分别可达 0.018～0.86 ng/mL[126]。

CNTs 的萃取性能会受到有机污染物类型、萃取条件和表面修饰的影响。一般情况下，CNTs 对极性较弱的有机物具有更强的萃取和富集能力，尤其是对含有较多芳香环的有机物具有突出的吸附性能。当选择酞酸酯、氯酚、多氯联苯、多溴二苯醚等弱极性有机物作为目标物时，萃取回收率均可达到或接近 100%，且随着目标物极性的增强而逐渐降低；而对于有机磷农药、氨基甲酸酯和多元酚类化合物等极性较强的有机物，则只能通过降低萃取体积来获得较高的萃取回收率[127,128]。研究表明，除了吸附剂用量和萃取体积之外，萃取之后洗脱剂的选择也会对萃取回收率产生较大的影响，应该根据目标物的极性选择与之相匹配的洗脱剂，使目标物能够尽可能完全从吸附剂上解吸附，从而获得较高的萃取回收率。溶液 pH 也会影响目标物的萃取，相对来说，CNTs 对弱极性有机物的吸附萃取受溶液 pH 的影响较小，可在较宽的 pH 范围(pH 3～11)内进行萃取；而对于含氨基、羧基、羟基等可电离基团的极性较高的有机物，萃取回收率会随溶液 pH 的变化而有所不同，如当溶液 pH＞8.0 时，双酚 A、苯甲酸、氯酚的回收率明显降低。此时，调节溶液 pH，使分析物处于电中性的分子状态更有利于被 CNTs 吸附。为了进一步扩展 CNTs 的应用范围，还可以利用强酸或强氧化剂对其进行处理，在其表面引入羟基、羧基或羰基等含氧基团。这些官能团可以通过与目标物分子之间的静电作用或氢键作用显著改善 CNTs 对某些强极性有机污染物的萃取能力[129]。而且，氧化处理过的 CNTs 表面可以进一步引入氨基、巯基等基团，从而实现对特定目标物的选择性萃取[130]。

为了进一步提高萃取效率，还可以利用碳纳米管(CNTs)在存在表面活性剂的情况下易于成膜的特点，将 CNTs 或羧基化 CNTs 制成固相萃取盘。该固相萃取盘具有吸附能力强的优点，同时又克服了活性炭对非极性有机物不可逆吸附的缺点，能够从多种环境水样中快速萃取酞酸酯、氯酚、烷基酚、双酚 A、有机磷农药等不同极性的 POPs 污染物[9,131,132]。

5. *石墨烯*

石墨烯是一种由碳原子以 sp^2 杂化轨道组成六角形蜂巢晶格的二维平面碳材料，其平面上的 π 电子可以自由移动，结构上与平面型芳香族化合物非常近似，因此可以通过 π-π 电子堆积、疏水相互作用、范德瓦耳斯力等对芳香族化合物产生较强的吸附能力。与 CNTs 相比，石墨烯是完全伸展的平面型结构，理论上其比表面积要比 CNTs 大得多，因此吸附位点也比 CNTs 更多。而且，石墨烯具有较好的柔韧性，可以方便地负载到支撑物上制备复合吸附剂。另外，石墨烯可以以石墨为原料通过化学方法大量合成，极大地节约了制备和使用成本。因此，石墨烯在环境样品中 POPs 的萃取富集方面有着极大的应用潜力。目前，石墨烯装填成的固相萃取柱已广泛应用于环境水样中有机污染物的萃取测定[133-136]。研究表明，与传统的 C_{18} 填料、CNTs 和石墨化碳黑装填成的固相萃取柱相比，极少量的石墨烯填料就可以获得较高的加标回收率，而且洗脱时所需有机溶剂更少，方法的重现性也非常令人满意。但是用石墨烯装填成的固相萃取柱在使用过程中容易出现石墨烯的团聚以及从萃取柱中泄漏的问题，严重影响了萃取柱的萃取效率和重复使用性。如果将其通过化学接枝连接到氨基修饰的硅胶颗粒上就可以很好地解决上述问题，而且通过控制氧化石墨烯上的含氧亲水性官能团的数量，可以利用正相模式或者反相模式实现对不同极性化合物的选择性萃取，同时还避免了分析物在萃取剂上吸附过于牢固而难以洗脱，造成萃取回收率下降的问题[137]。

由于分析物在碳基吸附剂上的保留机理不同于其他萃取剂，其洗脱情况也与其他吸附剂有所不同，在反相萃取模式下，对其他吸附剂的洗脱非常有效的甲醇、乙腈等溶剂对碳基吸附剂上分析物的洗脱往往不够理想，而采用二氯甲烷或四氢呋喃等强度较高的溶剂往往可获得良好的洗脱效果。而且该类吸附剂对分析物的保留能力过强，如果采用正向洗脱，可能既费时间，又浪费试剂，所以为了提高洗脱效率，最好采用反冲法。

4.4.5 无机金属氧化物固相萃取吸附剂

除硅胶之外，铁氧化物(Fe_2O_3、Fe_3O_4)、氧化钛(TiO_2)、氧化锆(ZrO_2)、氧化铝(Al_2O_3)、氧化镁(MgO)、氧化钍(ThO_2)等金属氧化物表面也具有大量活性羟基，因此，这些氧化物及其功能化修饰后的产物也可作为固相萃取吸附剂。

硅胶、活性氧化铝、氧化镁、硅镁型吸附剂，以及利用极性有机基团(如氨基、氰基、二醇基等)修饰的键合硅胶等作为正相吸附剂已经被成功地应用于对复杂样品(如土壤、食品、生物组织、污泥等)中 POPs 分析物的有机溶剂提取液的净化[138-141]。例如，测定植物样品或动物样品中的有机氯农药毒死蜱时，一般首先将样品用乙腈充分浸提，使分析物被萃取进入有机相，用氮气吹干后重新溶于正己烷。在此过程中，样品中的植物油及动物脂肪也同时进入正己烷相，会对后续的气相色谱测定产生干扰，因此，在进行气相色谱测定前必须对该正己烷提取物进行纯化。其方法是将此提取物溶液通过填充有经过 5 mL 正己烷∶丙酮(90∶10)和 5 mL 正己烷活化的硅镁型吸附剂的固相萃取柱，分析物将流过萃取柱，而植物油及动物脂肪被吸附在固相萃取柱上，从而达到净化提取物的目的。萃取柱用 5 mL 的正己烷∶丙酮(90∶10)清洗，清洗液与前面的流出液合并后，经氮气吹干，重新溶于 1 mL 丙酮，再用配有电子捕获检测器的气相色谱进行检测[140]。又如，分析生物样品中的 PBDEs 时，可使用正己烷对样品中的目标物进行固液萃取，然后将此萃取液蒸发至 1～2 mL，此萃取液中含有较多的其他杂质，为了使之净化，可将其通过填充有硅胶的萃取柱，使分析物吸附到萃取柱上，用少量正己烷先将 PBDEs 从萃取柱上洗脱下来，随后用二氯甲烷将羟基-PBDEs 洗脱下来，分别收集洗脱液，经浓缩并用正己烷定容至 1 mL 后用气相色谱-电子捕获检测器进行测定即可[141]。活性氧化铝的性质与其含水量密切相关，使用时需根据不同需求进行适当的活化处理(一般将其进行高温加热)。另外，氧化铝还细分为酸性、中性和碱性三种。中性是指溶液酸度正好处在其等电点(pH 稍大于 8)，此时氧化铝呈电中性。酸性氧化铝是指溶液酸度在等电点以下，此时氧化铝带正电荷，具有阴离子交换剂的性质；碱性氧化铝是指溶液酸度在其等电点以上，此时氧化铝带负电荷，具有阳离子交换剂的性质。酸性或碱性氧化铝可以通过离子交换吸附实现对离子型分析物的萃取，中性氧化铝对分析物的主要作用则为偶极-偶极相互作用。例如，可以将纳米 Al_2O_3 负载到微米级硅胶颗粒上，然后装填到

SPE 小柱中，利用其表面吸附的表面活性剂十二烷基硫酸钠(SDS)萃取环境水样中的酞酸酯类化合物[142-144]。

还有一种备受关注的金属氧化物吸附剂是二氧化钛(TiO_2)。由于其无毒、强度高、比表面积大、表面活性强、分散性好，非常适合用作固相萃取的吸附剂。但是纳米 TiO_2 颗粒的粒径过细，难以进行固液分离，而且容易流失，所以需要将其负载到其他载体上之后才能填装成 SPE 小柱，用于不同环境水样中的 PAHs 和除虫菊酯类杀虫剂的固相萃取[145,146]。与之相似的还有二氧化锆(ZrO_2)，有人曾将 ZrO_2 分别沉积于搅拌棒和金电极表面，利用 ZrO_2 与有机磷的特异性相互作用，分别用于环境水样中甲基磷酸酯和有机磷农药的选择性萃取[147,148]。与硅胶相比，TiO_2 及 ZrO_2 吸附剂至少具有以下三个优点：①它们无论在碱性还是酸性溶液中都具有很高的稳定性，几乎可在任意 pH 下使用；②它们具有独特的吸附表面，对酸性化合物具有较强的吸附性能；③特别适合于某些生物样品如核糖核酸(RNA)和脱氧核糖核酸(DNA)等的分离富集[149]。现在用于固相萃取的 TiO_2 及 ZrO_2 系列吸附剂已有商品出售。但是 TiO_2 及 ZrO_2 在 POPs 固相萃取中的应用仍然十分有限，还需要进一步开发和研究。

常见的金属氧化物中，纳米尺度的铁氧化物(Fe_2O_3、Fe_3O_4)、氧化钴等具有独特的超顺磁性，可用于磁性固相萃取，相关内容将在 4.5.1 小节中详细介绍。

4.4.6　纳米金属固相萃取吸附剂

某些金属纳米颗粒对特定类型的目标化合物具有特异性的吸附能力，或者可以通过表面的功能化修饰，实现对目标物的选择性吸附，因此可以作为固相萃取的吸附剂，目前研究较多的主要是贵金属金、银纳米粒子。

金纳米粒子对 PAHs 类污染物具有超强的亲和能力，因此可以将其负载到 Al_2O_3 或 SiO_2 上，用于环境水样中 PAHs 类污染物的萃取，目标物经高温热解吸或用微量正辛烷洗脱后可用色谱法定量测定[150-151]。此外，还可以利用柠檬酸、四烷基铵、巯基化合物等对金纳米粒子的表面进行化学修饰，选择性萃取样品中的多环芳烃、酚类化合物和甲基对硫磷等目标化合物[152-153]。

银纳米颗粒是另一种重要的贵金属纳米材料，其表面也非常容易被修饰上各种官能团。Niu 等将纳米银通过黏附的聚多巴胺涂层附着在聚对苯二甲酸乙二醇酯(PET)小瓶的内表面上，然后通过纳米银与巯基的强相互作用将不同烷基侧链修饰到纳米银颗粒上，并将其成功用于水样中的烷基酚和 PAHs 的萃取。这种小瓶可实现样品的采集和分析物萃取同步完成，样品溶液通过简单振荡即可完成萃取，之后可直接弃去样品溶液，只将小瓶带回实验室中就可完成后续的洗脱和测定，大大减轻了采样过程中的负荷和运输压力[154]。

4.5 其他新型固相萃取技术在POPs分析中的应用

4.5.1 磁性固相萃取及其在POPs分析中的应用

与常规的微米级固相萃取吸附剂相比，纳米材料由于具有更大的比表面积和更短的吸附扩散路径，理论上应该吸附性能更优越、萃取速度更快，目标物也更容易洗脱。但在实际应用过程中，纳米材料却存在上样时压力过高、吸附后固液分离困难等问题，无法直接应用于样品中POPs分析物的分离富集。如果利用氧化铁等磁性纳米颗粒，在其表面修饰官能团或表面负载纳米吸附材料，即可制得磁性纳米吸附剂。这种磁性纳米吸附剂具有超顺磁性，在外加磁场作用下可以产生方向相同的感应磁场，从而产生定向移动，实现快速的固液分离；与此同时，在其表面还具有大量活性基团，可对样品中的POPs分析物产生特异性吸附，因此，在痕量目标物的分离萃取方面有独特的应用价值。磁性固相萃取(MSPE)就是将上述的磁性纳米吸附剂分散到样品溶液中对目标物进行吸附，达到吸附平衡后，利用外加磁场将萃取剂快速从母液中分离出来，然后将吸附剂上的目标物洗脱，洗脱液经浓缩后再利用色谱法(或光谱法)进行分析物的定量测定。这种新型的固相萃取过程简便、快速，在大体积环境水样的萃取富集中具有较大的应用潜力，其最大的特色是引入了磁性纳米颗粒作为固相萃取吸附剂和外加磁场作为分离装置，其装置和流程如图4-6所示。

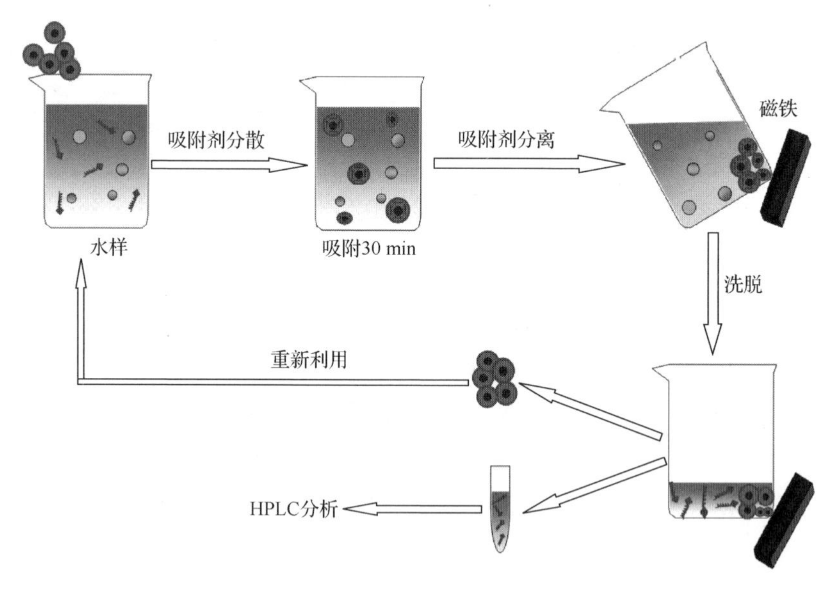

图4-6 磁性固相萃取的装置及流程图

磁性固相萃取中最重要的是磁性纳米吸附剂，一般通过将具有吸附能力的官能团或纳米材料负载到磁性纳米颗粒表面而得到。最简单的方式是将离子型表面活性剂通过自组装的形式在磁性纳米颗粒表面形成混合胶束体系，这种混合胶束表面修饰的磁性氧化铁纳米颗粒已经用于环境水样中痕量酚类污染物的萃取富集[155]。以此为基础建立的 MPSE 方法被用于全氟化合物等 POPs 类污染物的萃取中[156-158]。此外，如果在 Fe_3O_4 磁性纳米颗粒表面包覆上 SiO_2、Al_2O_3 或者 MgO-Al_2O_3 双金属氧化物，即可使其表面的等电点上升或下降，在中性 pH 下带上电荷，从而使带有相反电荷的表面活性剂更容易在其表面形成混合胶束，进一步简化了 MPSE 的操作步骤。目前，这种磁性纳米复合物-混合胶束体系已经被用于萃取富集环境水样中的内分泌干扰物[159]、甲氧苄氨嘧啶[157]和酞酸酯[160]等(图 4-7)。此外，利用硅烷化反应、酯化反应或路易斯酸碱反应还可以将各种官能团以共价形式修饰到磁性颗粒上。例如，氨丙基、C_8、C_{18} 等有机基团均可以通过硅烷化反应单独或混合共价修饰到磁性颗粒表面，用于环境水样中不同极性有机污染物的萃取[161,162]。长链烷基羧酸也可通过酯化反应连接到磁性纳米颗粒表面，其表面的疏水性烷基可高效富集环境水样中的多环芳烃等非极性有机物[163-165]。

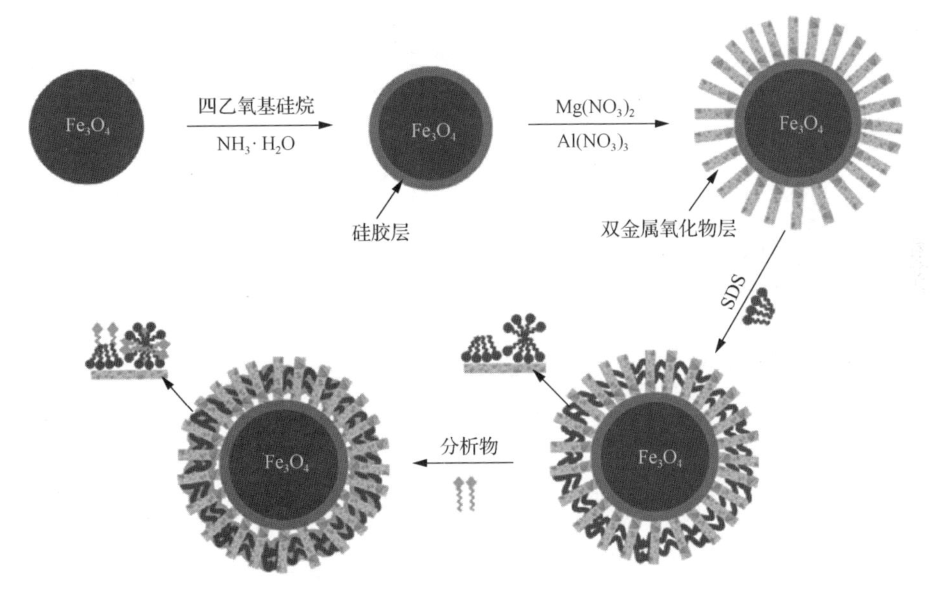

图 4-7　包覆 MgO-Al_2O_3 双金属氧化物的磁性固相萃取吸附剂的合成及其萃取原理示意图[160]

为了赋予磁性纳米材料更多的功能，还可将硅胶、碳材料、有机聚合物、金属氧化物、纳米金属等负载到其表面，制得磁性纳米复合材料。这些磁性纳米复合材料不仅具有更高的萃取性能，还能够通过磁分离方便地进行回收，非常适合从大体积环境水样中萃取富集痕量目标化合物。例如，在 Fe_3O_4 表面利用四乙氧基硅烷（tetraethyl orthosilicate，TEOS）的水解包覆硅胶壳层后，进一步利用硅烷化反应将 C_{18} 基团或 C_{18} 与氨丙基的混合基团修饰到复合纳米材料表面，该材料可分别实现对水样中的疏水性多环芳烃或阴离子型全氟羧酸类化合物等目标物的定量吸附，尤其是 C_{18} 与氨丙基的混合基团修饰的磁性纳米颗粒，可以通过 C_{18} 基团的疏水作用和特定 pH 下氨丙基基团的静电引力对阴离子型疏水性全氟羧酸实现双重吸附，极大地提高了萃取的选择性和萃取效率[162]，其合成过程和吸附机理见图 4-8。

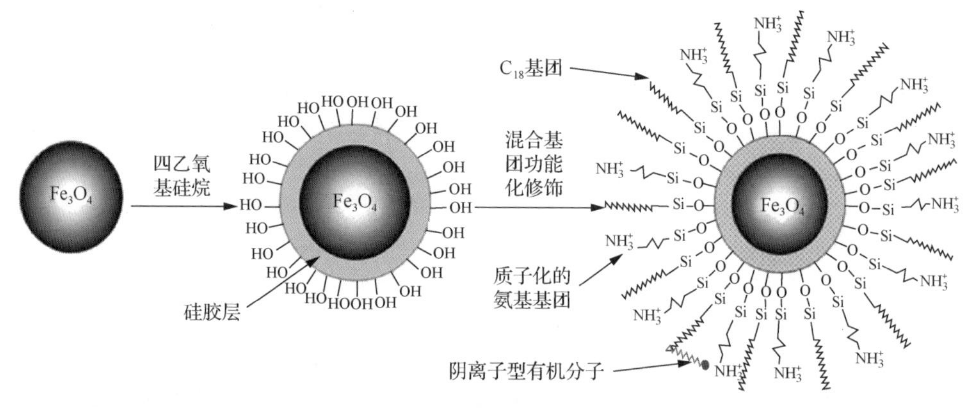

图 4-8 混合基团修饰的磁性固相萃取吸附剂的合成及吸附机理示意图[162]

将葡萄糖在高温高压下进行脱水反应可得到含有较多亲水性基团的碳纳米材料，该材料具有较高的亲水性，可以在一定程度上避免非极性分析物在常规碳基吸附剂上的不可逆吸附，从而获得较高的萃取回收率。将磁性纳米 Fe_3O_4 颗粒浸泡在葡萄糖溶液中，在密闭的反应容器中加热至 180℃，使葡萄糖碳化，可形成以 Fe_3O_4 为核、碳层为壳的核壳式磁性纳米碳基吸附剂（Fe_3O_4@C）[166]。该吸附剂制备方法简单，结合了碳材料的强吸附能力、纳米材料大比表面积和磁性材料便于回收的优点，利用磁性固相萃取技术，可快速富集大体积环境水样中的多环芳烃。将此固相萃取体系与高效液相色谱结合，可以分析环境水样中的痕量多环芳烃，检测限可达 0.2～0.6 ng/L。在此基础上，还可以将包覆在磁性颗粒表面的亲水碳层在 200～850℃下进一步进行碳化处理，得到不同极性多孔碳包覆的磁性颗粒，对不同极性的烷基酚或多环芳烃等分析物可实现选择性萃取[167]，其合成过程及表面性质见图 4-9。

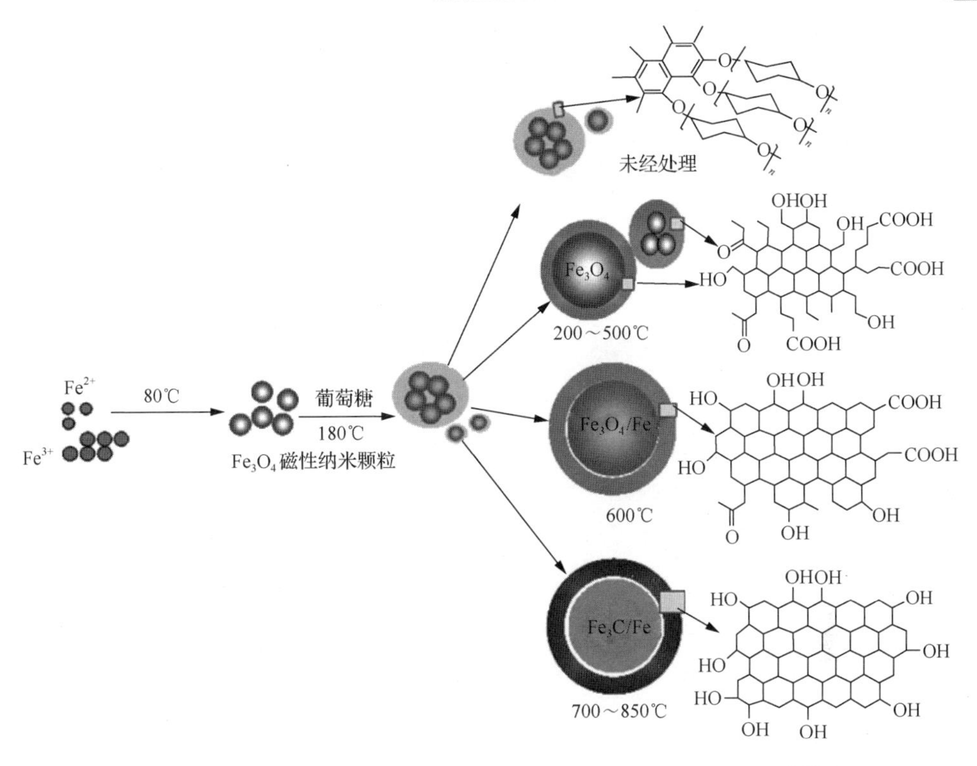

图 4-9　多孔碳包覆的磁性固相萃取吸附剂的合成及表面性质[167]

除了上述的亲水碳和多孔碳之外，也可以将石墨烯通过氨丙基修饰的硅胶层负载到磁性纳米颗粒上，并以此为固相萃取剂，萃取环境水样中的PAHs、酞酸酯、三唑类和氨基甲酸酯类农药等POPs污染物[168-170]。

近年来，将有机聚合物与磁性纳米颗粒相结合制备磁性固相萃取剂的报道也不断涌现，聚苯乙烯、聚硫代呋喃、聚吡咯、聚甲基丙烯酸酯和聚苯胺均可包覆在磁性颗粒表面，制得的磁性固相萃取剂已成功用于各种环境样品中的有机污染物的萃取富集[171-175]。最近，一种在碱性条件下可发生自聚合作用的化合物——多巴胺引起了人们的极大兴趣。其聚合反应在水相中进行、反应条件温和，生成的聚合物黏着力强、活性基团丰富，而且比常见的人工合成高聚物具有更为优良的亲水性和生物相容性，因此可以利用该反应将聚多巴胺层包覆于磁性纳米颗粒表面，利用其表面丰富的活性基团萃取富集水样中的PAHs[176]。不仅如此，磁性颗粒表面的聚多巴胺还可以作为基质辅助激光解吸电离-飞行时间质谱(MALDI-TOF-MS)的基质，吸附分析物后的磁性吸附剂可以直接点到不锈钢点样板上，在MALDI-TOF-MS上直接测定分析物，实现了水样中痕量PAHs和PFCs等小分子的高效萃取，磁分离后直接用MALDI-TOF-MS测定，简化了分析步骤，提高了分析灵敏度[177]，测定原理见图4-10。此外，还可以利用原子转移自由基反应、溶胶凝胶反应或电化学聚合等方法制备乙烯基三甲氧基硅烷-甲基丙烯酸型或甲基丙烯酸-乙烯基吡啶-三羟甲基丙烷三甲基丙烯酸酯型分子印迹聚合物，并将其包覆于磁性纳米颗粒的表面，得到的磁性表面分子印迹微球可以利用 MSPE 技术选择性地萃取样品中的双酚 A、2-氨基硝基酚、多巴胺、磺酰脲类除草剂等目标化合物[178-181]。

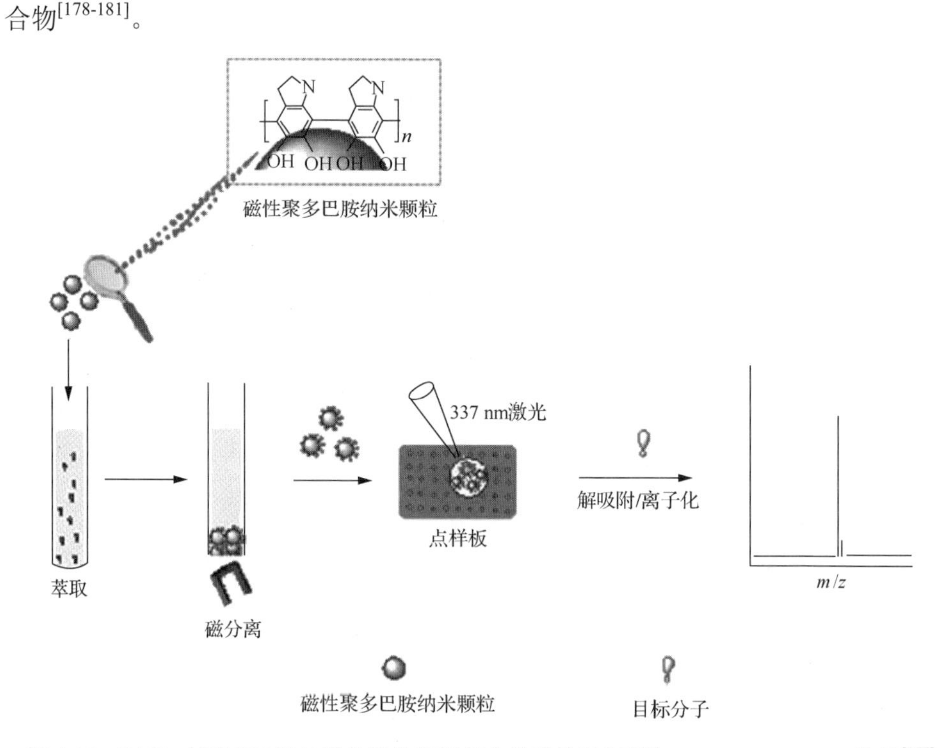

图 4-10 PAHs 在聚多巴胺包覆的磁性吸附剂上的磁性固相萃取-MALDI-TOF-MS 检测[177]

磁性纳米金属和磁性纳米金属氧化物复合材料在磁性固相萃取中也有应用。例如，可以将二(2,4,4-三甲基戊基)二硫代膦酸(b-TMP-DTPA)修饰的纳米银负载到 Fe_3O_4 磁性纳米颗粒上，得到 Fe_3O_4@Ag@b-TMP-DTPA 磁性纳米颗粒。该磁性颗粒可用于自来水、土壤样品中 PAHs 的萃取富集，富集因子可达 1000 左右，显著提高了分析物的测定灵敏度[182]。但总体上，磁性纳米金属复合物在 POPs 的磁性固相萃取-分析检测中的应用并不多。

对于环境样品中的痕量 POPs 的磁性固相萃取，目前的研究热点是如何提高其抗干扰能力。因为在实际使用中，环境样品的基质往往比较复杂，其中的腐殖酸等天然有机质会对磁性纳米颗粒表面修饰的官能团造成严重的干扰，而且表面被疏水基团修饰的磁性纳米颗粒在水溶液中的分散性较差，也影响了其对目标物的萃取效果。为了提高萃取剂的抗干扰能力和疏水基团修饰的颗粒在水中的分散性，可以采用亲水性生物质聚合物壳聚糖(或海藻酸)包覆 C_{18} 键合的 Fe_3O_4 磁性纳米颗粒，不但有效克服了该反相固相萃取剂在水溶液中分散性差、萃取效率低的缺点，而且固相萃取剂表面的生物质聚合物具有生物相容性，蛋白质、腐殖酸等大分子不会在萃取剂表面发生变性吸附；并且该聚合物层可构成化学屏障，大分子物质无法进入疏水性内层，而小分子目标污染物可进入疏水性内层被高效萃取，即使水溶液中存在较高浓度的腐殖酸(10～20 mg/L)，目标化合物的富集萃取效率也没有明显降低(图 4-11)[183-185]。以该磁性纳米颗粒为基础设计的磁性固相萃取程序，与液相色谱串联质谱结合，可以实现对复杂环境水样中痕量全氟化合物(PFCs)的萃取检测，检测限在 0.05～0.37 ng/L 之间，加标回收率在 60%～110%之间[183]。

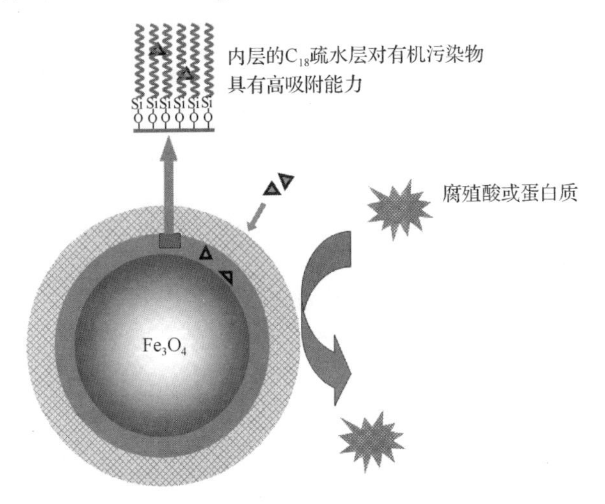

图 4-11　生物质聚合物包覆的 Fe_3O_4-C_{18} 磁性纳米萃取剂及其抗大分子干扰原理图

除了利用生物质天然聚合物在磁性纳米颗粒表面形成限进介质，从而提高吸附剂的抗干扰能力之外，更为常用的限进介质是有序介孔硅胶。将修饰官能团的有序介孔硅胶包覆于磁性纳米颗粒表面，可以制得磁性介孔硅胶微球。该复合物具有介孔材料超大的比表面积，可以修饰更多的官能团，因此对小分子目标物具有超强的萃取能力，同时还具有磁性材料的磁分离能力，可以作为磁性固相萃取吸附剂用于萃取环境样品中的痕量 PAHs 污染物。更重要的是，其介孔硅胶壳层独特的垂直导向型介孔通道可以阻止大分子的进入，却不影响小分子目标物的萃取，从而对复杂样品中的大分子天然有机质具有较强的抗干扰能力[186-188]。

最近，一种由二茂铁的水热氧化分解反应形成的多孔状 Fe_3O_4-C 双组分壳层引起了人们的关注，以这种多孔双层结构为外壳，C_{18} 键合硅胶纳米颗粒为核心，可以合成一种铃铛形的磁性硅胶吸附剂，其制备过程如图 4-12 所示。首先在 SiO_2 纳米颗粒表面形成 Fe_3O_4-C 多孔双层壳，然后利用适当浓度的氨水在水热条件下部分溶蚀内部的 SiO_2 核心后形成铃铛形结构，最后对其 SiO_2 核心进行 C_{18} 功能化修饰，即可得到铃铛形的磁性硅胶吸附剂。该吸附剂的多孔外壳不仅赋予了材料磁分离特性，还通过空间位阻对水样中的大分子天然有机质具有较强的抗干扰能力，但是不会影响内部核心上的官能团对小分子目标物的吸附，非常适于复杂样品中小分子 POPs 的萃取分析[189]。

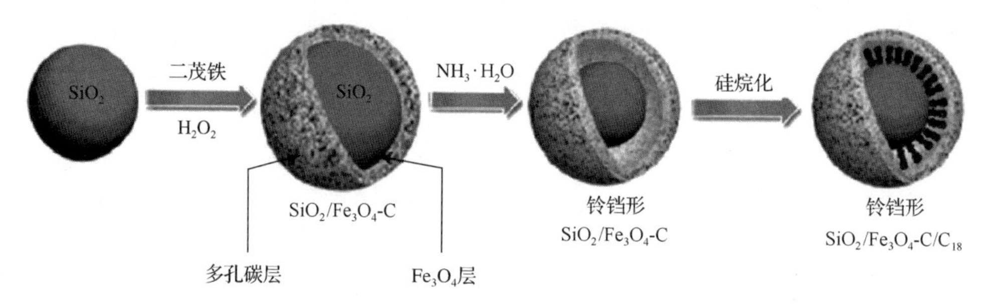

图 4-12　铃铛形磁性硅胶固相萃取吸附剂的合成示意图[189]

共价有机框架结构也可以起到类似的限进介质作用。利用对苯二胺(*p*-phenylenediamine, Pa-1)和三甲酰间苯三酚(1,3,5-triformylphloroglucinol, Tp)在常温下即可在乙醇中交联，形成满天星花束状的多孔共价有机框架结构(TpPa-1)，并通过席夫碱反应包覆到氨基修饰的磁性纳米颗粒表面，得到磁性固相萃取吸附剂，其合成示意图见图 4-13。该萃取剂具有较大的比表面积、发达的孔隙结构和良好的磁分

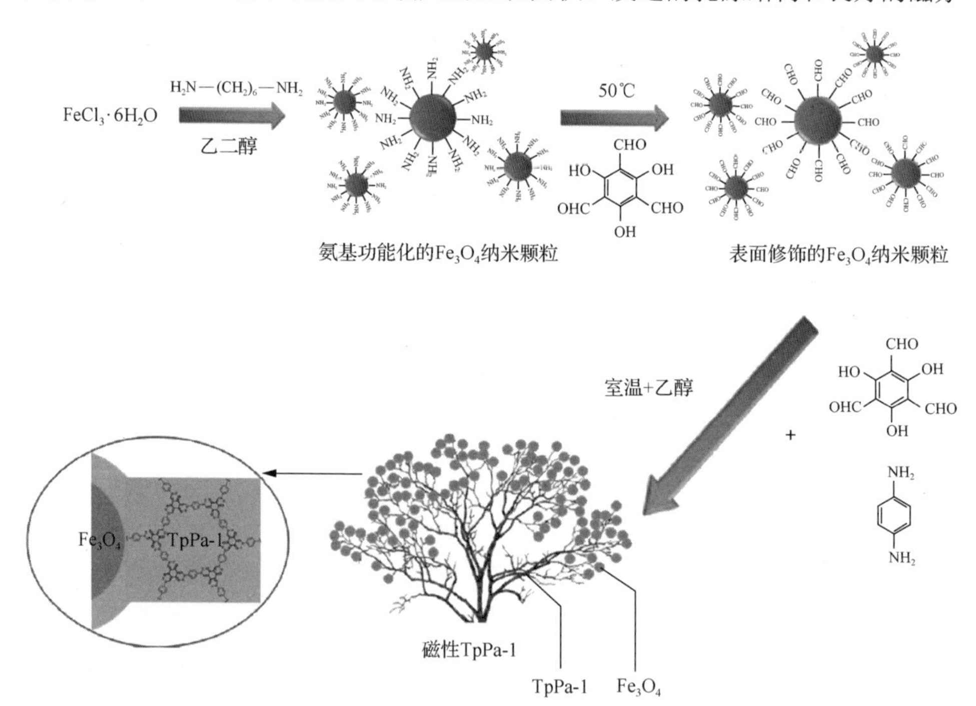

图 4-13　满天星花束状磁性共价有机框架固相萃取吸附剂的合成示意图[190]

离特性，不但可以高效吸附环境水样中的多环芳烃类有机物，而且对于环境样品中常见的腐殖酸具有较强的抗干扰能力，将其用于自来水、河水和湖水样品中的痕量 PAHs 的磁性固相萃取-HPLC-FLD 测定，检出限可达 0.24～1.01 ng/L，加标回收率为 73%～110%[190]。与之类似，金属有机骨架（metal organic framework, MOF）也可以作为磁性颗粒的包覆层，通过限进效应提高内部萃取剂的抗干扰能力[191]。

总的来说，由于磁性纳米颗粒具有超顺磁性，因此在没有外加磁场时，材料不表现磁性，可完全分散到样品溶液中，与分析物充分接触。吸附完成后，当在容器壁外施加外加磁场时，吸附分析物的萃取剂产生很强的方向相同的感应磁场，在外加磁场的作用下，萃取剂会被迅速吸附到容器壁上，从而实现快速的固液分离。该方法的优点主要有三方面：①磁性分离解决了固液分离困难的问题，显著提高了大体积环境水样的分析速度；②纳米材料比表面积大的特点使其萃取容量显著提高，大大减少了萃取剂用量；③磁性纳米颗粒制备过程简单，成本低廉，而且可以重复使用。这种磁性固相萃取方法操作简便快捷，无须专用的固相萃取设备，分离过程可控，非常适合大体积水样中痕量 POPs 目标物的固相萃取。

4.5.2　固相萃取的自动化技术及其在 POPs 分析中的应用

常用的固相萃取装置一般可同时处理 12 或 24 个样品，如果需要分析的环境样品数量很大，可根据需要选择各种自动化固相萃取技术，既可以提高工作效率，又可以减少人为操作造成的误差。固相萃取的自动化技术主要包括 96 孔固相萃取板系统、在线固相萃取（on-line SPE）以及最近开发的自动化固相萃取（auto SPE）装置。固相萃取的自动化技术虽然研究较晚，但经过几十年的发展，其技术逐渐成熟，应用日益广泛，在大批量环境样品中痕量 POPs 的分析中发挥了越来越重要的作用。

（1）96 孔固相萃取板系统。为了提高萃取效率，可以采用高通量的 96 孔固相萃取装置。该装置为离线方式，分为上、下两层，上层为萃取板，上有 96 个整齐排列的固相萃取柱，可用于萃取样品溶液（图 4-14）。

萃取板通过一个密封垫圈与下方的收集板相连，收集板上有与萃取板上的萃取柱相对应的收集管，可用于被洗脱的分析物的收集；收集板再通过密封垫圈与最下方的真空泵连接。目前，Agilent、Waters 或 3 M 等公司均已推出自行开发的 96 孔固相萃取装置。利用该装置，可对人血清、全血等样品中的多氟烷基磷酸类污染物以及河水样品中的对羟基苯甲酸乙酯、双酚 A 等进行半自动化的固相萃取操作，实现 96 个样品溶液的同时固相萃取处理，处理一批样品所需时间一般不超过 1 h，样品回收率和分析检测限都非常令人满意[192-194]。

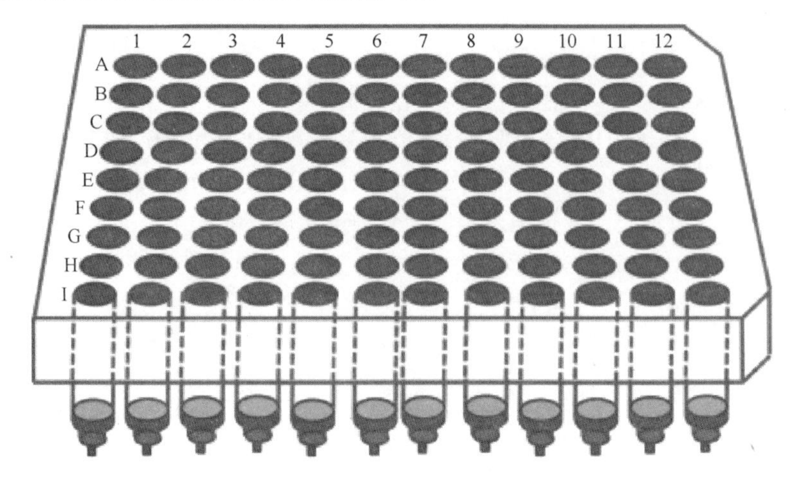

图 4-14 96 孔固相萃取板系统示意图

在负压模式下进行高通量固相萃取时最主要的问题是当 96 孔板中某个孔道流干时，会使其余孔道的流速减慢，由此导致不同孔道间分析物的回收率重现性较差。因此，Waters 和 Biotage 等公司又相继开发出正压模式的 96 孔固相萃取装置。该装置是将惰性气体通过流速调节器精确控制压力并传送至 96 孔固相萃取处理装置中，从而实现对每个孔道施加相等的压力，使通过整块 96 孔板的样品流速均匀一致，不受空孔的影响，这对于不同孔道保持高度均匀的萃取效果，改善分析物回收率的重现性非常重要。正压模式的 96 孔固相萃取装置的另一大优势是处理黏性较大的样品，它能够提供更大的压力，驱动黏性样品匀速通过萃取柱，很好地解决了真空萃取装置动力不足的问题。

(2) 在线固相萃取。传统的离线固相萃取过程操作繁复、耗时较长，并且由于步骤较多，样品容易被污染。此外，蒸发浓缩后的洗脱液只有极少量被用于随后的检测，这对于分析的灵敏度是一个较大的损失，而在线固相萃取可在某种程度上克服上述不足。

在线固相萃取是指固相萃取柱以柱切换(column switching)或预柱(precolumn)的形式与后续的色谱或其他分析方法的在线联用技术。该联用体系的典型结构如图 4-15 所示[195]。

在样品的萃取富集中，固相萃取预柱首先被置于六通阀的采样环位置，经过对萃取柱的预处理、上样吸附富集、洗涤去除杂质等步骤后，通过六通阀将预柱切换至注射位置(即将预柱与分析柱相连)，此时即可用合适的流动相将吸附于预柱上的被测物直接洗脱并通过分析柱，分析物在流动相的推动下在分析柱得到分离，最终到达检测器进行分析测定[195]。

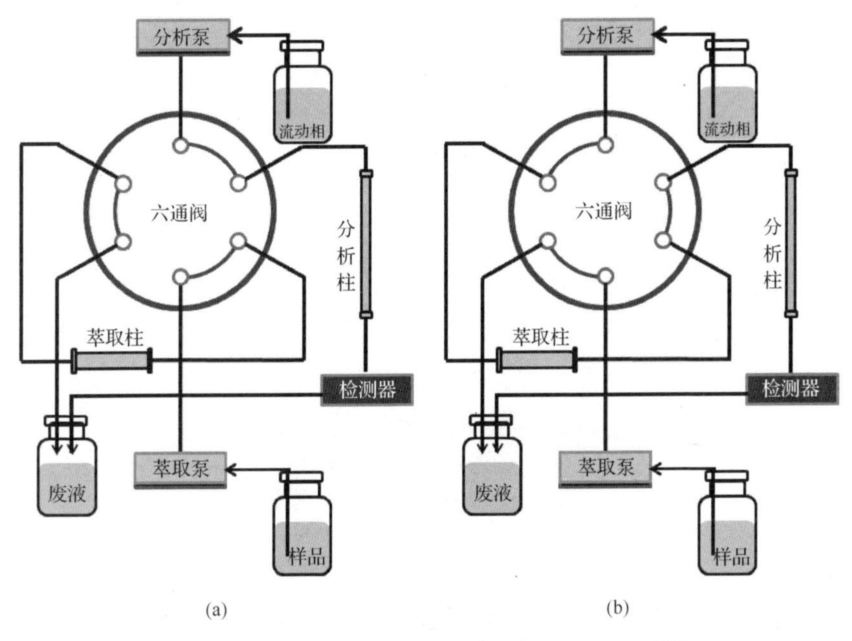

图 4-15　固相萃取与高效液相色谱法的在线联用[195]
(a) 在线萃取富集；(b) 洗脱和分析

固相萃取在线联用技术最常见的方式是将固相萃取预处理与后续的液相色谱联用。由于分析物的浓缩与分析测定连为一体，步骤更为简单，与外部环境接触较少，因此可将分析过程中的污染减小到最低；而且在线操作过程中被预柱吸附的分析物全部进入了后续的分析柱，所以总体的萃取效率较高，提高了测定灵敏度。另外，在线联用分析过程中样品溶液的预富集与分析物的色谱测定可同时进行，即在分析一个样品时可以同时用预柱萃取下一个样品，大大节约了分析时间，提高了工作效率。正是因为固相萃取-液相色谱联用技术具有上述突出优点，所以在环境样品中 POPs 的分析中获得了重视[196-199]。

除可与液相色谱联用外，固相萃取与气相色谱、毛细管电泳等的在线联用也有研究，这方面的研究情况可参阅有关文献[200-207]。

(3) 自动化固相萃取装置。无论是离线式固相萃取还是在线式固相萃取，中间都离不开人工的参与，而自动化固相萃取仪是一套能够在无人值守的情况下自动运行固相萃取的萃取装置。目前商品化的自动化固相萃取仪有 Thermo Fisher 公司生产的 AutoTrace 系列(图 4-16)等，只要设定好每一步的参数，就可以全自动完成固相萃取过程中包括活化、上样、淋洗和洗脱的全部步骤。这台 AutoTrace 280 全自动固相萃取仪的上样体积为 20 mL～20 L，是目前上样体积最大的固相萃取设备，将其用于大体积水样中痕量 POPs 的固相萃取，可以获得较高的富集因子，有效地提高检测灵敏度。不仅如此，这台仪器还包含 6 个通道，可以同时处理 6

个样品。与目前流行的在线固相萃取类似，AutoTrace 280 采用的也是正压模式的上样方式，因此在保证萃取速度的同时，具有更高的重复性和稳定性。此外，还可通过将固相萃取柱更换成固相萃取盘，进一步提高萃取的速度。目前，这套自动化固相萃取仪已广泛用于各种水样中痕量目标物的萃取，加标回收率和重现性令人满意[208-211]。

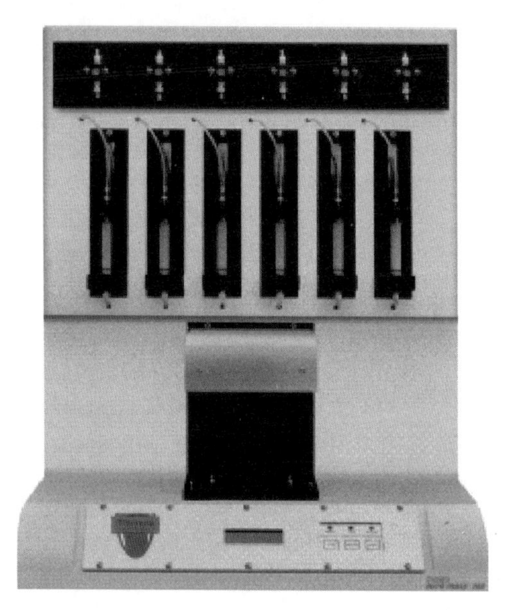

图 4-16 Thermo Fisher 公司生产的 AutoTrace 280 全自动固相萃取仪

除了上面提到的 Thermo Fisher 公司生产的 AutoTrace 系列的自动化固相萃取仪之外，目前市面上还有美国 Horizon 公司的 SPE-DEX 全自动固相萃取仪、美国 Gilson 公司的 GX-27X ASPEC 系列全自动固相萃取仪、日本 GL Sciences 公司的 AQUA Trace ASPE 7X 自动固相萃取仪、济南海能仪器股份有限公司的 Hanon Auto SPE 全自动固相萃取仪和上海屹尧仪器科技发展有限公司的 CLEVER 全自动固相萃取仪等。这些商品化的自动化固相萃取仪虽然结构上各有不同，但是萃取原理和方式基本相同。自动化固相萃取的主要优势在于：①降低了人力成本和试剂的消耗；②萃取过程无须人工参与，减少了操作者在有机溶剂下的暴露；③提高了萃取效率，在短时间内可以处理更多的样品。

4.6 应用于 POPs 分析的固相萃取技术的展望

固相萃取技术在环境样品中 POPs 的萃取测定方面具有突出的优势，其技术和理论也日渐成熟，但是仍然存在一些不足。

(1)吸附剂的选择性和抗干扰性还需进一步提高。目前，虽然通过表面修饰或限进介质能够在一定程度上提高固相萃取吸附剂的选择性和抗干扰性，但是，如果复杂样品中的蛋白质、核酸、腐殖质等天然有机质含量过高，仍会对萃取产生严重的干扰，降低萃取的回收率。另外，样品中的胶体或固体颗粒物会堵塞吸附剂的微孔结构，造成柱容量的降低和柱压的增大，影响萃取效率和萃取回收率。所以，今后的发展趋势是研究开发高选择性甚至是特异性的吸附剂，以降低基体效应，消除干扰，提高萃取回收率，改善测定的准确度。在这方面，具有高选择性的免疫亲和吸附剂和分子印迹吸附剂有着极大的应用潜力和良好的开发前景。

(2)继续研究多通道、智能化且重现性良好的固相萃取新方法。例如，在前面介绍的 96 孔固相萃取装置的基础上，继续发展高通量、微型化的固相萃取装置。这样不仅可以提高工作效率，还可以减少样品和试剂的消耗，降低测定成本。进行这项研究最重要的途径就是将固相萃取装置阵列化和芯片化。已经有人尝试将 C_{18} 键合硅胶负载到微流管路系统中，实现了在微芯片上进行固相萃取(SPE on chip)的设想[206]，这种技术目前主要应用于生物分子和金属离子的富集测定[212-215]，在 POPs 分析中的应用还很少，应该是未来环境样品中 POPs 固相萃取分析的发展方向。

除了以上两点，还应继续研究高纯度吸附材料的合成方法，降低其中的杂质含量，减少测定的空白值，降低分析检测限。此外，固相萃取与其他分离富集方法的联用和结合也是研究热点之一，通过多种方法的联用有可能克服单一方法的不足，改善分离富集效果，甚至有可能派生出新的分离富集方法。

总之，固相萃取技术是测定环境样品中痕量 POPs 组分的一把利器，随着研究的逐步深入和相关技术的不断发展，将来一定会给分析工作者提供更多的便利。

参考文献

[1] Liska I. Fifty years of solid-phase extraction in water analysis—Historical development and overview. J Chromatogr A, 2000, 885: 3-16.

[2] Ballesteros-Gomez A, Rubio S. Recent advances in environmental analysis. Anal Chem, 2011, 83: 4579-4613.

[3] Płotka W J, Szczepanska N, Guardia M, et al. Modern trends in solid phase extraction: New sorbent media. TrAC-Trends Anal Chem, 2016, 77: 23-43.

[4] Richardson S D, Ternes T A. Water analysis: Emerging contaminants and current issues. Anal Chem, 2011, 83: 4614-4648.

[5] 董亮, 张秀蓝, 史双昕, 等. 新型持久性有机污染物分析方法研究进展. 中国科学: 化学, 2013, 43: 336-350.

[6] Dikma Technologies. Dikma Chromatography Catalog 200. http://www.dikmatech.com/Catalog/index/cid/476[2018-08-04].

[7] Agilent Technologies. Bond Elut Plexa Solid Phase Extraction Cartridges. https://www.agilent.com/en-us/support/landing/?N=4294967055+4294950045+4294950016&Ntt=Bond%20Elut%20Plexa%20Solid%20Phase%20Extraction%20Cartridges&redirect=0[2018-08-04].

[8] Waters Scientific. Beginner's Guide to SPE: Solid-Phase Extraction. New York: John Wiley & Sons, Inc, 2013.

[9] Niu H Y, Cai Y Q, Shi Y L, et al. A new solid-phase extraction disk based on a sheet of single-walled carbon nanotubes. Anal Bioanal Chem, 2008, 392: 927-935.

[10] Christine M E. Determination of priority organic substances in surface water containing suspended particulate matter by disk solid phase extraction. 2013.

[11] Brown J N, Peake B M. Determination of colloidally-associated polycyclic aromatic hydrocarbons (PAHs) in fresh water using C_{18} solid phase extraction disks. Anal Chim Acta, 2003, 486: 159-169.

[12] Erger C, Schmidt T C. Disk-based solid-phase extraction analysis of organic substances in water. TrAC-Trends Anal Chem, 2014, 61: 74-82.

[13] Manirakiza P, Covaci A, Schepens P. Improved analytical procedure for determination of chlorinated pesticide residues in human serum using solid phase disc extraction (SPDE), single-step clean-up and gas chromatography. Chromatographia, 2002, 55: 353-359.

[14] Ma X D, Zhang H J, Wang Z, et al. Bioaccumulation and trophic transfer of short chain chlorinated paraffins in a marine food web from liaodong bay, north China. Environ Sci Technol, 2014, 48: 5964-5971.

[15] Castells P, Santos F J, Galceran M T. Solid-phase extraction versus solid-phase microextraction for the determination of chlorinated paraffins in water using gas chromatography-negative chemical ionisation mass spectrometry. J Chromatogr A, 2004, 1025: 157-162.

[16] Song S J, Song M Y, Zeng L Z, et al. Occurrence and profiles of bisphenol analogues in municipal sewage sludge in China. Environ Pollut, 2014, 186: 14-19.

[17] Cheng H M, Hua Z L. Effects of hydrodynamic disturbances and resuspension characteristics on the release of tetrabromobisphenol A from sediment. Environ Pollut, 2016, 219: 785-793.

[18] Hossain M S, Chowdhury M A Z, Pramanik M K, et al. Determination of selected pesticides in water samples adjacent to agricultural fields and removal of organophosphorus insecticide chlorpyrifos using soil bacterial isolates. Appl Water Sci, 2015, 5: 171-179.

[19] Masqué N, Mmarcé R, Borrull F. New polymeric and other types of sorbents for solid-phase extraction of polar organic micropollutants from environmental water. TrAC-Trends Anal Chem, 1998, 17: 384-394.

[20] Wells M J M, Yu L Z. Solid-phase extraction of acidic herbicides. J Chromatogr A, 2000, 885: 237-250.

[21] Michalkiewicz A, Biesaga M, Pyrzynska K. Solid-phase extraction procedure for determination of phenolic acids and some flavonols in honey. J Chromatogr A, 2008, 1187: 18-24.

[22] Dugay J, Hennion M C. Evaluation of the performance of analytical procedures for the trace-level determination of aminotriazole in drinking waters. TrAC-Trends Anal Chem, 1995, 14: 407-414.

[23] Pichon V, Hennion M C. Comparison of on-line enrichment based on ion-pair and cation-exchange liquid chromatography for the trace-level determination of 3-amino-1,2,4-triazole (aminotriazole) in water. Anal Chim Acta, 1993, 284: 317-326.

[24] Coquart V, Hennion M C. Trace-level monitoring of chloroanilines in environmental waters using on-line trace-enrichment and liquid chromatography with UV and electrochemical detection. Chromatographia, 1993, 37: 392-398.
[25] Coquart V, Garcia-Camacho P, Hennion M C. Trace-level determination of hydroxyatrazine and dealkylated degradation products of atrazine in waters. Int J Environ Anal Chem, 1993, 52: 99-112.
[26] Schenck F J, Lehotay S J. Does further clean-up reduce the matrix enhancement effect in gas chromatographic analysis of pesticide residues in food? J Chromatogr A, 2000, 868: 51-61.
[27] Chambers E, Wagrowski-Diehl D M, Lu Z L, et al. Systematic and comprehensive strategy for reducing matrix effects in LC/MS/MS analyses. J Chromatogr B, 2007, 852: 22-34.
[28] Marko V, Soltes L, Novak I. Selective solid-phase extraction of basic drugs by C_8-silica. Discussion of possible interactions. J Pharm Biomed Anal, 1990, 8: 297-301.
[29] Marko V. Determination of stobadine, a novel cardioprotective drug, using capillary gas chromatography with nitrogen-phosphorus detection after its selective solid-phase extraction from serum. J Chromatogr B, 1988, 433: 269-275.
[30] Law B, Weir S, Ward N A. Fundamental studies in reversed-phase liquid-solid extraction of basic drugs. Ⅰ: Ionic interactions. J Pharm Biomed Anal, 1992, 10: 167-179.
[31] Natalia C, Damián P Q, Sonia M Z, et al. Evaluation of bi-functionalized mesoporous silicas as reversed phase/cation-exchange mixed-mode sorbents for multi-residue solid phase extraction of veterinary drug residues in meat samples. Talanta, 2017, 165: 223-230.
[32] Lee M J, Ramanathan S, Mansor S M, et al. Method validation in quantitative analysis of phase Ⅰ and phase Ⅱ metabolites of mitragynine in human urine using liquid chromatography-tandem mass spectrometry. Anal Biochem, 2018, 543: 146-161.
[33] Dewalque L, Pirard C, Dubois N, et al. Simultaneous determination of some phthalate metabolites, parabens and benzophenone-3 in urine by ultra high pressure liquid chromatography tandem mass spectrometry. J Chromatogr B, 2014, 949-950: 37-47.
[34] Zhang P, Bui A, Rose G, et al. Mixed-mode solid-phase extraction coupled with liquid chromatography tandem mass spectrometry to determine phenoxy acid, sulfonylurea, triazine and other selected herbicides at nanogram per litre levels in environmental waters. J Chromatogr A, 2014, 1325: 56-64.
[35] Thurman E M, Mills M S. Solid Phase Extraction: Principles and Practice. New York: Wiley, 1998: 152.
[36] Muldoon M T, Stanker L H. Molecularly imprinted solid phase extraction of atrazine from beef liver extracts. Anal Chem, 1997, 69: 803-808.
[37] Rashid B A, Briggs R J, Hay J N, et al. Preliminary evaluation of a molecular imprinted polymer for solid-phase extraction of tamoxifen. Anal Commun, 1997, 34: 303-305.
[38] Venn R F, Goody R J. Synthesis and properties of molecular imprints of darifenacin: The potential of molecular imprinting for bioanalysis. Chromatographia, 1999, 50: 407-414.
[39] Ensing K, Berggren C, Majors R E. Selective sorbents for solidphase extraction based on molecularly imprinted polymers. LC-GC Europe, 2001, 19: 942-954.
[40] Joshi V P, Karode S K, Kulkarni M G, et al. Novel separation strategies based on molecularly imprinted adsorbents. Chem Eng Sci, 1998, 53: 2271-2284.
[41] Takeuchi T, Haginaka J. Separation and sensing based on molecular recognition using molecularly imprinted polymers. J Chromatogr B, 1999, 728: 1-20.
[42] Theodoridis G, Kantifes A, Manesiotis P, et al. Preparation of a molecularly imprinted polymer for the solid-phase extraction of scopolamine with hyoscyamine as a dummy template molecule. J Chromatogr A, 2003, 987: 103-109.

[43] Baggiani C, Giraudi G, Vanni A. A molecular imprinted polymer with recognition properties towards the carcinogenic mycotoxin ochratoxin A. Bioseparation, 2002, 10: 389-394.
[44] Matsui J, Fujiwara K, Ugata S, et al. Solid-phase extraction with a dibutylmelamine-imprinted polymer as triazine herbicide-selective sorbent. J Chromatogr A, 2000, 889: 25-31.
[45] Mullett W M, Dirie M F, Lai E P C, et al. A 2-aminopyridine molecularly imprinted polymer surrogate micro-column for selective solid phase extraction and determination of 4-aminopyridine. Anal Chim Acta, 2000, 414: 123-131.
[46] Matsui J, Fujiwara K, Takeuchi T. Atrazine-selective polymers prepared by molecular imprinting of trialkylmelamines as dummy template species of atrazine. Anal Chem, 2000, 72: 1810-1813.
[47] Jodlbauer J, Maier N M, Lindner W. Towards ochratoxin A selective molecularly imprinted polymers for solid-phase extraction. J Chromatogr A, 2002, 945: 45-63.
[48] Moller K, Nilsson U, Crescenzi C. Synthesis and evaluation of molecularly imprinted polymers for extracting hydrolysis products of organophosphate flame retardants. J Chromatogr A, 2001, 938: 121-130.
[49] Chassaing C, Stokes J, Venn R F, et al. Molecularly imprinted polymers for the determination of a pharmaceutical development compound in plasma using 96-well MISPE technology. J Chromatogr B, 2004, 804: 71-81.
[50] Ansell R J. Molecularly imprinted polymers for the enantioseparation of chiral drugs. Adv Drug Deliv Rev, 2005, 57: 1809-1835.
[51] Cheong W J, Yang S H, Ali F. Molecular imprinted polymers for separation science: A review of reviews. J Sep Sci, 2013, 36: 609-628.
[52] Sekhon B. Enantioseparation of chiral drugs—An overview. Int J Pharm Technol Res, 2010, 2: 1584-1594.
[53] Zhao M, Shen G. The application of molecularly imprinted polymers. J Mater Sci Chem Eng, 2015, 3: 87-89.
[54] Yang J J, Li Y, Wang J C, et al. Molecularly imprinted polymer microspheres prepared by pickering emulsion polymerization for selective solid-phase extraction of eight bisphenols from human urine samples. Anal Chim Acta, 2015, 872: 35-45.
[55] Yang Y J, Yu J L, Yin J, et al. Molecularly imprinted solid-phase extraction for selective extraction of bisphenol analogues in beverages and canned food. J Agric Food Chem, 2014, 62: 11130-11137.
[56] Binsalom A, Chianella I, Campbell K, et al. Development of solid-phase extraction using molecularly imprinted polymer for the analysis of organophosphorus pesticides-（chlorpyrifos）in aqueous solution. J Chromatogr Sep Tech, 2016, 7: 6-11.
[57] Li Y, Cheng J, Lu P, et al. Quartz-wool-supported surface dummy molecularly imprinted silica as a novel solid phase extraction sorbent for determination of bisphenol A in water samples and orange juice. Food Anal Method, 2016, 10: 1922-1930.
[58] Lordel-Madeleine S, Eudes V, Pichon V. Identification of the nitroaromatic explosives in post-blast samples by online solid phase extraction using molecularly imprinted silica sorbent coupled with reversed-phase chromatography. Anal Bioanal Chem, 2013, 405: 5237-5247.
[59] Helene H I, Pinkerton T C. Internal surface reversed-phase silica supports for liquid chromatography. Anal Chem, 1985, 57: 1757-1763.
[60] Petrovic M, Tavazzi S, Barcelo D. Column-switching system with restricted access pre-column packing for an integrated sample cleanup and liquid chromatographic-mass spectrometric analysis of alkylphenolic compounds and steroid sex hormones in sediment. J Chromatogr A, 2002, 971: 37-45.

[61] Hogendoorn E A, Dijkman E, Baumann B, et al. Strategies in using analytical restricted access media columns for the removal of humic acid interferences in the trace analysis of acidic herbicides in water samples by coupled column liquid chromatography with UV detection. Anal Chem, 1999, 71: 1111-1118.
[62] Fernández J M, Vidal J L M, Vázquez P P, et al. Application of restricted-access media column in coupled-column RPLC with UV detection and electrospray mass spectrometry for determination of azole pesticides in urine. Chromatographia, 2001, 53: 503-509.
[63] Cassiano N M, Barreiro J C, Moraes M C, et al. Restricted-access media supports for direct high-throughput analysis of biological fluid samples: Review of recent applications. Bioanalysis, 2009, 1: 577-594.
[64] Sun J J, Fritz J S. Chemically modified resins for solid-phase extraction. J Chromatogr A, 1992, 590: 197-202.
[65] Schmidt L, Fritz J S. Ion-exchange preconcentration and group separation of ionic and neutral organic compounds. J Chromatogr A, 1993, 640: 145-149.
[66] Slobodnik J, Hoekstra-Oussoren S J F, Jager M E, et al. On-line solid-phase extraction-liquid chromatography-particle beam mass spectrometry and gas chromatography-mass spectrometry of carbamate pesticides. Analyst, 1996, 121: 1327-1334.
[67] Heffernan A L, Thompson K, Eaglesham G, et al. Rapid, automated online SPE-LC-QTRAP-MS/MS method for the simultaneous analysis of 14 phthalate metabolites and 5 bisphenol analogues in human urine. Talanta, 2016, 151: 224-233.
[68] Langer S, Bekö G, Weschler C J, et al. Phthalate metabolites in urine samples from Danish children and correlations with phthalates in dust samples from their homes and daycare centers. Int J Hyg Envir Heal, 2014, 217: 78-87.
[69] Asi M R, Hussain A, Muhmood S T. Solid phase extraction of pesticide residues in water samples: DDT and its metabolites. Int J Environ Res, 2008, 2: 43-48.
[70] Sarawan S, Chanthai S. Ultra-trace determination of methyl carbamate and ethyl carbamate in local wines by GC-FID following preconcentration with C_{18}-SPE. Orient J Chem, 2014, 30: 1021-1029.
[71] Wang W, Abualnaja K O, Asimakopoulos A G, et al. A comparative assessment of human exposure to tetrabromobisphenol A and eight bisphenols including bisphenol A via indoor dust ingestion intwelve countries. Environ Int, 2015, 83: 183-191.
[72] Mørck T A, Erdmann S E, Long M, et al. PCB concentrations and dioxin-like activity in blood samples from danish school children and their mothers living in urban and rural areas. Basic Clin Pharmacol Toxicol, 2014, 115: 134-144.
[73] Subra P, Hennion M C, Rosset R, et al. Recovery of organic compounds from large-volume aqueous samples using on-line liquid chromatographic preconcentration techniques. J Chromatogr A, 1988, 456: 121-141.
[74] Cao F M, Wang L, Sun H W, et al. The optimization of sorbents and elution method for perfluorocarboxylic acids from the aquatic solution. Fresen Environ Bull, 2015, 24: 2238-2244.
[75] Blecha J E, Henderson B D, Hockley B G, et al. An updated synthesis of [^{11}C]carfentanil for positron emission tomography（PET）imaging of the μ-opioid receptor. J Label Compd Radiopharm, 2017, 60: 375-380.
[76] Kip A E, Rosing H, Hillebrand M J X, et al. Quantification of miltefosine in peripheral blood mononuclear cells by high-performance liquid chromatography-tandem mass spectrometry. J Chromatogr B, 2015, 998-999: 57-62.

[77] Tan D Q, Jin J, Li F, et al. Phenyltrichlorosilane-functionalized magnesium oxide microspheres: Preparation, characterization and application for the selective extraction of dioxin-like polycyclic aromatic hydrocarbons in soils with matrix solid-phase dispersion. Anal Chim Acta, 2017, 956: 14-23.
[78] Puig D, Barcelo D. Off-line and on-line solid-phase extraction followed by liquid chromatography for the determination of priority phenols in natural waters. Chromatographia, 1995, 40: 435-444.
[79] Fumes B H, Silva M R, Andrade F N, et al. Recent advances and future trends in new materials for sample preparation. TraAC-Trends Anal Chem, 2015, 71: 9-25.
[80] Baghdady Y Z, Schug K A. Evaluation of efficiency and trapping capacity of restricted access media trap columns for the online trapping of small molecules. J Sep Sci, 2016, 39: 4183-4191.
[81] McLaughlin R A, Johnson B S. Optimizing recoveries of two chlorotriazine herbicide metabolites and 11 pesticides from aqueous samples using solid-phase extraction and gas chromatography-mass spectrometry. J Chromatogr A, 1997, 790: 161-167.
[82] Quintana J B, Rodil R, Reemtsma T. Determination of phosphoric acid mono- and diesters in municipal wastewater by solid-phase extraction and ion-pair liquid chromatography-tandem mass spectrometry. Anal Chem, 2006, 78: 1644-1650.
[83] Hosoya K, Kageyama Y, Yoshizako K, et al. Uniform-sized polymer-based separation media prepared using vinyl methacrylate as a cross-linking agent possible powerful adsorbent for solid-phase extraction of halogenated organic solvents in an aqueous environment. J Chromatogr A, 1995, 711: 247-255.
[84] Anderson D J. High-performance liquid chromatography（advances in packing materials）. Anal Chem, 1995, 67: 475-486.
[85] Salihovic S, Mattioli L, Lindström G, et al. A rapid method for screening of the Stockholm Convention POPs in small amounts of human plasma using SPE and HRGC/HRMS. Chemosphere, 2012, 86: 747-753.
[86] Arend M W, Ballschmiter K. A new sample preparation technique for organochlorinesin cod liver oil combining SPE and NP-HPLC with HRGC-ECD. Fresenius J Anal Chem, 2000, 366: 324-328.
[87] Milan M, Ferrero A, Fogliatto S, et al. Leaching of S-metolachlor, terbuthylazine, desethyl-terbuthylazine, mesotrione, flufenacet, isoxaflutole, and diketonitrile in field lysimeters as affected by the time elapsed between spraying and first leaching event. J Environ Sci Heal B, 2015, 50: 851-861.
[88] Goss C D, Wiens R, Gorczyca B, et al. Comparison of three solid phase extraction sorbents for the isolation of THM precursors from manitoban surface waters. Chemosphere, 2017, 168: 917-924.
[89] Jimenez J J, Bernal J L, Del Nozal M J, et al. Analysis of pesticide residues in wine by solid-phase extraction and gas chromatography with electron capture and nitrogen-phosphorus detection. J Chromatogr A, 2001, 919: 147-156.
[90] Arena M P, Porter M D, Fritz J S. Rapid, specific determination of iodine and iodide by combined solid-phase extraction/diffuse reflectance spectroscopy. Anal Chem, 2002, 74: 185-190.
[91] Bagheri H, Saraji M. New polymeric sorbent for the solid-phase extraction of chlorophenols from water samples followed by gas chromatography-electron-capture detection. J Chromatogr A, 2001, 910: 87-93.

[92] Chanmber T K, Fritz J S. Effect of polystyrene-divinylbenzene resin sulfonation on solute retention in high-performance liquid chromatography. J Chromatogr A, 1998, 797: 139-147.

[93] Masque N, Marce R M, Borrull F. Comparison of different sorbents for on-line solid-phase extraction of pesticides and phenolic compounds from natural water followed by liquid chromatography. J Chromatogr A, 1998, 793: 257-263.

[94] Fritz J S, Masso J J. Miniaturized solid-phase extraction with resin disks. J Chromatogr A, 2001, 909: 79-85.

[95] Kim U J, Oh J E. Tetrabromobisphenol A and hexabromocyclododecane flame retardants in infant-mother paired serum samples, and their relationships with thyroid hormones and environmental factors. Environ Pollut, 2014, 184: 193-200.

[96] Keller J M, Swarthout R F, Carlson B K R, et al. Comparison of five extraction methods for measuring PCBs, PBDEs, organochlorine pesticides, and lipid content in serum. Anal Bioanal Chem, 2009, 393: 747-760.

[97] Bacaloni A, Cavaliere C, Foglia P, et al. Liquid chromatography/tandem mass spectrometry determination of organophosphorus flame retardants and plasticizers in drinking and surface waters. Rapid Commun Mass Spectrom, 2007, 21: 1123-1130.

[98] Pan Y Y, Shi Y L, Wang J M, et al. Concentrations of perfluorinated compounds in human blood from twelve cities in China. Environ Toxicol Chem, 2010, 29: 2695-2701.

[99] Miao W B, Wu C H, Yang J L, et al. Simultaneous determination of trace polybrominated diphenyl ethers in serum using gas chromatography-negative chemical ionization mass spectrometry with simplified sample preparation. Anal Methods, 2015, 7: 5907-5912.

[100] 张文锦, 后小龙, 韩子超. 气相色谱-质谱法测定水体中的六溴环十二烷. 理化检验: 化学分册, 2017, 53: 1068-1071.

[101] Patsias J, Papadopoulou A, Papadopoulou-Mourkidou E. Automated trace level determination of glyphosate and aminomethyl phosphonic acid in water by on-line anion-exchange solid-phase extraction followed by cation-exchange liquid chromatography and post-column derivatization. J Chromatogr A, 2001, 932: 83-90.

[102] Shi Y L, Vestergren R, Xu L, et al. Characterizing direct emissions of perfluoroalkyl substances from ongoing fluoropolymer production sources: A spatial trend study of Xiaoqing River, China. Environ Pollut, 2015, 206: 104-112.

[103] Zhou Z, Shi Y L, Vestergren R, et al. Highly elevated serum concentrations of perfluoroalkyl substances in fishery employees from Tangxun Lake, China. Environ Sci Technol, 2014, 48: 3864-3874.

[104] Shi Y L, Vestergren R, Xu L, et al. Human exposure and elimination kinetics of chlorinated polyfluoroalkyl ether sulfonic acids（Cl-PFESAs）. Environ Sci Technol, 2016, 50: 2396-2404.

[105] Wang Y, Vestergren R, Shi Y L, et al. Identification, tissue distribution, and bioaccumulation potential of cyclic perfluorinated sulfonic acids isomers in an airport impacted ecosystem. Environ Sci Technol, 2016, 50: 10923-10932.

[106] Zhou Z, Liang Y, Shi Y L, et al. Occurrence and transport of perfluoroalkyl acids（PFAAs）, including short-chain PFAAs in Tangxun Lake, China. Environ Sci Technol, 2013, 47: 9249-9257.

[107] Shi Y L, Vestergren R, Zhou Z, et al. Tissue distribution and whole body burden of the chlorinated polyfluoroalkyl ether sulfonic acid F-53b in crucian carp（*Carassius carassius*）: Evidence for a highly bioaccumulative contaminant of emerging concern. Environ Sci Technol, 2015, 49: 14156-14165.

[108] Kanaujia P K, Pardasani D, Gupta A K, et al. Extraction of acidic degradation products of organophosphorus chemical warfare agents: Comparison between silica and mixed-mode strong anion-exchange cartridges. J Chromatogr A, 2007, 1161: 98-104.

[109] Elsheikh A, Sekine M, Horikiri Y, et al. Applicability of passive sampler disks for collection of time-integrated river water samples for toxicity bioassay. J Water Environ Techno, 2017, 15: 129-142.

[110] Razavi N, Yazdi A S. New application of chitosan-grafted polyaniline in dispersive solid-phase extraction for the separation and determination of phthalate esters in milk using high-performance liquid chromatography. J Sep Sci, 2017, 40: 1739-1746.

[111] Zhou Q X, Yuan Y Y, Wu Y L, et al. Sensitive determination of typical phenols in environmental water samples by magnetic solid-phase extraction with polyaniline@SiO_2@Fe as the adsorbents before HPLC. J Sep Sci, 2017, 40: 4032-4040.

[112] Matisová E, Skrabakova S. Carbon sorbents and their utilization for the preconcentration of organic pollutants in environmental samples. J Chromatogr A, 1995, 707: 145-179.

[113] Dressler M. Extraction of trace amounts of organic compounds from water with porous organic polymers. J Chromatogr A, 1979, 165: 167-206.

[114] Cavaliere C, Capriotti A L, Ferraris F, et al. Multiresidue analysis of endocrine-disrupting compounds and perfluorinated sulfates and carboxylic acids in sediments by ultra-high-performance liquid chromatography-tandem mass spectrometry. J Chromatogr A, 2016, 1438: 133-142.

[115] Xu T, Tang H, Chen D Z, et al. Simultaneous determination of 24 polycyclic aromatic hydrocarbons in edible oil by tandem solid-phase extraction and gas chromatography coupled/tandem mass spectrometry. J AOAC Int, 2015, 98: 529-537.

[116] Sibali L L, Okonkwo J O, Zvinowanda C. Determination of DDT and metabolites in surface water and sediment using LLE, SPE, ACE and SE. Bull Environ Contam Toxicol, 2009, 83: 885-891.

[117] Li Y J, Lu P, Hu D Y, et al. Determination of dufulin residue in vegetables, rice, and tobacco using liquid chromatography with tandem mass spectrometry. J AOAC Int, 2015, 98: 1739-1744.

[118] 由晓，井乐刚. 吡唑醚菌酯残留分析研究进展. 食品安全质量检测学报，2015，6(3)：863-871.

[119] Walorczyk S, Drożdżyński D, Kierzek R. Two-step dispersive-solid phase extraction strategy for pesticide multiresidue analysis in a chlorophyll-containing matrix by gas chromatography-tandem mass spectrometry. J Chromatogr A, 2015, 1412: 22-32.

[120] Huo F F, Tang H, Wu X, et al. Utilizing a novel sorbent in the solid phase extraction for simultaneous determination of 15 pesticide residues in green tea by GC/MS. J Chromatogr B, 2016, 1023-1024: 44-54.

[121] 李海芳，高翠华，林金明. 固相萃取采样和气相色谱-质谱检测液化石油气中的芳烃杂质. 色谱, 2017, 35: 47-53.

[122] Concejero M, Ramos L, Jimennez B, et al. Suitability of several carbon sorbents for the fractionation of various sub-groups of toxic polychlorinated biphenyls, polychlorinated dibenzo-*p*-dioxins and polychlorinated dibenzofurans. J Chromatogr A, 2001, 917: 227-237.

[123] Zervou S K, Christophoridis C, Kaloudis T, et al. New SPE-LC-MS/MS method for simultaneous determination of multi-class cyanobacterial and algal toxins. J Hazard Mater, 2017, 323: 56-66.

[124] Yang F, Shen R, Long Y M, et al. Magnetic microsphere confined ionic liquid as a novel sorbent for the determination of chlorophenols in environmental water samples by liquid chromatography. J Environ Monit, 2011, 13: 440-445.
[125] Pan B, Xing B S. Adsorption mechanisms of organic chemicals on carbon nanotubes. Environ Sci Technol, 2008, 42: 9005-9013.
[126] Cai Y Q, Jiang G B, Liu J F, et al. Multiwalled carbon nanotubes as a solid-phase extraction adsorbent for the determination of bisphenol A, 4-*n*-nonylphenol, and 4-*tert*-octylphenol. Anal Chem, 2003, 75: 2517-2521.
[127] Verdu-Andres J, Campins-Falco P, Herraez-Hernandez R. Determination of aliphatic amines in water by liquid chromatography using solid-phase extraction cartridges for preconcentration and derivatization. Analyst, 2001, 126: 1683-1688.
[128] Atrache L L E, Hachani M, Kefi B B. Carbon nanotubes as solid-phase extraction sorbents for the extraction of carbamate insecticides from environmental waters. Int J Environ Sci Technol, 2016, 13: 201-208.
[129] Ravelo-Perez L M, Herrera-Herrera A V, Hernandez-Borges J, et al. Carbon nanotubes: Solid-phase extraction. J Chromatogr A, 2010, 1217: 2618-2641.
[130] Polo-Luque M L, Simonet B M, Valcarcel M. Solid-phase extraction of nitrophenols in water by using a combination of carbon nanotubes with an ionic liquid coupled in-line to CE. Electrophoresis, 2013, 34: 304-308.
[131] Niu H Y, Shi Y L, Cai Y Q, et al. Solid-phase extraction of sulfonylurea herbicides from water samples with single-walled carbon nanotubes disk. Microchim Acta, 2009, 164: 431-438.
[132] Zdolšek N, Kumrić K, Kalijadis A, et al. Solid-phase extraction disk based on multiwalled carbon nanotubes for the enrichment of targeted pesticides from aqueous samples. J Sep Sci, 2017, 40: 1564-1571.
[133] Huang K J, Jing Q S, Wei C Y, et al. Spectrofluorimetric determination of glutathione in human plasma by solid-phase extraction using graphene as adsorbent. Spectrochim Acta Part A-Mol Biomol Spectro, 2011, 79: 1860-1865.
[134] Wang Y K, Gao S T, Zang X H, et al. Graphene-based solid-phase extraction combined with flame atomic absorption spectrometry for a sensitive determination of trace amounts of lead in environmental water and vegetable samples. Anal Chim Acta, 2012, 716: 112-118.
[135] Han Q, Wang Z H, Xia J F, et al. Application of graphene for the SPE clean-up of organophosphorus pesticides residues from apple juices. J Sep Sci, 2014, 37: 99-105.
[136] Han Q, Wang Z H, Xia J F, et al. Graphene as an efficient sorbent for the SPE of organochlorine pesticides in water samples coupled with GC-MS. J Sep Sci, 2013, 36: 3586-3591.
[137] Liu Q, Shi J B, Sun J T, et al. Graphene and graphene oxide sheets supported on silica as versatile and high-performance adsorbents for solid-phase extraction. Angew Chem Int Edit, 2011, 50: 6035-6039.
[138] Carlsson H, Ostman C. Clean-up and analysis of carbazole and acridine type polycyclic aromatic nitrogen heterocyclics in complex sample matrices. J Chromatogr A, 1997, 790: 73-82.
[139] Rozemeijer M J C, Olie K, Voogt P. Procedures for analysing phenolic metabolites of polychlorinated dibenzofurans, -dibenzo-*p*-dioxins and -biphenyls extracted from a microsomal assay: Optimising solid-phase adsorption clean-up and derivatisation methods. J Chromatogr A, 1997, 761: 219-230.

[140] Ge J, Lu M X, Wang D L, et al. Dissipation and distribution of chlorpyrifos in selected vegetables through foliage and root uptake. Chemosphere, 2016, 144: 201-206.

[141] Erratico C, Currier H, Szeitz A, et al. Levels of PBDEs in plasma of juvenile starlings (*Sturnus vulgaris*) from British Columbia, Canada and assessment of PBDE metabolism by avian liver microsomes. Sci Total Environ, 2015, 518-519: 31-37.

[142] Duan J K, Hu B, He M. Nanometer-sized alumina packed microcolumn solid-phase extraction combined with field-amplified sample stacking-capillary electrophoresis for the speciation analysis of inorganic selenium in environmental water samples. Electrophoresis, 2012, 33: 2953-2960.

[143] Dadfarnia S, Shakerian F, Shabani A M H. Suspended nanoparticles in surfactant media as a microextraction technique for simultaneous separation and preconcentration of cobalt, nickel and copper ions for electrothermal atomic absorption spectrometry determination. Talanta, 2013, 106: 150-154.

[144] Li J D, Shi Y L, Cai Y Q, et al. Adsorption of di-ethyl-phthalate from aqueous solutions with surfactant-coated nano/microsized alumina. Chem Eng J, 2008, 140: 214-220.

[145] Kefi B B, Atrache L L E, Kochkar H, et al. TiO_2 nanotubes as solid-phase extraction adsorbent for the determination of polycyclic aromatic hydrocarbons in environmental water samples. J Environ Sci, 2011, 23: 860-867.

[146] Huang Y, Zhou Q, Xiao J. Establishment of trace determination method of pyrethroid pesticides with TiO_2 nanotube array micro-solid phase equilibrium extraction combined with GC-ECD. Analyst, 2011, 136: 2741-2746.

[147] Li P J, Hu B, Li X Y. Zirconia coated stir bar sorptive extraction combined with large volume sample stacking capillary electrophoresis-indirect ultraviolet detection for the determination of chemical warfare agent degradation products in water samples. J Chromatogr A, 2012, 1247: 49-56.

[148] Liu G D, Lin Y H. Electrochemical sensor for organophosphate pesticides and nerve agents using zirconia nanoparticles as selective sorbents. Anal Chem, 2005, 77: 5894-5901.

[149] Rahnama H, Sattarzadeh A, Kazemi F, et al. Comparative study of three magnetic nano-particles ($FeSO_4$, $FeSO_4/SiO_2$, $FeSO_4/SiO_2/TiO_2$) in plasmid DNA extraction. Anal Biochem, 2016, 513: 68-76.

[150] Leopold K, Foulkes M, Worsfold PJ. Gold-coated silica as a preconcentration phase for the determination of total dissolved mercury in natural waters using atomic fluorescence spectrometry. Anal Chem, 2009, 81: 3421-3428.

[151] Lo S I, Chen P C, Huang C C, et al. Gold nanoparticle-aluminum oxide adsorbent for efficient removal of mercury species from natural waters. Environ Sci Technol, 2012, 46: 2724-2730.

[152] Sudhir P R, Wu H F, Zhou Z C. Identification of peptides using gold nanoparticle-assisted single-drop microextraction coupled with AP-MALDI mass spectrometry. Anal Chem, 2005, 77: 7380-7385.

[153] Zhao X, Cai Y, Wang T, et al. Preparation of alkanethiolate-functionalized core/shell Fe_3O_4@Au nanoparticles and its interaction with several typical target molecules. Anal Chem, 2008, 80: 9091-9096.

[154] Niu H Y, Wang S H, Zeng T, et al. Preparation and characterization of layer-by-layer assembly of thiols/Ag nanoparticles/polydopamine on PET bottles for the enrichment of organic pollutants from water samples. J Mater Chem, 2012, 22: 15644-15653.

[155] Zhao X L, Shi Y L, Ca Y Q, et al. Cetyltrimethylammonium bromide-coated magnetic nanoparticles for the preconcentration of phenolic compounds from environmental water samples. Environ Sci Technol, 2008, 42: 1201-1206.
[156] Bagheri H, Zandi O, Aghakhani A. Reprint of: Extraction of fluoxetine from aquatic and urine samples using sodium dodecyl sulfate-coated iron oxide magnetic nanoparticles followed by spectrofluorimetric determination. Anal Chim Acta, 2012, 716: 61-65.
[157] Sun L, Zhang C Z, Chen L G, et al. Preparation of alumina-coated magnetite nanoparticle for extraction of trimethoprim from environmental water samples based on mixed hemimicelles solid-phase extraction. Anal Chim Acta, 2009, 638: 162-168.
[158] Zhao X L, Cai Y Q, Wu F C, et al. Determination of perfluorinated compounds in environmental water samples by high-performance liquid chromatography-electrospray tandem mass spectrometry using surfactant-coated Fe_3O_4 magnetic nanoparticles as adsorbents. Microchem J, 2011, 98: 207-214.
[159] Zhao X L, Shi Y L, Wang T, et al. Preparation of silica-magnetite nanoparticle mixed hemimicelle sorbents for extraction of several typical phenolic compounds from environmental water samples. J Chromatogr A, 2008, 1188: 140-147.
[160] Zhao X L, Liu S L, Wang P F, et al. Surfactant-modified flowerlike layered double hydroxide-coated magnetic nanoparticles for preconcentration of phthalate esters from environmental water samples. J Chromatogr A, 2015, 1414: 22-30.
[161] Sha Y F, Deng C H, Liu B Z. Development of C_{18}-functionalized magnetic silica nanoparticles as sample preparation technique for the determination of ergosterol in cigarettes by microwave-assisted derivatization and gas chromatography/mass spectrometry. J Chromatogr A, 2008, 1198: 27-33.
[162] Zhang X L, Niu H Y, Pan Y Y, et al. Modifying the surface of Fe_3O_4/SiO_2 magnetic nanoparticles with C_{18}/NH_2 mixed group to get an efficient sorbent for anionic organic pollutants. J Colloid Interf Sci, 2011, 362: 107-112.
[163] Ballesteros-Gomez A, Rubio S. Hemimicelles of alkyl carboxylates chemisorbed onto magnetic nanoparticles: Study and application to the extraction of carcinogenic polycyclic aromatic hydrocarbons in environmental water samples. Anal Chem, 2009, 81: 9012-9020.
[164] Yazdinezhad S R, Ballesteros-Gomez A, Lunar L, et al. Single-step extraction and cleanup of bisphenol A in soft drinks by hemimicellar magnetic solid phase extraction prior to liquid chromatography/tandem mass spectrometry. Anal Chim Acta, 2013, 778: 31-37.
[165] Ding J, Gao Q A, Luo D, et al. *n*-Octadecylphosphonic acid grafted mesoporous magnetic nanoparticle: Preparation, characterization, and application in magnetic solid-phase extraction. J Chromatogr A, 2010, 1217: 7351-7358.
[166] Zhang S X, Niu H Y, Hu Z J, et al. Preparation of carbon coated Fe_3O_4 nanoparticles and their application for solid-phase extraction of polycyclic aromatic hydrocarbons from environmental water samples. J Chromatogr A, 2010, 1217: 4757-4764.
[167] Niu H Y, Wang Y X, Zhang X L, et al. Easy synthesis of surface-tunable carbon-encapsulated magnetic nanoparticles: Adsorbents for selective isolation and preconcentration of organic pollutants. ACS Appl Mater Interfaces, 2012, 4: 286-295.
[168] Wang W N, Ma R Y, Wu Q H, et al. Magnetic microsphere-confined graphene for the extraction of polycyclic aromatic hydrocarbons from environmental water samples coupled with high performance liquid chromatography-fluorescence analysis. J Chromatogr A, 2013, 1293: 20-27.

[169] Wang W N, Ma X X, Wu Q H, et al. The use of grapheme-based magnetic nanoparticles as adsorbent for the extraction of triazole fungicides from environmental water. J Sep Sci, 2012, 35: 2266-2272.

[170] Wu Q H, Zhao G Y, Feng C, et al. Preparation of a graphene-based magnetic nanocomposite for the extraction of carbamate pesticides from environmental water samples. J Chromatogr A, 2011, 1218: 7936-7942.

[171] Zhang X, Xie S, Paau M C, et al. Ultrahigh performance liquid chromatographic analysis and magnetic preconcentration of polycyclic aromatic hydrocarbons by Fe_3O_4-doped polymeric nanoparticles. J Chromatogr A, 2012, 1247: 1-9.

[172] Tahmasebi E, Yamini Y, Moradi M, et al. Polythiophene-coated Fe_3O_4 superparamagnetic nanocomposite: Synthesis and application as a new sorbent for solid-phase extraction. Anal Chim Acta, 2013, 770: 68-74.

[173] Miah M, Iqbal Z, Lai E P C. Rapid CE-UV evaluation of polypyrrole-coated magnetic nanoparticles for selective binding of endocrine disrupting compounds and pharmaceuticals by aromatic interactions. Anal Methods, 2012, 4: 2866-2878.

[174] Lee P L, Sun Y C, Ling Y C. Magnetic nano-adsorbent integrated with lab-on-valve system for trace analysis of multiple heavy metals. J Anal Atom Spectro, 2009, 24: 320-327.

[175] Mehdinia A, Roohi F, Jabbari A. Rapid magnetic solid phase extraction with *in situ* derivatization of methylmercury in seawater by Fe_3O_4/polyaniline nanoparticle. J Chromatogr A, 2011, 1218: 4269-4274.

[176] Wang Y, Wang S, Niu H, et al. Preparation of polydopamine coated Fe_3O_4 nanoparticles and their application for enrichment of polycyclic aromatic hydrocarbons from environmental water samples. J Chromatogr A, 2013, 1283: 20-26.

[177] Ma Y R, Zhang X L, Zeng T, et al. Polydopamine-coated magnetic nanoparticles for enrichment and direct detection of small molecule pollutants coupled with MALDI-TOF-MS. ACS Appl Mater Interfaces, 2013, 5: 1024-1030.

[178] Wang X, Mao H, Huang W, et al. Preparation of magnetic imprinted polymer particles via microwave heating initiated polymerization for selective enrichment of 2-amino-4-nitrophenol from aqueous solution. Chem Eng J, 2011, 178: 85-92.

[179] Bouri M, Jesus L G M, Salghi R, et al. Selective extraction and determination of catecholamines in urine samples by using a dopamine magnetic molecularly imprinted polymer and capillary electrophoresis. Talanta, 2012, 99: 897-903.

[180] Jing T, Du H, Dai Q, et al. Magnetic molecularly imprinted nanoparticles for recognition of lysozyme. Biosen Bioelectro, 2010, 26: 301-306.

[181] Lerma-Garcia M J, Zougagh M, Rios A. Magnetic molecular imprint-based extraction of sulfonylurea herbicides and their determination by capillary liquid chromatography. Microchim Acta, 2013, 180: 363-370.

[182] Tahmasebi E, Yamini Y. Facile synthesis of new nano sorbent for magnetic solid-phase extraction by self assembling of bis-(2,4,4-trimethyl pentyl)-dithiophosphinic acid on Fe_3O_4@Ag core@shell nanoparticles: Characterization and application. Anal Chim Acta, 2012, 756: 13-22.

[183] Zhang X L, Niu H Y, Pan Y Y, et al. Chitosan-coated octadecyl-functionalized magnetite nanoparticles: Preparation and application in extraction of trace pollutants from environmental water samples. Anal Chem, 2010, 82: 2363-2371.

[184] Zhang X L, Niu H Y, Zhang S X, et al. Preparation of a chitosan-coated C_{18}-functionalized magnetite nanoparticle sorbent for extraction of phthalate ester compounds from environmental water samples. Anal Bioanal Chem, 2010, 397: 791-798.
[185] Zhang S X, Niu H Y, Cai Y Q, et al. Barium alginate caged Fe_3O_4@C_{18} magnetic nanoparticles for the pre-concentration of polycyclic aromatic hydrocarbons and phthalate esters from environmental water samples. Anal Chim Acta, 2010, 665: 167-175.
[186] Zhang X L, Niu H Y, Li W H, et al. A core-shell magnetic mesoporous silica sorbent for organic targets with high extraction performance and *anti*-interference ability. Chem Commun, 2011, 47: 4454-4456.
[187] Li Z B, Huang D, Fu C F, et al. Preparation of magnetic core mesoporous shell microspheres with C_{18}-modified interior pore-walls for fast extraction and analysis of phthalates in water samples. J Chromatogr A, 2011, 1218: 6232-6239.
[188] Bazmandegan-Shamili A, Shabani A M H, Dadfarnia S, et al. Preparation of magnetic mesoporous silica composite for the solid-phase microextraction of diazinon and malathion before their determination by high-performance liquid chromatography. J Sep Sci, 2017, 40: 1731-1738.
[189] Zeng T, Zhang X L, Ma Y R, et al. A functional rattle-type microsphere with a magnetic-carbon double-layered shell for enhanced extraction of organic targets. Chem Commun, 2013, 49: 6039-6041.
[190] He S J, Zeng T, Wang S H, et al. Facile synthesis of magnetic covalent organic framework with three-dimensional bouquet-like structure for enhanced extraction of organic targets.ACS Appl Mater Interfaces, 2017, 9: 2959-2965.
[191] Zhou Q X, Lei M, Wu Y L, et al. Magnetic solid phase extraction of typical polycyclic aromatic hydrocarbons from environmental water samples with metal organic framework MIL-101（Cr）modified zero valent iron nano-particles. J Chromatogr A, 2017, 1487: 22-29.
[192] Venn R F, Merson J, Cole S, et al. 96-Well solid-phase extraction: A brief history of its development. J Chromatogr B: Anal Technol, 2005, 817: 77-80.
[193] Morés L, Dias A, Carasek E. Development of a high-throughput method based on thin-film microextraction using a 96-well plate system with a cork coating for the extraction of emerging contaminants in river water samples. J Sep Sci, 2018, 41: 697-703.
[194] Poothong S, Lundanes E, Thomsen C, et al. High throughput online solid phase extraction-ultra high performance liquid chromatography-tandem mass spectrometry method for polyfluoroalkyl phosphate esters, perfluoroalkyl phosphonates, and other perfluoroalkyl substances in human serum, plasma, and whole blood. Anal Chim Acta, 2017, 957: 10-19.
[195] Kataoka H, Saito K. Recent advances in column switching sample preparation in bioanalysis. Bioanalysis, 2012, 4: 809-832.
[196] Bury D, Belov V N, Qi Y L, et al. Determination of urinary metabolites of the emerging UV filter octocrylene by online-SPE-LC-MS/MS. Anal Chem, 2018, 90: 944-951.
[197] García M P, García-Cicourel A R. On-line SPE chromatography with spectrophotometric diode array detection as a simple and advantageous choice for the selective trace analysis of benzo (a) anthracene degradation products from microalgae. Talanta, 2017, 165: 584-592.
[198] Salazar-Beltrán D, Hinojosa-Reyes L, Ruiz-Ruiz E, et al. Determination of phthalates in bottled water by automated on-line solid phase extraction coupled to liquid chromatography with UV detection. Talanta, 2017, 168: 291-297.

[199] Koal T, Asperger A, Efer J, et al. Simultaneous determination of a wide spectrum of pesticides in water by means of fast on-line SPE-HPLC-MS-MS—A novel approach. Chromatographia, 2003, 57: S93-S101.

[200] Valcarcel M, Arce L, Rios A. Coupling continuous separation techniques to capillary electrophoresis. J Chromatogr A, 2001, 924: 3-30.

[201] Veraart J R, Brinkman U A T. Dialysis-solid-phase extraction combined on-line with non-aqueous capillary electrophoresis for improved detectability of tricyclic antidepressants in biological samples. J Chromatogr A, 2001, 922: 339-346.

[202] Slobodník J, Ramalho S, Baar B L, et al. Determination of microcontaminants in sediments by on-line solid-phase extraction-gas chromatography-mass spectrometry. Chemosphere, 2000, 41: 1469-1478.

[203] Koning S D, Lieshout M V, Janssen H, et al. Programmable temperature vaporization interface for on-line trace-level enrichment — GC-MS of micropollutants in surface water. J Microcolumn Sep, 2015, 12: 153-159.

[204] Puig P, Borrull F, Calull M, et al. Recent advances in coupling solid-phase extraction and capillary electrophoresis（SPE-CE）. TrAC-Trends Anal Chem, 2007, 26: 664-678.

[205] Tomlinson A J, Benson L M, Braddock W D, et al. On-line preconcentration-capillary electrophoresis-mass spectrometry（PC-CE-MS）. J Sep Sci, 2015, 17: 729-731.

[206] Ramautar R, Somsen G W, Jong G J. Developments in coupled solid-phase extraction-capillary electrophoresis 2011—2013. Electrophoresis, 2014, 35: 128-137.

[207] Simpson S L J, Quirino J P, Terabe S. On-line sample preconcentration in capillary electrophoresis: Fundamentals and applications. J Chromatogr A, 2008, 1184: 504-541.

[208] Li W H, Shi Y L, Gao L H, et al. Occurrence, fate and risk assessment of parabens and their chlorinated derivatives in an advanced wastewater treatment plant. J Hazard Mater, 2015, 300: 29-38.

[209] Li W H, Gao L H, Shi Y L, et al. Spatial distribution, temporal variation and risks of parabens and their chlorinated derivatives in urban surface water in Beijing, China. Sci Total Environ, 2016, 539: 262-270.

[210] Li W H, Shi Y L, Gao L H, et al. Occurrence and human exposure of parabens and their chlorinated derivatives in swimming pools. Environ Sci Pollut Res, 2015, 22: 17987-17997.

[211] Earnshaw M R, Paul A G, Loos R, et al. Comparing measured and modelled PFOS concentrations in a UK freshwater catchment and estimating emission rates. Environ Int, 2014, 70: 25-31.

[212] Yang Y, Li C, Lee K H, et al. Coupling on-chip solid-phase extraction to electrospray mass spectrometry through an integrated electrospray tip. Electrophoresis, 2010, 26: 3622-3630.

[213] Yang R, Pagaduan JV, Yu M, et al. On chip preconcentration and fluorescence labeling of model proteins by use of monolithic columns: Device fabrication, optimization, and automation. Anal Bioanal Chem, 2015, 407: 737-747.

[214] Shih T T, Chen W Y, Sun Y C. Open-channel chip-based solid-phase extraction combined with inductively coupled plasma-mass spectrometry for online determination of trace elements in volume-limited saline samples. J Chromatogr A, 2011, 1218: 2342-2348.

[215] Portugal L A, Laglera L M, Anthemidis A N, et al. Pressure-driven mesofluidic platform integrating automated on-chip renewable micro-solid-phase extraction for ultrasensitive determination of waterborne inorganic mercury. Talanta, 2013, 110: 58-65.

第5章　微萃取技术在POPs研究中的应用

本章导读

- 简要介绍几种常用的微萃取技术，以及这些微萃取技术的最大优势。
- 总结固相微萃取技术及其相关商品化产品的发展现状，论述其理论基础、影响因素以及该技术近几年在POPs分析中的应用。
- 综述搅拌棒吸附萃取技术的理论和影响因素，概括其涂层技术和材料的发展现状，列出了近几年该技术在POPs研究中的应用情况。
- 综述微固相萃取技术的理论、影响因素、萃取模式和新型吸附剂的发展以及该技术在POPs研究中的应用。
- 最后综述液相微萃取技术的多种操作模式、相关理论与影响因素。

5.1　概　　述

为了检测各种环境介质、食品和生物样品中的痕量有机污染物，在进行色谱分离和检测之前，多数样品须经过萃取、净化等前处理步骤，以使目标化合物与样品基质中的干扰物质分离，同时浓缩目标化合物，使后续的色谱分析获得良好的分离效果和较高的灵敏度。样品前处理通常占据整个分析流程的绝大部分时间，决定了测定结果的精密度和准确度，是样品分析中最重要的环节。随着高精度检测设备的不断更新和发展，仪器检测越来越灵敏，原先无法检测的超痕量物质现在都能够被准确定性和定量，因此对样品前处理技术也提出了更高的要求。

传统的样品前处理方法，如液相萃取、索氏萃取、加速溶剂萃取等，萃取后要对提取液进行浓缩和净化，步骤多，耗时长，并消耗大量有机溶剂，不仅给操作人员的人身安全和身体健康带来隐患，也易造成环境污染，而对废弃溶剂的处理更是耗费大量人力和物力，增加了分析成本。因此，极低或没有溶剂消耗的、易于实现自动化的微型化样品前处理技术一直是科研工作者努力研发的方向。

图5-1列出了目前几种应用较为广泛的典型微型化样品前处理技术，包括基于固相萃取技术发展而来的固相微萃取(solid phase micro-extraction，SPME)、搅

拌棒吸附萃取(stir bar sorptive extraction，SBSE)、微固相萃取(micro-solid phase extraction，μ-SPE)等，以及基于液相萃取技术的微液液萃取(micro-liquid-liquid extraction)和液相微萃取(liquid phase micro-extraction，LPME)等。这些微萃取技术使用的有机溶剂量很少，有些技术，如SPME技术，甚至无须使用有机溶剂，是真正意义上环境友好的绿色样品前处理技术。这些微萃取技术大幅度降低了样品处理的工作量，节约了分析时间，使分析更为迅速，测定通量更高。这些技术的最大优势就是可以与通用的检测设备，如气相色谱(GC)和液相色谱(LC)等在线联用，易于实现从样品萃取到进样等一系列前处理过程的全自动化控制，从而减少目标化合物的损失，提高检测灵敏度，同时大大降低测定所需的样品量。这些微萃取技术已经广泛应用于各种有机和无机化合物的测定，涉及了环境分析、食品检测、生物、医药等多种研究领域。本章针对这几种典型微萃取技术的操作过程、理论基础、影响因素以及在 POPs 研究中的应用等方面进行详细的讨论，总结这些技术的优缺点，并对其发展进行展望。

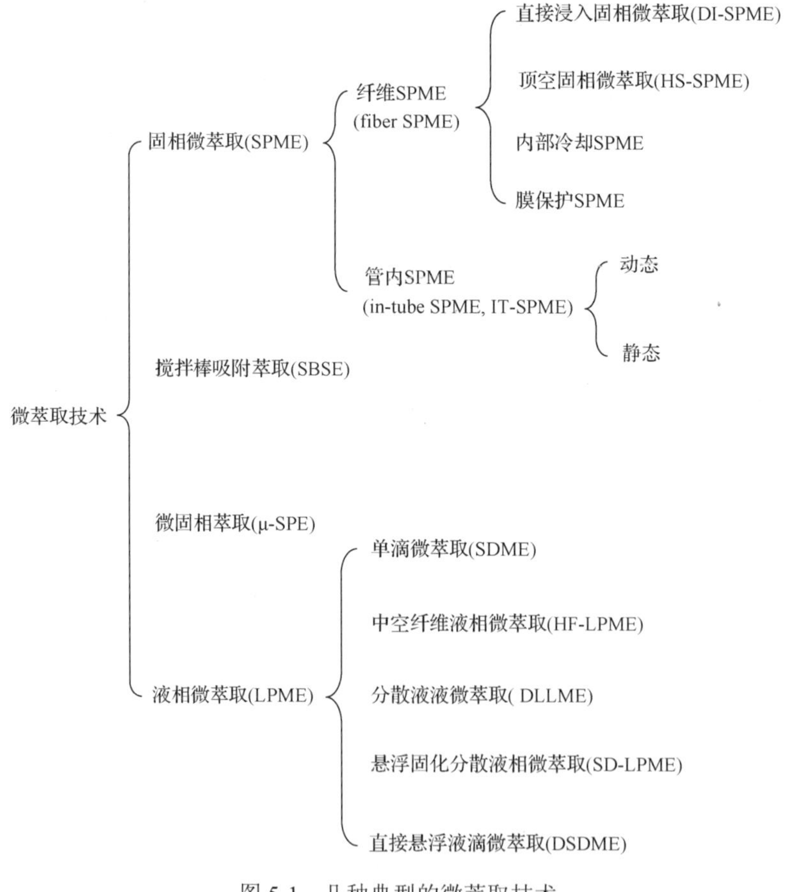

图 5-1　几种典型的微萃取技术

5.2 固相微萃取技术

5.2.1 概况

固相微萃取(SPME)技术通常是指纤维固相微萃取技术，自 20 世纪 90 年代被提出以来，由单一化向多元化发展，已经成为现阶段最为成熟的商品化微萃取技术。固相微萃取装置的外观、尺寸和操作方式都类似注射器，体积小，质量轻，非常方便携带，特别适于野外的现场取样，而且易于实现自动化操作。目前有分别适用于手动和自动进样的商品化 SPME 手柄，以及多种涂层萃取纤维可供选择；还有专为与 HPLC 联用而设计的进样口，使该技术能很好地完成液相色谱的直接进样；为了完成大批量、高通量的分析，还有市售的 SPME-GC 联用的自动进样器。

该技术操作过程简单，将 SPME 萃取装置插入密封的样品瓶，压下手柄的推杆，使纤维暴露在样品或样品顶空(headspace)中，目标化合物从样品基质向亲和力更强的纤维涂层迁移，被萃取到纤维涂层中，萃取完成后，将纤维收回萃取器的针头中，再在钢针的保护下直接插入色谱进样口进行解吸。整个过程集采样、萃取、浓缩和进样于一体，无须繁杂的净化步骤，可以完全避免使用有机溶剂，已经在环境分析、医药、生物技术、食品检测等众多领域得到广泛应用。在其后发展起来的管内 SPME 技术，使用内部涂有固定相的开管毛细管柱进行萃取，涂层体积比纤维 SPME 涂层增加很多，可与 HPLC 实现在线联用，从萃取到解吸、进样都可通过六通阀进行自动化控制，适用于不挥发的和热不稳定化合物的分析，进一步扩展了固相微萃取技术的适用范围，但相比于纤维 SPME 技术，管内 SPME 的商品化程度低，使用的萃取材料多为各实验室自制，实际应用也少得多。

SPME 技术发展迅速，很多研究针对该技术的不同层面进行了详细的研究，有对其装置的不断调整和改进，有对新型纤维材质和涂层材料的研发，有对其萃取动力学和热力学理论的研究，有对其适用的新目标化合物和新领域的尝试，等等。目前对该技术进行阶段性总结的综述文章有几十篇，还有 5 本专著[1-5]。这些系统的研究和总结，使我们对这一技术的认识不断深入，也为其能够成为实验室常规检测方法提供了理论和实践基础。

5.2.2 纤维 SPME 商品化装置

纤维 SPME 技术的自动化程度很高，采用特定的自动进样器与气相色谱及液相色谱联用，通过不同模块的结合使用，从纤维的老化、样品的萃取到进样等过程可以实现全程自动化控制，有效避免了人为因素给分析带来的不确定度，同时极大程度地节省了人力和时间。在最初设计的自动化操作系统中，一般是应用一个手柄配合一根纤维按部就班地完成萃取和进样，这也就意味着在前一个样品进样解吸的过程中，下一个样品的萃取只能等待进样结束后才能进行，因此自动化操作的时间还有进一步节省的空间。现在市场上还有商品化的多纤维更换(multi fiber exchange，MFX)系统可供使用。应用 MFX 系统可以实现一系列多根 SPME 萃取纤维(3 根纤维和 25 根纤维两种规格)的自动更换，从而可以连续地完成萃取和进样解吸的操作。

纤维固相微萃取装置由手柄(holder)和萃取头(fiber)两部分构成，手柄用于安装萃取头，控制萃取纤维的伸缩。萃取头上的萃取纤维是整个萃取装置的核心，在石英纤维或不锈钢丝上涂布不同的色谱固定相或吸附剂，使其达到萃取富集目标化合物的目的。根据萃取和进样的不同需求，商品化的手柄和纤维又有许多不同的设计。

图 5-2 所示为适用于手动操作、自动操作和现场采样等不同需求的手柄。其中图 5-2(a)和(b)所示的手柄分别适用于手动和自动操作过程，可以安装不同涂层的萃取头以适应不同性质的目标化合物的分析，而图 5-2(c)所示的现场采样装置的萃取头是不能更换的，只配置了聚二甲基硅氧烷/碳分子筛(polydimethylsiloxane/carboxen，PDMS/CAR)涂层的萃取头，并在装置与萃取头连接的一侧加装了

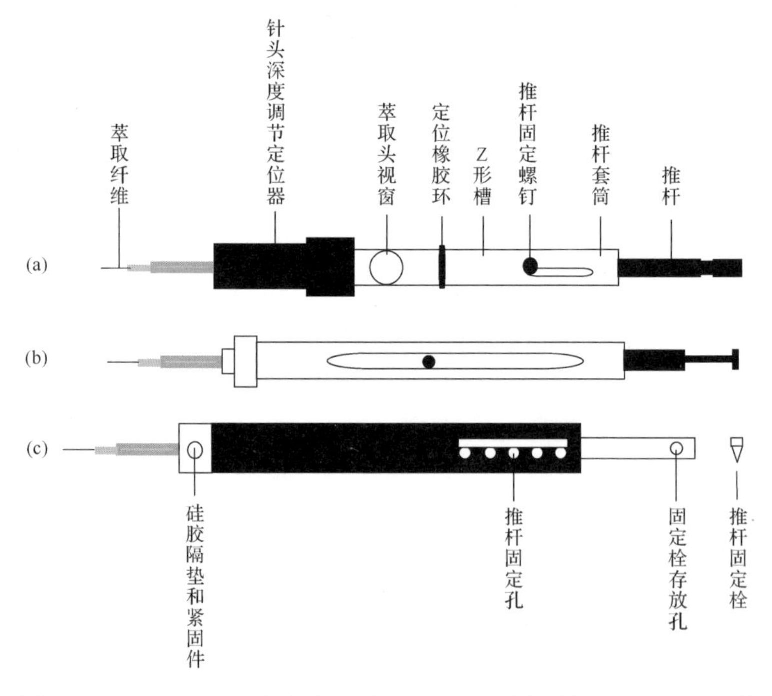

图 5-2　Supelco 公司的手动操作手柄(a)、自动操作或与液相色谱联用的手柄(b)和便携现场采样手柄(c)

硅胶隔垫和紧固件，在采样结束将萃取纤维收回萃取装置后，可以使萃取头的外针管密封，以便于萃取装置的运输和保存。虽然这种设计简单实用，但萃取头不能更换，限制了采样器适用的目标化合物范围，而硅胶隔垫在保存和运送的过程中会与纤维涂层竞争吸附目标化合物，造成目标物的流失。

为了更好地进行现场采样、保存纤维上的目标物，又推出了扩散采样手柄(diffusive sampling fiber holder，DFH)和纤维储存器。DFH 手柄如图 5-3(a)所示，通过调节萃取纤维在手柄筒中的探出位置，可以使纤维作为被动采样器使用，适于研究一段时间内目标化合物的平均浓度水平。为了实现高通量 SPME 分析的目标，采用 SPME 快速安装装置(fast fit assemblies，FFA)可使为其特殊设计的纤维与多纤维更换系统(multi fiber exchange unit，MFX)联用，从而完成批量纤维的自动进样。而适用于 FFA 纤维现场采样的手柄设计见图 5-3(b)，该装置自带纤维密封装置，可以很好地保护老化后的纤维不被杂质沾污，同时避免采集到的目标化合物发生流失。利用特殊的聚四氟乙烯密封装置设计的纤维储存器见图 5-3(c)，其适用于所有 Supelco SPME 纤维的保存，避免沾污和化合物的流失。

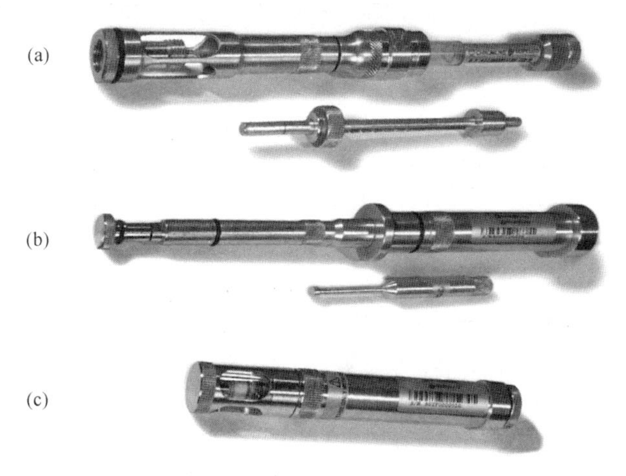

图 5-3　Supelco 公司的扩散采样手柄(a)、FFA 纤维现场采样手柄(b)和纤维储存器(c)[6]

商品化萃取头与手柄配合，可从手柄上拆卸并更换使用。配合手动操作手柄的萃取头一般带有弹簧，便于从手柄中推出和收回，而配合自动进样手柄使用的萃取头上则没有弹簧，如图 5-4(a)、(b)所示。这类经典商品化萃取头的涂层载体有石英纤维，也有金属纤维。涂层与载体表面的结合有键合(bonded)、非键合(non-bonded)与交联(crosslinked)等方式。一般而言，非键合和部分交联的涂层不能耐受高浓度的有机物、强酸和强碱，而键合的固定相则比较稳定。目前 Supelco 公司提供的萃取头(纤维)种类如表 5-1 所示，可以通过萃取头螺帽的颜色来区分不同的涂层类别。

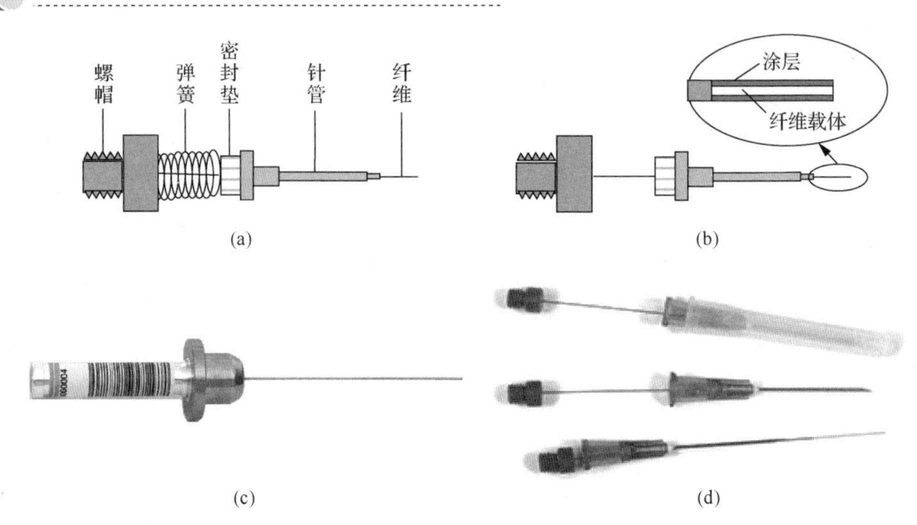

图 5-4　Supelco 公司的手动进样萃取头(a)、自动进样萃取头(b)、FFA 萃取头(c)和 SPME-液相色谱萃取探针(d)[7]

表 5-1　Supelco 公司商品化纤维的种类

纤维涂层	涂层厚度(μm)	纤维载体	纤维长度(cm)	最高使用温度(℃)	涂层稳定性
PDMS	100	石英、金属	1	280	非键合、键合
	30	石英	1	280	非键合
	7	石英	1	340	键合
PDMS/DVB	65	石英、金属	1	270	部分交联/高度交联
	60	石英	1	270	部分交联
PA	85	石英	1	320	部分交联
CAR/PDMS	85	石英、金属	1	320	键合
	75	石英	1	320	部分交联
CW/DVB	65	石英	1	250	部分交联
	70	石英	1	250	部分交联
CW/TPR	50	石英	1	240	部分交联
DVB/CAR/PDMS	50/30	石英、金属	1、2	270	高度交联
PEG	60	石英、金属	1	250	—

注：TPR，模板树脂(templated resin)；PEG，聚乙二醇(polyethylene glycol)。

配合 FFA 进行高通量分析的专用萃取头如图 5-4(c)所示，应用这种自动操作系统专用的萃取头，无须人工更换，通过程序的设定，就可以实现对不同萃取纤维涂层的优选，获得最适于目标化合物的分析方法。萃取头上的色带代表了不同涂层的种类，而条形码可以帮助识别涂层的具体类别和针头的尺寸，其功能与经典萃取头的彩色螺帽相同。

BioSPME（biocompatible SPME）是专为生物样品的微萃取发展而来的，能选择性地萃取生物样品中较宽范围的目标化合物，同时避免生物大分子的干扰。其萃取头有两种形式，一种是利用注射器针头制备而成的，如图 5-4（d）所示，有 C_{18} 和聚二甲基硅氧烷/二乙烯基苯（PDMS/DVB）两种商品涂层。另一种是将 SPME 纤维连接在类似移液器枪头的萃取头上，制备的纤维可以按照 96 孔板的方式排成阵列，与相应的萃取瓶配套使用，可以同时对 96 个样品进行萃取。由于后续的解吸过程通常采用溶剂解吸，并与液相色谱联用，或直接用质谱进行测定，因此可以同时进行多个样品的全程分析，极大地节约了时间和人力资源，提高了效率。BioSPME 对游离态化合物具有良好的萃取能力，而在临床研究中，一般认为不被生物体结合的游离态药物才具有生物活性，因此 BioSPME 在医药卫生领域的应用前景广阔。应用该技术可以对血液中的游离态类固醇激素如睾酮及其代谢产物进行分析，测定灵敏度高，可达到 pg/mL 水平。

除了经典的 SPME 纤维，还有一种新型的 PAL SPME 箭（prep and load solution SPME arrow）商品化萃取纤维，也被应用于有机污染物的分析，其纤维形状的设计与经典 SPME 纤维不同，具体的细节及其与经典 SPME 纤维尺寸的比较如图 5-5 所示。SPME 箭头纤维采用经过惰化处理的不锈钢金属丝作为制备纤维的材料，提高了纤维的机械性能。金属纤维尖端设计为带尖的箭头形式，因此，虽然纤维的外径增大了，也能很容易地穿透样品瓶和进样口的隔垫。对于经典萃取纤维针头的开管平口设计而言，每次针头穿过样品瓶和进样口的隔垫，都有可能像打孔器一样使隔垫开孔，造成漏气等问题。依据经验，使用经典 SPME 纤维进样 100 次左右就需要更换进样口隔垫，而采用箭头纤维完成进样 200 次都不会有开孔、磨损和漏气等现象[8]。另外，在纤维涂层收回手柄之后，箭头还可以封堵涂层外面的保护针管，无须另外配备纤维储存器，就可以很好地保护纤维的涂层，降低目标化合物的损失。箭头纤维上的涂层长度为 30 mm，外径有 1.1 mm 和 1.5 mm，厚度有 100 μm、120 μm 和 250 μm，涂层的最大面积和体积可分别达到 62.8 mm^2 和 11.8 μL，是经典 100 μm 厚 SPME 纤维涂层面积（9.4 mm^2）和体积（0.6 μL）的 6.7 倍和 20 倍。较大的涂层面积和涂层体积使其具有比经典 SPME 纤维更高的检测灵敏度。

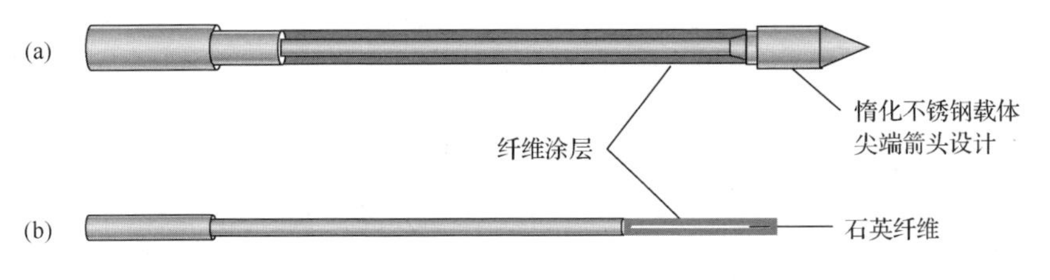

图 5-5　SPME 箭头纤维（a）与 SPME 经典纤维（b）

可供选择的商品化 SPME 箭头纤维见表 5-2，其现有的涂层种类与经典 SPME 纤维涂层类似，但与经典 SPME 相比，种类相对较少。箭头 SPME 装置同样支持手动和自动进样，并配有自己的系列手柄和自动进样装置，与经典 SPME 手柄不能通用。为得到良好的重现性和更好的萃取效果，箭头 SPME 装置的自动萃取和进样系统还有其他商品化辅助装置可供选择。例如，纤维老化模块（conditioning module），专用于纤维的老化，避免应用色谱进样口进行老化时造成色谱柱沾污；顶空孵化炉（agitator）可用于控制样品温度；加热磁力搅拌模块（heatex stirrer），可用于样品的充分搅动，使被测组分快速达到动态平衡，以确保重现性。但由于箭头纤维的直径大，为配合它的使用，GC 进样器、针尖导向器以及纤维老化装置中需要针头穿过的部件，孔径都需要扩大到 1.8 mm。

表 5-2　SPME 箭头纤维的种类

涂层种类	直径(mm)	涂层厚度(μm)
PDMS	1.1	100
PA	1.1	100
carbone wide range/PDMS	1.1	120
PDMS/DVB	1.1	120
PDMS	1.5	250

通常经典SPME的方法可直接用于箭头SPME，但由于萃取相的体积不同，一些参数还要进行具体的优化。但总体而言，箭头SPME的萃取效率和萃取量都显著高于经典SPME技术。例如，应用PAL箭头SPME100 μm厚的PDMS涂层纤维对多环芳烃类物质进行分析，直接浸入固相微萃取（direct immersion SPME）萃取70 min后，萃取率是经典SPME的2～6倍。应用100 μm的DVB箭头SPME纤维对水中的臭味物质进行分析，顶空萃取30 min后，萃取率是经典SPME的2倍[8-10]。

5.2.3　纤维 SPME 理论

根据 SPME 纤维上涂层的性质不同，其富集目标化合物的机制有两种：液相涂层 PDMS 和 PA 主要通过吸收作用（absorption）富集目标化合物，即化合物溶解或扩散到纤维固定相中，不同目标化合物的萃取不存在竞争，化合物间没有相互影响；而其余的复合涂层（PDMS/DVB、CAR/PDMS、CW/DVB、CW/TPR）则是通过吸附作用（adsorption）将化合物富集在涂层的表面[11]。

如果使用液态聚合物涂层与样品达到分配平衡，在单组分单相体系中（样品完全充满样品瓶，瓶内没有顶空气相），涂层上富集的待测物的量与样品中待测物浓度线性相关[12]。在理想的情况下，即化合物只通过扩散方式从液体样品向固定相迁移，且这种迁移无须其他能量，而化合物在样品中的浓度对纤维固定相的物理性质没有影响，那么纤维上萃取的化合物的量可用式(5-1)表示：

$$n=\frac{K_{\mathrm{fs}}V_{\mathrm{f}}C_0V_{\mathrm{s}}}{K_{\mathrm{fs}}V_{\mathrm{f}}+V_{\mathrm{s}}} \tag{5-1}$$

式中，n 是萃取涂层上吸附的待测物的量；V_{f}、V_{s} 分别是涂层和样品的体积；K_{fs} 是待测物在涂层与样品间的分配系数；C_0 是待测物的初始浓度。当样品体积 $V_{\mathrm{s}}\gg K_{\mathrm{fs}}V_{\mathrm{f}}$ 时，式(5-1)可简化为 $n=K_{\mathrm{fs}}V_{\mathrm{f}}C_0$，此时涂层上分析物的吸附量直接与基体中分析物的浓度成比例，而与样品的体积无关。这为采用 SPME 对大气、湖泊、河流进行野外采样提供了依据。

当采用顶空萃取方式时，体系则包含了样品、顶空气相、萃取固定相等多个相态，是一个复杂的多相平衡体系，此时纤维上萃取的化合物的量可用式(5-2)表示[13]：

$$n=\frac{K_{\mathrm{fs}}V_{\mathrm{f}}C_0V_{\mathrm{s}}}{K_{\mathrm{fs}}V_{\mathrm{f}}+K_{\mathrm{hs}}V_{\mathrm{h}}+V_{\mathrm{s}}} \tag{5-2}$$

式中，K_{hs} 是分析物在顶空气相与水样间的分配系数；V_{h} 是顶空气相的体积。该式表明，只要纤维涂层、顶空气相和水样的体积保持不变，同一分析物的萃取量与纤维在体系中的位置无关，即无论纤维放置在顶空中，还是浸入样品中，其平衡萃取量是一样的。但对于一些 K_{fs} 和 K_{hs} 值较大的化合物，在较短的萃取时间内，应用顶空萃取方式获得的灵敏度较直接浸入式萃取更高，这是因为在直接浸入式萃取中并未达到最终的平衡状态。

在实际样品测定中，复杂样品基体中还可能包含悬浮颗粒物、有机胶体等，这时就要用到多相非均一基质平衡理论计算纤维涂层中萃取的目标化合物的量，如式(5-3)所示[5]：

$$n=\frac{K_{\mathrm{fs}}V_{\mathrm{f}}C_0V_{\mathrm{s}}}{K_{\mathrm{fs}}V_{\mathrm{f}}+\sum_{i=1}^{n}K_{is}V_i+V_{\mathrm{s}}} \tag{5-3}$$

式中，K_{is} 是分析物在第 i 相和样品基质之间的分配系数；V_i 是第 i 相的体积。该式表明在不均匀的样品测定中，必须考虑样品基质对测定结果的影响。

对于通过吸附方式萃取化合物的纤维而言，不同的目标化合物在纤维上的吸附会竞争活性位点，化合物之间存在相互干扰。因此计算达到萃取平衡时其上富集的某目标化合物A的量还要考虑其他化合物的吸附情况，可通过式(5-4)表示[5]：

$$n_{\mathrm{A}}=C_{\mathrm{fA}}^{\infty}V_{\mathrm{f}}=\frac{K_{\mathrm{A}}V_{\mathrm{f}}C_{0\mathrm{A}}V_{\mathrm{s}}(C_{\mathrm{fmax}}-C_{\mathrm{fA}}^{\infty})}{(1+K_{\mathrm{B}}C_{\mathrm{sB}}^{\infty})V_{\mathrm{s}}+K_{\mathrm{A}}V_{\mathrm{f}}(C_{\mathrm{fmax}}-C_{\mathrm{fA}}^{\infty})} \tag{5-4}$$

式中，n_A是化合物A达到吸附平衡时在涂层上的萃取量；C_{fA}是化合物A在涂层上的浓度；C_{fmax}是涂层上活性位点的最大浓度；K_A和K_B分别是A和B的吸附平衡常数；V_f是纤维涂层的体积；C_{sB}是样品中B的平衡浓度。

当采用顶空萃取方式时，计算如下[5]：

$$n_A = C_{fA}^{\infty} V_f = \frac{K'_A V_f C_{0A} V_s (C_{fmax} - C_{fA}^{\infty})}{V_s(1 + K'_B C_{sB}^{\infty}) + a V_s K_{HA}(1 + K'_B C_{sB}^{\infty}) + K'_A V_f (C_{fmax} - C_{fA}^{\infty})} \quad (5\text{-}5)$$

式中，$K'_A = K'_{HA} K_{hA}$，$K'_B = K'_{HB} K_{hB}$，K'_{HA}和K'_{HB}分别是化合物A和B的Henry常数，K_{hA}和K_{hB}分别是A和B从顶空气相到纤维涂层上的吸附平衡常数；$a=V_h/V_s$。其具体的建立和推导过程可参见文献[14]。

5.2.4 影响萃取效率的因素

固相微萃取纤维在第一次使用之前，或长时间不用再次使用之前，需要经过老化处理，去除纤维上的杂质，降低背景干扰，特别是对新萃取头，黏合纤维用的胶经过老化后不会再释放干扰物质影响测定。老化可采用高温加热或溶剂浸泡两种方式。高温加热可使纤维上的杂质挥发或热解，PA 涂层的纤维会变成褐色，但不会影响纤维的萃取效果。应用溶剂老化可将纤维浸泡在有机溶剂中至少 15 min，或插入 SPME/HPLC 接口，让流动相冲洗 30 min。

SPME 方法有三种萃取方式：①把纤维插入样品中的直接浸入式萃取（如 DI-SPME），较适于气体样品和洁净水样；②将纤维暴露于密闭样品上方气相中的顶空萃取方式（如 HS-SPME），适用于复杂基体样品和固体样品中挥发、半挥发性有机化合物的分析；③纤维通过一个选择性半透膜与样品隔离的膜保护萃取方式，可用于复杂基质中非挥发性化合物的分析。前两种萃取方式最为常用，选定萃取方式后还要对一系列参数进行优化，如纤维的种类、萃取方式、样品量、pH、盐度、萃取时间、温度和解吸条件等。

1. 纤维涂层

纤维涂层的性质直接影响萃取的效率和选择性。选用涂有何种固定相的萃取纤维，最基本的依据是相似相溶的原则。在现有的商品化纤维中，涂有 PDMS 非极性涂层的纤维，其涂层体积较大，能耐受 300℃的进样口温度。同时，其具有以下几个显著的优点：①分析物的萃取是基于平衡分配的作用，这种作用较吸附的作用力弱，因此不稳定的分析物进入 PDMS 萃取相后也不会发生显著的降解；②由于 PDMS 与分析物之间较弱的作用力，分析物的解吸温度无须太高，可以有效降低热不稳定化合物降解的概率；③PDMS 对不同化合物具有不同的分配系数，而不同化合物在 PDMS 萃取相中的保留特性与水样中的其他溶质无关，因此萃取时不会发生置换效应；④PDMS 一旦发生降解，降解产物的质谱信号都含有硅的特征离子碎片，其自身带来的干扰很容易就能通过质谱检测加以区分。因而涂有 PDMS 非极性涂层的纤维应用最为广泛，对许多非极性和弱极性的化合物均具有很好的萃取效率。PA 为极性涂层，多应用于极性化合物的分析。含 DVB 的复合涂层带有微孔结构，固定相上的吸附和分配作用相互加强，增加了萃取容量，而微孔结构还可对分析物的分子量进行识别，增强了纤维的选择性，适用于低分子量的挥发性化合物和极性化合物。两性涂层 PDMS/CAR 适用于高挥发性的溶剂和气体。

此外，涂层的厚度会影响萃取的效率和时间。增加涂层的厚度可以增大萃取相体积，提高萃取量和灵敏度，但厚涂层在萃取过程中需要较长的平衡时间。一般来说，薄涂层适合于分子量大或半挥发性物质，而厚涂层则适于易挥发和分子量小的化合物。而在与液相色谱联用的分析中，纤维的选择还要考虑溶剂对纤维涂层的影响。因此，并非所有涂层种类均适于液相色谱分析。

2. 样品、容器和顶空体积

在样品浓度范围未知的情况下，应尽量取用小体积的样品进行测试。保持样品体积和萃取瓶体积不变，可以有效提高萃取的重复性。采用直接浸入方式萃取样品，应尽量减小顶空体积[15]。采用顶空萃取法，决定萃取效率的关键因素是顶空气相的体积，应对这一参数进行优化。

3. 萃取温度

液体样品温度升高，分子运动速度加快，有利于分析物的扩散，并向纤维涂层迁移，可缩短萃取时间。对于顶空 SPME 法，样品温度升高，不仅能促进待测物挥发进入顶空，还能加快气相中分子的碰撞速度，尤其能使固体样品中的组分尽快释放出来，提高分析的灵敏度。

但过高的温度会使目标物在涂层中的分配系数下降，从而直接引起检测灵敏度的下降[16]。在顶空萃取时，水样温度升高还会使气相中湿度增加，当顶空中相对湿度达到 90%时，目标物的萃取量将降低 10%[17]。所以，在实际操作中往往需要选择一个最佳萃取温度。

4. 体系盐度和酸度

向液体样品中加入无机盐（NaCl、Na_2SO_4）可增加溶液离子强度，降低有机物的溶解度，即盐析作用，使纤维涂层能吸附更多的分析组分，提高萃取效率[18]。但加入无机盐的量需要根据具体目标物来定，对有些化合物，当体系盐浓度过高时，盐溶作用会占优势，此时纤维的萃取量反而减小。当样品溶液中加入盐再用纤维进行直接浸入式萃取时，需在测定后对纤维进行清洗，延长纤维使用寿命。

对弱酸性和弱碱性化合物，样品的 pH 直接影响其存在形态，为了保证其呈分子态以利于萃取，需要调节适当的 pH 进行测定。对于 PA 涂层，pH 值不宜过低，在 pH<1 时涂层不稳定。

5. 有机调节剂

向一般液体样品中加入溶剂会减少纤维上萃取的分析物的量[19,20]，但向固体或污水样品中加入有机溶剂，可以加速分析物向纤维涂层的扩散迁移[1]，从而提高萃取化合物的量。适量的水或其他表面活性物质也有助于固体样品中结合力强的分析组分的释放[20,21]。

6. 搅动状态与萃取时间

搅动可使分析物更快地在样品和萃取相之间达到分配平衡，提高萃取效率。使液体样品搅动可采用以下几种方式：对样品进行磁力搅拌或者超声振荡、样品的快速流动、样品容器的振摇等。另外，也可使萃取纤维在萃取过程中快速振荡，从而加速萃取平衡。

达到萃取平衡可获得最大的萃取量，此时再延长萃取时间萃取量也不会增加，因此在达到平衡后的时段内，萃取时间的控制不十分严格，也能获得良好的重复性。但对于萃取平衡所需时间很长和非平衡态的体系，根据非平衡理论[22]，即使未达到平衡，涂层对目标物的萃取量与其在样品中的浓度也存在比例关系，因此在保证测定灵敏度的前提下，只要严格控制每次萃取时间一致，就能保证测定的重复性。

7. 解吸条件

解吸过程随 SPME 后续分离手段的不同而不同。对于气相色谱(GC)，是将纤维暴露在进样口中，通过高温使目标化合物热解吸，而对于液相色谱(LC)，则是通过溶剂进行洗脱。

SPME 纤维可在 GC 进样口直接进样并完成热解吸。适当的进样口温度可以使目标物完全解吸，并使测定后纤维上的残留物的量降至最低，避免对下一次萃取产生干扰。多数化合物的解吸温度在 150～250℃，稍高于其沸点即可。对难解吸的化合物，如农药，需要 300℃的高温才能有效解吸。对热不稳定化合物，可在进样口采用程序升温的方式。

纤维插入进样口的深度应调节到进样口的高温区或中心处，因为 GC 进样口温度与柱温不同，使进样口内存在温度差异。如果纤维在进样口中温度较低的位置进行解吸，会使色谱峰变宽，因此纤维插入进样口的位置也要经过优化实验加以确定。

纤维还需在进样口中停留一段时间，使分析物能够完全解吸，一般 2～5 min 即可使分析物完全解吸。而实际上，许多挥发性化合物的解吸非常快速，长时间解吸是为了去除纤维上的残留物。

用 SPME-HPLC 接口解吸化合物有动态解吸和静态解吸两种方式。动态解吸是指化合物被流过的流动相不断冲洗下来，并直接进入色谱柱进行分离；静态解吸是指在接口中充满流动相或其他解吸溶剂，使纤维在解吸池中浸泡一段时间，再将分析物进柱分离。静态解吸方式多针对难解吸的化合物。

8. 衍生反应

针对强极性、难挥发的化合物，可使用衍生的方法，增加其挥发性，降低极性，从而提高萃取效率和选择性。固相微萃取中普遍使用的有三种衍生方式，即原位衍生法、纤维上衍生法和进样口内衍生法。

原位衍生法是指将衍生试剂加入待测样品中，衍生反应与萃取同时进行，衍生产物被萃取到 SPME 纤维上。

纤维上衍生有两种方式。一种是先用纤维萃取分析物，再将萃取了分析物的纤维暴露在衍生试剂中，使分析物在纤维上发生衍生反应；另一种是先在萃取纤维上引入衍生试剂，然后再进行 SPME 萃取，由于分析物一旦被萃取，就会发生衍生反应，所以是一个非平衡体系。

进样口内衍生反应，顾名思义，是将衍生试剂引入色谱进样口中，使解吸下来的目标化合物在进样口中与衍生试剂反应。

5.2.5　管内 SPME

管内 SPME 是 SPME 技术的创始人于 1997 年首次提出的方法[23]。将涂有固定相的 GC 开管毛细管柱用于样品萃取，并与商品化 HPLC 自动进样器相连，无须特殊的接口，就实现了与液相色谱自动化联用。

将一段 GC 开管毛细管柱安装在 HPLC 自动进样针和进样管之间，萃取在自动进样针的操作下完成，有动态和静态萃取两种方式。动态萃取是指进样针反复将样品瓶中的样品吸入、排出毛细管若干次。当样品被吸入毛细管时，分析物就被萃取到固定相中，而当样品被排回到样品瓶中时，流动相会进入毛细管，萃取的分析物有可能会被部分解吸下来。萃取结束后，进样针会从溶剂瓶中吸入流动相或其他溶剂完全洗脱固定相中富集的分析物，然后进入液相色谱柱分离测定。静态萃取是指样品被吸入毛细管后处于静止状态，使样品与固定相充分接触，待分析物萃取到毛细管固定相中，将样品排出，然后吸入溶剂进行解吸和进样。进样体积就是指完全解吸分析物所需的流动相体积。

用于萃取的毛细管长度一般为 50～60 cm，毛细管太短，萃取效率较低，毛细管太长，分析物在解吸时过于分散，会出现峰展宽的现象。增加吸入和排出的次数和体积能提高萃取效率，但会使色谱峰展宽。样品吸入、排出的流速会同时影响萃取效率和方法的精密度，较高的吸入、排出速度一方面可以使分析物的质量传递加快，增加萃取效率；另一方面，又会致使流动相中产生气泡，降低萃取的效率和精密度。

由于任何 GC 商品毛细管柱都可以使用，SPME-HPLC 技术的应用范围被大大拓宽。但经过几十年的发展，管内 SPME 技术并不如纤维 SPME 技术发展迅速。首先，管内 SPME 使用毛细管，易发生流路的堵塞，因此必须在萃取前去除样品中的颗粒物，限制了该方法的应用；其次，管内 SPME 操作的便利性不如纤维 SPME；再次，毛细管柱中容纳的样品体积十分有限；最后，其测定通量受到极大的限制。因此，相关的应用研究较纤维 SPME 技术少得多，更没有发展相关的自动化操作产品，都与它自身的这些局限性有很大关系。

5.2.6 SPME 技术在 POPs 研究中的应用

SPME 技术被广泛应用于 POPs 的分析检测，其在环境、医药、食品领域的相关综述已有很多报道，这里不再赘述。我们仅对近几年的研究报道进行了总结，发现该技术在 PAHs 的检测中应用最为广泛，如表 5-3 所示。针对水样、牛奶、沉积物、香烟、皮革等不同性质的样品，SPME 方法均显示了优良的性能。而一些研究者自行合成制备了具有良好选择性和分析灵敏度的新型涂层纤维，如将碳基材料修饰到 PDMS 中制备的涂层，或直接使用纳米材料，如纳米银、纳米 TiO_2、石墨烯甚至磁性纳米材料等作为涂层材料，或者使用金属有机骨架（MOF）材料等制备涂层，纤维的载体材料有石英丝、各种金属丝，也有中空介孔碳材料。为了与其他研究结果能够进行比对，这些研究新型涂层的研究也多选择研究最为广泛的 PAHs 作为目标化合物，评价其纤维涂层的性能。在方法的检出限、重复性、单根纤维的重复性以及纤维的批间重复性上均获得了良好的结果。

SPME 在其他 POPs 化合物的分析检测中也显示出一定的优势，具体应用见表 5-4。近几年对多氯联苯（PCBs）和多溴二苯醚（PBDEs）等传统 POPs 的研究还是集中在新型纤维和涂层的研制上，如聚合离子液体涂层、二硫化钼/还原的氧化石墨烯涂层、二价镉金属有机纳米管涂层、聚多巴胺金属有机骨架涂层、纳米材料-竹炭纤维复合材料等，这些新型纤维对复杂的样品基质，如食品、土壤等样品也能取得良好的萃取效率，目标化合物的回收率达到 80%～103%，较常规的液相萃取方法更为简便，准确度更高。对于一些新型 POPs 化合物，如短链氯化石蜡和

表 5-3　SPME 技术在多环芳烃分析中的应用

样品介质	萃取方式	涂层种类	分析仪器	检出限(LOD)	方法重复性(RSD，%)	单纤维重复性(RSD，%)	纤维间重复性(RSD，%)	回收率(%)	参考文献
沉积物	SPME	PDMS	HPLC-UV/FLD			日间：≤6.9；日内：≤5.8			[24]
水样	SPME	PDMS	GC-MS	0.9～3.6 ng/L				83～97	[25]
水样	HS-SPME	PDMS		0.01～0.5 μg/L	≤8				[26]
水样	DI-CF-SPME	PDMS	GC-MS	7.10～57.96 ng/L	4.38～17.65			76～99	[27]
牛奶	PE-SPME	PDMS	GC-MS	0.1～0.8 ng/mL				75～110	[28]
朗姆酒	DI-CF-SPME	PDMS	GC-MS	0.01～0.08 μg/L	5～16			74～95	[29]
沉积物、水样	SPME	PDMS	GC-MS	<2.0 ng/mL				80～104	[30]
皮革制品	HS-SPME	PDMS	GC-MS	<0.05 μg/L(䓛，0.12 μg/L)		2.17～8.15	1.35～8.98	82～125	[31]
巧克力	SPME	PDMS	GC-MS	0.004～0.44 ng/g	日间：0.2～4.2；日内：1.2～9.9			85～105	[32]
土壤	HS-SPME	PDMS	GC-FID	0.47～0.89 ng/g	5.94～10.34(1 μg/g)				[33]
气溶胶	HS-SPME	PDMS	GC-MS/MS	22～56 pg/m^3				57～106	[34]
水样	HS-SPME	PDMS/DVB	GC-MS	26.8～128 ng/L	1.9～33.1(0.5 μg/L)			71～114	[35]
大气	HS-SPME	PDMS/DVB	GC-MS	0.9～3.3 ng	≤13	4.9～25		78～112	[36]

续表

样品介质	萃取方式	涂层种类	分析仪器	检出限(LOD)	方法重复性(RSD，%)	单纤维重复性(RSD，%)	纤维间重复性(RSD，%)	回收率(%)	参考文献
水样	IT-SPME	聚对苯二甲酸	HPLC-DAD	0.01～0.03 μg/L	3.8～7.8			91～118	[37]
水样	SPME	多孔苯基三甲氧基硅烷功能化硅	GC-MS	5.1～37.2 pg/mL		<8.5 (10 ng/mL)	<11.3 (10 ng/mL)	93～131	[38]
蚊香 香烟 润滑剂	HS-SPME	聚(吲哚-3-甲基噻吩)-离子液体复合薄膜	GC-FID	6.25～25.2 ng/L		3.5～5.5	4.5～7.2	87～105 90～110 82～103	[39]
水样	HS-SPME	聚噻吩/六边形二氧化硅复合材料	GC-MS	0.1～3 pg/mL		≤8.6	≤19.1		[40]
橄榄油	DI-SPME	石墨化碳黑/PDMS	GC-MS	0.17～0.70 μg/kg (LOQ)	<14				[41]
水样	HS-SPME	PDMS/MOF	GC-MS	<4 ng/L		<9.3	<13.8	78～110	[42]
水样	HS-SPME	MOF	GC-MS	0.69～4.42 ng/L		1.47～8.67	<9.82	82～113	[43]
水样	DI-SPME	MOF	GC-MS	0.11～2.10 ng/L		4.2～12.7	0.9～11.7	82～116	[44]
水样 土壤	SPME	MOF	GC-MS	0.28～0.6 ng/L		≤8.2	≤8.9	87～114 84～117	[45]
水样 土壤	HS-SPME	多孔镱 MOF	GC-MS/MS	0.07～1.67 ng/L	2.53～9.86 (300 ng/L)		1.64～9.78 (300 ng/L)		[46]
水样	HS-SPME	SnO_2 纳米棒	GC-MS	芘：0.001 ng/L		≤9.8	≤12.5	93～98	[47]
水样 土壤	HS-SPME	纳米结构 MOF	GC-MS	0.005～0.008 mg/L	5.3～9.6	5.9～7.9	8.6～10.4	89～105	[48]

续表

样品介质	萃取方式	涂层种类	分析仪器	检出限(LOD)	方法重复性(RSD，%)	单纤维重复性(RSD，%)	纤维间重复性(RSD，%)	回收率(%)	参考文献
水样	SPME	苯基-TiO_2纳米片-Ti	HPLC-UV	0.008～0.043 μg/L	<9.45	3.51～5.23(25 μg/L)	4.43～7.65(25 μg/L)	86～112	[49]
水样	HS-SPME	纳米金	GC-FID	10～200 μg/L		2.5～6.0	8.5～13.6	92～105	[50]
水样	IT-SPME	铜丝	HPLC	0.001～0.01 μg/L		0.6～3.6	5.6～20.1	86～115	[51]
水样	SPME	烧结钛	GC-MS	0.06～3.20 ng/L	0.57～7.08				[52]
水样	SPME	非晶体碳-二氧化钛	GC-MS	0.4～7.1 ng/L	9.2～10.3	3.2～12.8	3.8～11.6	86～130	[53]
水样	MSPE/SPME	石墨烯/磁性Fe_3O_4/Pt 复合纳米材料	GC-FID	0.29～3.3 pg/mL	5.2～9.3				[54]
水样	DI-SPME	纳米银/金属纤维	SERS	7.56×10^{-10} mol/L	3.85～6.98			95～115	[55]
水样	IT-SPME	纳米银/聚醚醚酮	HPLC-UV	0.15～0.30 μg/L		0.7～8.6		92～120	[56]
水样	DI-SPME	二氧化钛纳米棒/钛丝	GC-FID	0.002～0.005 μg/L		1.35～8.56	1.02～10.4	86～116	[57]
化妆品	DI-SPME	单层石墨化氮化碳-石墨烯	GC-MS	1.0～2.0 ng/L	5.5～13.1			70～120	[58]
水样	HS-CF-SPME	聚(3,4-乙烯二氧噻吩)-氧化石墨烯	GC-FID	0.05～0.13 μg/L		日间：4.8～8.4；日内：4.1～6.8	6.5～10.7	85～107	[59]

续表

样品介质	萃取方式	涂层种类	分析仪器	检出限(LOD)	方法重复性(RSD，%)	单纤维重复性(RSD，%)	纤维间重复性(RSD，%)	回收率(%)	参考文献
土豆	SPME	聚合离子液体/氧化石墨烯	GC-FID	0.015～0.025 μg/L		2.4～9.6	6.6～11.4	78～102	[60]
香烟	SPME	石墨烯	GC-MS	0.02～0.07 ng/支		4.2～9.5		80～110	[61]
水样	HS-SPME	石墨烯	GC-MS	0.5～1.0 μg/L		3.7～7.2	6.8～14.9	76～104	[62]
水样 土壤	HS-SPME	三维石墨烯	GC-FID	2.0～10.0 ng/L		4.7～8.8	6.4～11.9	76～103	[63]
水样	HS-SPME	碳纳米管-聚邻氨基苯酚	GC-MS	0.002～0.01 ng/mL		日间：6.4～10.1；日内：4.7～9.3	7.1～12.5(0.5 ng/mL)	88～108	[64]
水样	DI-SPME	磁性氮掺杂碳纳米管	GC-MS	0.05～0.42 μg/L	日间：1.91～9.01；日内：7.02～17.94			70～117	[65]
水样	HS-SPME	邻苯二胺-邻甲苯胺共聚物/改性碳纳米管	GC-MS	1～6 ng/L	日内：5.0～8.2；日间：4.1～5.7	4.1～6.7	6.6～11.4	89～102	[66]
水样	HS-SPME	碳纳米管/聚邻苯二胺	GC-MS	0.02～0.09 ng/mL		日间：5.2～9.3 日内：3.2～7.8	6.2～11.3(5 ng/mL)	81～112	[67]
水样	SPME	中空介孔碳纤维	GC-MS	0.20～1.15 ng/L	< 8.6			86～112	[68]

注：CF，制冷纤维(cold fiber)；PE，预平衡(pre-equilibrium)；MSPE，磁性固相萃取(magnetic solid phase extraction)。

表 5-4　SPME 技术在其他 POPs 化合物分析中的应用

分析物	样品	萃取方式	涂层种类	检测仪器	检测限	方法重复性（RSD，%）	单纤维重复性(RSD，%)	纤维间重复性（RSD，%）	回收率(%)	参考文献
多氯联苯	海水、牛奶	HS-SPME	聚合离子液体	GC-ECD GC-MS	1～2.5 ng/L 2.5～25 ng/L				90～136 97～132	[69]
	水样	SPME	聚合离子液体	GC-ECD	0.9～5.8 ng/L		< 10.7	<12.7	86.6～108	[70]
	沉积物、水样	SPME	PDMS	GC-MS	<10 pg/μL				75～105	[71]
	水样	HS-SPME	PDMS	GC-ECD	12.3～24.3 ng/L	7.9～23.6	<27.8	9.5～20.4	82.5～118	[72]
	食物	HS-SPME	二硫化钼/还原氧化石墨烯	GC-MS	0.05～0.09 ng/mL	< 4.9		< 10	91～97	[73]
	海水样品	SPME	镉(Ⅱ)基金属有机纳米管	GC-MS	1.80～8.73 pg/L			3.7～10.9	78～110	[74]
	水样、土壤	HS-SPME	MOF	GC-MS	0.45～1.32 ng/L		4.2～8.7	4.8～9.4	80～103	[75]
	土壤	HS-SPME	聚多巴胺MOF	GC-MS	50～90 pg/g			<10	92～97	[76]
	水样	IT-SPME	PDMS	UHPLC-MS/MS	0.025～2.5 μg/L	日间：<26；日内：<31.6				[77]
多溴联苯醚	水样	DI-SPME	Fe_3O_4涂层的竹炭纤维	GC-MS	0.25～0.62 ng/L		日间：2.14～7.54；日内：2.02～6.89	2.20～9.44		[78]

续表

分析物	样品	萃取方式	涂层种类	检测仪器	检测限	方法重复性（RSD，%）	单纤维重复性（RSD，%）	纤维间重复性（RSD，%）	回收率（%）	参考文献
DDT及其代谢产物	海水及沉积物	SPME	PDMS	GC-MS/ECD	3～15pg/L				86～109	[79] [80]
林丹、七氯及其转化产物	地下水	DI-SPME	PA	GC-MS	0.015 μg/L（LOQ）				96～101	[81]
有机氯农药、多氯联苯	空气样品	SPME	PDMS	GC-ECD	0.02～4.90 ng/m^3					[82]
有机氯农药	纺织品	SPME	PDMS	GC-MS	0.04～0.41 μg/L	3.2～11.3			70～113	[83]
	水样	SPME	石墨烯	GC-MS	0.19～18.3 ng/L		4.7～10.6	2.3～13.6	78～120	[84]
	水样	DI-SPME	PA	GC-MS	0.015～0.13 μg/L	1.9～9.6			82～114	[85]
	人体血清	HS-SPME	PA	GC-MS	0.01～1.0 ng/mL	日间：1.0～29.8；日内：2.3～47.4				[86]
	水样	DI-SPME	C_{18}	GC-MS	0.059～0.151 ng/L		4.3～10.2	8.5～16.2	70～119	[87]
短链氯化石蜡	水样	HS-SPME	PDMS	GC-MS	4 pg/mL	1～9（1 μg/L）				[88]
全氟辛基磺酸盐 全氟辛酸	水样			LC-ESI-MS	2.5 pg/mL 7.5 pg/mL				88～102	[89]

全氟化合物等，则通常使用经典的 SPME 商品纤维，以便获得能被普遍认可的环境浓度数据。

5.2.7　SPME 技术的优势与不足

SPME 技术是一种简单、快速、无溶剂或低溶剂消耗的样品预处理方法，可与 GC、HPLC 等常规实验室仪器在线和自动化联用，具有很好的灵敏度和选择性。萃取只需少量样品，对固体、液体、气体等各种不同基质样品中挥发性、半挥发性、不挥发性化合物，甚至金属离子等物质均能取得很好的测定结果，应用范围十分广泛。随着其自动化技术的不断更新，高通量测定技术的开发，以及商品纤维和手柄的不断改进和发展，其应用前景会愈加广阔。但不可否认的是，虽然 SPME 技术拥有这些显而易见的优势，但在常规实验室研究中，人们对很多样品的分析，首选的还是传统的液相萃取、固相萃取等手段，SPME 技术所占的比例还是太低，分析其原因大概包括以下几点：

(1) 纤维、手柄以及实现自动化操作的进样、老化、萃取等模块价格较高，且不同厂商生产的 SPME 纤维(如经典纤维和箭头纤维之间)，配件不能通用。

(2) 虽然 SPME 手柄只要不损坏就可以无限次重复使用，配以不同的萃取头可以适用于不同的目标化合物，但采用熔融石英纤维为载体的商品纤维易折断，操作要格外小心，而采用浸入式萃取还容易使涂层发生溶胀、损坏和脱落等现象，增加了使用成本。

(3) 纤维固定相体积非常有限，对水溶性较强的化合物的萃取效率较低，灵敏度也不高。

(4) 致力于开发新型纤维和涂层的研究往往止步于一种或一类化合物的应用，只要该新型纤维涂层对选定的目标化合物具有良好富集性能，就转而开发其他的新涂层，没有针对某一有前景的涂层进行大量而广泛的应用研究，从而推进其商品化应用的可能性。

因此，虽然新型纤维，特别是具有广谱适用性和高灵敏度，或是针对某些化合物具有高选择性的纤维涂层的研制和开发还是未来研究的重要方向，但在今后的发展中，SPME 技术应更加注重其在常规实验室应用中的推广，提升其在常规样品分析或日常监测中的比重。这不仅要求该技术作为常规分析手段进入高等教育的教学和实践体系，使其与液相萃取、固相萃取等技术一样广为人知，还要求相关产品能够不断推陈出新，并在保证优良性能的前提下降低成本，使其成为实验室常规配备的仪器和设备；此外，应用 SPME 技术建立相关的国家或行业标准方法，对其推广使用也具有重要推动作用。

5.3 搅拌棒吸附萃取技术

5.3.1 概况

搅拌棒吸附萃取(stir bar sorptive extraction，SBSE)技术是1999年被提出并发展起来的样品前处理技术[90]，该技术最初应用的萃取介质是涂覆了PDMS涂层的搅拌棒，其涂层体积是SPME纤维涂层体积(以100 μm厚 PDMS 涂层纤维为例)的 50～250 倍，萃取效率和灵敏度都有显著提高。带有涂层的搅拌棒又称为Twisters，一般为玻璃材质，内部包裹金属棒或磁棒，外壁涂布PDMS涂层。由于PDMS属于非极性的材料，对极性化合物的萃取效率比较低，随后又发展了适于极性和中等极性化合物萃取的PA涂层和乙二醇/硅酮(EG/silicone)涂层的搅拌棒，以及其他一些新型的涂层，扩大了该方法的适用范围。

SBSE 搅拌棒与常用的磁力搅拌子一样，可在磁力搅拌器的驱动下对样品进行搅动，搅动样品的过程中即可将目标分析物萃取到涂层中。常用的萃取方式包括直接浸入式萃取方式和顶空萃取方式。对于顶空萃取，搅拌棒被置于液体或固体样品上方的顶空中，因此还需要特殊的装置使其能够悬挂在顶空中。萃取结束后，搅拌棒上萃取的分析物可以通过热解吸或者液相解吸的方式脱离搅拌棒，然后引入气相色谱、液相色谱、电泳等检测设备进行测定。

SBSE 萃取用的涂层搅拌棒和专用热解吸装置均有商品化产品可供选择，商品搅拌棒一般长度为1 cm或2 cm，涂层厚度为0.5 mm或1 mm，涂层种类有PDMS、PA和乙二醇/硅酮。搅拌棒在使用之前需要进行老化处理，去除涂层中存在的干扰物质。与SPME技术类似，老化可以采用高温加热的方式，也可以采用溶剂清洗的方式，或者将二者结合起来使用。但由于涂层厚度的增加，所需的老化时间显著增加。例如，PDMS涂层搅拌棒可在300℃高温下老化4 h以上[90]，也可以用乙腈浸泡搅拌棒2天后，再在280℃下加热4 h进行老化处理，加热过程中以流速为40 mL/min的氦气吹扫[91]。PA涂层的搅拌棒可以在220℃加热20 min进行老化，虽然加热温度和时间均显著低于PDMS搅拌棒，但却可以很好地消除搅拌棒上的干扰物质，去除记忆效应[92]。乙二醇/硅酮涂层搅拌棒的老化条件是氦气吹扫下200℃加热30 min[93]。涂层搅拌棒可以重复使用，使用寿命取决于样品基质的复杂程度和涂层的种类，通常一根PDMS搅拌棒能够重复使用20～50次，而乙二醇/硅酮涂层稳定性稍差，能够重复使用20～30次。SBSE技术与SPME技术不同，搅拌棒不能在GC进样口直接进样，需要单独配置热解吸装置。商品化的热解吸装置可直接与GC联用，包括两个可单独控制程序升温的单元，能够分别完成分析物的热解吸和冷捕集，以获得良好的色谱峰形，该装置能对解吸、冷捕集和进样过程进行全程自动化控制，并可分别对温度、流量、分流/不分流等模式进行设定。

5.3.2　SBSE 理论

SBSE 技术使用最广泛、历史最长的商品化涂层是 PDMS，因此其理论研究也主要是基于 PDMS 涂层搅拌棒进行的。与 SPME 技术类似，分析物被涂层表面捕集后，会扩散进入涂层的内部，分析物的萃取过程与化合物在样品和萃取相这两相间的分配系数密切相关。其萃取有机污染物的理论和计算公式已经在多篇报道中进行了详细的讨论[94-98]，涂层中萃取化合物的浓度可用式(5-6)表示：

$$C_{\mathrm{c}}(t)=C_{\mathrm{w},0}\times\frac{k_1}{k_2}\times(1-\mathrm{e}^{-k_2t}) \tag{5-6}$$

式中，$C_{\mathrm{c}}(t)$是任一时刻 t 时，搅拌棒涂层中萃取的分析物的浓度；$C_{\mathrm{w},0}$ 是分析物在水溶液中的初始浓度；k_1 和 k_2 分别是搅拌棒吸附和解吸分析物的速率常数。

当萃取过程达到平衡时，萃取量可以依据质量平衡和相分配系数加以计算：

$$m_{\mathrm{w},0}=m_{\mathrm{c}}+m_{\mathrm{w}} \tag{5-7}$$

$$K_{\mathrm{c,w}}=\frac{C_{\mathrm{c}}}{C_{\mathrm{w}}}=\frac{m_{\mathrm{c}}V_{\mathrm{w}}}{m_{\mathrm{w}}V_{\mathrm{c}}}=\frac{m_{\mathrm{c}}}{m_{\mathrm{w}}}\beta \tag{5-8}$$

式中，$m_{\mathrm{w},0}$ 是水样中分析物的总质量，经过萃取过程后分析物在涂层和水相中进行分配，涂层中分析物的质量为 m_{c}，水相中分析物的剩余质量为 m_{w}。相分配系数($K_{\mathrm{c,w}}$)定义为目标化合物在涂层(C_{c})和水相(C_{w})中的浓度比，浓度是质量与体积之比，因此公式中又涉及水相与涂层之间的相体积比 $\beta=V_{\mathrm{w}}/V_{\mathrm{c}}$。结合式(5-7)和式(5-8)，以及萃取率的定义，即萃取相中萃取的分析物的质量占样品中分析物总质量的百分比，SBSE 的理论萃取率 $R(\%)$即可通过式(5-9)计算：

$$R(\%)=\frac{m_{\mathrm{c}}}{m_{\mathrm{w},0}}=\frac{K_{\mathrm{c,w}}/\beta}{1+(K_{\mathrm{c,w}}/\beta)}=\frac{K_{\mathrm{c,w}}}{\beta+K_{\mathrm{c,w}}}\times100 \tag{5-9}$$

从这一公式可以看出，影响 SBSE 方法萃取率的因素有两个：一是分析物在涂层与水相之间的分配系数，二是水相与萃取涂层之间的相体积比 β。因此，在分析物的相分配系数以及样品和萃取涂层的体积比可知的情况下，就可以计算得到萃取平衡时的理论萃取率。

研究表明，当萃取涂层是 PDMS 时，化合物的相分配系数 $K_{\mathrm{c,w}}$ 与其辛醇-水分配系数 K_{ow} 具有很好的相关性，因此可以用分析物的 K_{ow} 值替代上述公式中的

$K_{c,w}$，近似地评估目标化合物在 SBSE 萃取过程中的情况[99]。显然，分析物的 K_{ow} 值越大，萃取率越高，随着 K_{ow} 值降低，化合物的极性增强，萃取率也随之降低；而 PDMS 涂层的量和体积越大，相体积比 β 值就越小，萃取率也就越高。

该公式还可用于评估和预测 SBSE 方法适于分析的目标化合物的类型。当样品体积为 10 mL 时，对于 SPME 而言，PDMS 的体积约为 0.5 μL，相体积比为 20000，而应用 SBSE 技术萃取化合物，1 cm 长的搅拌棒上涂覆 0.5 mm 厚的 PDMS，体积为 24 μL，相体积比为 417，为 SPME 相体积比的 1/48。基于上述公式，要对 10 mL 样品中的目标化合物进行 100%的萃取，SPME 方法只对 $\lg K_{ow}>5$ 的化合物有可能，从理论上给出了 SPME 技术对 $\lg K_{ow}$ 值较低的极性化合物萃取率低的原因，而 SBSE 方法对 $\lg K_{ow}>2.7$ 的化合物均能达到良好的萃取效果。

表 5-5 中列出了 SBSE 方法萃取 $\lg K_{ow}$ 值分别为 2.7 和 4 的化合物的理论萃取率和萃取量，同时还估算了不同样品体积、不同相体积比时能够达到定量萃取的化合物的理论 $\lg K_{ow}$ 值，从而直观反映了 β 值对萃取过程的影响。数据表明，对于 $\lg K_{ow}$ 为 2.7 的化合物，当样品量超过 200 mL 以后，SBSE 萃取的分析物的量不再显著增加，当样品量达到 500 mL 时，萃取率只有 9.1%。对于 $\lg K_{ow}$ 为 4.0 的化合物，当样品量从 500 mL 上升到 1000 mL 时，平衡萃取率还可达到 50%。

表 5-5　不同 $\lg K_{ow}$ 值的化合物在 β 值不同时的理论萃取率和萃取量以及能够达到定量萃取的分析物的 K_{ow} 值[95]

样品体积（mL）	β^a	$\lg K_{ow}{}^b$	$\lg K_{ow}=2.7$		$\lg K_{ow}=4.0$	
			萃取率（%）	萃取量（μg）^{c}	萃取率（%）	萃取量（μg）^{c}
5	50	2.30	90.9	0.045	99.5	0.049
10	100	2.60	83.3	0.083	99.0	0.099
20	200	2.90	71.4	0.143	98.0	0.196
50	500	3.30	50.0	0.250	95.2	0.476
100	1000	3.60	33.3	0.333	90.9	0.909
200	2000	3.90	20.0	0.400	83.3	1.667
500	5000	4.30	9.1	0.455	66.7	3.333
1000	10000	4.60	4.8	0.476	50.0	5.000

a，相体积比 β 的计算假定 PDMS 的体积为 100 μL；b，萃取率为 80%时计算得到的理论 $\lg K_{ow}$ 值；c，萃取量的计算基于样品浓度 10 μg/L。

5.3.3　SBSE 的操作过程

1. 萃取

萃取是 SBSE 技术最重要的过程，萃取率的高低和操作的方便程度决定了 SBSE 的可应用性。如图 5-6 所示，SBSE 萃取有两种方式：将搅拌棒直接置于样品(溶液或气体)中的直接浸入式以及将搅拌棒置于样品上方顶空中的顶空萃取方式。与 SPME 技术类似，萃取过程既可以在萃取达到平衡时结束，也可以选择适当的时间进行非平衡态萃取。

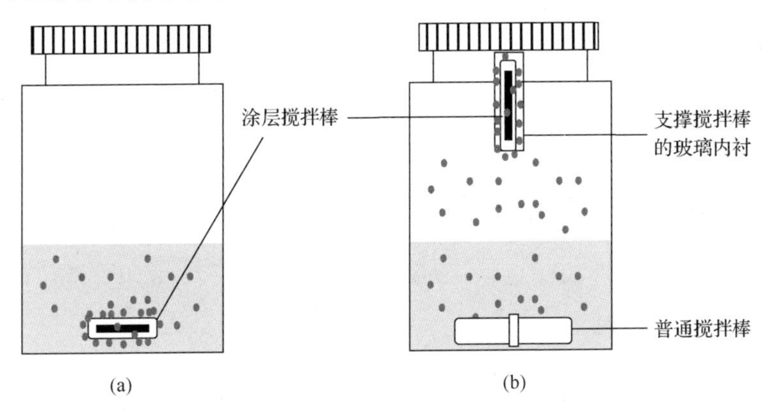

图 5-6　应用 SBSE 技术进行直接浸入式萃取(a)和顶空萃取(b)的示意图

直接浸入式萃取是最为常用的萃取模式，将带有萃取涂层的搅拌棒置于液体样品中，用其搅动样品，就可使目标化合物萃取到萃取相中。萃取之后，可以用镊子或手术钳从液体样品中取出搅拌棒，而对于内部包裹了磁棒的涂层搅拌棒则可使用金属线将其吸出。如果样品基体复杂，特别是后续使用热解吸方式时，为避免在解吸池中形成不挥发的物质，影响解吸池的正常运行，可以用去离子水清洗搅拌棒表面附着的糖、盐和蛋白质等干扰物质，而清洗过程并不会造成目标化合物的损失。一般搅拌棒上的残余水分无须进一步的处理，但如果需要进行干燥处理，也可以将搅拌棒吹干或置于干净的吸水纸上吸除残余水分，然后再进行解吸操作。

有研究显示，乙二醇/硅酮涂层搅拌棒在使用中易出现涂层流失和机械损伤等问题，浸入式萃取过程中，不断地搅动样品更增加了涂层损坏的概率，因此发展了搅拌棒联合浸入式萃取的方式。在萃取瓶外壁加装一个小磁铁，使乙二醇/硅酮涂层搅拌棒吸持在萃取瓶内壁并浸没于液体样品中，同时将 PDMS 涂层搅拌棒置于萃取瓶底部用于搅拌样品，两根搅拌棒可同时萃取不同的分析物，萃取结束后，两根搅拌棒可同时置于热解吸池中解吸[100]，使不同性质的化合物得以同时分析。

SBSE 顶空采样模式被称为顶空搅拌棒吸附萃取或者顶空吸附萃取(headspace stir bar sorptive extraction，HS-SBSE 或者 headspace sorptive extraction，HSSE)，即搅拌棒被悬空静置于液体或固体样品上方的顶空中，搅动下方样品，使目标化合物能够充分挥发、扩散进入顶空气相，然后被搅拌棒涂层萃取。为了使搅拌棒能够放置在样品顶空中，HSSE 萃取有专用的商品化萃取瓶(Gerstel，Sursee，瑞士)，在顶空部分可以插入一个小的玻璃内衬[图 5-6(b)]，支撑搅拌棒。也有研究人员自制了可以使搅拌棒悬置在顶空中的小器件，原则上，这些小器件的材质应与目标化合物没有相互作用，也没有强烈吸附作用。例如，使用镀锌的铁丝缠绕在六角螺丝钉上作为搅拌棒的支撑，然后在萃取瓶的盖子上钻孔，使铁丝穿过，从而使搅拌棒停留在顶空中[101]，以及在萃取瓶盖上加上磁铁，使搅拌棒吸置在顶空中等方式[102]。萃取过程结束后，搅拌棒也可经过清洗过程后再进行解吸。虽然顶空方式中搅拌棒与样品没有直接接触，基质干扰比较小，能较好地延长搅拌棒的使用寿命，但与直接浸入式比较，顶空萃取的应用并不多，分析其原因可能有以下两点：①SBSE 顶空萃取方式的操作并不像 SPME 装置进行顶空萃取那样方便，需要采用特殊装置或方法才能将搅拌棒悬置在顶空中；②顶空萃取适用于挥发和半挥发性的化合物，对极性较强、无挥发性的化合物的测定灵敏度难以满足要求。

SBSE 除了适用于液体样品外，也可用于固体样品的分析，但为了保证搅拌棒的适用性，需要预先对固体样品进行处理。最简单的方式就是直接将固体样品与水混合，然后将 SBSE 搅拌棒直接置于悬浊液中进行搅拌萃取或者将搅拌棒置于样品顶空中进行 SBSE 萃取。另外，也可以对固体样品先进行液相萃取，使分析物转移至萃取溶液中，去除固体残渣后再对溶液进行 SBSE 萃取，这种方式不仅避免了液相萃取的净化步骤，还可降低基质干扰效应。液相萃取过程中还可以使用超声萃取(USE)、微波辅助萃取(MAE)、加速溶剂萃取(ASE)、加压亚临界水萃取(PSWE)等方式提高萃取效率。而对固体样品进行萃取使用的溶剂多为能与水互溶的试剂，如乙醇、甲醇、丙酮、乙腈、二氯甲烷等，可以是单一溶剂，也可以选择多种溶剂的混合物。如果液相萃取使用的完全是有机溶剂，还需要用水稀释得到含水的液体样品，才能进行 SBSE 操作。而溶剂与水的体积比是这一过程中非常重要的参数，有机溶剂比例过高会使检测灵敏度下降，还会损害萃取涂层。

2. 解吸

依据后续的测定设备及分析物的性质，解吸过程可以选择热解吸方式或者液相解吸方式。

热解吸(thermal desorption，TD)过程无须使用有机溶剂，在 150～300℃温度范围内即可将搅拌棒上萃取的目标化合物解吸下来并全部引入 GC 中进行检测，操作十分简便，但通常只适用于热稳定性好的挥发性和半挥发性有机化合物。由于 SBSE 的萃取率和萃取量均高于 SPME 技术，因此所需的解吸时间往往也比较长，为了完全解吸化合物，解吸时间有时可达到 15 min。为了避免解吸时间长和目标物解吸量大且分散造成的色谱峰展宽的问题，SBSE 的热解吸过程通常需要使用专门为之设计的热解吸装置(thermal desorption unit，TDU)，该装置有商品化产品出售，通过专用的接口可以安装在气相色谱的进样口，但价格较高。TDU由两个分别能够进行独立程序控温的汽化器(programmable temperature vapourisers，PTVs)组成，第一个PTV通过加热使吸附萃取在搅拌棒上的目标化合物解吸下来，可称为解吸池，同时第二个PTV装置则保持在较低的初始温度，利用液氮可以使温度低至−150℃，其范围可在−150～40℃之间调节，从而对解吸下来的目标化合物进行冷捕集，可称为冷阱。这样就可以使目标化合物集中在一起，并随着解吸装置温度的升高再次汽化进入色谱柱，有效避免了峰展宽现象，同时也提高了检测的灵敏度。对于具有强挥发性的化合物，还可以在冷阱中放置装填了吸附剂，如Tenax等材料的小柱，能够有效帮助从PDMS涂层中解吸下来的分析物重新聚集在进样口[90]。GC分析中，为使尽量多的目标化合物能够进入分离柱中，以提高方法灵敏度，通常会采用大体积进样的方式。

液相解吸(liquid desorption，LD)是SBSE技术的另一种解吸方式，主要针对的是热不稳定性的和不具挥发性的目标化合物。另外，当使用的检测设备是液相色谱仪或电泳仪等仪器时，或是实验室不具备热解吸装置时，液相解吸也是很好的选择。液相解吸大多使用有机溶剂，选择的溶剂应对萃取涂层没有损害，并且尽量使用最少量的有机试剂，但为了保证解吸的效率，溶剂体积最少也要保证能够完全浸没搅拌棒。常用的溶剂有乙腈、甲醇、乙腈-甲醇的混合液，或二者与水或缓冲溶液的混合液。由于有机溶剂解吸的主要目标物是具有中等极性的热不稳定性和低挥发性化合物，$\lg K_{ow}$值在2左右，因此这些极性溶剂通常能将分析物高效地反萃取出来，如果在解吸过程中辅助以机械振荡、升温、超声等方式，还可以进一步提高解吸速度和效率。液相解吸后续多应用液相色谱进行定量检测，只有少数几篇报道应用毛细管电泳进行了检测[103,104]。液相解吸除了使用有机溶剂以外，还可以使用表面活性剂与水混合后形成的胶束溶液，用胶束溶液完成的解吸过程也被称为胶束解吸(micellar desorption，MD)。常用的表面活性剂有聚氧乙烯月桂醇醚(POLE)、十六烷基三甲基溴化铵(CTAB)和十二烷基硫酸钠(SDS)等。这些表面活性剂形成的胶束体系对各种类型的物质都具有较高的解吸容量，与液相色谱流动相也具有很好的兼容性。而与有机溶剂相比，胶体溶液毒性更小，成本更低，因此胶束解吸被认为是一种绿色的解吸方式[105]。

相比而言，热解吸和液相解吸各有优缺点。热解吸无溶剂损耗，分析物全部进样，灵敏度高；但一次进样后，样品无法重复使用，而且需要特别的进样装置，成本较高。而液相解吸后的样品溶解在一定体积的试剂中，可以反复进样，也无须昂贵的热解吸装置。

3. 多组分分析的操作

当样品中有多种组分需要进行分析时，由于不同种类分析物的性质差别较大，因此适用于各分析物的最优化的萃取条件也会有所不同。通常的优化过程会牺牲一部分化合物的萃取率，而选择适合大多数化合物的萃取条件，从而使方法能同时检测多种化合物，但应用 SBSE 技术则可以通过多重(multi-shot)萃取或多步(sequential)萃取的方式解决这一问题。

多重萃取的操作方法是将样品分成两份(双重)或几份(多重)，每份样品都进行 SBSE 萃取，萃取条件可以相同也可以不同，萃取之后将多个搅拌棒一起置于玻璃解吸管中在解吸池中进行热解吸，解吸池中最多可以同时放置 5 个搅拌棒，该方法的示意图如图 5-7 所示。应用这种方式，可以针对不同的目标化合物选择各自的萃取条件，使所有化合物都能在最优条件下达到最大的萃取量。而当几份样品的萃取条件相同时，几个搅拌棒萃取和引入 GC 中的分析物的总量成倍增加，可有效提高检测灵敏度。在顶空萃取过程中，也可以将 2～3 根搅拌棒同时置于样品顶空中，使多个搅拌棒同时萃取目标化合物，然后将搅拌棒一起置于解吸池中解吸，以增加方法的灵敏度。

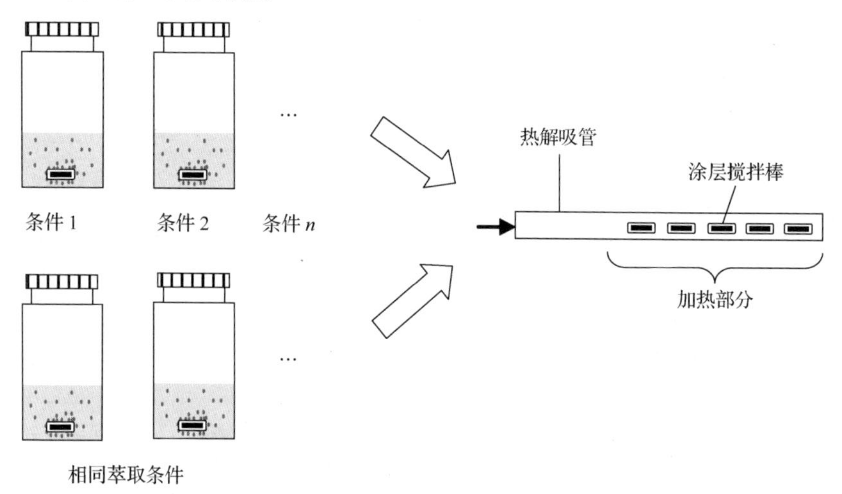

图 5-7 SBSE 多重萃取操作的示意图

应用这种方式对食品中 85 种农药进行分析，食物样品先用甲醇进行超声萃取，然后将甲醇溶液用水稀释。由于稀释的比例不同，适于测定的化合物 K_{ow} 值的范围也不同，因此可以将样品分成两份，一份用水稀释两倍，主要用于测定 $\lg K_{ow}$ 值较高的化合物，一份用水稀释五倍，主要用于测定中等和较低 $\lg K_{ow}$ 值的化合物[106]，或是调节两份样品至不同的盐度使之分别适于测定亲水性化合物($\lg K_{ow}<3.5$)和疏水性化合物($\lg K_{ow}>3.5$)[107]。

多步萃取的方式是指样品用单根或多根搅拌棒先后进行多次萃取，每次的萃取条件可以根据目标分析物进行调整。同样以农药化合物的萃取为例，一份样品用两根搅拌棒先后萃取两次，两次的萃取条件不同：先将 5 mL 样品(不加盐)用

SBSE 技术萃取一次，取出搅拌棒，再向液体样品中加入 30%的 NaCl，然后用第二根搅拌棒进行萃取。如此进行多步萃取，消除了样品中 $\lg K_{ow}>4$ 的有机化合物的干扰，保证了亲水性化合物的萃取率。与前面提到的多重萃取方法相比，需要的样品量更少，萃取率更高[108]。

5.3.4　影响 SBSE 萃取的因素

由于 SBSE 技术包含了萃取和解吸两个过程，因此影响 SBSE 测定效果的因素就包含了影响萃取过程和影响解吸过程的诸多因素。

1. 影响萃取过程的因素

1) 酸度

样品的酸度对于具有酸性和碱性的化合物是非常重要的影响参数，与 SPME 技术一样，SBSE 技术往往也需要调至使分析物保持分子状态的 pH，以提高萃取效率。但也不宜将样品 pH 调节到酸性过强 ($pH<2$) 或碱性过强 ($pH>9$) 的范围内，从而避免对涂层的损害，延长搅拌棒涂层的使用寿命。酸度调节对于一些具有解离特性的化合物，如有机磷农药[109]和爆炸化合物[TNT、RDX(黑索金)][110]，并无明显作用。

2) 盐度

在样品溶液中加入无机盐，可以提高溶液的离子强度，对极性化合物而言，盐度的提高可以使其发生盐析效应，降低有机化合物在水样中的溶解度，提高萃取率。而对于一些疏水性的化合物 ($\lg K_{ow}>3.5$)，盐度的提高往往不能提高萃取效果，有时甚至会降低萃取率。对于盐度使萃取率降低的原因有以下几种解释：①“油效应”(oil effect) 的作用[111−113]，即盐的加入会促使非极性有机化合物向水的表面运动，降低有机化合物与涂层之间的接触概率，使萃取效果变差；②盐的加入使液体样品的黏性增加，减缓了疏水性有机化合物向萃取相迁移的动力学过程，从而使萃取率下降[114]；③盐会附着在涂层表面，使涂层表面吸附和吸收目标化合物的活性位点减少[115]；④盐与目标化合物之间存在静电引力或离子对效应，减缓了目标化合物的运动能力，致使萃取率下降。关于盐度的影响，这些通用规则在多数情况下都能适用，但也会遇到特殊情况。例如，对 PAHs 和有机磷农药 (OPPs) 的分析，有的研究显示盐度增加可以提高萃取率[116,117]，也有研究显示加入盐会使萃取率下降[118]。而萃取率还与萃取方式有关，当采用顶空萃取方式时，盐的加入可以提高饮用水中异味物质的萃取率，而采用浸入式萃取方式，盐对萃取率没有影响[119]。

3) 有机化合物

水样中含有的有机化合物，会影响目标化合物在样品和萃取相之间的分配，从而影响分析物的萃取。这种影响存在两种情况：①当样品中含有较高浓度的有机溶剂时，会使检测灵敏度下降，还会损害 PDMS 等涂层，因此样品在萃取前需要用水进行稀释，稀释比例对测定有较为显著的影响，需要进行优化；②对于非极性的化合物，样品中可以适当加入有机调节剂从而降低溶液表面张力，减少玻璃容器壁对目标化合物的吸附。有机调节剂的种类和加入量都需要经过试验优化。常用的调节剂包括有机溶剂甲醇和乙腈等，以及表面活性剂季铵盐等。但有机调节剂并非适用于所有的化合物，通常，当分析物的 $\lg K_{ow}>5$ 时，甲醇等调节剂会有效降低玻璃容器壁的吸附，提高萃取率，而对于 $\lg K_{ow}<2.5$ 的分析物，有机调节剂会显著增加其在水样中的溶解度，减少分析物在 PDMS 萃取相中的分配，使萃取率下降[120]。调节剂的用量也需要进行优化，测定 PAHs 时加入低剂量的乙腈能提高萃取率，但乙腈浓度高到一定程度，萃取率则开始下降[113,121]。另外，一些能够改变极性分析物的形态，使其保持分子状态或中性状态的试剂，以及能降低分析物极性的试剂均可作为添加剂改善 SBSE 萃取。例如，测定极性较强的全氟羧酸(PFCs)和全氟磺酸(PFOS)时可向溶液中加入离子对试剂四丁基铵(TBA)，使分析物保持中性形态，或以离子对的形式保持电中性，均有利于 SBSE 萃取[122]。

4) 温度

温度影响萃取的动力学过程。适当提高温度，会加快分析物向萃取涂层的传质速度，使萃取达到平衡的速度加快，缩短所需的平衡时间，但加热样品会使有机化合物在水中的溶解度增大，进入萃取涂层的分析物的量减少，导致萃取率下降。因此，多数 SBSE 萃取过程在室温下进行。当然，样品萃取过程中是否需要加热也可以根据方法的目的决定，如果是建立高通量的萃取方法，可以适当加热样品，减少单个样品萃取所需的时间。而如果要建立高灵敏度的方法，室温条件则更为有利。另外，还要考虑分析物的热稳定性。

5) 搅拌速度

SBSE 萃取过程中，样品一直处于搅动状态，以促进分析物向萃取相的迁移，因此搅拌速度对萃取时间的选择以及对萃取率和灵敏度均有着重要的影响。提高搅拌速度，可以降低水样与涂层之间的界面液层厚度，提高传质系数，加快萃取速度，因此在萃取时间一定的情况下，提高搅拌速度可以提高检测的灵敏度。但由于涂层是涂覆在搅拌棒外壁上的，因此搅拌过程中涂层与容器底部直接接触、摩擦，高速的旋转会造成涂层的破损。研究表明，搅拌的转速在 500～750 r/min 范围内，萃取率随搅拌速度的增加而增加，而搅拌速度进一步增加后，由于液体的均一性下降以及大量气泡的产生，萃取率不再进一步提高[114]。但也有研究显示，虽然萃取率在搅拌速度超过 750 r/min 后呈下降趋势，但当速度进一步提升，达到 1000～1250 r/min 后，则呈现良好的检测结果[123,124]。

6) 相体积比

根据 SBSE 的理论公式，分析物的萃取率与水样和 PDMS 萃取相之间的体积比 β 直接相关，因此在实际操作中可以分别考察样品体积和 PDMS 体积的影响。当 PDMS 体积一定时，样品体积的变化对萃取的影响还与分析物的 $\lg K_{ow}$ 值有关。表 5-6 是用 1 cm×0.5 mm 的 PDMS 搅拌棒萃取浓度为 1 ng/mL 的液体样品，当样品体积在 1～1000 mL 的范围内变化，萃取达到平衡时，不同 $\lg K_{ow}$ 值的化合物的理论萃取量。可以看出，对于 $\lg K_{ow}>3$ 的非极性化合物，萃取量随着样品体积的增加成比例增加，即样品量增加可以提高检测灵敏度。而极性化合物就没有这种成比例增加趋势。例如西玛津($\lg K_{ow}$=2.18)的萃取，当样品体积超过 10 mL 以后，再如何增加样品体积也不会使萃取量增加。苯甲醇($\lg K_{ow}$=1.10)在 1 mL 样品中的萃取率为 23%，而样品量增加至 5 mL 后，平衡时的萃取率反而降低至 5%。PDMS 体积的影响同样与分析物的性质有关，不同化合物可能表现出不同的响应。应用大体积 PDMS 涂层搅拌棒，对 $\lg K_{ow}$ 值较低的化合物的灵敏度提高明显，但对于高 $\lg K_{ow}$ 值的化合物，灵敏度提升并不显著。

表 5-6　用 1 cm×0.5 mm 的 PDMS 搅拌棒萃取不同体积样品中不同极性分析物的理论萃取量[98]

分析物	$\lg K_{ow}$	萃取量(ng)								
		1 mL	2 mL	5 mL	10 mL	20 mL	50 mL	100 mL	500 mL	1000 mL
苯甲醇	1.10	0.23	0.26	0.28	0.29	0.30	0.30	0.30	0.30	0.30
苯酚	1.46	0.41	0.51	0.61	0.65	0.67	0.68	0.69	0.69	0.69
西玛津	2.18	0.78	1.29	2.10	2.66	3.07	3.39	3.51	3.61	3.62
甲基对硫磷	2.87	0.95	1.80	3.90	6.40	9.42	13.12	15.10	17.18	17.48
萘	3.17	0.97	1.89	4.38	7.80	12.79	20.76	26.20	33.15	34.28
硫丹	3.83	0.99	1.98	4.85	9.42	17.81	38.22	61.87	122.50	139.61
稻虱净	4.30	1.00	1.99	4.95	9.80	19.20	45.27	82.72	244.60	323.80
芘	4.88	1.00	2.00	4.99	9.95	19.78	48.66	94.79	392.27	645.46
五氯酚	5.12	1.00	2.00	4.99	9.97	19.87	49.22	96.94	431.77	759.84
苯并芘	6.11	1.00	2.00	5.00	10.00	19.99	49.22	99.68	492.04	968.67

注：样品浓度均为 1 ng/mL，萃取达到平衡。

综合考虑相体积比时，除了前面提到的对萃取率的影响，β 值对萃取时间的选择也有重要影响。β 值小于 500(10 mL 样品/20 μL PDMS)，经过 40 min 的萃取即可达到定量萃取，而 β 值在 1000～5000(100 mL 样品/20 μL、40 μL 或 110 μL PDMS)之间时，萃取平衡所需的时间显著增加，至少需要 6 h 才能达到平衡，因此选择适当的相体积比对优选萃取时间也十分重要[125]。

7) 萃取时间

萃取时间与上述讨论的样品体积、搅拌速度、搅拌棒直径等众多因素有关，也需要进行优化。当萃取过程达到平衡时可以获得最高的萃取率、检测灵敏度和最好的准确度。但与 SPME 方法类似，优化后选择的萃取时间往往远少于萃取达到平衡所需的时间，只要能保证检测的灵敏度和良好的重现性，萃取时间也无须太长，以便保证检测方法的可操作性和检测通量。

8)衍生反应

通过衍生反应将极性化合物和热不稳定化合物转化为非极性化合物和热稳定性的化合物，使分析物的 $\lg K_{ow}$ 升高，是 SBSE 技术中经常用到的方法。常用的水相衍生反应包括：酚类化合物与乙酸酐的酰化反应，酸类化合物的酯化反应，胺类化合物与氯甲酸乙酯(ECF)的酰化反应，醛类和酮类化合物与五氟苄基羟胺(PFBHA)的肟化反应，以及有机锡和有机汞化合物与四乙基硼化钠($NaBEt_4$)或四丙基硼化钠($NaBPr_4$)的烷基化反应等。硅烷化衍生反应也是很常用的衍生方式，但由于硅烷化试剂会与痕量水分子和质子吸附剂发生反应，因此这类衍生反应不能在含水的样品中进行。硅烷化衍生试剂，如 *N*-(特丁基二甲基硅)-*N*-甲基三氟乙酰胺(MTBSTFA)和 *N*,*O*-双(三甲基硅烷基)三氟乙酰胺(BSTFA)等，可针对很多有机基团发生反应，如芳香醇类和脂肪醇类化合物、羧酸、胺类和酰胺类化合物等。

SBSE 的衍生方式有在液体样品中进行的原位衍生、在搅拌棒涂层上进行的衍生和在解吸过程中进行的衍生三种。原位衍生、搅拌棒涂层上衍生的具体操作方法与 SPME 技术一样，这里不再赘述，而主要讲述解吸过程中的衍生操作。在解吸过程中进行衍生，包括在热解吸池中进行的衍生反应和在液相解吸过程中进行的衍生反应。在热解吸池衍生方式中，一小段装有衍生试剂的毛细管柱与搅拌棒一同置于热解吸池中，加热过程中衍生试剂和分析物在热解吸池气相中发生反应，之后衍生产物会被引入 GC 进行测定。而在液相解吸衍生反应的方式中，衍生试剂被加入用于解吸样品的有机溶剂中，解吸下来的分析物会与衍生试剂发生反应。

上述衍生方式要依据分析物的性质及反应的类型进行选择，而不同的衍生方式还可联合起来应用，使含有不同极性基团的化合物逐步进行衍生反应。例如，对雌激素类化合物的测定，就可以先采用原位乙酰化衍生，使酚羟基发生反应，提高分析物在 PDMS 中的萃取率，之后在解吸池中进行硅烷化衍生，使醇羟基发生反应，从而改善色谱峰形。两种衍生方式联用使方法灵敏度较单纯使用热解吸池衍生提高了 10 倍，较不用衍生的方法提高了 250 倍[126]。

9)解离反应

小分子有机化合物进入生物体后可能会与生物大分子结合，而这种结合态会影响目标化合物的检测，因此在生物样品的检测过程中，需要在萃取之前向样品中加入酶或其他解离剂，使分析物从大分子上解离下来，再进行萃取。而应用 SBSE 萃取的方式，则可以将萃取和解离反应结合在一起进行。例如，对尿液、血液等生物样品的分析，可以将样品调节至适当的 pH，以保证酶制剂的活性，然后加入

β-葡萄糖苷酶等制剂，使目标大分子酶解，同时在酶解反应过程中用搅拌棒进行 SBSE 萃取，可得到理想的测定结果。

2. 影响解吸过程的因素

1）影响热解吸的因素

对于热解吸方式，常需要优化解吸时间、解吸温度、冷捕集温度、解吸池压力和流速等参数。热解吸温度范围通常在 150～300℃之间，在保证分析物稳定性的前提下，解吸温度越高，色谱响应值越高，但通常会选择相对低一些的温度，以保证涂层的使用寿命，并避免高温引起的基线漂移问题。解吸时间一般为 1～15 min，由于 SBSE 搅拌棒的涂层体积较大，通常会选择较长的解吸时间，以减少涂层中的残留物。也有人使用较低的解吸温度和较长的解吸时间，确保涂层的使用寿命。冷捕集的温度是影响色谱峰形的关键因素，适当的冷捕集温度可以使在较长时间内分散解吸下来的分析物冷凝在冷阱中，集中为很窄的条带进入色谱分离柱。在实际分析中，对不同化合物的优化条件存在很大差异。例如，一些强挥发性化合物，冷阱温度需要低至–140℃，才能有效检测[124,127]。

2）影响液相解吸的因素

对液相解吸过程，需要优化的参数有溶剂种类、体积和解吸时间等。胶束解吸中除了需要优化表面活性剂的种类，还要优化适于解吸的表面活性剂浓度。溶剂解吸一般在室温下进行，时间多在 15～30 min。为了缩短解吸时间，有时还会用搅拌、振荡、超声或加热等方式加速溶剂反萃取的过程。其中加热的方式虽然能够获得较高的检测响应，但有机溶剂和化合物的挥发损失使测定重复性很难保证，应用超声辅助反萃取，也存在温度升高的问题，会使挥发性分析物和溶剂出现损失。溶剂的体积应该能保证能够完全浸没搅拌棒，为了尽量减少溶剂的用量，提高分析物在解吸溶剂中的浓度，可以使用体积非常小的容器进行解吸。

5.3.5　SBSE 新型涂层及搅拌棒的设计

发展新型涂层和涂层技术也是 SBSE 技术研究的重要领域，特别是能直接用于极性化合物而无须衍生反应的涂层，会简化极性化合物的分析步骤，扩大方法的适用范围。

一般而言，适用于 SBSE 技术的涂层材料须具有良好的物理稳定性、化学惰性和机械性能，能与磁棒外面的包覆材料（通常是玻璃）牢固结合，确保涂层在萃取和解吸过程中没有损坏和热降解，并具有良好的抗氧化性，能耐受大气中的氧气和水中的溶解氧、盐分、酸、碱及有机溶剂的侵蚀。与 SPME 技术相比，关注 SBSE 涂层发展的文献要少得多，因此其商品化涂层的发展速度和数量都较 SPME 技术少得多。直至 2011 年才又有两款新的商品涂层被推出，即 PA 和乙二醇/硅酮涂层。PA 涂层在 SPME 技术中应用也十分广泛，适用于极性化合物的分析。乙二醇/硅酮涂层的搅拌棒可适用于极性不同的化合物的分析，范围较为宽泛，对 $\lg K_{ow}$ 在–0.2～4.6 范围内的化合物均能有效萃取，较 PA 涂层而言，乙二醇/硅酮涂层适用的化合物的极性可以更强。虽然这两种新型商品涂层在许多研究领域得到了很好的应用，但显然，目前可用的 SBSE 商品涂层搅拌棒还是太少，无法满足所有研究的需要，因此也有一些研究者在开发其他新的涂层和涂层技术。

溶胶凝胶技术在 SBSE 搅拌棒涂层和 SPME 纤维涂层制备中均有广泛应用，通常该方法适于制备较厚的涂层，涂层与玻璃基底之间以化学键键合，结合稳固，具有很好的化学稳定性和热稳定性，因此涂层流失少，使用寿命长，测定的重现性也比较好。溶胶凝胶技术制备涂层材料，一般都会经过从液体胶体变为固体胶体的过程，因此可以制备多种形态的材料，如超细粉末、球形材料、薄膜、纤维、多孔或致密材料等，这些材料均可应用于制备具有良好性能的萃取涂层[128,129]。另外，该技术还可以将一种或多种化合物引入 PDMS 涂层中，用于制备有机和（或）无机掺杂的材料，通过这种方式对 PDMS 涂层进行改性，可以扩大涂层的使用范围，提高萃取效率。例如，β-环糊精（β-CD）[130]、二乙烯苯（DVB）[117]、聚乙烯醇（PVA）[109]、氰丙基三乙氧基硅烷（CNPrTEOS）[131]等均被用于涂层的改性。其中 β-CD 是最为常用的改性剂，其结构中含有大量的羟基，使改性后的 PDMS 涂层具有疏水的内部空腔结构和亲水的外部结构，对环境土壤样品中的溴代阻燃剂具有很好的萃取效果。用 β-CD 和 DVB 联合对 PDMS 进行改性，使涂层具有亲水性和 π-π 作用，显著提高了涂层的萃取效果[132]。氨基改性的多壁碳纳米管用于改性 PDMS 涂层，在萃取过程中可同时发挥其 π-π、静电和氢键等作用[133]。金属有机骨架材料是一类新型多孔固体材料，由金属离子和有机配体自组装制成，具有多样的孔隙结构和不同的孔径，因此具有很大的比表面积，对化合物有较强的吸附作用，也被用于 PDMS 涂层的改性，对目标化合物的萃取效果明显优于 PDMS 涂层[134]。

除了溶胶凝胶技术以外，PDMS 改性涂层还可通过模具合成的方法获得：将磁力搅拌棒放置在聚四氟乙烯模具中，在模具中加入含有 PDMS 的聚合物反应溶液，再加入改性剂和固化剂，然后高温加热定型即可得到所需的涂层搅拌棒。应用这种方式可以将活性炭[135]制备到 PDMS 涂层中进行改性，这种搅拌棒在复杂生物样品中极性农药化合物的测定中表现出足够的机械性能和良好的化学稳定性，能重复使用 150 次。

也有一些研究关注新型涂层材料，如整体材料、限进材料（restricted access material，RAM）和分子印迹材料等。整体材料是由亚微米级多孔结构相连形成的网络结构，具有很好的渗透性，利于分析物向萃取相的质量传递，在固相萃取吸附剂和固相微萃取纤维的制备中也有大量应用。合成整体材料所需的商品化单体种类繁多，带有不同的极性和官能团，将聚合单体、交联剂、致孔剂和诱导剂，以一定比例混合后注入模具中，通过加热或紫外光照射即可进行聚合反应，制备过程简单，成本低。依据模具的形状和尺寸，SBSE 搅拌棒上可以包被较大体积的萃取相，从而获得良好的萃取容量和回收率。将整体材料包被在萃取搅拌棒上又包括物理和化学两种方法。物理方法是将玻璃搅拌棒直接置于聚合反应的溶液中，使聚合物生成的同时附着在玻璃搅拌棒上。化学方法则是先通过盐和酸等试剂处理玻璃表面，使表面具有大量的羟基，之后对玻璃表面进行硅烷化处理，再将处理过的搅拌棒置于聚合反应的溶液中，使聚合物生成后牢固结合在玻璃表面。整体材料的制备条件中，单体化合物的种类以及单体化合物与致孔剂的比例都是非常重要的参数，通常致孔剂含量下降，会使涂层的孔径变小，渗透性下降，因此要控制适当的单体与致孔剂的比例。制备适宜的整体材料可以实现极性和非极性有机化合物的有效萃取。聚(3-磺酸丙基甲基丙烯酸钾盐-二乙烯基苯)(MADB)[136]、乙烯基咪唑-二乙烯基苯(VIDB)[137]、甲基丙烯酸辛酯(MAOE)-二甲基丙烯酸乙二醇酯(EDMA)[138]、甲基丙烯酸十八酯(MSAE)-EDMA[139]、乙烯基吡啶(VP)-EDMA[140]、乙烯吡咯烷酮(VPL)-DVB[141]、乙烯基咪唑(VI)-DVB[142]和 VP-DVB[143]等材料对极性化合物都表现了很好的萃取效率。还有可用于无机离子检测的离子交换涂层，涂层材料为聚丙烯酸-二甲基丙烯酸乙二醇酯，被成功用于检测牛奶中的钾、镁、钙等离子[144]。

用限进材料和分子印迹聚合物(MIP)制备的萃取涂层一般都具有很好的选择性。将限进材料烷基二醇硅(alkyl-diol-silica，ADS)直接涂覆在搅拌棒上作为萃取涂层，具有良好的生物相容性，能将蛋白质从生物样品中分离，而且可以直接萃取咖啡因及其代谢产物[145]，对蛋白质无须进行沉淀分离，减少了操作步骤，缩短了分析时间。分子印迹技术(MIT)是利用具有特殊选择性或识别性的配合物或人工受体制备搅拌棒涂层，这样的材料又被称为分子印迹聚合物，通常具有很好的三维结构和特殊的官能团，能够特异识别抗体、受体等化合物分子，对复杂的生物样品或环境样品中特定的分析物具有极高的选择性[146]。分子印迹聚合物往往是通过沉淀的方法制备到搅拌棒上，尼龙-6 在模板分子(有机磷杀虫剂久效磷)存在的情况下，沉积在搅拌棒表面[147]，与 PDMS 涂层相比，MIP 膜具有更高的灵敏度，并能更快达到平衡。而用双酚 A 的类似物作为模板制备的分子印迹涂层，对双酚 A 具有极高的选择性，回收率(>80%)显著优于普通的 PDMS 涂层(<20%)[148]。

其他新材料，如聚氨酯(PU)泡沫材料和聚醚砜酮(PPESK)也被用作 SBSE 的涂层材料。聚氨酯泡沫材料具有很好的热稳定性和抗有机溶剂侵害性[149]。PPESK 涂层的多孔结构提供巨大的比表面积，提高了萃取效率，并表现出很好的热稳定性和长的使用寿命。但其表面层的密度较高，阻碍了分析物向涂层内部的迁移，较适合弱极性和极性化合物，如有机氯农药和有机磷农药等的分析[118]。

使用二氧化钛固定的聚丙烯中空纤维(TiO_2-PPHF)作为 SBSE 搅拌棒的一次

性涂层材料，其对砷化合物具有很好的萃取效果。TiO_2-PPHF 材料制作成本低，一次性使用，没有记忆效应，可以大批量制备，重复性良好[150]。聚丙烯(PP)微孔膜也作为固体吸附剂用于 SBSE 或 HSSE 技术[151]，对中等极性和弱极性的化合物具有很好的富集效果。

除了新涂层的发展，对搅拌棒设计也提出了新的方案。搅拌棒在萃取搅拌过程中与萃取瓶底部相互摩擦，可能会造成涂层的损坏，虽然这种损坏的概率并不高，但这也是操作中需要注意的问题。因此，一种哑铃形状的搅拌棒被设计出来，在搅拌棒两端各有一个鼓胀的玻璃泡，使中间的涂层部分不与瓶底接触，减小了机械损伤的概率。

5.3.6 SBSE 技术在 POPs 分析中的应用

SBSE 技术在 PAHs，PCBs，有机氯农药，如林丹、七氯、滴滴涕等 POPs 化合物，以及短链氯化石蜡等新型 POPs 化合物的环境分析中应用很广泛。一些新型涂层材料，如金属有机骨架、修饰化石墨烯等，均被成功用于 POPs 类化合物的分析，以降低方法的检出限，提高准确性和重复性。被测定的环境样品多种多样，有淡水、海水等样品，还有血液、尿液、海洋生物等复杂样品。例如，对于多环芳烃的分析，有的研究采用了传统的 PDMS 涂层搅拌棒，有的研究采用自制的聚乙二醇/多壁碳纳米管(PEG/MWCNTs)以及 PDMS/MOFs 等复合材料涂层的搅拌棒，解吸方式可以选择热解吸或液相解吸，可以与 GC 联用，也可采用 HPLC 进行检测，对水样品的最低检测限可达到 0.05 pg/mL，相当灵敏[105,152-155]。对于尿液中 OH-PAHs 的分析也有采用 SBSE 方法的，使用 PDMS 涂层的搅拌棒就可以进行高灵敏的检测，检出限可达到 1 pg/mL。其他 POPs 化合物的研究，特别是近几年应用 SBSE 技术的研究列于表 5-7 中。

5.3.7 展望

SBSE 技术发展较为成熟，其热力学和动力学过程都已经有较为深入的研究，应用也很广泛。但还是有许多方面需要进一步研究和发展，如使之能够完成全自动化操作等，从而进一步推进其商品化进程，促进其成为实验室常规应用的技术。

SBSE 的缺陷之一是萃取后搅拌棒不能像 SPME 装置那样直接完成在常规 GC 进样口中的热解吸过程，需要另外配置 TDU 才能完成热解吸过程，增加了使用成本，或必须通过溶剂进行解吸才能完成进样，增加了操作的步骤。另外，萃取结束后，从样品中取出搅拌棒进行清洗和去除残余水分等操作，也不如 SPME 手柄的操作那样便捷，往往也是引入测定误差的步骤。虽然这些步骤也有可能实现自动化控制，但自动化过程必定还要增加萃取使用的特定设备，使测定成本进一步增加。因此不断更新现有观念，发展一些操作更为简便、更易实现自动化控制的新型微萃取技术和方式十分必要。

表 5-7　SBSE 技术近年在典型 POPs 化合物环境分析中的应用

分析物	介质	样品量	搅拌棒涂层	解吸方式	分析仪器	检出限(LOD)	相对标准偏差(%)	回收率(%)	文献
多环芳烃	水样	50 mL	PEG/MWCNTs (1.5 cm×1.1 mm)	MD	HPLC	0.013～0.072 ng/mL	<2.4	>94	[105]
	水样	10 mL	PDMS/MOFs(Al-MIL-53-NH_2)(2 cm×0.5 mm)	LD	HPLC-FLD	0.05～2.94 pg/mL	3.9～11.7	72～122	[152]
	海洋生物	0.1～1 g，乙醇提取	PDMS(2 cm×0.5 mm)	TD	GC-MS/MS	0.5～50 ng/g(LOQ)	<12(10 ng/g)	94～117	[153]
	海产品	3 g，水/乙腈提取	PDMS	TD	GC-MS	0.02 ng/g	7～19	65～138	[154]
	水样	100 mL	PDMS	LD	HPLC-UV	0.0067～0.010 ng/mL	2.17～6.92	84～98	[155]
OH-PAHs	尿液	5 mL	PDMS(2 cm×1 mm)	TD	HPLC-MS/MS	1～3 pg/mL(LOQ)	3.1～13	72～133	[156]
多环芳烃、多氯联苯	水样		PDMS(2 cm×0.5 mm)	TD	GC-MS	0.2～22.6 pg/mL(LOQ)			[157]
	海水		PDMS(2 cm×0.5 mm)	TD	GC-MS	0.3～17.1 pg/mL(LOQ)			[158
多氯联苯	水样	500 mL	PDMS(1 cm×0.5 mm)	TD	GC-MS/MS	0.12～2.07 pg/mL	0.9～17.6	65～111	[159]
	鱼	5 g，正己烷提取	MOF［Fe_3O_4-MOF-5(Fe)］	LD	GC-MS	0.061～0.096 ng/g		94～98	[160]
	鱼	5 g，正己烷提取	MOF(Apt-MOF)	LD	GC-MS	0.003～0.004 ng/mL	1.8～2.6		[161]
	血清	5 mL	层状双氢氧化物/石墨烯(0.7 cm×2 mm)	LD	GC-MS	0.003～0.047 ng/mL	3.1～9.1	58～87	[162]
多氯联苯、多溴二苯醚	沉积物	0.2 g，甲醇提取	PDMS(1 cm×0.5 mm)	TD	GC-MS	0.10～0.68 ng/g	3.6～15	63～92	[163]
多溴二苯醚	污水、活性污泥	13.9 mL(污水)、5 g(污泥)，水/甲醇提取	PDMS	TD	GC-MS	0.29～24.5 ng/g(活性污泥)			[164]
有机氯农药	尿液	10 mL	层状双氢氧化物/石墨烯(0.7 cm×2 mm)	LD	GC-MS	0.22～1.38 ng/mL	2.7～9.5		[165]
短链氯化石蜡	超纯水、地表水	100 mL	PDMS(1 cm×0.5 mm)	TD	GC-QqQ-MS/MS	0.06 ng/mL 0.08 ng/mL	6.4 7.7		[166]

5.4 微固相萃取技术

5.4.1 概况

微固相萃取技术(μ-SPE或micro-SPE)于2006年由Basheer等首次提出，他们将6 mg 多壁碳纳米管(MWCNTs)热封于由聚丙烯多孔膜制备的小袋子里(2 cm×1.5 cm)，用于吸附萃取水溶液中的目标化合物，由于吸附剂用量非常少，只有毫克级就能取得很好的效果，因此被称为微固相萃取[167]。其具体操作如图5-8所示，制备好的μ-SPE萃取袋用溶剂清洗后保存，萃取时将萃取袋置于样品中，利用磁力搅拌器或者涡旋装置加速吸附剂对化合物的吸附；待达到吸附平衡，用镊子将其取出后用超纯水清洗；随后，将萃取袋置于特定解吸附溶剂中进行超声解吸。解吸后的溶剂可进一步浓缩，或者直接进行测定。

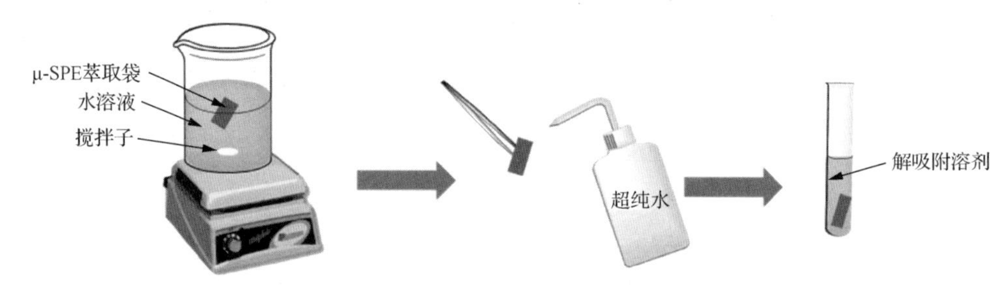

图5-8 膜包被微固相萃取的基本流程

多孔膜的使用使小分子化合物可以进入膜内被吸附剂吸附，但脂肪等大分子干扰物质不能进入，从而降低基质效应。另外，膜的存在也简化了实验流程，省却了离心和过滤等步骤，避免了SPE柱堵塞的问题。与传统的SPE方法相比，该技术可以更有效地对复杂基质样品中的化合物进行分析测定。微固相萃取过程吸附剂用量少，萃取过程耗时短，有机溶剂需求量也很低，仅几百微升有机溶剂就可以有效解吸。该技术集萃取和净化于一体，富集因子高，是一种非常环保、有效的萃取手段[168,169]，同时实现了固相萃取体系的微型化[170,171]，已经成功应用于水体、生物、食物和土壤等多种样品基质中POPs化合物的检测。

许多新型吸附剂材料也被应用于微固相萃取技术中，从而实现了对不同性质化合物的萃取。微固相萃取装置也并不局限于膜包被的形式，还有分散微固相萃取、实心棒微固相萃取等方式，此外，电纺丝技术和混合基质膜技术等也均可应用于微固相萃取。这些微萃取技术的共同特点是使用非常少量的吸附剂(微克或者毫克级别)和萃取溶剂(几百微升)就能完成化合物的萃取和净化，对化合物有很好的富集和净化效果。

5.4.2 微固相萃取理论

微固相萃取的富集机制基于分析物在吸附剂上的吸附，是动态平衡过程，萃取效率受化合物与吸附剂相互作用的影响，这些相互作用包括共价键、静电作用和疏水作用等[167]。微固相萃取技术的萃取效率(E)可通过以下公式计算得到：

$$n_{\mathrm{A}} = FA = (m / A_{\mathrm{d}})AV_{\mathrm{d}} / V_i \tag{5-10}$$

$$F = (m / A_{\mathrm{d}})V_{\mathrm{d}} / V_i \tag{5-11}$$

$$E(\%) = n_{\mathrm{A}} / C_i \tag{5-12}$$

式中，n_{A}是微固相萃取最终萃取的目标化合物的量；F 是检测器响应因子；m 是进入检测器的化合物的质量；A_{d}是化合物的响应值；V_{d}是解吸溶剂的体积；V_i是进入检测器的溶剂的体积。

5.4.3 微固相萃取的影响因素

由于微固相萃取是吸附和解吸的过程，所以吸附和解吸所需的时间和温度、溶剂的种类和体积、吸附剂的类型和用量、溶液的 pH 和离子强度等都会影响微固相萃取的效率。

1. 吸附剂的选择

吸附剂的选择是微固相萃取技术的关键，通常选用吸附容量高、选择性和稳定性优异的材料作为吸附剂。这些性能与吸附剂的孔径大小、孔径分布、比表面积和表面化学性质有关。常规使用的固相吸附剂主要有键合硅胶、聚合物和活性炭等。

键合硅胶吸附剂是在硅胶基质上键合不同的官能团制成。例如，C_2、C_8 和 C_{18}吸附剂是在硅胶上键合了非极性的烷基碳链，其疏水性随碳链的增长而增强。该类吸附剂在微固相萃取中有着广泛的应用，与目标化合物间主要存在 π-π 作用、偶极-偶极作用和范德瓦耳斯力。C_2吸附剂的极性相对较大，适用于激素类化合物的测定。C_{18}吸附剂具有十八烷基硅烷基团，比表面积大，可以与目标化合物产生强的静电作用，其上残留的硅醇基与羧基也产生氢键作用，从而对酸性物质具有良好的萃取效果，也适用于土壤中氨基甲酸酯类农药的检测。C_8 吸附剂的烷基侧链短，可与化合物产生更多的静电作用，从而提高酸性化合物的萃取效率。研究表明，C_8吸附剂和 C_{18}吸附剂对酸性化合物双氯芬酸和布洛芬都具有很好的萃取效果[168, 169, 172, 173]。

聚合物吸附剂，如 HayeSep 填料和 Porapak 填料是基于二乙烯基苯聚合物的商业化填料。有研究分别采用 C_2、C_8、C_{18}，以及中等极性的 HayeSep A 和强极性的 HayeSep B 作为吸附剂萃取水体中的对羟苯甲酸酯，结果表明 HayeSep A 的萃取效果最佳，这可能因为对羟苯甲酸酯有一定的极性，与 HayeSep A 形成了较强的静电作用[174]。

活性炭吸附剂被应用于蔬菜和水果中有机磷农药的测定[170]。由于活性炭具有高的介电损失，在微波辅助萃取与微固相萃取联用中还被用作微波吸附材料，加速了微波升温过程。

2. 膜的选择

对于膜包被的微固相萃取，膜的存在可以有效地去除基质干扰，提高净化效果。聚丙烯膜具有良好的强度、溶剂相溶性和耐高温性能，因此常被应用于微固相萃取装置中。而醋酸纤维素膜易碎，不宜折叠制成 μ-SPE 萃取袋；聚四氟乙烯膜不能进行热封口；聚碳酸酯膜在搅拌萃取过程中容易发生碎裂[171]。有研究比较了孔径均为 0.2 μm 的聚丙烯膜、聚砜膜、GV Durapore 和聚碳酸酯膜的吸附特性。当采用相同的吸附剂时，聚丙烯膜制成的 μ-SPE 萃取袋富集量最大，这与其很好的有机溶剂相溶性有关[168]。

3. 萃取条件

微固相萃取是一个依赖于时间的动态平衡过程，达到分配平衡所需的时间即最佳萃取时间。因此，磁力搅拌和适当升温有助于提高萃取效率。在萃取体系中，酸碱度和盐的浓度也是影响萃取效率的重要因素。

酸碱度会影响目标化合物的形态、吸附剂的表面结合位置以及二者间的相互作用力，从而影响萃取效率。例如，酸性药物双氯芬酸和布洛芬的 pK_a 分别为 4.16 和 4.52。当 pH 低于 pK_a 时，目标化合物绝大多数以中性分子形式存在；而当 pH 高于 pK_a 时，化合物以解离形态存在。所以，当 pH 为 2 时，两种化合物的分子态与 C_8 吸附剂间存在很强的疏水作用，从而提高了萃取效率。相反，当化合物和吸附剂间存在离子交换作用时，解离态的化合物萃取效率更高。由于吸附剂和化合物间存在多种相互作用，最佳 pH 条件需要通过实验确定。

由于盐析效应，适当增加水溶液中盐的浓度可以提高离子强度，从而降低化合物的溶解度，促进化合物与吸附剂结合。但是，盐含量过大会导致溶液黏度增加，抑制目标化合物向吸附剂的迁移[173]。

其他一些因素也会影响微固相萃取的萃取效率。吸附剂自身的吸附容量制约着萃取过程，因此加入多个萃取袋有利于提高萃取效率。当样品溶液体积增大时，在吸附剂的吸附容量范围内，化合物的富集效果和萃取效率提高。但溶液体积太大，也会导致达到平衡所需时间增加，这与前面 SBSE 技术中讨论的相体积比对萃取过程的影响结果是一致的。另外，为了提高萃取效率，通常采用乙腈等有机溶剂提前润湿萃取装置或者在水溶液中添加少量的这些有机溶剂[167,175]。

4. 解吸条件

为了加快已被萃取的目标化合物从吸附剂上解吸下来的速度，通常采用超声等方法进行辅助。解吸溶剂的选择与目标化合物的极性有关，强疏水性化合物适宜用弱极性有机溶剂，而甲醇和乙腈等强极性溶剂适于极性大的化合物。例如，乙腈对结合在 C_{18} 填料上的酸性药物等极性分子具有良好的解吸效果。解吸溶剂体积对解吸效果也有明显影响，当解吸溶剂体积过小时，虽然解吸的化合物浓度较高，峰的响应高，但是重复性很差；而当体积过大时，由于稀释效应，峰的响应降低。所以研究中解吸溶剂的体积往往需要优化，选取最佳的解吸溶剂体积。

5.4.4　微固相萃取的研究现状

微固相萃取技术由于具有很好的重现性、灵敏度和精密度，在被提出之后的十余年间，一直被跟踪研究，萃取装置有多种改进并不断发展，已经应用在水体、生物样品、食物和土壤等多种环境介质中药物[168]、内分泌干扰物[176]、苯环污染物[177]、有机氯和有机磷农药[178]、多环芳烃[179,180]等化合物的测定，取得了很好的效果。

1. 萃取模式的发展

1) 分散微固相萃取

分散微固相萃取(dispersive micro-solid phase extraction，D-μ-SPE)的基本思路与膜包被微固相萃取相同，不同之处在于 D-μ-SPE 的吸附剂是分散在样品中的[181]。D-μ-SPE 的操作步骤如下：首先，将分散的吸附剂加入萃取溶液中，通过搅拌使目标化合物吸附到吸附剂上；然后，通过离心、过滤或者施加磁场(针对磁性吸附剂)等方法将吸附剂与溶液分离；最后，将目标化合物从吸附剂上解吸下来。与膜包被的 μ-SPE 和传统 SPE 相比，D-μ-SPE 在萃取前不需要预处理，但是要求吸附剂具有良好的分散性，以提高萃取效率。Tsai 等采用 D-μ-SPE 方式测定了水体和牛奶中的四环素以及猪肉中的喹诺酮，他们称之为分散固相微萃取(dispersive solid-phase microextraction，dispersive-SPME)[182,183]，但技术核心还是微固相萃取技术。碳纳米管、石墨烯和金属有机骨架材料等在该技术中都有很好的应用。其中，磁性纳米材料应用较广，因为只需增加磁场就可以达到很好的分离效果，避免了离心和过滤等步骤。

有研究将分散液液微萃取(dispersive liquid-liquid microextraction，DLLME)和

D-μ-SPE 结合，萃取水体中的多环芳烃。首先，将 20 μL 正辛醇加入水溶液中，涡旋振荡 1 min；然后，用磁性纳米颗粒吸附水溶液中的少量正辛醇及被正辛醇萃取的多环芳烃，分离吸附剂后进行解吸操作即可对目标化合物进行分析。这样的联用方式进一步提高了化合物的萃取效率，使该方法有了更多的应用[184]。目前，分散微固相萃取技术被应用于水体中多环芳烃、紫外防晒剂、酚类等污染物的环境分析[184,185]。

2) 实心棒微萃取

将一小段(2.5 cm)聚丙烯中空纤维的一端加热封口，用丙酮超声清洗干净，然后将吸附剂填入中空纤维的腔体中，最后将开口的一端封闭，就制备成一种新型的棒状 μ-SPE 萃取材料。用其测定水体中的多种药物，与膜材料制成的 μ-SPE 萃取袋相比，所需样品量和解吸溶剂量更少[169]。这种萃取小棒还被应用于水体中的多氯联苯的测定[186]。将改性的钛酸盐纳米管阵列作为 μ-SPE 填料，应用于环境水体中多环芳烃的测定，也取得了很好的效果[180]。

3) 混合基质膜微萃取

将 C_{18} 吸附剂均匀混入三醋酸纤维素铸膜液中制备成混合基质膜(mixed matrix membrane，MMM)，仅裁取一片 7 mm×7 mm 的混合基质膜即可实现对水体中非甾体抗炎药的高效萃取。混合基质膜使用时无须折叠，操作简单，而且成本低，可一次使用后弃掉，避免了残留效应[187]。多壁碳纳米管(MWCNTs)和单层石墨烯(single layer graphene，SLG)等纳米材料也被用于制备混合基质膜，并成功应用于污水中多环芳烃的测定[188]。对于该技术而言，pH 是重要的影响因素，因为三醋酸纤维素在 pH<3.5 的条件下会发生水解。

4) 微波辅助微固相萃取

将微波辅助萃取(microwave-assisted extraction，MAE)与 μ-SPE 结合，即形成了微波辅助微固相萃取(microwave-assisted micro-solid-phase extraction，MAE-μ-SPE)技术，相较于磁力搅拌，微波辅助萃取可以更快速和充分地促进目标化合物与吸附剂结合。该方法已被应用于卵巢癌组织中多氯联苯和 DDT 等 POPs 化合物的测定[174]。也有研究采用正己烷作为溶剂，把活性炭作为吸附剂和微波加热材料，萃取有机磷农药[170]。而该方法对食物、化妆品和制药产物中的对羟苯甲酸酯的测定结果也表现出良好的重复性(RSD≤2.81%)和高富集因子(27～314)[171]。采用 MAE-μ-SPE 技术，需要对萃取的时间、温度和溶液体积进行优化。除微波辅助技术外，涡旋、加速溶剂萃取和超声等手段也可与微固相萃取结合，提高萃取效率[189]。

5) 注射器微固相萃取

将单壁和多壁碳纳米管以填充和自组装的方式固定在注射器的可移动毛细管针头内，并用玻璃棉固定毛细管的两端，制备了 μ-SPE 装置。通过推拉注射器活塞来实现吸附剂对目标化合物的吸附和解吸[179]。采用极性和非极性官能团修饰的

MWCNTs 对水体中的酸性、碱性和两性药物进行萃取，效果良好[190]。

6) 在线联用技术

μ-SPE 已经实现了与高效液相色谱的在线联用，通过切换六通阀，即可应用 μ-SPE 装置依次完成预处理、萃取、净化、解吸等操作，最后进入液相色谱进行测定。该自动化联用装置实现了萃取、净化和样品分析一体化，并成功应用于食物中杂环胺及尿液中 OH-PAHs 的分析，具有很好的灵敏度和准确性，对杂环胺的富集因子在 78～166 之间[191,192]。

2. 新型吸附材料

1) 纳米材料

由于纳米材料粒径小、易发生团聚，将纳米材料填充在传统 SPE 柱中使用，易使柱填料堵塞，致使柱压上升，上样和洗脱过程缓慢，还易引发柱泄漏等问题[181,193]。但在微固相萃取中，吸附材料的填装方式多种多样，即便采用柱状填装方式，由于填料用量少，也不易发生堵塞的问题，因此纳米材料具有很好的应用前景。碳纳米管材料在 μ-SPE 中应用很广泛，对水体中邻苯二甲酸酯类、三嗪类和多环芳烃[194,195]等化合物的测定均表现出良好效果。石墨烯材料具有高的吸附容量和优异的性能，作为微固相萃取吸附剂检测了水体中多种内分泌干扰物[176]和对羟基苯甲酸酯[196]。将以表面活性剂导向法合成的有序介孔材料 MCM-41 应用于 μ-SPE，测定水体中痕量的全氟羧酸类化合物，萃取效率优于商业化的 C_{18} 吸附剂和有机聚合物吸附剂[197]。另外，有序 TiO_2 纳米管阵列也应用于环境水体中多种杀真菌剂和多环芳烃的测定[180,198]。

2) 分子印迹材料

分子印迹聚合物具有良好的选择性和稳定性。将涂布了分子印迹聚合物的多壁碳纳米管作为吸附剂应用在微固相萃取中，对水体中三嗪类化合物有良好的萃取效率[194]。分子印迹聚合物也用于大鼠血浆中的多种药物的萃取[199]、血液中的可卡因及其代谢产物的测定分析[200]。

3) 天然吸附剂

天然生物聚合物壳聚糖价格低廉，具有大量的氨基和羟基基团，可以发生交联反应，因而具有大的吸附容量。将戊二醛交联壳聚糖用于水体中的苯、甲苯、二甲苯、乙苯和苯乙烯的测定，其萃取效率与 C_{18} 相当[177]。辣木籽的粉末价格便宜，易于获得，具有多孔结构，将其作为吸附剂萃取牛奶中的邻苯二甲酸酯类，具有与商品化吸附剂相近的萃取效果[201]。

4）导电聚合物

聚吡咯（polypyrrole，PPY）是常见的导电聚合物，可以通过电化学方法或者氧化反应制得，PPY 与目标化合物间存在酸碱作用、π-π 作用、偶极-偶极作用和离子交换作用，也被应用于微固相萃取，对水体中三嗪类灭草剂、有机氯和有机磷农药有良好的萃取效果[178,202,203]。

5.4.5 微固相萃取技术在 POPs 分析中的应用

微固相萃取对水溶液中的 POPs 化合物具有很高的富集因子和萃取效率，已经应用在水体中有机氯农药[204]、全氟化合物[205]、多环芳烃[184,188,195]、多氯联苯[206]等污染物的测定。用规格为 1 cm×0.5 cm 的萃取袋分析测定了环境水体中的 16 种 EPA 优先控制多环芳烃，方法检测限在 4.2～46.5 ng/L 之间，富集因子范围为 132～188[195]。此外，D-μ-SPE 与 DLLME 相结合也应用于水中多环芳烃的测定，该方法操作简便，分析时间大为缩减[184]。二氧化钛纳米管阵列作为新型微固相萃取装置对环境水体中多种有机氯农药和多氯联苯进行测定，研究结果表明，微固相萃取技术对这些 POPs 化合物具有很好的回收率和稳定性，检测限为 0.02～0.19 mg/L[204,206]。

膜包被萃取袋可以有效阻碍杂质与吸附剂接触，实现更好的净化效果。因此，微固相萃取技术非常适用于复杂样品基质中 POPs 的分析测定，如土壤、食物、尿液、血液和其他生物样品。微固相萃取用于测定土壤样品中的七种多溴二苯醚，证实该技术具有与加速溶剂萃取相当的萃取效率，化合物的回收率在 70%～90%之间[207]。将 MAE-μ-SPE 用于人类卵巢组织中的有机氯和多氯联苯等 16 种 POPs 化合物的测定，化合物检测限在 0.002～0.009 ng/g 之间。由于 MAE-μ-SPE 是无损耗萃取（non-exhaustive extraction），回收率（68%～95%）略低于 MAE-SPE（90%～113%），但也基本满足样品分析测定的要求，并且 MAE-μ-SPE 更节省溶剂和时间，价格低廉[174]。此外，微固相萃取技术也成功应用于尿液中多环芳烃[192]和鱼肉组织中全氟羧酸类化合物[199]的分析。

5.4.6 展望

微固相萃取是一种基于动态平衡的微萃取技术，集萃取和净化于一体，制备和操作步骤简单，有机溶剂和吸附剂用量小，实现了萃取装置的微型化。膜包被的微固相萃取装置可重复使用（10～30 次），成本较低，在多种 POPs 化合物的环境检测中，均具有良好的重现性、灵敏度和精密度。但是，微固相萃取技术也有一定的不足和局限性。首先，微固相萃取技术对土壤和生物等固体介质中疏水性化合物的萃取需要结合加速溶剂萃取、微波辅助萃取和超声萃取等技术，先将固体样品中的目标化合物转移至液体中才能进行萃取。其次，微固相萃取装置的自动化操作和技术平台尚需进一步加强。最后，膜包被微固相萃取装置可能浮在水面或者贴壁，影响萃取效率，而膜的耐用性有待进一步提升。因此，该技术还应在以下方面继续深入研究和改进。首先，筛选和研发适用于各种环境介质的多功能吸附材料，并实现微固相萃取技术对不同种类化合物的同时分析；其次，设计和改进微固相萃取装置，简化其制备过程，提高其稳定性和耐用性；再次，加强微固相萃取技术与其他萃取技术的联用技术，进一步提高萃取效率，缩短萃取时间；最后，实现微固相萃取技术的自动化和相关产品的商业化，使微固相萃取真正地应用于广泛的环境样品分析中。

5.5　液相微萃取技术

5.5.1　概况

相对于前面介绍的使用固相萃取剂进行的微萃取技术，也有研究基于传统的液相萃取方式，应用液体萃取溶剂发展了液相微萃取技术(LPME)，该技术在对样品，特别是液体样品进行萃取的同时，可以对分析物进行进一步的浓缩[208]。与传统的液液萃取技术相比，液相微萃取技术使用的溶剂量极低，往往低于 100 μL，具有操作简便快捷、测定灵敏度高和价格低廉等优点，特别适用于多种样品中痕量污染物的分析[209,210]。液相微萃取技术自 1996 年被首次提出之后，已经被广泛研究和应用，在环境、食品和卫生等众多领域均有应用，也发展出多种萃取方式，如单滴微萃取(single-drop microextraction, SDME)、中空纤维液相微萃取(hollow-fiber liquid-phase microextraction, HF-LPME)、分散液液微萃取(dispersive liquid-liquid microextraction, DLLME)、悬浮固化分散液相微萃取(solid-drop liquid-phase microextraction, SD-LPME)和直接悬浮液滴微萃取(directly-suspended droplet microextraction, DSDME)等[211,212]，这些微萃取技术依据萃取相的流动模式、支撑方式和种类等的不同，又可以进一步细分和归类，如图 5-9 所示。下面将对这些液相微萃取技术在 POPs 研究中的应用加以概述。

5.5.2　单滴微萃取及其在 POPs 研究中的应用

单滴微萃取(SDME)是根据液液萃取的原理建立起来的一种液相微萃取方法。该方法将萃取溶剂的液滴(溶剂体积一般为 1～20 μL)悬置于微量注射器针头的尖端，经过一段时间的萃取，有机溶剂液滴被进样针吸入，然后可直接进入仪器进行检测。此方法常用于萃取气体或液体样品中的目标分析物。其原理同液相萃取是一样的，都是利用被分析物在互不相溶(或微溶)的溶剂中溶解度或分配系数的不同，使被测物从一种溶剂中转移到另一种溶剂中，从而达到被测物分离、

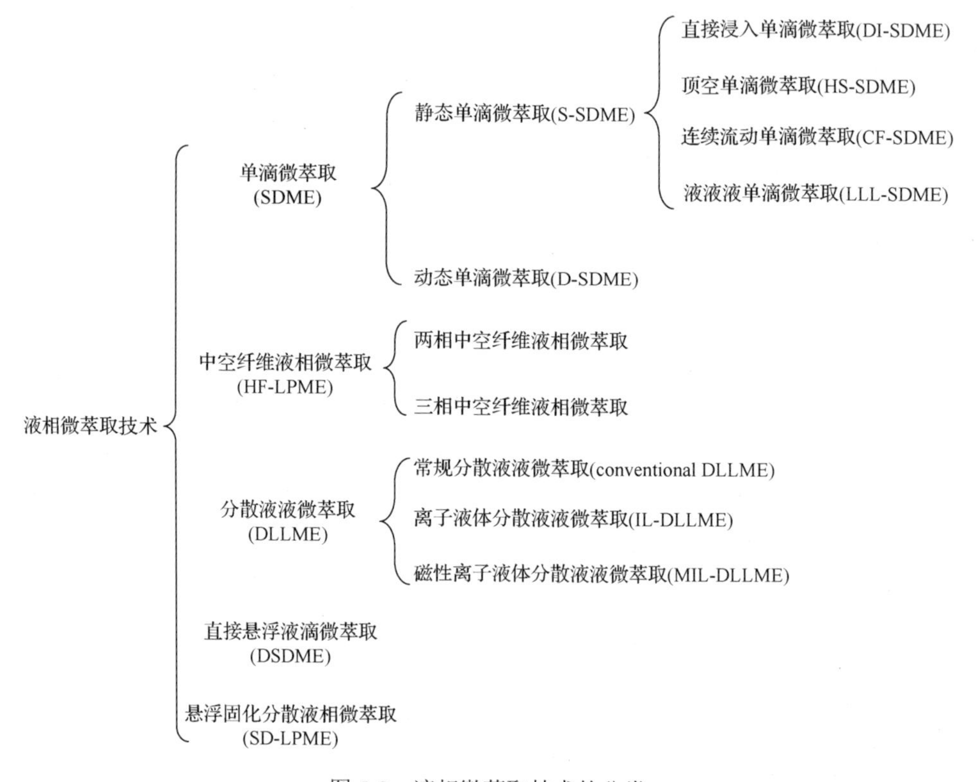

图 5-9 液相微萃取技术的分类

富集的目的。这一方法并非无损分析，只是萃取样品中一小部分分析物，但与传统的液液萃取相比，却可以提供与之相媲美的灵敏度，甚至更佳的富集效果。同时该技术集采样、萃取和浓缩于一体，操作简单，劳动强度小。通过调节萃取溶剂的极性或者酸碱性，可实现选择性萃取，减少基质干扰。因其使用的有机溶剂量非常少，污染小，是一项环境友好的样品前处理技术，被广泛应用于痕量环境样品的分析。

根据萃取分配过程中两相的状态，可以把单滴微萃取法分为液液单滴微萃取（liquid-liquid SDME，LL-SDME）和气液单滴微萃取（gas-liquid SDME，GL-SDME）。根据萃取溶剂微滴的状态，也可以把单滴微萃取法分成静态单滴微萃取（static SDME，S-SDME）和动态单滴微萃取（dynamic SDME，D-SDME）。静态单滴微萃取法是指在整个萃取过程中萃取溶剂微滴不做反复运动，主要包括：直接浸入单滴微萃取（direct immersion SDME，DI-SDME）、顶空单滴微萃取（headspace SDME，HS-SDME）、液液液单滴微萃取（liquid-liquid-liquid SDME，LLL-SDME）和连续流动单滴微萃取（continuous flow SDME，CF-SDME）等方法。动态单滴微萃取法常分成三种形式：第一种是萃取溶剂不推出进样器针头，萃取一段时间后更换萃取溶剂，如此反复；第二种是萃取溶剂反复推出并悬于进样器针头，实现在样品溶液中的反复萃取；第三种是将中空纤维等充入萃取溶剂后，反复推拉进样器拉杆，使萃取溶剂在中空纤维中处于往复的运动状态[213]。下面简单介绍四种典型的单滴微萃取方法。

1. 直接浸入单滴微萃取

直接浸入单滴微萃取(DI-SDME)是将不溶于水且密度较小的有机萃取溶剂微滴(正己烷和甲苯)悬于常规的微量注射器针头尖端，直接浸入样品中进行萃取。对于液体样品，可以进行轻微的搅拌，如图 5-10(a)所示。这种方式适用于基质干扰较少的洁净液体样品中非极性或者弱极性有机化合物的萃取[214–217]。萃取过程中有机溶剂微滴易于脱落，单滴稳定性较差，而且萃取效率不高。为了克服以上缺点，可以通过注射器推杆的运动[209]，使有机溶剂在微量进样器的内壁上形成液膜，增大与水的接触面积，提高萃取效率。利用该方法，以正己烷为萃取溶剂，结合气相和液相色谱，可对水中的有机氯农药进行测定。

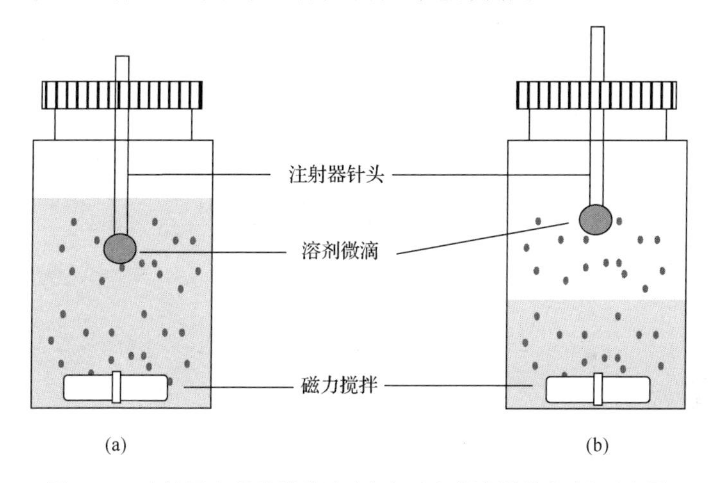

图 5-10　直接浸入单滴微萃取(a)和顶空单滴微萃取(b)示意图

2. 顶空单滴微萃取

顶空单滴微萃取(HS-SDME)是将微量萃取溶剂(通常选用正辛烷、十六烷、十二烷、正癸烷)形成的液滴通过注射器悬挂在样品顶空中，分析物通过扩散作用在密闭的空气和微量的萃取溶剂液滴之间分配达到平衡，而后将悬挂的液滴收回注射器，并转移至色谱仪器中进行分析，如图 5-10(b)所示。该方法适合挥发性和半挥发性污染物的分析。HS-SDME 方法的优点是单滴相对稳定，样品溶液的搅动对单滴没有影响，能有效地避免样品中杂质的干扰，缺点是有机溶剂挥发可导致测定结果的准确度下降。随着对 HS-SDME 的深入研究，在其原有装置基础上也出现了一些新的在线萃取方法[218–220]，使 HS-SDME 成为 SDME 的主要模式。

利用 HS-SDME 模式，成功测定了环境水样中的 DDT 及其代谢产物、苯、甲苯、乙苯和二甲苯，以及蜜蜂体内的林丹、硫丹和 DDT[221-223]。

3. 连续流动单滴微萃取

连续流动单滴微萃取(CF-SDME)是对 SDME 改进后形成的一种萃取方法，其萃取流程如图 5-11 所示。样品溶液在泵的作用下匀速连续流过萃取室，将注射器插入萃取室，使针尖进入溶液中合适的位置，再推出有机溶剂并在针尖处形成悬滴进行萃取。由于样品溶液是流动的，悬滴溶剂在萃取过程中接触的始终是新的样品溶液，既有利于传质，又提高了萃取率[224]。利用该方法对环境液体样品中的氯苯和硝基芳香化合物进行测定，在短时间内富集因子就能达到 260～1600[225]。通过这种萃取模式，样品的萃取效率得到显著提高。但在这个流动体系中，仅有非极性的分析物相对稳定，因此该方法比较适合非极性和弱极性的非挥发性污染物的分析[226]。

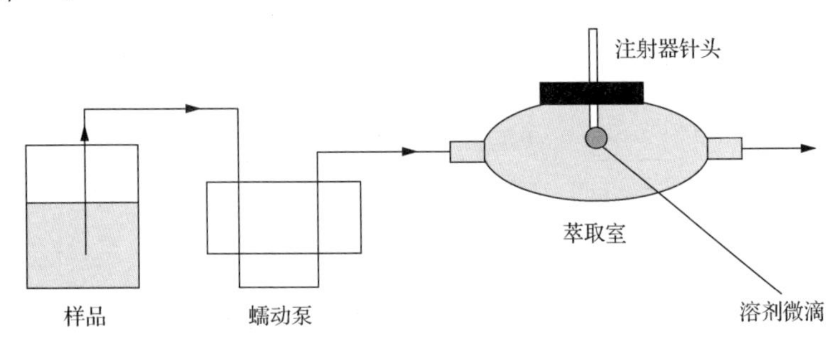

图 5-11　连续流动单滴微萃取示意图

4. 液液液单滴微萃取

液液液单滴微萃取(LLL-SDME)最早于 1999 年提出，被称为液相微萃取/后萃取方法[227]，后经发展也称为液液液单滴微萃取法，其示意图见图 5-12。首先调整样品溶液的 pH，使目标分析物以非解离的形式存在，选择合适的有机溶剂加在样品溶液上方，通常选用与水不互溶、密度低于水的甲苯、正辛烷、正辛醇和正己烷等[228]，使之形成有机液膜，分析物即可被萃取到有机溶剂中；然后调节萃取剂微滴(水相)的 pH，使之达到目标分析物易发生解离的 pH，从而影响分析物的离子化过程；最后由微量进样器将水相萃取微滴浸入有机液膜中进行后萃取，使分析物反萃到水相中。简而言之，整个过程通过调节 pH 使目标分析物处于非解离和解离两种状态，从而使其从样品溶液中先被萃取到有机相中，之后被萃取到水相的萃取溶剂中。该方法具有专属性，比较适合碱性和酸性污染物的分析，可去除萃取过程中的大多数干扰物。之后该方法被进一步发展，可与气相色谱-质谱法检测技术相结合，用于萃取脂肪族和芳香族烃类，在 40 min 内富集因子达到 210，检出限为 1～7 ng/L，重现性良好[229]。该方法结合毛细管电泳色谱成功测定了人体尿液和血液中的甲基苯丙胺，富集因子能达到 65～80，大大地提高了分析方法的灵敏度[230]。

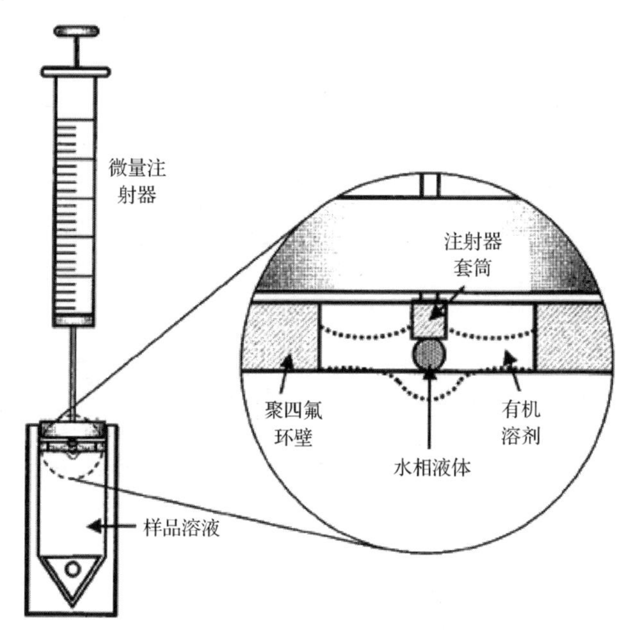

图 5-12　液液液单滴微萃取示意图[227]

5. 单滴微萃取技术理论

1) 平衡态直接液相微萃取(direct-LPME)

在两相共存的液相微萃取体系中，当分析物在样品溶液和微量溶剂之间达到平衡时，有机溶剂中萃取的分析物的量如式(5-13)所示[208,231,232]：

$$n_{eq,org} = \frac{K_{org/d} V_{org} V_d C_0}{K_{org/d} V_{org} + V_d} \tag{5-13}$$

式中，$n_{eq,org}$ 为有机溶剂中萃取的分析物的量；$K_{org/d}$ 为分析物在有机相和样品溶液中的分配系数$\left(K_{org/d} = \frac{C_{eq,org}}{C_{eq,d}} \right)$，其中 $C_{eq,d}$ 为分析物在样品溶液中的平衡浓度，$C_{eq,org}$ 为分析物在微量有机溶剂中的平衡浓度；C_0 为分析物在样品溶液中的初始浓度；V_{org} 和 V_d 分别为有机液滴和样品溶液的体积。其中分析物在有机相中的回收率如式(5-14)所示：

$$R(\%) = \frac{n_{\text{eq,org}}}{C_0 V_\text{d}} = \frac{K_{\text{org/d}} V_{\text{org}}}{K_{\text{org/d}} V_{\text{org}} + V_\text{d}} \times 100 \tag{5-14}$$

2) 平衡态顶空液相微萃取(HS-LPME)

在顶空液相微萃取体系中，分析物将分配在三种相态中，即样品溶液、气相和微滴萃取相。当分析物在这三相之间达到平衡时，萃取微滴中萃取的分析物的量如式(5-15)所示[231,233]：

$$n_{\text{eq,org}} = \frac{K_{\text{h/d}} K_{\text{org/h}} V_{\text{org}} V_\text{d} C_0}{K_{\text{h/d}} K_{\text{org/h}} V_{\text{org}} + K_{\text{h/d}} V_\text{h} + V_\text{d}} \tag{5-15}$$

式中，$K_{\text{h/d}}$ 为分析物在顶空气相和样品溶液之间的分配系数$\left(K_{\text{h/d}} = \frac{C_{\text{eq,h}}}{C_{\text{eq,d}}}\right)$；$K_{\text{org/h}}$ 为分析物在萃取剂和顶空气相之间的分配系数$\left(K_{\text{org/h}} = \frac{C_{\text{eq,org}}}{C_{\text{eq,d}}}\right)$；其中 $C_{\text{eq,d}}$、$C_{\text{eq,h}}$ 和 $C_{\text{eq,org}}$ 分别为分析物在样品溶液、顶空气相和萃取剂中的平衡浓度；V_h 为样品溶液上方顶空部分的体积。在该体系中，分析物在有机相中的回收率如式(5-16)所示：

$$n_{\text{eq,org}}(\%) = \frac{K_{\text{h/d}} K_{\text{org/h}} V_{\text{org}}}{K_{\text{h/d}} K_{\text{org/h}} V_{\text{org}} + K_{\text{h/d}} V_\text{h} + V_\text{d}} \times 100 \tag{5-16}$$

3) 平衡态液液液三相液相微萃取(LLL-LPME)

在液液液三相液相微萃取体系中，分析物将分配在三种相态中，即液体样品的溶液相(给体)、有机溶剂相和微滴萃取相(受体)。当分析物在三相之间的分配达到平衡时，受体中所萃取到的分析物的量如式(5-17)所示[232]：

$$n_{\text{eq,a}} = \frac{K_{\text{a/d}} V_\text{a} V_\text{d} C_0}{K_{\text{a/d}} V_\text{a} + K_{\text{org/d}} V_{\text{org}} + V_\text{d}} \tag{5-17}$$

式中，$K_{\text{a/d}}$ 为分析物在受体萃取相和样品溶液相(给体)中的分配系数；$K_{\text{org/d}}$ 为分析物在有机溶剂相和给体样品溶液相之间的分配系数；V_a 为所使用的受体萃取溶剂相的体积。在该体系中分析物在有机相中的回收率如式(5-18)所示：

$$n_{\text{eq,org}}(\%) = \frac{K_{\text{a/d}} V_\text{a}}{K_{\text{a/d}} V_\text{a} + K_{\text{org/d}} V_{\text{org}} + V_\text{d}} \times 100 \tag{5-18}$$

6. 影响单滴微萃取法萃取效率的因素

影响单滴微萃取法萃取效率的因素有萃取剂种类及其理化性质、萃取剂悬滴体积、萃取时间、样品溶液性质及体积、样品溶液相态、温度和离子强度等。但萃取效率主要受萃取剂的性质、悬滴体积、萃取时间和温度等[234]的影响。

1) 萃取剂的选择

适宜的萃取剂能保证分析物在萃取剂中有较好的选择性和溶解度[213]，以便提高选择性富集的能力。对于 DI-SDME，萃取剂应与样品溶液不互溶，并且对分析物有比较强的溶解能力；对于 HS-SDME，萃取剂的挥发性要低，尽量避免溶剂挥发造成的不确定度[235]。此外，还要考虑萃取剂的密度和沸点，如沸点过低可能导致溶剂单滴产生气泡而使单滴不稳定。通常，芳香族有机溶剂的萃取能力要比其他有机溶剂高些，另外，在萃取效率相同的情况下，应尽可能使用毒性小、对环境友好的溶剂，如离子液体。

2) 悬滴体积

一般情况下，萃取剂悬滴体积越大，萃取的分析物也就越多。因此，在保证悬滴不脱落的情况下，增大悬滴的体积可以提高分析物的萃取效率。但对于 DI-SDME 法，单滴越大越难以操作，而且延长了萃取平衡的时间，又会使萃取溶剂损失，导致分析精度下降。在将悬滴抽回微量注射器时，还要注意不要把悬滴全部收回，以免将附着的微量水抽到微量注射器中[223]。对于 HS-SDME 法，则可以在针头尖端处安装一个辅助元件来增加液滴的体积，提高分析物的萃取效率。

3) 萃取时间

萃取时间是影响萃取效率的一个重要因素。在萃取过程的初期，分析物的萃取量快速增加，在后期，萃取量的增速变缓，直至达到平衡。这时，萃取量达到最大值。由于达到理论上的萃取平衡的时间很长，因此实际操作时都是在达到萃取平衡之前就结束了萃取过程。为了保证数据的重现性，必须严格控制萃取时间。一般时间控制在 30 min 左右。另外，长时间的萃取也会使萃取溶剂损失，从而影响重现性，可以在萃取溶剂中加入内标物校正这种偏差[236]。

4) 萃取温度

温度对液相微萃取的影响是双重的。一方面，升高温度有利于分析物从样品基质中释放出来，快速达到平衡状态；另一方面，分析物在萃取溶剂中的溶解过程是一个放热过程，其分配系数随悬滴温度的升高而下降，所以低温条件更有利于分析物在溶剂中的溶解。因此，最好的办法是提升样品溶液温度的同时降低萃取剂悬滴的温度，这就要求在实验时兼顾这两种影响，找到最佳的萃取温度。采用图 5-13 所示的设备很好地解决了这个问题[237,238]。

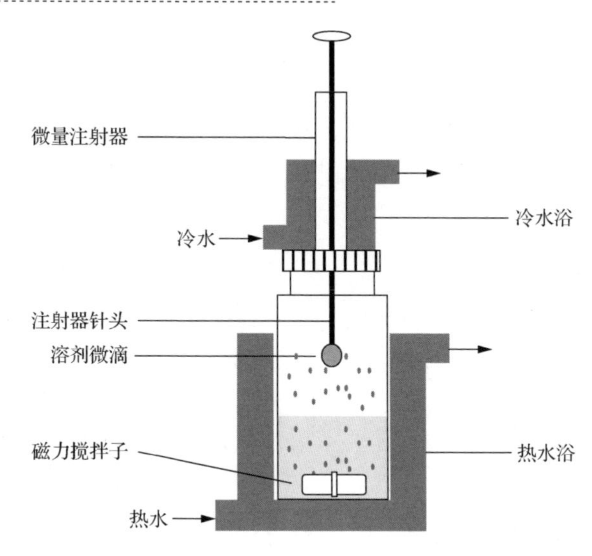

图 5-13 样品溶液高温和萃取溶剂低温的顶空单滴微萃取装置

5）其他因素

除了以上介绍的 SDME 的影响因素外，盐效应和 pH 对萃取效率也有一定的影响。根据被萃取物的化学性质和盐析效应，把一定浓度的无机盐（如氯化钠）加入样品溶液中，可以增大某些被萃取物在有机相的分配系数，提高萃取效率[239]，适宜的 pH 可以提高被萃取物的萃取效率，也有利于除去样品中的一些杂质。

5.5.3 中空纤维液相微萃取及其在 POPs 分析中的应用

中空纤维液相微萃取（HF-LPME）于 1999 年由 Pedersen 和 Rasmussen 首次提出，他们以多孔的疏水性中空纤维为载体，其中附着微量萃取溶剂（接受相）进行样品萃取。具体操作如下：首先将多孔纤维浸入与水不互溶的有机溶剂中，使中空纤维壁孔形成有机溶剂液膜，然后将适量的萃取剂注入多孔中空纤维空腔中，最后将萃取纤维放入样品溶液中进行萃取。中空纤维液相微萃取按萃取体系中的溶剂种类和组成分为两相中空纤维液相微萃取（two phase HF-LPME）和三相中空纤维液相微萃取（three phase HF-LPME）[240]。

1. 两相中空纤维液相微萃取

当中空纤维壁孔和纤维空腔中的萃取溶剂相同时，即为两相中空纤维液相微萃取[241]。在萃取过程中液体样品中的分析物通过纤维壁上的微孔进入纤维腔内的萃取溶剂中，其萃取装置示意图见图 5-14。该方法广泛地应用于天然水和废水中污染物的测定，两相中空纤维液相微萃取与 GC-MS 联用成功测定了水中多种药品及个人护理用品，该方法的富集因子能达到 251，大大地提高了分析方法的灵敏度，最低检测限能达到 10～50 ng/L[242]；测定人体尿液中多环芳烃及其代谢产物，富集因子为 4.1～68.5[243,244]。该方法还用于海水中 12 种有机氯农药的萃取和测定，以及海水和血液样品中多种多氯联苯的萃取和测定[245-247]。两相中空纤维液相微萃取克服了单滴微萃取在萃取过程中不能大幅度搅拌的缺点，比较适合测定在有机相中具有较高溶解度的有机污染物。

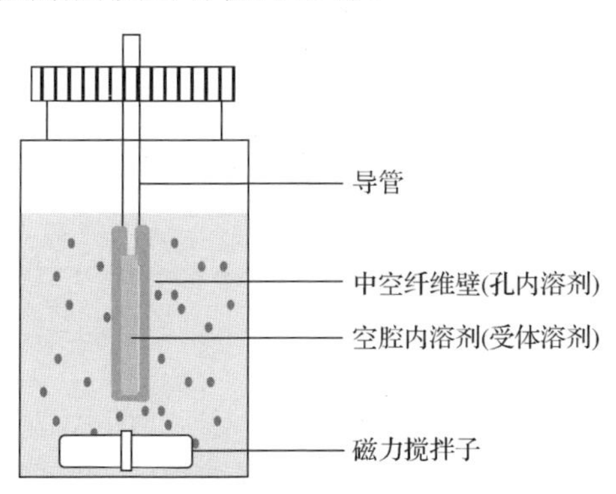

图 5-14　中空纤维液相微萃取装置示意图

2. 三相中空纤维液相微萃取

当中空纤维壁孔和纤维空腔中的萃取溶剂不同时，该微萃取方法称为三相中空纤维液相微萃取。在充分搅拌条件下，样品中的分析物首先被萃取到纤维表面孔隙的有机相液膜中，然后进一步分散到纤维腔内的萃取溶液(受体)中，最后用微量进样器吸取一定体积的接受相进样分析[240]。对于在有机萃取溶剂中萃取效率不高的目标化合物，三相中空纤维液相微萃取较两相法可进一步提高富集因子，同时有效地去除水样中杂质的干扰。但总体而言，三相萃取方法的应用较少，可应用于水样中多种药品、个人护理用品和芳香胺类的萃取[248-251]。

5.5.4　分散液液微萃取及其在 POPs 分析中的应用

分散液液微萃取(DLLME)的萃取体系包含三相，即样品溶液、分散剂和萃取剂，其萃取流程示意图见图 5-15。该方法是通过微量进样器将萃取剂和分散剂加入样品溶液中，其中分散剂有助于萃取剂以微滴的形式均匀分散在样品溶液中。由于样品溶液与萃取剂具有较大的接触面积，因此水中目标分析物能快速萃取到萃取剂微滴中。在高速离心的作用下，萃取剂在锥形离心管的底部形成微乳液，收集离心管底部的液滴即可进行仪器分析。该方法的缺点是可选择的萃取溶剂范围较窄，很难实现仪器的自动化[252,253]。分散液液微萃取根据所选择的萃取溶剂的不同可分为常规分散液液微萃取、离子液体分散液液微萃取(IL-DLLME)等[240]。

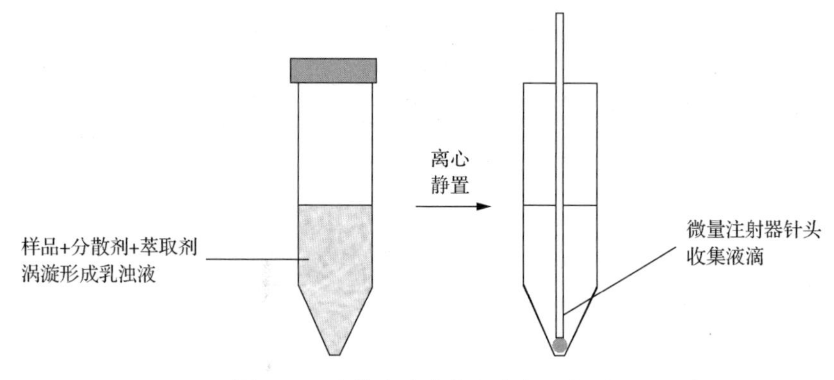

图 5-15 分散液液微萃取流程示意图

1. 常规分散液液微萃取

常规分散液液微萃取(conventional DLLME)以有机物作为萃取溶剂，不需要其他设备的辅助，对固体和液体样品都能进行测定。通常采用具有较高密度的氯苯或氯仿作为萃取溶剂，最终形成的液滴沉于样品底部，同时选择经济适用和毒性较低的丙酮、甲醇、乙醇和乙腈等溶剂作为分散剂。该方法测定海水中 19 种 PAHs 的研究显示萃取剂和分散剂的种类和比例，萃取温度、萃取和离心的时间都能显著影响 PAHs 的萃取效率[254]。

2. 离子液体分散液液微萃取

离子液体分散液液微萃取(ionic liquids dispersive liquid-liquid microextraction，IL-DLLME)是用离子液体代替有机溶剂做萃取剂，该方法避免了萃取液中有机溶剂的使用，对环境友好。由于离子液体具有较高的热稳定性，与水和有机溶剂具有良好的互溶性，因此具有较高的萃取效率。离子溶液的蒸气压小，室温条件下没有挥发损失，是分散液液微萃取中使用最广泛的一种萃取试剂。用 1-辛基-3-甲基咪唑六氟磷酸盐作为萃取溶剂测定水样中有机氯农药 DDT 及其代谢产物，方法回收率为 94.4%～115.3%，相对标准偏差为 5.27%～6.73%[255]。用 1-己基-3-甲基咪唑六氟磷酸盐为萃取剂可有效富集水样中的四溴双酚 A 和 19 种 PAHs，用该方法萃取水样中 14 种新型环境污染物，效果良好[256-258]。选择具有磁性的离子液体(magnetic ionic liquids)作为萃取剂，萃取结束后通过磁场可以瞬时完成萃取剂的分离，无须离心等操作，已经成功用于苯的测定[259]。

5.5.5 悬浮固化分散液相微萃取及其在 POPs 分析中的应用

悬浮固化分散液相微萃取(SD-LPME)一般选取常温为液体，但在较低温度下就易于固化的有机溶剂进行萃取，这样，萃取后通过调整温度(如采用冰水浴)，即可使悬浮于样品中的有机溶剂液滴变为固体状态，使得萃取溶剂能够快速与样品分离。在恢复常温条件后，萃取溶剂再次液化，就可以采用微量进样器吸取萃取溶剂进样分析，其流程示意图见图 5-16。该方法操作简便、快速、成本低、具有较高的回收率和富集因子[260]。但由于所选萃取溶剂的熔点必须接近室温，因此可供选择的萃取溶剂范围较窄，只能选择十一烷基醇、十二烷基醇和正十六烷，限制了该萃取方法的推广使用[211]。用十一烷基醇作为萃取溶剂萃取水样中的 PAHs，富集因子能达到 194～594，相对标准偏差小于 7%[261]。

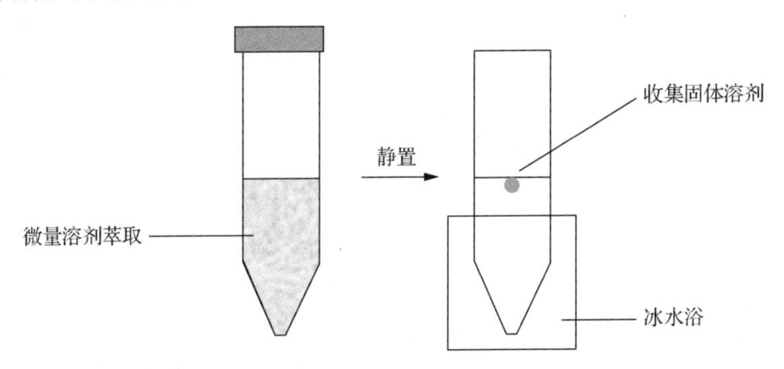

图 5-16　悬浮固化液相微萃取流程示意图

5.5.6　直接悬浮液滴微萃取及其在 POPs 分析中的应用

直接悬浮液滴微萃取(DSDME)是在水样中直接加入微量的不溶于水及密度较低的萃取溶剂，在搅拌器的作用下萃取一定时间，采用微量进样器吸取表面的萃取溶剂，进样分析，其萃取流程示意图见图 5-17。2006 年，Lu 等在水样中加入少量正辛烷，首次利用该方法成功地萃取了水样中的 1,8-二羟基蒽醌，其中萃取溶剂的种类和体积、萃取液的体积和搅拌速度等因素显著地影响该方法的萃取效果[262]。该方法的缺点是难以从样品溶液中分离出悬浮于液体样品表面的少量萃取溶剂。

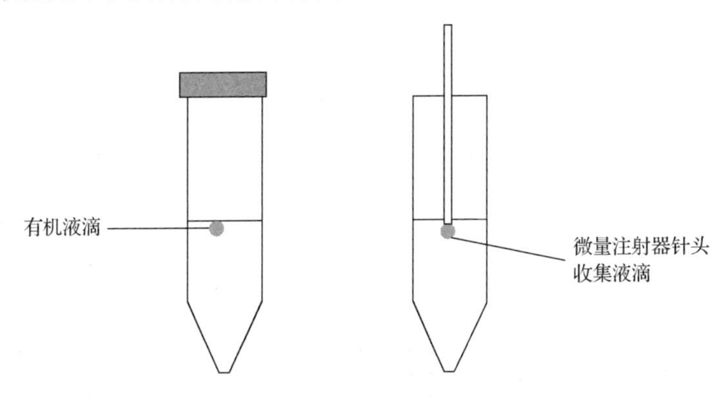

图 5-17　直接悬浮液滴微萃取流程示意图

5.5.7 展望

液相微萃取技术虽然与传统的液相萃取技术异曲同工，但由于溶剂用量少而具有更为广阔的应用前景。它既可以作为萃取技术使用，又可以与其他萃取技术结合，达到更令人满意的结果，如与固相萃取、搅拌棒吸附萃取、分子印迹固相分散萃取、超临界流体萃取、纳米技术等联合使用[263-266]。如果在操作过程中采用适当的辅助手段，如振荡、升温、微波、超声、涡旋等[267-272]，能有效提高萃取效果。与前面所述的几种固相微萃取技术相比，液相微萃取技术无须复杂或专门的设备，微量的常规有机试剂即可实现有效应用，在任何实验室均可完成。目前对该技术的研究还集中在新型萃取方式、新型环境友好的萃取试剂的开发上，而对于提高其自动化操作可行性的研究相对较少。因此为了能进行高通量的大规模应用或者日常监测，开发相应的自动化操作系统以及适于自动化操作的萃取方式十分必要。

参 考 文 献

[1] Pawliszyn J. Solid Phase Microextraction Theory and Practice. New York: Wiley-VCH, 1997.

[2] Pawliszyn J. Applications of Solid Phase Microextraction. Cambridge: Royal Society of Chemistry, 1999.

[3] Wercinski S S A. Solid Phase Microextraction: A Practical Guide. New York: Dekker, 1999.

[4] Pawliszyn J. Handbook of Solid Phase Microextraction. Amsterdam: Elsevier, 2011.

[5] 吴采樱, 等. 固相微萃取. 北京: 化学工业出版社, 2011.

[6] Sigma-aldrich. Solid Phase Microextraction （SPME）. http://www.sigmaaldrich.com/spme [2018-06-12].

[7] Sigma-aldrich. Bio-spme. https://www.sigmaaldrich.com/china-mainland/zh/analytical-chromatography/sample-preparation/spme/bio-spme.html[2018-06-12].

[8] Kremser A, Jochmann M A, Schmidt T C. PAL SPME Arrow—Evaluation of a novel solid-phase microextraction device for freely dissolved PAHs in water. Anal Bioanal Chem, 2016, 408: 943-952.

[9] PAL System Application Notes: Determination of iodoform in drinking water by SPME and GC-MS and determination of C_2～C_{12} aldehydes by SPME on-fiber derivatization and GC-MS. http://www.autosamplerguys.com/spme-arrow [2018-10-12].

[10] PAL System Ingenious sample handling, Part No. PAL Broch-Arrow-1, Rev 6, Nov. 2016. https://www.palsystem.com/fileadmin/public/docs/Downloads/Brochures/PAL_SPME_Arrow_Broschuere_Rev6_Spreads.pdf [2018-10-12].

[11] Poerschmann J, Zhang Z, Kopinke F D, et al. Solid phase microextraction for determining the distribution of chemicals in aqueous matrices. Anal Chem, 1997, 69: 597-600.

[12] Zhang Z, Yang M J, Pawliszyn J. Solid-phase microextraction. A solvent-free alternative for sample preparation. Anal Chem, 1994, 66: 844A-853A.

[13] Zhang Z, Pawliszyn J. Headspace solid-phase microextraction. Anal Chem, 1993, 65: 1843-1852.
[14] Górecki T, Yu X, Pawliszyn J. Theory of analyte extraction by selected porous polymer SPME fibres. Analyst, 1999, 124: 643-649.
[15] Doong R, Chang S, Sun Y. Solid-phase microextraction and headspace solid-phase microextraction for the determination of high molecular-weight polycyclic aromatic hydrocarbons in water and soil samples. J Chromatogra Sci, 2000, 38： 528-534.
[16] Nilsson T, Pelusio F, Montanarella L, et al. An evaluation of solid-phase microextraction for analysis of volatile organic compounds in drinking water. J Sep Sci,1995, 18(10): 617-624.
[17] Martos P A, Pawliszyn J. Calibration of solid phase microextraction for air analyses based on physical chemical properties of the coating.Anal Chem, 1997, 69: 206-215.
[18] Buchholz K D, Pawliszyn J. Determination of phenols by solid-phase microextraction and gas chromatographic analysis. Environ Sci Technol, 1993, 27: 2844-2848.
[19] Arthur C L, Killam L M, Buchholz K D, et al. Automation and optimization of solid-phase microextraction. Anal Chem, 1992, 64: 1960-1966.
[20] Zhang Z, Pawliszyn J. Analysis of organic compounds in environmental samples by headspace solid phase microextraction. J Sep Sci, 1993, 16: 689-692.
[21] Boyd-Boland A A, Pawliszyn J B. Solid-phase microextraction coupled with high-performance liquid chromatography for the determination of alkylphenol ethoxylate surfactants in water. Anal Chem, 1996, 68: 1521-1529.
[22] Ai J. Solid phase microextraction for quantitative analysis in nonequilibrium situations. Anal Chem, 1997, 69: 1230-1236.
[23] Eisert R, Pawliszyn J. Automated in-tube solid-phase microextraction coupled to high-performance liquid chromatography. Anal Chem, 1997, 69: 3140-3147.
[24] Brennan A A, Johnson N W. The utility of solid-phase microextraction in evaluating polycyclic aromatic hydrocarbon bioavailability during habitat restoration with dredged material at moderately contaminated sites. Integr Environ Assess Manag, 2018, 14(2): 212-223.
[25] Cheng X, Forsythe J, Peterkin E. Some factors affecting SPME analysis and PAHs in Philadelphia' s urban waterways. Water Res, 2013, 47(7): 2331-2340.
[26] Es-haghi A, Hosseininasab V, Bagheri H. Preparation, characterization, and applications of a novel solid-phase microextraction fiber by sol-gel technology on the surface of stainless steel wire for determination of poly cyclic aromatic hydrocarbons in aquatic environmental samples. Anal Chim Acta, 2014, 813: 48-55.
[27] Menezes H C, Paiva M J N, Santos R R, et al. A sensitive GC/MS method using cold fiber SPME to determine polycyclic aromatic hydrocarbons in spring water.Microchem J, 2013, 110: 209-214.
[28] Lin W, Wei S, Jiang R, et al. Calibration of the complex matrix effects on the sampling of polycyclic aromatic hydrocarbons in milk samples using solid phase microextraction. Anal Chim Acta, 2016, 933: 117-123.
[29] Menezes H C, Paulo B P, Paiva M J N, et al. Determination of polycyclic aromatic hydrocarbons in artisanal cachaça by DI-CF-SPME-GC/MS.Microchem J, 2015, 118: 272-277.
[30] Lang S C, Hursthouse A, Mayer P, et al. Equilibrium passive sampling as a tool to study polycyclic aromatic hydrocarbons in Baltic Sea sediment pore-water systems. Mar Pollut Bull, 2015, 101(1): 296-303.

[31] Ke Y, Zhu F, Jiang R, et al. Determination of polycyclic aromatic hydrocarbons in leather products using solid-phase microextraction coupled with gas chromatography-mass spectrometry. Microchem J, 2014, 112: 159-163.

[32] Kumari R, Patel D K, Chaturvedi P, et al. Solid phase micro extraction combined with gas chromatography-mass spectrometry for the trace analysis of polycyclic aromatic hydrocarbons in chocolate. Anal Methods, 2013, 5(8): 1946-1954.

[33] Ghiasvand A R, Pirdadeh-Beiranvand M. Cooling/heating-assisted headspace solid-phase microextraction of polycyclic aromatic hydrocarbons from contaminated soils. Anal Chim Acta, 2015, 900: 56-66.

[34] Liu F, Duan F K, Li H R, et al. Solid phase microextraction/gas chromatography-tandem mass spectrometry for determination of polycyclic aromatic hydrocarbons in fine aerosol in Beijing. Chinese J Anal Chem, 2015, 43(4): 540-546.

[35] Hsieh P C, Jen J F, Lee C L, et al. Determination of polycyclic aromatic hydrocarbons in environmental water samples by microwave-assisted headspace solid-phase microextraction. Environ Eng Sci, 2015, 32(4): 301-309.

[36] Ré N, Kataoka V M F, Cardoso C A L, et al. Polycyclic aromatic hydrocarbon concentrations in gas and particle phases and source determination in atmospheric samples from a semiurban area of Dourados, Brazil. Arch Environ Contam Toxicol, 2015, 69(1): 69-80.

[37] Bu Y, Feng J, Sun M, et al. Facile and efficient poly(ethylene terephthalate) fibers-in-tube for online solid-phase microextraction towards polycyclic aromatic hydrocarbons. Anal Bioanal Chem, 2016, 408(18): 4871-4882.

[38] Shamsipur M, Gholivand M B, Shamizadeh M, et al. Preparation and evaluation of a novel solid-phase microextraction fiber based on functionalized nanoporous silica coating for extraction of polycyclic aromatic hydrocarbons from water samples followed by GC-MS detection. Chromatographia, 2015, 78(11-12): 795-803.

[39] Guo X, Wu M, Zhang J, et al. An ionic liquid doped electrochemical copolymer coating of indole and 3-methylthiophene for the solid-phase microextraction of polycyclic aromatic hydrocarbons. RSC Advances, 2017, 7(36): 22256-22262.

[40] Abolghasemi M M, Yousefi V. Polythiophene/hexagonally ordered silica nanocomposite coating as a solid-phase microextraction fiber for the determination of polycyclic aromatic hydrocarbons in water. J Sep Sci, 2014, 37(1-2): 120-126.

[41] Purcaro G, Picardo M, Barp L, et al. Direct-immersion solid-phase microextraction coupled to fast gas chromatography mass spectrometry as a purification step for polycyclic aromatic hydrocarbons determination in olive oil. J Chromatogr A, 2013, 1307: 166-171.

[42] Zhang G, Zang X, Li Z, et al. Polydimethylsiloxane/metal-organic frameworks coated fiber for solid-phase microextraction of polycyclic aromatic hydrocarbons in river and lake water samples. Talanta, 2014, 129: 600-605.

[43] Wang G, Lei Y, Song H. Exploration of metal-organic framework MOF-177 coated fibers for headspace solid-phase microextraction of polychlorinated biphenyls and polycyclic aromatic hydrocarbons. Talanta, 2015, 144: 369-374.

[44] Wei S, Lin W, Xu J, et al. Fabrication of a polymeric composite incorporating metal-organic framework nanosheets for solid-phase microextraction of polycyclic aromatic hydrocarbons from water samples. Anal Chim Acta, 2017, 971: 48-54.

[45] Gao J, Huang C, Lin Y, et al. *In situ* solvothermal synthesis of metal-organic framework coated fiber for highly sensitive solid-phase microextraction of polycyclic aromatic hydrocarbons. J Chromatogr A, 2016, 1436: 1-8.

[46] Li Q L, Wang X, Chen X F, et al. *In situ* hydrothermal growth of ytterbium-based metal-organic framework on stainless steel wire for solid-phase microextraction of polycyclic aromatic hydrocarbons from environmental samples. J Chromatogr A, 2015, 1415: 11-19.

[47] Alizadeh R, Najafi N M. Quantification of PAHs and chlorinated compounds by novel solid-phase microextraction based on the arrays of tin oxide nanorods. Environ Monit Assess, 2013, 185(9): 7353-7363.

[48] Amanzadeh H, Yamini Y, Masoomi M Y, et al. Nanostructured metal-organic frameworks, TMU-4, TMU-5, and TMU-6, as novel adsorbents for solid phase microextraction of polycyclic aromatic hydrocarbons. New J Chem, 2017, 41(20): 12035-12043.

[49] Guo M, Song W, Wang T, et al. Phenyl-functionalization of titanium dioxide-nanosheets coating fabricated on a titanium wire for selective solid-phase microextraction of polycyclic aromatic hydrocarbons from environment water samples. Talanta, 2015, 144: 998-1006.

[50] Karimi M, Aboufazeli F, Zhad H R, et al. Determination of polycyclic aromatic hydrocarbons in Persian Gulf and Caspian Sea: Gold nanoparticles fiber for a head space solid phase micro extraction. Bull Environ Contam Toxicol, 2013, 90(3): 291-295.

[51] Sun M, Feng J, Bu Y, et al. Highly sensitive copper fiber-in-tube solid-phase microextraction for online selective analysis of polycyclic aromatic hydrocarbons coupled with high performance liquid chromatography. J Chromatogr A, 2015, 1408: 41-48.

[52] Zhang Y, Wu D, Yan X, et al. Rapid solid-phase microextraction of polycyclic aromatic hydrocarbons in water samples by a coated through-pore sintered titanium disk. Talanta, 2016, 154: 400-408.

[53] Wang F, Zheng J, Qiu J, et al. *In situ* hydrothermally grown TiO_2@C core-shell nanowire coating for highly sensitive solid phase microextraction of polycyclic aromatic hydrocarbons. ACS Appl Mater Interfaces, 2017, 9(2): 1840-1846.

[54] Khodaee N, Mehdinia A, Esfandiarnejad R, et al. Ultra trace analysis of PAHs by designing simple injection of large amounts of analytes through the sample reconcentration on SPME fiber after magnetic solid phase extraction. Talanta, 2016, 147: 59-62.

[55] Liu C, Zhang X, Li L, et al. Silver nanoparticle aggregates on metal fibers for solid phase microextraction-surface enhanced Raman spectroscopy detection of polycyclic aromatic hydrocarbons. Analyst, 2015, 140 (13): 4668-4675.

[56] Sun M, Feng J, Bu Y, et al. Nanostructured-silver-coated polyetheretherketone tube for online in-tube solid-phase microextraction coupled with high-performance liquid chromatography. J Sep Sci, 2015, 38(18): 3239-3246.

[57] Tian Y, Feng J, Bu Y, et al. *In situ* hydrothermal synthesis of titanium dioxide nanorods on titanium wire for solid-phase microextraction of polycyclic aromatic hydrocarbons. Anal Bioanal Chem, 2017, 409(16): 4071-4078.

[58] Wu T, Wang J, Liang W, et al. Single layer graphitic carbon nitride-modified graphene composite as a fiber coating for solid-phase microextraction of polycyclic aromatic hydrocarbons.Microchimica Acta, 2017, 184(7): 2171-2180.

[59] Banitaba M H, Davarani S S H, Movahed S K. Comparison of direct, headspace and headspace cold fiber modes in solid phase microextraction of polycyclic aromatic hydrocarbons by a new

coating based on poly (3, 4-ethylenedioxythiophene)/graphene oxide composite. J Chromatogr A, 2014, 1325: 23-30.

[60] Hou X, Guo Y, Liang X, et al. Bis(trifluoromethanesulfonyl) imide-based ionic liquids grafted on graphene oxide-coated solid-phase microextraction fiber for extraction and enrichment of polycyclic aromatic hydrocarbons in potatoes and phthalate esters in food-wrap.Talanta, 2016, 153: 392-400.

[61] Wang X, Wang Y, Qin Y, et al. Sensitive and selective determination of polycyclic aromatic hydrocarbons in mainstream cigarette smoke using a graphene-coated solid-phase microextraction fiber prior to GC/MS. Talanta, 2015, 140: 102-108.

[62] Zhang G, Li Z, Zang X, et al. Solid-phase microextraction with a graphene-composite-coated fiber coupled with GC for the determination of some halogenated aromatic hydrocarbons in water samples. J Sep Sci, 2014, 37(4): 440-446.

[63] Zhang S, Li Z, Yang X, et al. Fabrication of a three-dimensional graphene coating for solid-phase microextraction of polycyclic aromatic hydrocarbons. RSC Advances, 2015, 5(67): 54329-54337.

[64] Behzadi M, Mirzaei M, Daneshpajooh M. Carbon nanotubes/poly-ortho-aminophenol composite as a new coating for the headspace solid-phase microextraction of polycyclic aromatic hydrocarbons. Anal Methods, 2014, 6(23): 9234-9241.

[65] Menezes H C, de Barcelos S M R, Macedo D F D, et al. Magnetic N-doped carbon nanotubes: A versatile and efficient material for the determination of polycyclic aromatic hydrocarbons in environmental water samples. Anal Chim Acta, 2015, 873: 51-56.

[66] Kazemipour M, Behzadi M, Ahmadi R. Poly(*o*-phenylenediamine-co-*o*-toluidine)/modified carbon nanotubes composite coating fabricated on a stainless steel wire for the headspace solid-phase microextraction of polycyclic aromatic hydrocarbons. Microchem J, 2016, 128: 258-266.

[67] Behzadi M, Noroozian E, Mirzaei M. A novel coating based on carbon nanotubes/poly-ortho-phenylenediamine composite for headspace solid-phase microextraction of polycyclic aromatic hydrocarbons. Talanta, 2013, 108: 66-73.

[68] Hu X, Liu C, Li J, et al. Hollow mesoporous carbon spheres-based fiber coating for solid-phase microextraction of polycyclic aromatic hydrocarbons. J Chromatogr A, 2017, 1520: 58-64.

[69] Joshi M D, Ho T D, Cole W T S, et al. Determination of polychlorinated biphenyls in ocean water and bovine milk using crosslinked polymeric ionic liquid sorbent coatings by solid-phase microextraction. Talanta, 2014, 118: 172-179.

[70] Li J, Wang F, Wu J F, et al. Stainless steel fiber coated with poly(1-hexyl-3-vinylimidazolium) bromide for solid-phase microextraction of polychlorinated biphenyls from water samples prior to their quantitation by GC. Microchimica Acta, 2017, 184(8): 2621-2628.

[71] Lang S C, Mayer P, Hursthouse A, et al. Assessing PCB pollution in the Baltic Sea—An equilibrium partitioning based study. Chemosphere, 2018, 191: 886-894.

[72] Li J, Chang R, Wang F Q, et al. A facile solid-phase micro-extraction fiber based on pine needles biochar coating for extraction of polychlorinated biphenyls from water samples. Chromatographia, 2016, 79 (15-16): 1033-1040.

[73] Lv F, Gan N, Cao Y, et al. A molybdenum disulfide/reduced graphene oxide fiber coating coupled with gas chromatography-mass spectrometry for the saponification-headspace

solid-phase microextraction of polychlorinated biphenyls in food. J Chromatogr A, 2017, 1525: 42-50.

[74] Sheng W R, Chen Y, Wang S S, et al. Cadmium（II）-based metal-organic nanotubes as solid-phase microextraction coating for ultratrace-level analysis of polychlorinated biphenyls in seawater samples. Anal Bioanal Chem, 2016, 408(29): 8289-8297.

[75] Wu Y Y, Yang C X, Yan X P. Fabrication of metal-organic framework MIL-88B films on stainless steel fibers for solid-phase microextraction of polychlorinated biphenyls. J Chromatogr A, 2014, 1334: 1-8.

[76] Lv F, Gan N, Huang J, et al. A poly-dopamine based metal-organic framework coating of the type PDA-MIL-53（Fe）for ultrasound-assisted solid-phase microextraction of polychlorinated biphenyls prior to their determination by GC-MS. Microchimica Acta, 2017, 184(8): 2561-2568.

[77] Masiá A, Moliner-Martinez Y, Muñoz-Ortuño M, et al. Multiresidue analysis of organic pollutants by in-tube solid phase microextraction coupled to ultra-high performance liquid chromatography-electrospray-tandem mass spectrometry. J Chromatogr A, 2013, 1306: 1-11.

[78] Zhao R S, Liu Y L, Chen X F, et al. Preconcentration and determination of polybrominated diphenyl ethers in environmental water samples by solid-phase microextraction with Fe_3O_4-coated bamboo charcoal fibers prior to gas chromatography-mass spectrometry. Anal Chim Acta, 2013, 769: 65-71.

[79] Bao L J, Jia F, Crago J, et al. Assessing bioavailability of DDT and metabolites in marine sediments using solid-phase microextraction with performance reference compounds. Environ Toxicol Chem, 2013, 32(9): 1946-1953.

[80] Lin K, Lao W, Lu Z, et al. Measuring freely dissolved DDT and metabolites in seawater using solid-phase microextraction with performance reference compounds. Sci Total Environ, 2017, 599-600: 364-371.

[81] McManus S L, Coxon C E, Richards K G, et al. Quantitative solid phase microextraction-gas chromatography mass spectrometry analysis of the pesticides lindane, heptachlor and two heptachlor transformation products in groundwater. J Chromatogr A, 2013, 1284: 1-7.

[82] Mokbel H, Al Dine E J, Elmoll A, et al. Simultaneous analysis of organochlorine pesticides and polychlorinated biphenyls in air samples by using accelerated solvent extraction（ASE）and solid-phase micro-extraction（SPME）coupled to gas chromatography dual electron capture detection. Environ Sci Pollut Res Int, 2016, 23(8): 8053-8063.

[83] Cai J, Zhu F, Ruan W, et al. Determination of organochlorine pesticides in textiles using solid-phase microextraction with gas chromatography-mass spectrometry. Microchem J, 2013, 110: 280-284.

[84] Ke Y, Zhu F, Zeng F, et al. Preparation of graphene-coated solid-phase microextraction fiber and its application on organochlorine pesticides determination. J Chromatogr A, 2013, 1300: 187-192.

[85] Tankiewicz M, Morrison C, Biziuk M. Multi-residue method for the determination of 16 recently used pesticides from various chemical groups in aqueous samples by using DI-SPME coupled with GC-MS. Talanta, 2013, 107: 1-10.

[86] Kim M, Song N R, Hong J, et al. Quantitative analysis of organochlorine pesticides in human serum using headspace solid-phase microextraction coupled with gas chromatography-mass spectrometry. Chemosphere, 2013, 92(3): 279-285.

[87] Li S, Lu C, Zhu F, et al. Preparation of C_{18} composite solid-phase microextraction fiber and its application to the determination of organochlorine pesticides in water samples. Anal Chim Acta, 2015, 873: 57-62.
[88] Gandolfi F, Malleret L, Sergent M, et al. Parameters optimization using experimental design for headspace solid phase micro-extraction analysis of short-chain chlorinated paraffins in waters under the European water framework directive. J Chromatogr A, 2015, 1406: 59-67.
[89] Chen C, Wang J, Yang S, et al. Analysis of perfluorooctane sulfonate and perfluorooctanoic acid with a mixed-mode coating-based solid-phase microextraction fiber. Talanta, 2013, 114: 11-16.
[90] Baltussen E, Sandra P, David F, et al. Stir bar sorptive extraction (SBSE), a novel extraction technique for aqueous samples: Theory and principles. J Micro Sep, 1999, 11: 737-747.
[91] Kaur N, Cabral J L, Morin A, et al. Headspace stir bar sorptive extraction-gas chromatography/mass spectrometry characterization of the diluted vapor phase of cigarette smoke delivered to an *in vitro* cell exposure chamber. J Chromatogr A, 2011, 1218: 324-333.
[92] Fries E. Determination of benzothiazole in untreated wastewater using polar-phase stir bar sorptive extraction and gas chromatography-mass spectrometry. Anal Chim Acta, 2011, 689: 65-68.
[93] Cacho J I, Campillo N, Viñas P, et al. Stir bar sorptive extraction polar coatings for the determination of chlorophenols and chloroanisoles in wines using gas chromatography and mass spectrometry. Talanta, 2014, 118:30-36.
[94] Kawaguchi M, Ito R, Saito K, et al. Novel stir bar sorptive extraction methods for environmental and biomedical analysis. Biomed Anal, 2006, 40: 500-508.
[95] Camino-Sánchez F J, Rodríguez-Gómez R, Zafra-Gómez A, et al. Stir bar sorptive extraction: Recent applications, limitations and future trends. Talanta, 2014, 130: 388-399.
[96] Kawaguchi M, Takatsu A, Ito R, et al. Applications of stir-bar sorptive extraction to food analysis. TrAC-Trends Anal Chem, 2013, 45: 280-293.
[97] Prieto A, Basauri O, Rodil R, et al. Stir-bar sorptive extraction: A view on method optimisation, novel applications, limitations and potential solutions. J Chromatogr A, 2010, 1217: 2642-2666.
[98] David F, Sandra P. Stir bar sorptive extraction for trace analysis. J Chromatogr A, 2007, 1152: 54-69.
[99] Baltussen E, Sandra P, David F, et al. Study into the equilibrium mechanism between water and poly (dimethylsiloxane) for very apolar solutes: Adsorption or sorption?Anal Chem, 1999, 71: 5213-5216.
[100] Ochiai N, Sasamoto K, Ieda T, et al. Multi-stir bar sorptive extraction for analysis of odor compounds in aqueous samples. J Chromatogra A, 2013, 1315: 70-79.
[101] Salvadeo P, Boggia R, Evangelisti F, et al. Analysis of the volatile fraction of “Pesto Genovese” by headspace sorptive extraction (HSSE). Food Chem, 2007, 105 (3): 1228-1235.
[102] Cacho J I, Campillo N, Aliste M, et al. Headspace sorptive extraction for the detection of combustion accelerants in fire debris. Forensic Sci International, 2014, 238: 26-32.
[103] de Villiers A, Vanhoenacker G, Lynen F, et al. Stir bar sorptive extraction-liquid desorption applied to the analysis of hop-derived bitter acids in beer by micellar electrokinetic chromatography. Electrophoresis, 2004, 25: 664-669.
[104] Juan-García A, Picó Y, Font G.Capillary electrophoresis for analyzing pesticides in fruits and vegetables using solid-phase extraction and stir-bar sorptive extraction. J Chromatogr A, 2005, 1073 (1-2): 229-236.

[105] AmlashiE N, Hadjmohammadi M R.Sol-gel coating of poly(ethylene glycol)-grafted multiwalled carbon nanotubes for stir bar sorptive extraction and its application to the analysis of polycyclic aromatic hydrocarbons in water. J Sep Sci, 2016, 39(17): 3445-3456.

[106] Ochiai N, Sasamoto K, Kanda H, et al. Optimization of a multi-residue screening method for the determination of 85 pesticides in selected food matrices by stir bar sorptive extraction and thermal desorption GC-MS. J Sep Sci, 2005, 28: 1083-1092.

[107] Ochiai N, Sasamoto K, Kanda H, et al.Fast screening of pesticide multiresidues in aqueous samples by dual stir bar sorptive extraction-thermal desorption-low thermal mass gas chromatography-mass spectrometry. J Chromatogr A, 2006, 1130(1): 83-90.

[108] Ochiai N, Sasamoto K, Kanda H, et al. Sequential stir bar sorptive extraction for uniform enrichment of trace amounts of organic pollutants in water samples. J Chromatogr A, 2008, 1200(1): 72-79.

[109] Yu C, Hu B. Sol-gel polydimethylsiloxane/poly(vinylalcohol)-coated stir bar sorptive extraction of organophosphorus pesticides in honey and their determination by large volume injection GC. J Sep Sci, 2009, 32: 147-153.

[110] Lokhnauth J K, Snow N H. Stir-bar sorptive extraction and thermal desorption-ion mobility spectrometry for the determination of trinitrotoluene and l,3,5-trinitro-l,3,5-triazine in water samples. J Chromatogr A, 2006, 1105(1-2): 33-38.

[111] do Rosario P M A, Nogueira J M F.Combining stir bar sorptive extraction and MEKC for the determination of polynuclear aromatic hydrocarbons in environmental and biological matrices. Electrophoresis, 2006, 27: 4694-4702.

[112] Zuin V G, Montero L, Bauer C, et al. Stir bar sorptive extraction and high-performance liquid chromatography-fluorescence detection for the determination of polycyclic aromatic hydrocarbons in Mate teas. J Chromatogr A, 2005, 1091(1-2): 2-10.

[113] García-Falcón M S, Cancho-Grande B, Simal-Gándara J. Stirring bar sorptive extraction in the determination of PAHs in drinking waters. Water Res, 2004, 38(7): 1679-1684.

[114] Quintana J B, Rodil R, Muniategui-Lorenzo S, et al. Multiresidue analysis of acidic and polar organic contaminants in water samples by stir-bar sorptive extraction-liquid desorption-gas chromatography-mass spectrometry. J Chromatogr A, 2007, 1174(1-2): 27-39.

[115] Portugal F C M, Pinto M L, Nogueira J M F.Optimization of polyurethane foams for enhanced stir bar sorptive extraction of triazinic herbicides in water matrices. Talanta, 2008, 77(2): 765-773.

[116] Prieto A, Zuloaga O, Usobiaga A, et al. Development of a stir bar sorptive extraction and thermal desorption-gas chromatography-mass spectrometry method for the simultaneous determination of several persistent organic pollutants in water samples. J Chromatogr A, 2007, 1174(1-2): 40-49.

[117] Yu C H, Yao Z M, Hu B. Preparation of polydimethylsiloxane/β-cyclodextrin/divinylbenzene coated "dumbbell-shaped" stir bar and its application to the analysis of polycyclic aromatic hydrocarbons and polycyclic aromatic sulfur heterocycles compounds in lake water and soil by high performance liquid chromatography. Anal Chim Acta, 2009, 641(1-2): 75-82.

[118] Guan W N, Wang Y J, Xu F, et al. Poly(phthalazine ether sulfone ketone) as novel stationary phase for stir bar sorptive extraction of organochlorine compounds and organophosphorus pesticides. J Chromatogr A, 2008, 1177(1): 28-35.

[119] Ochiai N, Sasamoto K, Takino M, et al. Determination of trace amounts of off-flavor compounds in drinking water by stir bar sorptive extraction and thermal desorption GC-MS. Analyst, 2001, 126:1652-1657.

[120] Kolahgar B, Hoffmann A, Heiden A C. Application of stir bar sorptive extraction to the determination of polycyclic aromatic hydrocarbons in aqueous samples. J Chromatogr A, 2002, 963(1-2): 225-230.

[121] Bourdat-Deschamps M, Daudin J J, Barriuso E. An experimental design approach to optimise the determination of polycyclic aromatic hydrocarbons from rainfall water using stir bar sorptive extraction and high performance liquid chromatography-fluorescence detection. J Chromatogr A, 2007, 1167(2): 143-153.

[122] Villaverde-de-Sáa E, Racamonde I, Quintana J B, et al. Ion-pair sorptive extraction of perfluorinated compounds from water with low-cost polymeric materials: Polyethersulfone *vs* polydimethylsiloxane. Anal Chim Acta, 2012, 740: 50-57.

[123] Guerrero E D, Mejías R C, Marin R N, et al. Optimzation of stir bar sorptive extraction applied to the determination of volatile compounds in vinegar. J Chromatogr A, 2007, 1165(1-2): 144-150.

[124] Guerrero E D, Marín R N, Mejías R C,et al. Optimisation of stir bar sorptive extraction applied to the determination of volatile compounds in vinegars. J Chromatogr A, 2006, 1104(1-2): 47-53.

[125] Bicchi C, Cordero C, Rubiolo P, et al. Impact of water/PDMS phase ratio, volume of PDMS, and sampling time on Stir Bar Sorptive Extraction (SBSE) recovery of some pesticides with different $K_{O/W}$. J Sep Sci, 2003, 26:1650-1656.

[126] Kawaguchi M, Ito R, Sakui N, et al. Dual derivatization-tir bar sorptive extraction-thermal desorption-gas chromatography-mass spectrometry for determination of 17β-estradiol in water sample. J Chromatogr A, 2006, 1105(1-2): 140-147.

[127] Prieto A, Zuloaga O, Usobiaga A, et al. Simultaneous speciation of methylmercury and butyltin species in environmental samples by headspace-stir bar sorptive extraction-thermal desorption-gas chromatography-mass spectrometry. J Chromatogr A, 2008, 1185(1): 130-138.

[128] McLean M, Malik A. Sol-Gel Materials in Analytical Microextraction, Comprehensive Sampling and Sample Preparation. Oxford: Academic Press, 2012.

[129] Liu W M, Wang H W, Guan Y F. Preparation of stir bars for sorptive extraction using sol-gel technology. J Chromatogr A, 2004, 1045(1-2): 15-22.

[130] Yu C H, Hu B. Novel combined stir bar sorptive extraction coupled with ultrasonic assisted extraction for the determination of brominated flame retardants in environmental samples using high performance liquid chromatography. J Chromatogr A, 2007, 1160(1-2): 71-80.

[131] Ibrahim W A W, Keyon A S A, Prastomo N, et al. Synthesis and characterization of polydimethylsiloxane-cyanopropyltriethoxysilane-derived hybrid coating for stir bar sorptive extraction. J Sol-Gel Sci Technol, 2011, 59(1): 128-134.

[132] Hu C, He M, Chen B B, et al. Determination of etrogens in pork and chicken samples by stir bar sorptive extraction combined with high-performance liquid chromatography-ultraviolet detection. J Agric Food Chem, 2012, 60(42): 10494-10500.

[133] Hu C, Chen B B, He M, et al. Amino modified multi-walled carbon nanotubes/polydimethyl-siloxane coated stir bar sorptive extraction coupled to high performance liquid chromatography-

ultraviolet detection for the determination of phenols in environmental samples. J Chromatogr A, 2013, 1300: 165-172.

[134] Hu C, He M, Chen B B, et al. Polydimethylsiloxane/metal-organic frameworks coated stir bar sorptive extraction coupled to high performance liquid chromatography-ultraviolet detector for the determination of estrogens in environmental water samples. J Chromatogr A, 2013, 1310: 21-30.

[135] Barletta J Y, de Lima Gomes P C F, dos Santos-NetoÁ J, et al. Development of a new stir bar sorptive extraction coating and its application for the determination of six pesticides in sugarcane juice. J Sep Sci, 2011, 34(11): 1317-1325.

[136] Huang X J, Lin J B, Yuan D X. Simple and sensitive determination of nitroimidazole residues in honey using stir bar sorptive extraction with mixed mode monolith followed by liquid chromatography. J Sep Sci, 2011, 34: 2138-2144.

[137] Huang X J, Qiu N N, Yuan D X.Simple and sensitive monitoring of sulfonamide veterinary residues in milk by stir bar sorptive extraction based on monolithic material and high performance liquid chromatography analysis. J Chromatogr A, 2009, 1216(46): 8240-8245.

[138] Huang X J, Yuan D X. Preparation of stir bars for sorptive extraction based on monolithic material. J Chromatogr A, 2007, 1154(1-2): 152-157.

[139] Huang X J, Yuan D X, Huang B L. Determination of steroid sex hormones in urine matrix by stir bar sorptive extraction based on monolithic material and liquid chromatography with diode array detection. Talanta, 2008, 75(1): 172-177.

[140] Huang X J, Qiu N N, Yuan D X.Direct enrichment of phenols in lake and sea water by stir bar sorptive extraction based on poly(vinylpyridine-ethylene dimethacrylate) monolithic material and liquid chromatographic analysis. J Chromatogr A, 2008, 1194(1): 134-138.

[141] Huang X J, Qiu N N, Yuan D X, et al.A novel stir bar sorptive extraction coating based on monolithic material for apolar, polar organic compounds and heavy metal ions. Talanta, 2009, 78(1): 101-106.

[142] Huang X J, Qiu N N, Yuan D X, et al. Sensitive determination of strongly polar aromatic amines in water samples by stir bar sorptive extraction based on poly(vinylimidazole-divinylbenzene) monolithic material and liquid chromatographic analysis. J Chromatogr A, 2009, 1216(20): 4354-4360.

[143] Huang X J, Lin J B, Yuan D X, et al. Determination of steroid sex hormones in wastewater by stir bar sorptive extraction based on poly(vinylpyridine-ethylene dimethacrylate) monolithic material and liquid chromatographic analysis. J Chromatogr A, 2009, 1216(16): 3508-3511.

[144] Huang X J, Lin J B, Yuan D X. Preparation of cation-exchange stir bar sorptive extraction based on monolithic material and its application to the analysis of soluble cations in milk by ion chromatography. Analyst, 2011, 136: 4289-4294.

[145] Lambert JP, Mullett W M, Kwong E, et al. Stir bar sorptive extraction based on restricted access material for the direct extraction of caffeine and metabolites in biological fluids. J Chromatogr A, 2005, 1075(1-2): 43-49.

[146] Vasapollo G, Sole R D, Mergola L, et al. Molecularly imprinted polymers: Present and future prospective. Int J Mol Sci, 2011, 12(9): 5908-5945.

[147] Zhu X L, Cai J B, Yang J, et al. Films coated with molecular imprinted polymers for the selective stir bar sorption extraction of monocrotophos. J Chromatogr A, 2006, 1131(1-2): 37-44.

[148] Sheng N, Wei F D, Zhan W, et al. Dummy molecularly imprinted polymers as the coating of stir bar for sorptive extraction of bisphenol A in tap water. J Sep Sci, 2012, 35(5-6): 707-712.

[149] Neng N R, Pinto M L, Pires J, et al. Development, optimisation and application of polyurethane foams as new polymeric phases for stir bar sorptive extraction. J Chromatogr A, 2007, 1171(1-2): 8-14.

[150] Mao X J, Chen B B, Huang C Z, et al. Titania immobilized polypropylene hollow fiber as a disposable coating for stir bar sorptive extraction-high performance liquid chromatography-inductively coupled plasma mass spectrometry speciation of arsenic in chicken tissues. J Chromatogr A, 2011, 1218(1): 1-9.

[151] Montes R, Rodríguez I, Rubi E, et al. Suitability of polypropylene microporous membranes for liquid and solid-phase extraction of halogenated anisoles from water samples. J Chromatogr A, 2008, 1198-1199: 21-26.

[152] Hu C, He M, Chen B B, et al. Sorptive extraction using polydimethylsiloxane/metal-organic framework coated stir bars coupled with high performance liquid chromatography-fluorescence detection for the determination of polycyclic aromatic hydrocarbons in environmental water samples. J Chromatogr A, 2014, 1356: 45-53.

[153] Lacroix C, Le Cuff N, Receveur J, et al. Development of an innovative and "green" stir bar sorptive extraction-thermal desorption-gas chromatography-tandem mass spectrometry method for quantification of polycyclic aromatic hydrocarbons in marine biota. J Chromatogr A, 2014, 1349: 1-10.

[154] Pfannkoch E A, Stuff J R, Whitecavage J A, et al. A high throughput method for measuring polycyclic aromatic hydrocarbons in seafood using QuEChERS extraction and SBSE. Int J Anal Chem, 2015, 2015: 1-8.

[155] Shamsipur M, Hashemi B. Extraction and determination of polycyclic aromatic hydrocarbons in water samples using stir bar sorptive extraction (SBSE) combined with dispersive liquid-liquid microextraction based on the solidification of floating organic drop (DLLME-SFO) followed by HPLC-UV. RSC Advances, 2015, 5: 20339-20345.

[156] Zhao G, Chen Y S, Wang S, et al. Simultaneous determination of 11 monohydroxylated PAHs in human urine by stir bar sorptive extraction and liquid chromatography/tandem mass spectrometry. Talanta, 2013, 116: 822-826.

[157] Moreno-González R, Campillo J A, García V, et al. Seasonal input of regulated and emerging organic pollutants through surface watercourses to a Mediterranean coastal lagoon. Chemosphere, 2013, 92(3): 247-257.

[158] Moreno-González R, Campillo J A, León V M. Influence of an intensive agricultural drainage basin on the seasonal distribution of organic pollutants in seawater from a Mediterranean coastal lagoon (Mar Menor, SE Spain). Mar Pollut Bull, 2013, 77(1-2): 400-411.

[159] Feng L, Zhang S, Zhu G H, et al. Determination of trace polychlorinated biphenyls and organochlorine pesticides in water samples through large-volume stir bar sorptive extraction method with thermal desorption gas chromatography. J Sep Sci, 2017, 40(23): 4583-4590.

[160] Lin S C, Gan N, Qiao L, et al. Magnetic metal-organic frameworks coated stir bar sorptive extraction coupled with GC-MS for determination of polychlorinated biphenyls in fish samples. Talanta, 2015, 144: 1139-1145.

[161] Lin S C, Gan N, Qiao L, et al. Aptamer-functionalized stir bar sorptive extraction coupled with gas chromatography-mass spectrometry for selective enrichment and determination of polychlorinated biphenyls in fish samples. Talanta, 2016, 149: 266-274.

[162] Sajid M, Basheer C. Stir-bar supported micro-solid-phase extraction for the determination of polychlorinated biphenyl congeners in serum samples. J Chromatogr A, 2016, 1455: 37-44.
[163] Tölgyessy P, Vrana B, Šilhárová K.An improved method for determination of polychlorinated biphenyls and polybrominated diphenyl ethers in sediment by ultrasonic solvent extraction followed by stir bar sorptive extraction coupled to TD-GC-MS. Chromatographia, 2012, 76 (3-4): 177-185.
[164] Rocha-Gutierrez B, Lee W Y. Investigation of polybrominated diphenyl ethers in wastewater treatment plants along the U. S. and Mexico Border: A trans-boundary study. Water Air Soil Poll, 2013, 224: 1398-1411.
[165] Sajid M, Basheer C, Daud M, et al. Evaluation of layered double hydroxide/graphene hybrid as a sorbent in membrane-protected stir-bar supported micro-solid-phase extraction for determination of organochlorine pesticides in urine samples. J Chromatogr A, 2017, 1489: 1-8.
[166] Tölgyessy P, Nagyová S, Sládkovičová M. Determination of short chain chlorinated paraffins in water by stir bar sorptive extraction-thermal desorption-gas chromatography-triple quadrupole tandem mass spectrometry. J Chromatogr A, 2017, 1494: 77-80.
[167] Basheer C, Alnedhary A A, Rao B S M, et al. Development and application of porous membrane-protected carbon nanotube micro-solid-phase extraction combined with gas chromatography/mass spectrometry. Anal Chem, 2006, 78(8): 2853-2858.
[168] Basheer C, Chong H G, Hii T M, et al. Application of porous membrane-protected micro-solid-phase extraction combined with HPLC for the analysis of acidic drugs in wastewater. Anal Chem, 2007, 79(17): 6845-6850.
[169] Al-HadithiN, Saad B, Grote M.A solid bar microextraction method for the liquid chromatographic determination of trace diclofenac, ibuprofen and carbamazepine in river water. Microchim Acta, 2011, 172(1-2): 31-37.
[170] Wang Z M, Zhao X, Xu X, et al. An absorbing microwave micro-solid-phase extraction device used in non-polar solvent microwave-assisted extraction for the determination of organophosphorus pesticides. Anal Chim Acta, 2013, 760: 60-68.
[171] Sajid M, Basheer C, Narasimhan K, et al. Application of microwave-assisted micro-solid-phase extraction for determination of parabens in human ovarian cancer tissues. J Chromatogr B, 2015, 1000: 192-198.
[172] Kanimozhi S, Basheer C, Narasimhan K, et al. Application of porous membrane protected micro-solid-phase-extraction combined with gas chromatography-mass spectrometry for the determination of estrogens in ovarian cyst fluid samples. Anal Chim Acta, 2011, 687: 56-60.
[173] Basheer C, AlnedharyA A, Rao B S M, et al. Determination of carbamate pesticides using micro-solid-phase extraction combined with high-performance liquid chromatography. J Chromatogr A, 2009, 1216(2): 211-216.
[174] Basheer C, Narasimhan K, Yin M H, et al. Application of micro-solid-phase extraction for the determination of persistent organic pollutants in tissue samples. J Chromatogr A, 2008, 1186(1-2): 358-364.
[175] Huang JG, Liu JJ, Zhang C, et al. Determination of sulfonamides in food samples by membrane-protected micro-solid phase extraction coupled with high performance liquid chromatography. J Chromatogr A, 2012, 1219: 66-74.
[176] Naing N N, Li S F Y, Lee K H.Evaluation of graphene-based sorbent in the determination of polar environmental contaminants in water by micro-solid phase extraction-high performance liquid chromatography. J Chromatogr A, 2016, 1427: 29-36.

[177] Naing N N, Li S F Y, Lee K H.Application of porous membrane-protected chitosan microspheres to determine benzene, toluene, ethylbenzene, xylenes and styrene in water. J Chromatogr A, 2016, 1448: 42-48.

[178] Ahmadi F, ShahsavariA A, Rahimi-Nasrabadi M.Automated extraction and preconcentration of multiresidue of pesticides on a micro-solid-phase extraction system based on polypyrrole as sorbent and off-line monitoring by gas chromatography-flame ionization detection. J Chromatogr A, 2008, 1193（1-2）: 26-31.

[179] Sae-Khow O, Mitra S. Carbon nanotubes as the sorbent for integrating μ-solid phase extraction within the needle of a syringe. J Chromatogr A, 2009, 1216（12）: 2270-2274.

[180] Huang Y R, Zhou Q X, Xie G H. Development of micro-solid phase extraction with titanate nanotube array modified by cetyltrimethylammonium bromide for sensitive determination of polycyclic aromatic hydrocarbons from environmental water samples. J Hazard Mater, 2011, 193: 82-89.

[181] Khezeli T, Daneshfar A. Development of dispersive micro-solid phase extraction based on micro and nano sorbents. TrAC-Trends Anal Chem, 2017, 89: 99-118.

[182] Tsai W H, Huang T C, Huang J J, et al. Dispersive solid-phase microextraction method for sample extraction in the analysis of four tetracyclines in water and milk samples by high-performance liquid chromatography with diode-array detection. J Chromatogr A, 2009, 1216（12）: 2263-2269.

[183] Tsai W H, Chuang H Y, Chen H H, et al. Application of dispersive liquid-liquid microextraction and dispersive micro-solid-phase extraction for the determination of quinolones in swine muscle by high-performance liquid chromatography with diode-array detection. Anal Chim Acta, 2009, 656（1-2）: 56-62.

[184] Shi Z G, Lee H K. Dispersive liquid-liquid microextraction coupled with dispersive μ-solid-phase extraction for the fast determination of polycyclic aromatic hydrocarbons in environmental water samples. Anal Chem 2010, 82（4）: 1540-1545.

[185] Román I P, Chisvert A, Canals A.Dispersive solid-phase extraction based on oleic acid-coated magnetic nanoparticles followed by gas chromatography-mass spectrometry for UV-filter determination in water samples. J Chromatogr A, 2011, 1218（18）: 2467-2475.

[186] Zang H, Yuan J P, Chen X F, et al. Hollow fiber-protected metal-organic framework materials as micro-solid-phase extraction adsorbents for the determination of polychlorinated biphenyls in water samples by gas chromatography-tandem mass spectrometry. Anal Methods, 2013, 5: 4875-4882.

[187] Kamaruzaman S, Hauser P C, Sanagi M M, et al. A simple microextraction and preconcentration approach based on a mixed matrix membrane. Anal Chim Acta, 2013, 783: 24-30.

[188] Mukhtar N H, See H H. Carbonaceous nanomaterials immobilised mixed matrix membrane microextraction for the determination of polycyclic aromatic hydrocarbons in sewage pond water samples. Anal Chim Acta, 2016, 931: 57-63.

[189] Sajid M. Porous membrane protected micro-solid-phase extraction: A review of features, advancements and applications. Anal Chim Acta, 2017, 965: 36-53.

[190] Bhadra M, Sae-Khow O, Mitra S. Effect of carbon nanotube functionalization in micro-solid-phase extraction（μ-SPE）integrated into the needle of a syringe. Anal Bioanal Chem, 2012, 402: 1029-1039.

[191] Zhang Q, Li G, Xiao X. Acrylamide-modified graphene for online micro-solid-phase extraction coupled to high-performance liquid chromatography for sensitive analysis of heterocyclic amines in food samples. Talanta, 2015, 131: 127-135.
[192] Zhang H, Xu H. Electrospun nanofibers-based online micro-solid phase extraction for the determination of monohydroxy polycyclic aromatic hydrocarbons in human urine. J Chromatogr A, 2017, 1521: 27-35.
[193] Castillo-García M L, Aguilar-Caballos M P, Gómez-Hens A. Nanomaterials as tools in chromatographic methods. TrAC-Trends Anal Chem, 2016, 82: 385-393.
[194] Tan F, Deng M, Liu X, et al. Evaluation of a novel microextraction technique for aqueous samples: Porous membrane envelope filled with multiwalled carbon nanotubes coated with molecularly imprinted polymer. J Sep Sci, 2011, 34: 707-715.
[195] Guo L, Lee H K. Development of multiwalled carbon nanotubes based micro-solid-phase extraction for the determination of trace levels of sixteen polycyclic aromatic hydrocarbons in environmental water samples. J Chromatogr A, 2011, 1218: 9321-9327.
[196] Wang L, Zang X, Wang C, et al. Graphene oxide as a micro-solid-phase extraction sorbent for the enrichment of parabens from water and vinegar samples. J Sep Sci, 2014, 37: 1656-1662.
[197] Lashgari M, Basheer C, Lee H K. Application of surfactant-templated ordered mesoporous material as sorbent in micro-solid phase extraction followed by liquid chromatography-triple quadrupole mass spectrometry for determination of perfluorinated carboxylic acids in aqueous media. Talanta, 2015, 141: 200-206.
[198] Huang Y, Zhou Q, Xie G. Development of sensitive determination method for fungicides from environmental water samples with Titanate nanotube array micro-solid phase extraction prior to high performance liquid chromatography. Chemosphere, 2013, 90: 338-343.
[199] Lashgari M, Lee H K. Determination of perfluorinated carboxylic acids in fish fillet by micro-solid phase extraction, followed by liquid chromatography-triple quadrupole mass spectrometry. J Chromatogr A, 2014, 1369: 26-32.
[200] Sanchez-González J, Garcia-Carballal S, Cabarcos P, et al. Determination of cocaine and its metabolites in plasma by porous membrane-protected molecularly imprinted polymer micro-solid-phase extraction and liquid chromatography-tandem mass spectrometry. J Chromatogr A, 2016, 1451: 15-22.
[201] Sajid M, Basheer C, Alsharaa A, et al. Development of natural sorbent based micro-solid-phase extraction for determination of phthalate esters in milk samples. Anal Chim Acta, 2016, 924: 35-44.
[202] Bagheri H, Khalilian F, Naderi M, et al. Membrane protected conductive polymer as micro-SPE device for the determination of triazine herbicides in aquatic media. J Sep Sci, 2010, 33: 1132-1138.
[203] Bagheri H, Aghakhani A, Ayazi Z, et al. A polypyrrole-based sorptive microextraction coating for preconcentration of malathion from aquatic media. Chromatographia, 2011, 74: 731-735.
[204] Zhou Q, Wu W, Xie G, et al. Enrichment and analysis of typically persistent organic pollutants at trace level using micro-solid phase extraction based on titanium dioxide nanotube arrays. Anal Methods, 2014, 6: 295-301.
[205] Zhao X, Cai Y, Wu F, et al. Determination of perfluorinated compounds in environmental water samples by high-performance liquid chromatography-electrospray tandem mass spectrometry using surfactant-coated Fe_3O_4 magnetic nanoparticles as adsorbents. Microchem J, 2011, 98: 207-214.

[206] Zhou Q, Huang Y, Xie G. Investigation of the applicability of highly ordered TiO_2 nanotube array for enrichment and determination of polychlorinated biphenyls at trace level in environmental water samples. J Chromatogr A, 2012, 1237: 24-29.
[207] Zhou Y Y, Zhang C Y, Yan Z G, et al. The use of copper（Ⅱ）isonicotinate-based micro-solid-phase extraction for the analysis of polybrominated diphenyl ethers in soils. Anal Chim Acta, 2012, 747: 36-41.
[208] 赵汝松, 徐晓白, 刘秀芬. 液相微萃取技术的研究进展.分析化学, 2004, 9: 1246-1251.
[209] Jeannot M A, Cantwell F F. Solvent microextraction into a single drop. Anal Chem, 1996, 68: 2236-2240.
[210] Jeannot M A, Cantwell F F. Mass transfer characteristics of solvent extraction into a single drop at the tip of a syringe needle. Anal Chem, 1997, 69: 235-239.
[211] Mahugo-Santana C, Sosa-Ferrera Z, Torres-Padrón M E, et al. Application of new approaches to liquid-phase microextraction for the determination of emerging pollutants. TrAC-Trends Anal Chem, 2011, 30: 731-748.
[212] An J, Trujillo-Rodriguez M J, Pino V, et al. Non-conventional solvents in liquid phase microextraction and aqueous biphasic systems. J Chromatogr A, 2017, 1500: 1-23.
[213] Zhao L, Lee H K. Liquid-phase microextraction combined with hollow fiber as a sample preparation technique prior to gas chromatography/mass spectrometry. Anal Chem, 2002, 74: 2486-2492.
[214] Chen P S, Huang S P, Fuh M R, et al. Determination of organochlorine pesticides in water using dynamic hook-type liquid-phase microextraction. Anal Chim Acta, 2009, 647: 177-181.
[215] Lopez-Blanco M C, Blanco-Cid S, Cancho-Grande B, et al. Application of single-drop microextraction and comparison with solid-phase microextraction and solid-phase extraction for the determination of α-and β-endosulfan in water samples by gas chromatography-electron-capture detection. J Chromatogr A, 2003, 984: 245-252.
[216] Liang P, Guo L, Liu Y, et al. Application of liquid-phase microextraction for the determination of phoxim in water samples by high performance liquid chromatography with diode array detector. Microchem J, 2005, 80: 19-23.
[217] Pakade Y B, Tewary D K. Development and applications of single-drop microextraction for pesticide residue analysis: A review. J Sep Sci, 2010, 33: 3683-3691.
[218] Choi K, Kim J, Jang Y O, et al. Direct chiral analysis of primary amine drugs in human urine by single drop microextraction in-line coupled to CE. Electrophoresis, 2009, 30(16): 2905-2911.
[219] Zhu Z, Zhou X, Yan N, et al. On-line combination of single-drop liquid-liquid-liquid microextraction with capillary electrophoresis for sample cleanup and preconcentration: A simple and efficient approach to determining trace analyte in real matrices. J Chromatogr A, 2010, 1217(11): 1856-1861.
[220] Wang Q, Qiu H, Li J, et al. On-line coupling of ionic liquid-based single-drop microextraction with capillary electrophoresis for sensitive detection of phenols. J Chromatogr A, 2010, 1217(33): 5434-5439.
[221] Kumar P V, Jen J F. Rapid determination of dichlorodiphenyltrichloroethane and its main metabolites in aqueous samples by one-step microwave-assisted headspace controlled-temperature liquid-phase microextraction and gas chromatography with electron capture detection. Chemosphere, 2011, 83: 200-207.

[222] Amvrazi E G, Martini M A, Tsiropoulos N G. Headspace single-drop microextraction of common pesticide contaminants in honey-method development and comparison with other extraction methods. Int J Environ An Ch, 2012, 92: 450-465.
[223] Przyjazny A, Kokosa J M. Analytical characteristics of the determination of benzene, toluene, ethylbenzene and xylenes in water by headspace solvent microextraction. J Chromatogr A, 2002, 977: 143-153.
[224] Pena-Pereira F, Lavilla I, Bendicho C. Miniaturized preconcentration methods based on liquid-liquid extraction and their application in inorganic ultratrace analysis and speciation: A review. Spectro Chim Acta Part B, 2009, 64(1): 1-15.
[225] Liu W, Lee H K. Continuous-flow microextraction exceeding1000-fold concentration of dilute analytes.Anal Chem, 2000, 72: 4462-4467.
[226] Vidal L, Chisvert A, Canals A, et al. Ionic liquid-based single-drop microextraction followed by liquid chromatography-ultraviolet spectrophotometry detection to determine typical UV filters in surface water samples. Talanta, 2010, 81: 549-555.
[227] Ma M, Cantwell F F. Solvent microextraction with simultaneous back-extraction for sample cleanup and preconcentration: Preconcentration into a single microdrop. Anal Chem, 1999, 71: 388-393.
[228] Yazdi A S, Mofazzeli F, Es'haghi Z. Determination of 3-nitroaniline in water samples by directly suspended droplet three-phase liquid-phase microextraction using 18-crown-6 ether and high-performance liquid chromatography. J Chromatogr A, 2009, 1216: 5086-5091.
[229] Basheer C, Alnedhary A A, Rao M BS, et al. Ionic liquid supported three-phase liquid-liquid-liquid microextraction as a sample preparation technique for aliphatic and aromatic hydrocarbons prior to gas chromatography-mass spectrometry. J Chromatogr A, 2008, 1210: 19-24.
[230] Pedersen-Bjergaard S, Rasmussen K E. Liquid-liquid-liquid microextraction for sample preparation of biological fluids prior to capillary electrophoresis. Anal Chem, 1999, 71: 2650-2656.
[231] 叶存玲.液相微萃取与高效液相色谱联用技术在有机污染物分析中的应用. 广州: 中国科学院研究生院(广州地球化学研究所), 2007.
[232] Ho T S, Pedersen-Bjergaard S, Rasmussen K E. Recovery, enrichment and selectivity in liquid-phase microextraction: Comparison with conventional liquid-liquid extraction. J Chromatogr A, 2002, 963: 3-17.
[233] Zhang J, Su T, Lee H K. Headspace water-based liquid-phase microextraction. Anal Chem, 2005, 77: 1988-1992.
[234] Wardencki W, Curyło J, Namiesnik J. Trends in solventless sample preparation techniques for environmental analysis.J Biochem Biophys Methods, 2007, 70(2): 275-288.
[235] Yan X, Yang C, Ren C, et al. Importance of extracting solvent vapor pressure in headspace liquid-phase microextraction. J Chromatogr A, 2008, 1205: 182-185.
[236] Theis A L, Waldack A J, Hansen S M, et al. Headspace solvent microextraction. Anal Chem, 2001, 73(23): 5651-5654.
[237] Yamini Y, Hojjati M, Haji-Hosseini M, et al. Headspace solvent microextraction: A new method applied to the preconcentration of 2-butoxyethanol from aqueous solutions into a single microdrop. Talanta, 2004, 62(2): 265-270.

[238] Shariati-Feizabadi S, Yamini Y, Bahramifar N. Headspace solvent microextraction and gas chromatographic determination of some polycyclic aromatic hydrocarbons in water samples. Anal Chim Acta, 2003, 489(1): 21-31.

[239] Palit M, Pardasani D, Gupta A K, et al. Application of single drop microextraction for analysis of chemical warfare agents and related compounds in water by gas chromatography-mass spectrometry. Anal Chem, 2005, 77(2): 711-717.

[240] 韩婷婷, 李崇瑛, 张萍, 等. 液相微萃取在水样中多环芳烃预处理中的应用. 广州化工, 2011, 39: 18-20.

[241] Rasmussen K E, Pedersen-Bjergaard S. Developments in hollow fibre-based, liquid-phase microextraction.TrAC-Trends Anal Chem, 2004, 23: 1-10.

[242] Zhang J, Lee H K. Application of dynamic liquid-phase microextraction and injection port derivatization combined with gas chromatography-mass spectrometry to the determination of acidic pharmaceutically active compounds in water samples. J Chromatogr A, 2009, 1216: 7527-7532.

[243] Marlow M, Hurtubise R J. Liquid-liquid-liquid microextraction for the enrichment of polycyclic aromatic hydrocarbon metabolites investigated with fluorescence spectroscopy and capillary electrophoresis. Anal Chim Acta, 2004, 526: 41-49.

[244] Ramasamy S M, Hurtubise R J, Weston A. Detection of 1-hydroxypyrene as a urine biomarker of human PAH exposure determined by fluorescence and solid-matrix luminescence spectroscopy. Appl Spectrosc, 1997, 51: 1377-1383.

[245] Basheer C, Lee H K, Obbard J P. Application of liquid-phase microextraction and gas chromatography-mass spectrometry for the determination of polychlorinated biphenyls in blood plasma. J Chromatogr A, 2004, 1022: 161-169.

[246] Basheer C, Obbard J P, Lee H K. Analysis of persistent organic pollutants in marine sediments using a novel microwave assisted solvent extraction and liquid-phase microextraction technique.J Chromatogr A, 2005, 1068: 221-228.

[247] Lee J, Lee H K, Rasmussen K E, et al. Environmental and bioanalytical applications of hollow fiber membrane liquid-phase microextraction: A review. Anal Chim Acta, 2008, 624: 253-268.

[248] Wen X, Tu C, Lee H K. Two-step liquid-liquid-liquid microextraction of nonsteroidal antiinflammatory drugs in wastewater.Anal Chem, 2004, 76: 228-232.

[249] Wu J, Lee H K. Orthogonal array designs for the optimization of liquid-liquid-liquid microextraction of nonsteroidal anti-inflammatory drugs combined with high-performance liquid chromatography-ultraviolet detection. J Chromatogr A, 2005, 1092: 182-190.

[250] Zhao L, Zhu L, Lee H K. Analysis of aromatic amines in water samples by liquid-liquid-liquid microextraction with hollow fibers and high-performance liquid chromatography. J Chromatogr A, 2002, 963: 239-248.

[251] Hou L, Lee H K. Dynamic three-phase microextraction as a sample preparation technique prior to capillary electrophoresis. Anal Chem, 2003, 75: 2784-2789.

[252] Herrera-Herrera A V, Asensio-Ramos M, Hernandez-Borges J, et al. Dispersive liquid-liquid microextraction for determination of organic analytes. TrAC-Trends Anal Chem, 2010, 29: 728-751.

[253] Rezaee M, Yamini Y, Faraji M. Evolution of dispersive liquid-liquid microextraction method. J Chromatogr A, 2010, 1217: 2342-2357.

[254] Song X, Li J, Liao C, et al. Ultrasound-assisted dispersive liquid-liquid microextraction combined with low solvent consumption for determination of polycyclic aromatic hydrocarbons in seawater by GC-MS. Chromatographia, 2011, 74: 89-98.

[255] Zhao R S, Zhang L L, Wang X. Dispersive liquid-phase microextraction using ionic liquid as extractant for the enrichment and determination of DDT and its metabolites in environmental water samples. Anal Bioanal Chem, 2011, 399: 1287-1293.

[256] Zhao R S, Wang S S, Cheng C G, et al. Rapid enrichment and sensitive determination of tetrabromobisphenol A in environmental water samples with ionic liquid dispersive liquid-phase microextraction prior to HPLC-ESI-MS-MS. Chromatographia, 2011, 73: 793-797.

[257] Pena M T, Casais M C, Mejuto M C, et al. Development of an ionic liquid based dispersive liquid-liquid microextraction method for the analysis of polycyclic aromatic hydrocarbons in water samples. J Chromatogr A, 2009, 1216: 6356-6364.

[258] Yao C, Li T, Twu P, et al. Selective extraction of emerging contaminants from water samples by dispersive liquid-liquid microextraction using functionalized ionic liquids. J Chromatogr A, 2011, 1218: 1556-1566.

[259] Jiang Y, Guo C, Liu H. Magnetically rotational reactor for absorbing benzene emissions by ionic liquids. China Particuology, 2007, 5: 130-133.

[260] Ganjali M R, Sobhi H R, Farahani H, et al. Solid drop based liquid-phase microextraction. J Chromatogr A, 2010, 1217: 2337-2341.

[261] Zanjani M R K, Yamini Y, Shariati S, et al. A new liquid-phase microextraction method based on solidification of floating organic drop. Anal Chim Acta, 2007, 585: 286-293.

[262] Lu Y, Lin Q, Luo G, et al. Directly suspended droplet microextraction. Anal Chim Acta, 2006, 566: 259-264.

[263] Samadi S, Sereshti H, Assadi Y. Ultra-preconcentration and determination of thirteen organophosphorus pesticides in water samples using solid-phase extraction followed by dispersive liquid-liquid microextraction and gas chromatography with flame photometric detection. J Chromatogr A, 2012, 1219: 61-65.

[264] Yan H, Wang H, Qiao J, et al. Molecularly imprinted matrix solid-phase dispersion combined with dispersive liquid-liquid microextraction for the determination of four Sudan dyes in egg yolk. J Chromatogr A, 2011, 1218: 2182-2188.

[265] Rezaee M, Yamini Y, Moradi M, et al. Supercritical fluid extraction combined with dispersive liquid-liquid microextraction as a sensitive and efficient sample preparation method for determination of organic compounds in solid samples. J Supercrit Fluid, 2010, 55: 161-168.

[266] Jowkarderis M, Raofie F. Optimization of supercritical fluid extraction combined with dispersive liquid-liquid microextraction as an efficient sample preparation method for determination of 4-nitrotoluene and 3-nitrotoluene in a complex matrix. Talanta, 2012, 88: 50-53.

[267] Zhang P P, Shi Z G, Yu Q W, et al. A new device for magnetic stirring-assisted dispersive liquid-liquid microextraction of UV filters in environmental water samples. Talanta, 2011, 83: 1711-1715.

[268] Tsai W C, Huang S D. Dispersive liquid-liquid microextraction with little solvent consumption combined with gas chromatography-mass spectrometry for the pretreatment of organochlorine pesticides in aqueous samples. J Chromatogr A, 2009, 1216: 5171-5175.

[269] Farajzadeh M A, Mogaddam M R A. Air-assisted liquid-liquid microextraction method as a novel microextraction technique; Application in extraction and preconcentration of phthalate

esters in aqueous sample followed by gas chromatography-flame ionization detection.Anal Chim Acta, 2012, 728: 31-38.

[270] Regueiro J, Llompart M, Garcia-Jares C, et al. Ultrasound-assisted emulsification-micro -extraction of emergent contaminants and pesticides in environmental waters. J Chromatogr A, 2008, 1190: 27-38.

[271] Yiantzi E, Psillakis E, Tyrovola K, et al. Vortex-assisted liquid-liquid microextraction of octylphenol, nonylphenol and bisphenol-A. Talanta, 2010, 80: 2057-2062.

[272] Xiao Y, Zhang H. Homogeneous ionic liquid microextraction of the active constituents from fruits of *Schisandra chinensis* and *Schisandra sphenanthera*. Anal Chim Acta, 2012, 712: 78-84.

第 6 章　POPs 环境样品净化技术

本章导读

- 首先论述环境样品的净化技术在 POPs 分析过程中的重要性和必要性；简要介绍常见的几种环境样品 POPs 的净化方法。
- 从吸附剂填料的种类、净化原理、层析柱的制备和净化流程等方面重点总结柱色谱(包括固相萃取柱)在环境样品 POPs 净化中的应用。
- 介绍凝胶渗透色谱(GPC)和浓硫酸净化法对共萃物中脂质、色素和生物大分子的去除原理、方法流程和应用案例。
- 最后简单介绍自动化样品净化系统的特点及当前应用情况。

6.1　概　　述

环境样品中持久性有机污染物(POPs)的检测通常根据其性质采用气相色谱和液相色谱进行分离，然后配置不同检测器进行测定。采用不同仪器测定 POPs 时，需要选择相应的环境样品净化技术。净化的目的是将萃取出来的物质进行分类分离，排除共萃物(如脂肪、色素、大分子化合物等)对目标化合物分析的干扰。对于一个基质复杂的环境样品，如生物样品，一般需要一个或多个净化过程，然后才能进行仪器分析。环境样品的复杂性和 POPs 测试的特殊性使得样品净化技术在环境分析中占有重要的地位，样品前处理过程中净化的质量直接关系整个测定的准确性和重现性。

多数 POPs 类化合物属于半挥发性有机化合物，气相色谱方法以其快速、灵敏的特点成为分析的主要手段，PAHs 化合物也用高效液相色谱分离[1,2]。POPs 分析目前最常用的检测器是质谱仪(MS)[3,4]，气相色谱仪-电子捕获检测器(GC-ECD)在含卤素 POPs 化合物中有较多应用[5,6]，PAHs 分析中也应用荧光检测器进行检测[1]。总之，气相色谱与质谱联用(GC-MS)方法是主流方法，近年来又出现了气相色谱与串联质谱的联用(GC-MS/MS)技术[7,8]。二噁英类 POPs 异构体种类较多，各异构体毒性差别又大，其分析方法的要求更严格，常常采用高分辨色谱与高分辨质谱联用技术[9,10]。

由于多数 POPs 化合物已禁用或限制使用，一般情况下，环境样品中 POPs 的含量属于痕量或超痕量水平，而且一些环境样品组成复杂，萃取物中含有大量的干扰物质。因此样品必须经过相应的净化步骤，以去除大量的干扰化合物和基质成分。样品净化技术是影响分析结果的关键环节。

POPs 残留的净化方法主要有层析柱色谱法、凝胶渗透色谱法、浓硫酸净化法等。环境样品净化方法的评价准则基于以下几个方面：①能否最大限度地去除影响测定的干扰物；②待测组分的回收率、重复性及精确性是否满足要求；③操作步骤是否简单易行；④分析成本的高低；⑤对人体和环境是否造成危害。

样品净化过程中分析者的经验积累也很重要。许多环境样品基质复杂，很难用单一方法处理。因此，以上几种净化方法并非独立，在实际应用过程中需要结合起来，根据情况而定。每种净化方法都要做空白实验、重复性检查，并保证一定的回收率。下面分别介绍常见的 POPs 环境样品净化技术。

6.2 层析柱色谱法

层析柱色谱法是应用最为普遍的传统净化方法之一。层析柱色谱法分离净化的原理是利用物质在吸附剂上不同的吸附特性分离除去杂质，整个层析过程即是吸附、解吸、再吸附、再解吸的过程。吸附柱净化常用的填料有氧化铝、弗罗里硅土(Florisil)、硅胶及活性炭等，其适用的对象是非极性或弱极性的多种 POPs 化合物。对吸附剂的选择应综合考虑其种类、酸碱性、粒度及活性等因素，最终用实验方法来优化确定。下面分别介绍这几种常见的层析柱填料及其应用情况。

6.2.1 吸附剂的种类

氧化铝，是一种高度多孔的粒状填料，应用于柱色谱法中。氧化铝的保留机理是路易斯酸碱作用、极性作用和离子交换作用，其可从不同化学极性的干扰化合物中分离出待测物。市售氧化铝有碱性、中性、酸性之分。酸性氧化铝的路易斯酸特性被增强，对富电子化合物具有更好的保留性，更易保留中性或带负电荷物质(如电中性酸或酸性阴离子)，不能很好地保留带正电荷的物质。中性氧化铝具有电中性表面，偏向于保留芳香族和脂肪胺类等富电子化合物，对电负性基团(如含氧、磷、硫等原子的官能团)的化合物有一定保留能力。碱性氧化铝的表面偏向于保留带正电荷或含氢键类物质；具有阴离子特性，并有阳离子交换功能；能保留给电子体样品(如中性胺类化合物)；有强氢键作用，对极性阳离子样品的作用十分明显。层析柱用的氧化铝的粒度一般为 100～150 目。

硅胶，别名氧化硅胶或硅酸凝胶，是一种具有弱酸性的无定形二氧化硅的吸附剂。硅胶可用作柱色谱并可从不同化学极性的干扰化合物中分离待测物，硅胶柱的保留机理是基于强极性作用。用于层析分离的硅胶粒度一般为 100～200 目。

弗罗里硅土，是硅胶键合氧化镁吸附剂，与硅胶相似，是强极性吸附剂，主要用于去除复杂基质中的脂肪酸和色素等大分子物质。

活性炭，是经过加工处理的无定形碳，具有很大的比表面积。活性炭材料的化学性质稳定，机械强度高，耐酸、耐碱、耐热，不溶于水和有机溶剂，是一种吸附能力很强的吸附剂。对于含有较多色素的萃取液，活性炭有很强的去除能力。

一般情况下，氧化铝和弗罗里硅土用于除去极性物质和共萃物，而硅胶常用来分离不同类型的有机污染物，如正构烷烃、多环芳烃、有机氯农药等。样品净化分离的效率主要取决于三个因素：吸附剂的用量、吸附剂的活性和洗脱溶剂的极性。Bjorklund 等[11]比较了酸性硅胶、弗罗里硅土和氧化铝的除脂效果，发现前两者的净化效果更好。对于特定的吸附剂，净化效果也取决于它们比表面积的大小、活度和用量。

6.2.2 吸附剂的活化与去活

吸附剂在使用前要高温活化，活化温度和活化时间对其活性有重要影响。通常硅胶的活化温度为 150～160℃，但为了降低背景干扰，也可将硅胶等填料在高温焙烧。如图 6-1 所示，硅胶在 450℃焙烧后能显著降低 PCBs 的背景干扰[12]。若硅胶活度太高，可用蒸馏水去活。活化的吸附剂必须密封保存，放置于干燥器中，短期内使用。

硅胶根据被分离净化的对象，可以改性为硫酸硅胶、硝酸银硅胶和氢氧化钠硅胶。

(1) 44%(质量分数) 硫酸硅胶的制备。称取一定质量活化好的硅胶置于平底烧瓶中(约占瓶体积的 1/3)，按照质量分数称取浓硫酸的量，使其占硅胶质量的 44%，然后用滴管逐滴加入浓硫酸，摇匀至硅胶不结块，密封瓶口，然后在摇床振荡 6 h，置于干燥器中备用。

(2) 10%硝酸银硅胶的制备。将 5.6 g $AgNO_3$ 溶于 21 mL 超纯水中，$AgNO_3$ 溶液加入 50 g 硅胶中。用铝箔纸将装硝酸银硅胶的烧瓶全部包裹住，将烧瓶口用铝箔纸疏松地盖住，然后置于干燥烘箱中，30℃停留至少 5 h 后升温至 60℃停留 3 h，最后升温至 180℃停留至少 12 h。在干燥烘箱中降温后加塞密闭，保存在棕色干燥器中备用。

(3) 33%(质量分数) 1 mol/L 氢氧化钠硅胶的制备。制备过程如前所述，将活化好的硅胶称取一定质量置于玻璃烧瓶中(约占瓶体积的 1/3)，用滴管逐滴加入质量分数为 33%的 1 mol/L 氢氧化钠，边加边摇匀，避免硅胶结块的同时，使氢氧化钠均匀地包裹在硅胶表面，然后在摇床振荡 6 h，密封保存于干燥器中备用。

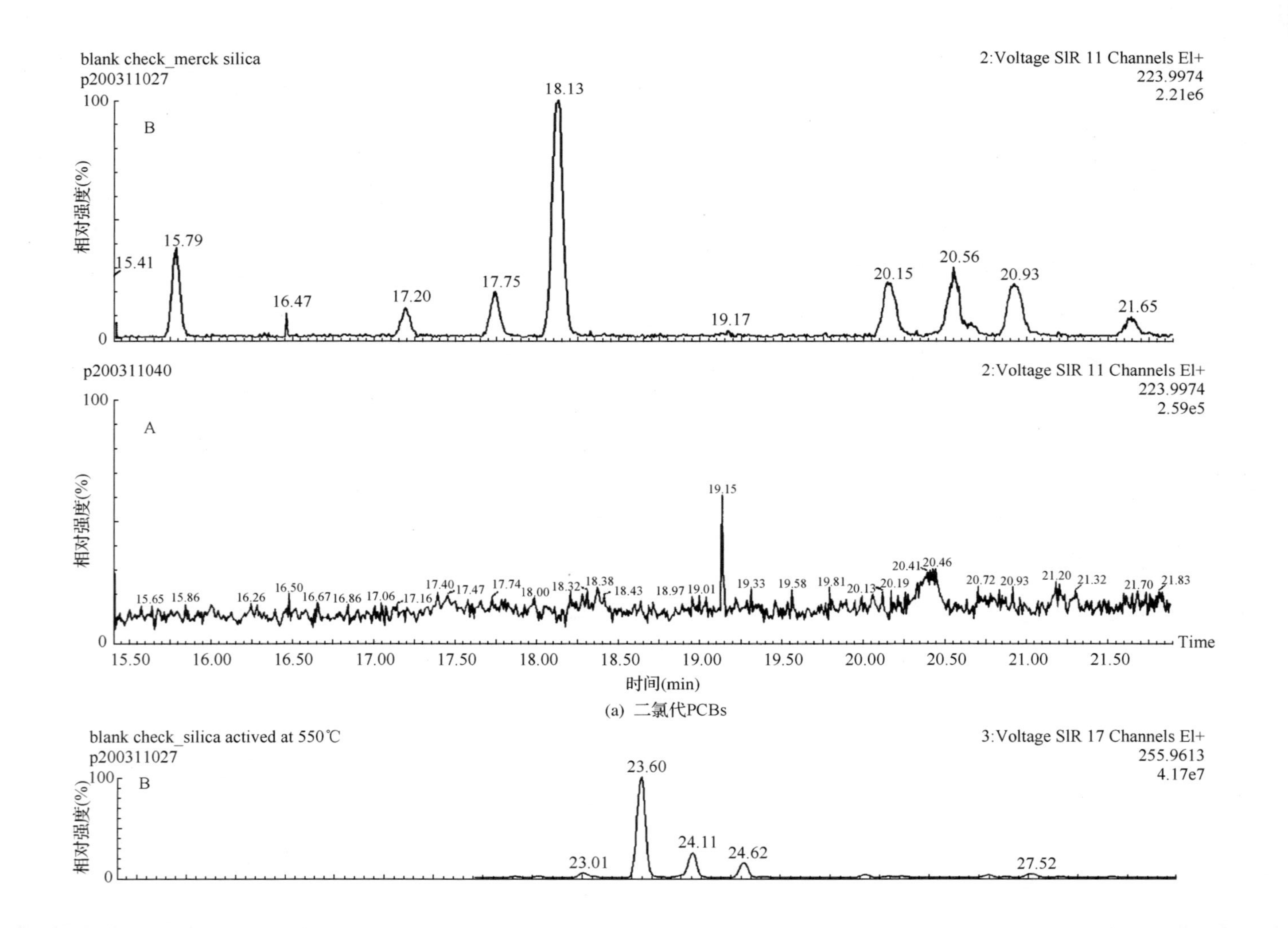
blank check_merck silica
p200311027
B
2:Voltage SIR 11 Channels EI+
223.9974
2.21e6
15.41
15.79
16.47
17.20
17.75
18.13
19.17
20.15
20.56
20.93
21.65
相对强度(%)
100
0
p200311040
A
2:Voltage SIR 11 Channels EI+
223.9974
2.59e5
15.65
15.86
16.26
16.50
16.67
16.86
17.06
17.16
17.40
17.47
17.74
18.00
18.32
18.38
18.43
18.97
19.01
19.15
19.33
19.58
19.81
20.13
20.19
20.41
20.46
20.72
20.93
21.20
21.32
21.70
21.83
15.50
16.00
16.50
17.00
17.50
18.00
18.50
19.00
19.50
20.00
20.50
21.00
21.50
Time
时间(min)
blank check_silica actived at 550℃
p200311027
B
3:Voltage SIR 17 Channels EI+
255.9613
4.17e7
23.01
23.60
24.11
24.62
27.52

(a) 二氯代PCBs

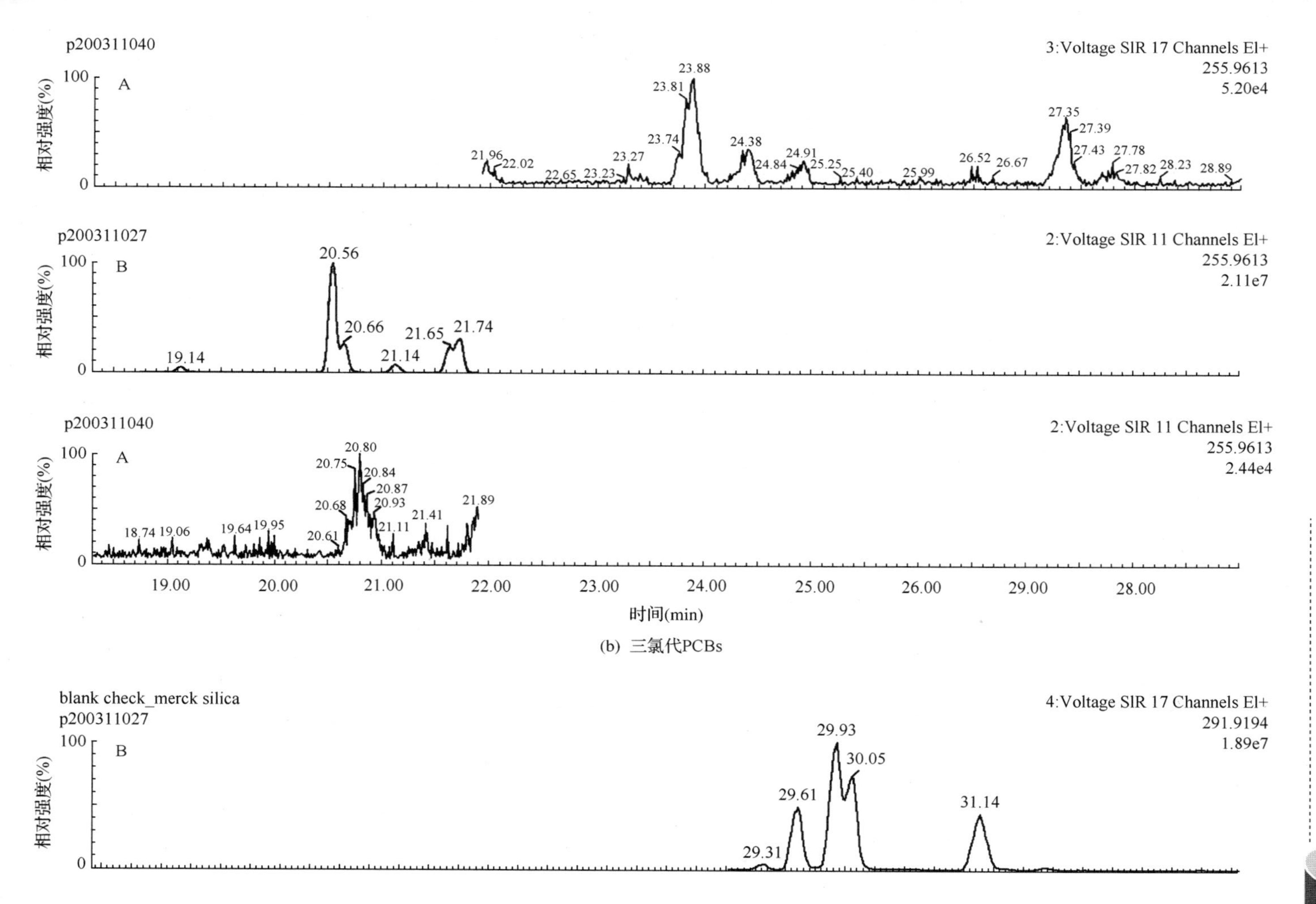
p200311040
A
3:Voltage SIR 17 Channels EI+
255.9613
5.20e4
p200311027
B
2:Voltage SIR 11 Channels EI+
255.9613
2.11e7
p200311040
A
2:Voltage SIR 11 Channels EI+
255.9613
2.44e4
时间(min)
blank check_merck silica
p200311027
B
4:Voltage SIR 17 Channels EI+
291.9194
1.89e7
相对强度(%)

(b) 三氯代PCBs

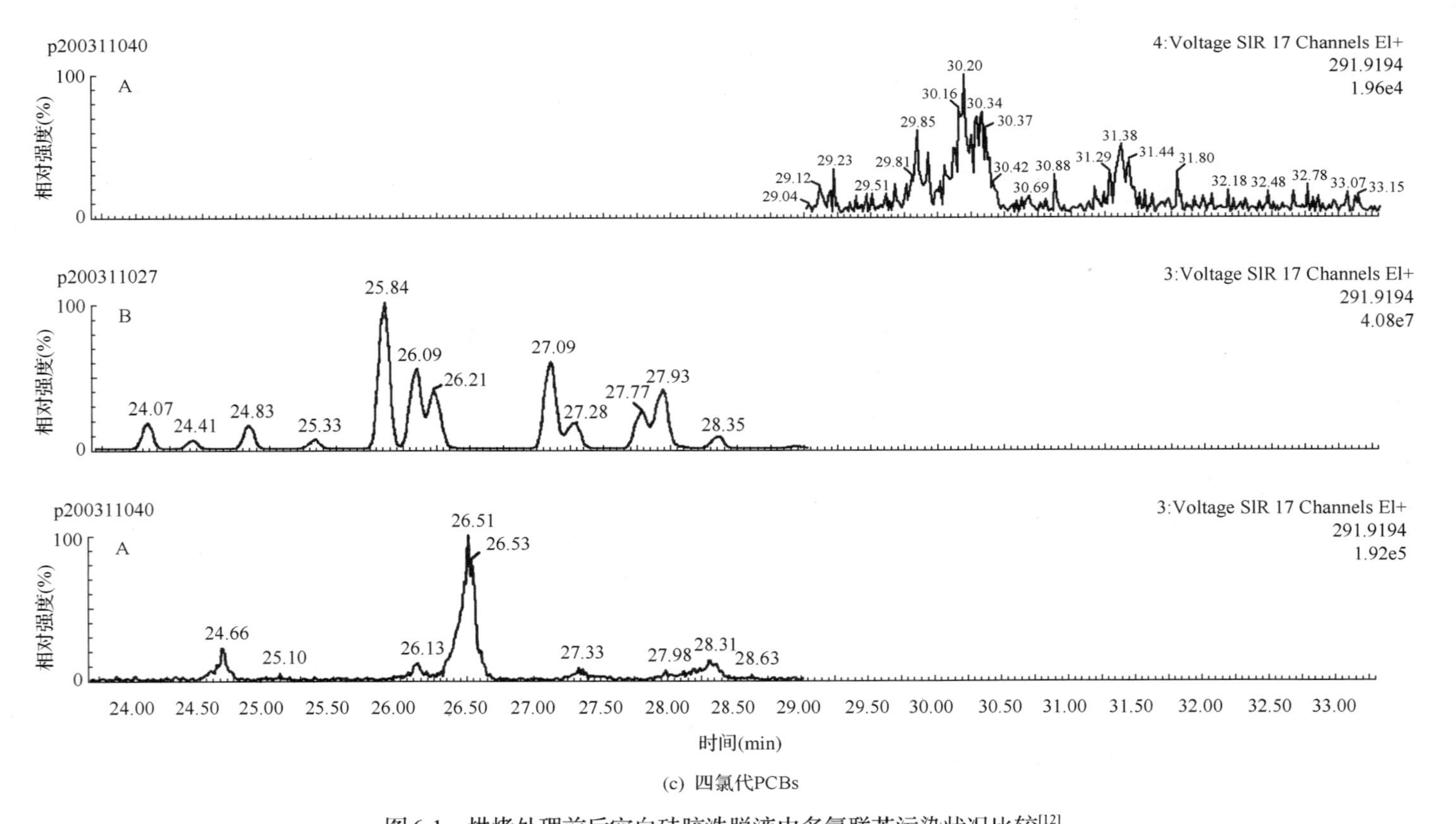

(c) 四氯代PCBs

图6-1 烘烤处理前后空白硅胶洗脱液中多氯联苯污染状况比较[12]

A.未处理；B.烘烤处理

6.2.3　层析柱尺寸

层析柱的尺寸通常根据被分离物的量来确定，其直径与高度之比则根据被分离混合物的分离难易而定，一般在 1∶8～1∶50。柱身细长，相当于增加了理论塔板数，分离效果相对较好，但分离所需的时间相对较长；柱身短、直径大时，分离效果相对较差，但所需时间短。如果待分离物各组分较难分离，宜选用细长的柱子。实际应用时根据基质的复杂程度和分离目的，通过预实验最终确定。

6.2.4　装柱方法

层析柱装柱有湿法和干法填充方式，采用湿法填充的柱子更加均匀。在层析柱吸附剂上端要用适量无水硫酸钠除水，以免改变吸附剂的性能。装柱质量决定层析柱能否获得好的分离效果，是控制分析结果重现性的关键因素。

一般层析柱装柱要求填料均匀、无断层、无气泡。湿法装柱的基本步骤如下：将柱竖直固定在铁支架上，关闭活塞，加入选定的淋洗剂至柱体积的 1/4 左右。将需要量的吸附剂置于烧杯中，加淋洗剂浸润，并调成糊状。打开柱下活塞调节流出速度约为 1 滴/s，将调好的吸附剂在搅拌下自柱顶缓缓注入柱中，同时用套有橡皮管的玻璃棒轻轻敲击柱身，使吸附剂在淋洗剂中均匀沉降，形成均匀紧密的吸附剂柱。干法装柱是将干燥的吸附剂从柱子上端直接加入一个空的柱子中，在装柱过程中用套有橡皮管的玻璃棒轻轻敲击柱身，再用淋洗剂预淋洗。

6.2.5　洗脱

层析柱用溶剂预淋洗后，加入浓缩后的萃取液(1～2 mL)，再用溶剂洗脱，洗脱液的流速一般控制在 2 mL/min 左右。洗脱液要控制好极性，否则影响目标物的回收率和净化效果。如果淋洗剂的极性远大于被分离物的极性，则淋洗剂洗下更多的极性杂质而起不到分离净化作用；如果淋洗剂的极性远小于各组分的极性，则各组分被吸附剂强烈吸附而留在固定相中，不能随流动相向下移动，目标物的回收率达不到要求。一般洗脱的原则是洗脱液由非极性向极性过渡，也可用一定极性的混合溶剂洗脱。通常净化方法根据洗脱曲线来确定接不同的馏分(fraction)，最终目的是在保证回收率的情况下，要求洗脱的杂质越少越好。

由于 POPs 分析试验周期长、费用高，因此许多科研工作者追求建立新的分析方法，实现环境样品一次性萃取，同时分析多种 POPs，从而大大节约分析成本，提高效率。研究者利用复合硅胶柱建立了同时分析 PBDEs、PCBs 和 PCDDs/Fs 的方法，由于这三类 POPs 的结构不同，极性存在一定差别，利用硝酸银硅胶复合柱可以实现对它们的分离净化[13]。

6.2.6 除硫

一些沉积物和工业废物等样品中，可能存在元素硫及其化合物。在 POPs 残留分析中，硫的干扰是最难解决的问题之一。由于硫与一些 POPs 的溶解特性相似，进行残留分析时常常成为 POPs 的共萃物，用常规的净化方法很难去除硫干扰，从而在气相色谱图中形成大量干扰峰，影响 POPs 的分离测定。最为常见的方法是用活化铜粉去除元素硫的干扰[14-16]。

由于铜的表面容易氧化，铜粉使用前一般需要经过活化处理。其活化方法为：用 10%的盐酸浸泡以除去氧化物，直到铜粉表面光亮；然后用蒸馏水洗去残留的盐酸，再加入丙酮洗涤数次除去水分，最后保存于正己烷中短期内使用。

沉积物样品基质复杂，通常含有大量硫干扰。对比研究加入铜粉后加速溶剂萃取(ASE)在线除硫和超声波提取除硫的效果，结果表明，加入铜粉后采用加速溶剂萃取不能完全去除硫的干扰，需进一步采用超声波提取 10 min 除硫，才能大大减少杂质对目标化合物的干扰[17]。在分析沉积物环境样品中的有机污染物时也采用活化铜粉除硫，获得了满意的净化效果[18]。在分析沉积物中 PCBs 时，对比研究四丁铵络合净化除硫和活化铜粉除硫，结果表明在超临界流体萃取(SFE)过程中加入铜粉并未引起 PCBs 的分解损失，两种方法均可行，但络合除硫法操作更简单[19]；也有学者在层析柱中加一层硝酸银硅胶来去除沉积物萃取液中硫的干扰[20]。

6.2.7 与 POPs 净化有关的美国 EPA 方法

美国 EPA 在污染物分析方面提供了许多权威的方法，其中与 POPs 净化有关的方法见表 6-1，以供参考。由于 POPs 实际环境样品的复杂性，分析方法在实践中逐步完善。不仅要借鉴国际上公认的方法体系，还要建立适合自己实验室的分析方法。

表 6-1 与 POPs 净化有关的美国 EPA 方法

方法编号	方法名称	净化原理	适用范围
3610	氧化铝净化	吸附	非极性或弱极性物质，如 PCBs、OCPs、PAHs，可以用 SPE 小柱代替
3611	氧化铝柱净化和分离石油废物	吸附	非极性或弱极性物质，如 PCBs、OCPs、PAHs，可以用 SPE 小柱代替
3620	Florisil 净化	吸附	非极性或弱极性物质，如 PCBs、OCPs、PAHs，可以用 SPE 小柱代替
3630	硅胶净化	吸附	非极性或弱极性物质，如 PCBs、OCPs、PAHs，可以用 SPE 小柱代替
3640	GPC 净化	按分子大小分离	大范围的半挥发性有机化合物，除去大分子量的干扰物质

续表

方法编号	方法名称	净化原理	适用范围
3650	酸碱分配净化	酸碱分配	将酸性或碱性有机物与中性有机物分离，如氯酚和 PAHs 的分离
3660	除硫净化	氧化还原	一般沉积物共萃物中硫的去除
3665	浓硫酸/高锰酸钾净化	氧化还原	去除脂类大分子等杂质，但可以破坏 OCPs 中的一些物质，如艾氏剂、狄氏剂和硫丹等

6.2.8 层析柱色谱法在 POPs 环境样品净化中的应用

1. 西藏苔藓样品中 PAHs 的净化方法[21]

萃取液浓缩：将萃取液转移至鸡心瓶中，并用二氯甲烷清洗接收瓶 3 次，然后经旋转蒸发浓缩至 2 mL，水浴温度设为 50℃，采用逐级调压的方式，避免溶液沸腾产生气泡，从而减少目标物的损失。

层析柱净化：采用从上到下依次填有 4 g 无水硫酸钠，4 g 2%去活氧化铝和 6 g 3%去活硅胶的玻璃柱进行净化。首先用 50 mL 正己烷预淋洗玻璃填充柱，淋洗液弃去，然后滴入浓缩液，并用 10 mL 正己烷分三次清洗鸡心瓶，第一次的清洗液弃去，从第二次开始收集溶液，每一次的淋洗液都在刚好没过上层无水硫酸钠时加入，然后用 50 mL 二氯甲烷∶正己烷=2∶3(*v/v*)的溶剂洗脱。将净化液经旋蒸浓缩至 1 mL，待仪器分析。

分析方法：气相色谱-质谱(GC-MS)分析。质谱操作条件：EI 电离方式，工作电压为 70 eV，离子源、四极杆和接口温度分别设定为 300℃、180℃和 300℃，采用选择离子模式(SIM)进行定量。气相色谱操作条件：进样口温度为 310℃，脉冲不分流进样，进样量为 2 μL，载气为高纯氦，流速是 1 mL/min。毛细管柱是 HP-5MS(30 m×0.25 mm×0.25 μm)，柱箱升温程序如下：初始温度 60℃，保持 1 min，然后以 8 ℃/min 升温到 300℃，并保持 19 min。

加标回收率：实际样品添加的 5 种氘代 PAHs 的回收率为 64%～120%。

2. 北京大气样品中二噁英、多氯联苯和多溴二苯醚进行同时测定的净化方法[22]

提取液经旋转蒸发浓缩，并将溶剂置换为正己烷，分别过酸碱硅胶纯化柱和弗罗里硅土纯化柱净化。

酸碱硅胶纯化柱：填料自上而下分别为 1 g 活化硅胶、4 g 碱性硅胶(1.2%)、1 g 活化硅胶、8 g 酸性硅胶(40%)和 2 g 活化硅胶，上层再装 1 cm 的无水硫酸钠。装完填料后轻拍柱子至填料表层平整。用 100 mL 正己烷预淋洗柱子，如果淋洗过程中发现柱子发生断层，则柱子不可再用，需重新填装。将浓缩后的样品溶液上样后，用正己烷清洗装样品的烧瓶 2~3 次，并依次上样。上样结束后用 100 mL

正己烷洗脱，收集全部洗脱液。

弗罗里硅土纯化柱：用 50 mL 正己烷预淋洗纯化柱。洗脱条件为用 35 mL 5%二氯甲烷(在正己烷中)洗脱，洗脱液为多氯联苯和多溴二苯醚组分，然后用 50 mL 二氯甲烷洗脱，洗脱液为二噁英组分。

分析方法：二噁英、多氯联苯、多溴二苯醚样品的测定采用高分辨气相色谱/高分辨质谱(AutoSpecUltima，Waters)联用方法。质谱的电离方式为电子轰击(EI)，电子能量为35 eV，采集方式为选择离子监测(SIR)，离子源温度为270℃，载气(He)流速为1.2 mL/min，分辨率$R \geqslant 10000$。色谱柱为DB-5MS(0.25 mm i.d.×0.25 μm 膜厚。对于二噁英和多氯联苯，柱长60 m；对于多溴二苯醚，柱长30 m)。无分流进样，进样量为1 μL。气相色谱柱程序升温：对于二噁英，150℃(3 min)→230℃(18 min，20℃/min)，230℃→235℃(10 min，5℃/min)，235℃→320℃(3 min，4℃/min)；对于多氯联苯，120℃(1 min)→150℃(30℃/min)，150℃→300℃(1 min，2.5℃/min)；对于多溴二苯醚，100℃(2 min)→230℃(15℃/min)，230℃→270℃(5℃/min)，270℃→330℃(8 min，10℃/min)。

加标回收率：实际样品中的二噁英，除 ^{13}C-OCDD 的平均回收率为 58%(38%～98%)外，其他 ^{13}C 标记净化内标的回收率为 55%～125%，均符合美国 EPA 1613 的要求。^{13}C 标记多氯联苯的回收率为 31%～120%，符合美国 EPA 1668 的要求。^{13}C-BDE-47 的回收率为 41%～109%，^{13}C-BDE-99 的回收率为 40%～117%，^{13}C-BDE-153 的回收率为 35%～124%，均符合美国 EPA 1614 的要求。

6.3 固相萃取法

6.3.1 固相萃取净化的原理和特点

人工填充层析柱净化法，操作烦琐耗时，而且需要耗费大量填料和洗脱溶剂。近年来在此基础上发展起来的固相萃取(SPE)作为一种环境友好的分离富集技术，因具有有机溶剂用量少、简单快速等特点，在样品前处理中得到了广泛的应用[23-25]。随着仪器设备灵敏度的提高，样品用量的减少，越来越多的净化过程使用固相萃取小柱[24,26-28]。1978 年商用固相萃取柱问世以来，固相萃取柱已广泛应用于复杂基质的净化，不同机理的固相萃取柱被应用于国家标准和行业标准中。

固相萃取净化是根据基体中所含目标化合物和杂质种类不同，选择不同的柱填料和淋洗溶剂组合进行净化[29]。在洗脱过程中部分与柱填料间没有相互作用力的杂质先流出，选择洗脱能力适中的淋洗溶剂将目标化合物洗脱并收集，与柱填料间相互作用力强的杂质保留在柱填料中，从而达到分离和富集目标化合物的目的。固相萃取分离效率高，处理样品的容量大，而且易于实现自动、快速、定量萃取[30]。根据分离模式不同，固相萃取可分为正相、反相、离子交换、混合机理分离模式[31]。

6.3.2 固相萃取净化的步骤

固相萃取净化过程一般分为 4 个步骤：预处理、上样、洗涤杂质及分析物洗脱和收集。在上样和洗涤杂质的过程中，要尽可能使分析物完全吸附在填料上，而在分析物洗脱和收集过程中，则要使分析物尽可能完全解吸下来[32]。

预处理过程一方面可以去除萃取柱吸附剂中可能存在的杂质，另一方面可以使吸附剂溶剂化，从而与样品溶液相匹配，这样在下一步进行上样时，样品溶液可与吸附剂表面紧密接触，以保证获得较高的净化效果。不同填料的预处理方法有所不同。常见的反相 C_{18} 固相萃取柱的预处理方法一般是：先用正己烷活化，使净化剂 C_{18} 的长链由卷曲状态变为伸展状态，呈毛刷状，然后将适量甲醇通过净化柱以置换正己烷并充满净化剂的微孔，最后用缓冲液或水过柱替代停留在柱中的甲醇。而新一代的聚合物吸附剂，如 Waters 公司的 Oasis HLB，不需活化，也不需要担心溶剂流干，简化了样品净化流程，而且有很宽的 pH 范围，能萃取亲水、疏水、酸性、碱性或中性组分，特别适用于尿液、水体等生物样品和环境样品的制备[33]。

洗脱过程仍是样品净化的关键步骤。洗脱的目的是既能将基体干扰组分尽可能去除干净，又不会导致分析物有较多的损失。极性太强的洗脱溶剂可用较少体积将分析物洗脱下来，但也会洗脱较多色素等杂质。极性太弱可能需要较多洗脱溶剂或者无法满足分析物的回收率。因此，洗脱溶剂的极性和洗脱量一般根据不同洗脱条件下的洗脱曲线来最终优化确定。

6.3.3 固相萃取净化的吸附剂

固相萃取柱一般采用疏水性的固体填料。一种是多孔性的高聚物微球，如天津化学试剂二厂的 GDX 系列、美国 Sigma 公司的 XAD 系列、高度交联的聚苯乙烯等。例如，在测定东湖水体中 PCBs 的含量时，研究者使用大孔径树脂 XAD-2 系列，加标回收率可达 95% [34]。另一种是长碳链烷基键合硅胶，如 C_{18}、C_8 等。固相萃取与色谱技术联用，使样品预处理与分离分析得到优化组合。研究者应用 SPE-GC 技术测定地表水中的 OCPs 类物质的含量，通过选择合适的吸附剂和洗脱溶剂，成功分析了 35 种 OCPs 物质，并获得了较高的回收率（80%～99%）[35]。

使用不同的填料，净化效果可能存在差异，洗脱方法也要做出相应调整。研究者使用固相萃取小柱对降尘/沉积物中的 22 种有机氯农药和 16 种多环芳烃同时进行净化。结果表明，在相同淋洗条件下，使用弗罗里硅土柱比硅胶柱的净化效果更好[36]。另外，比较了不同溶剂类型、不同溶剂配比下两种萃取柱的净化效果，使用丙酮/正己烷(2%)或二氯甲烷/正己烷(20%)作为洗脱溶剂，用较少的洗脱溶剂可满足所有目标化合物的回收率要求；相比而言，20%二氯甲烷/正己烷作为净化溶剂，洗脱液的杂质干扰更小，净化效果更好。使用弗罗里硅土柱和20%二氯甲烷/正己烷对样品净化，方法简单、快速，净化效果好，适合大批量降尘/沉积物样品的前处理净化过程。

6.3.4 固相萃取法在POPs环境样品净化中的应用

固相萃取净化方法的准确性和重现性受多个因素的影响，实验条件是关键的影响因素。提高方法可靠性的因素有以下几个方面：①使用内标法，加入适量的内标物质作参比；②加入适量的样品，不超出穿透量和穿透体积；③选择合适的洗脱溶剂，保证分析物在过柱中不流失。下面举例说明。

固相萃取柱萃取净化环境水体中的25种有机氯农药化合物的分析如下[33]。

固相萃取小柱：Oasis HLB(200 mg，6 mL，美国Waters公司)，Sep-Pak Vac C_{18}(500 mg，6 mL，美国Waters公司)。

样品：取水样500 mL，用稀磷酸调节pH至3～4，若水样浑浊，用滤纸过滤，水样清洁则直接过固相萃取小柱。

预处理：用固相萃取柱转接头串接好C_{18}固相萃取柱(在上部：柱1)和HLB固相萃取柱(在下部：柱2)，依次用二氯甲烷、甲醇和去离子水各5 mL活化固相萃取小柱。

上样/淋洗：将水样以2～3 mL/min的流速通过固相萃取小柱，弃去流出液，样品过完后，抽干残留水分，用5 mL甲醇和5 mL丙酮进行洗脱，收集洗脱液，加0.5 mL癸烷。用氮气吹扫至近干，最后用正己烷定容至2 mL。

分析方法：GC-ECD分析。色谱柱：DB-1701(30 m×0.25 mm×0.25 μm)；载气：高纯氮气；流速：2 mL/min；进样口温度：250℃；进样方式：不分流进样；进样量：2 μL；程序升温：初始温度100℃，保持4 min，以10℃/min升至200℃，保持2 min，以5℃/min升至260℃，保持2 min；检测器温度：300℃。

加标回收率：大于70%。

6.4 凝胶渗透色谱法

6.4.1 凝胶渗透色谱的原理

凝胶渗透色谱(GPC)，又称空间排阻色谱(size exclusion chromatography)，其分离净化原理是利用分子大小和形状的不同将杂质和目标物分离。其色谱填料凝胶是含有许多不同尺寸的孔穴或立体网状的聚合物，具有化学惰性，不具有吸附、分配和离子交换作用[37]。

凝胶填料在适宜的溶剂中浸泡后颗粒物会吸液膨胀，然后进行装柱。柱中可供物质分子通行的路径有粒子间的较大间隙和粒子内的较小孔隙。当混合溶液经过凝胶渗透色谱柱时，较大分子的物质被排除在粒子的小孔之外，只能从粒子间的间隙通过，速率较快；而较小的分子可以进入粒子中的小孔，通过的速率要慢得多；中等体积的分子可以渗入较大的孔隙中，但受到较小孔隙的排阻，介于上述两种情况之间。经过一定长度的色谱柱，目标污染物和杂质根据分子量的不同被分开，从而达到分离的目的[37]。

6.4.2　凝胶的种类和应用

凝胶填料可分为有机和无机两大类。根据所使用的溶剂选择填料，对填料最基本的要求是不能被溶剂溶解。有机类填料包括交联聚苯乙烯凝胶(适用于有机溶剂，可耐高温)、交联聚乙酸乙烯酯凝胶(最高耐 100℃，适用于乙醇、丙酮等极性溶剂)。无机类填料包括多孔硅球(适用于水和有机溶剂)、多孔玻璃、多孔氧化铝(适用于水和有机溶剂)。在 POPs 分析中一般选用的凝胶为 Bio-Rad 公司生产的 Bio-Beads 系列产品。一般选用有机类填料来除去脂类、腐殖酸、聚合物等大分子干扰物。交联聚苯乙烯凝胶(Bio-Beads S-X)(200～400 目)为色谱填料，洗脱溶剂一般是乙酸乙酯-环己烷(1∶1，*v/v*)或二氯甲烷-正己烷(1∶1，*v/v*)。我国的动物性食品中有机氯农药和拟除虫菊酯农药净化的 GPC 国家标准方法见文献[38]，可供参考。

GPC 方法尤其对含脂类较高的样品的净化特别有效。流动相以固定的流速淋洗凝胶渗透色谱柱，按流出时间分段收集洗脱液，作洗脱曲线，从而确定目标化合物的最佳收集时间区间[39]。GPC 纯化被认为是处理污泥和生物组织等富含腐殖质、高分子物质或大量脂肪样品所必需的步骤之一[40-42]。

选择和使用不同性能、不同孔径的凝胶决定了分离净化的效果，通常可根据样品基质类型和待分离组分的分子大小确定所选择的凝胶种类，其中有机凝胶中的 Bio-Beads 常用于环境农残样品的净化[43,44]。目前纯化含氯农药或二噁英类化合物采用的最为广泛的 GPC 填料是 Bio-Beads SX3[45-47]。它的成分为中性、带孔的聚苯乙烯珠，依靠分子量的大小实现排阻层析。在样品纯化中，分子量很高的腐殖酸或脂类等干扰分析的杂质由于排阻较小而提前洗脱出来，从而与二噁英等小分子物质分离。大分子的腐殖酸等物质可以严重干扰气相色谱的柱效。干扰较轻时会使峰变形，较重时则无法得到可以定性、定量的色谱峰。

对一个有机质含量高的污泥样品进行了 GPC 处理前后的比较，多氯联苯分析的结果差异如图 6-2 所示[12]。可以看出，在没有 GPC 纯化的情况下，无法进行多氯联苯的定性定量。GPC 净化处理后，得到了清晰的分离结果。

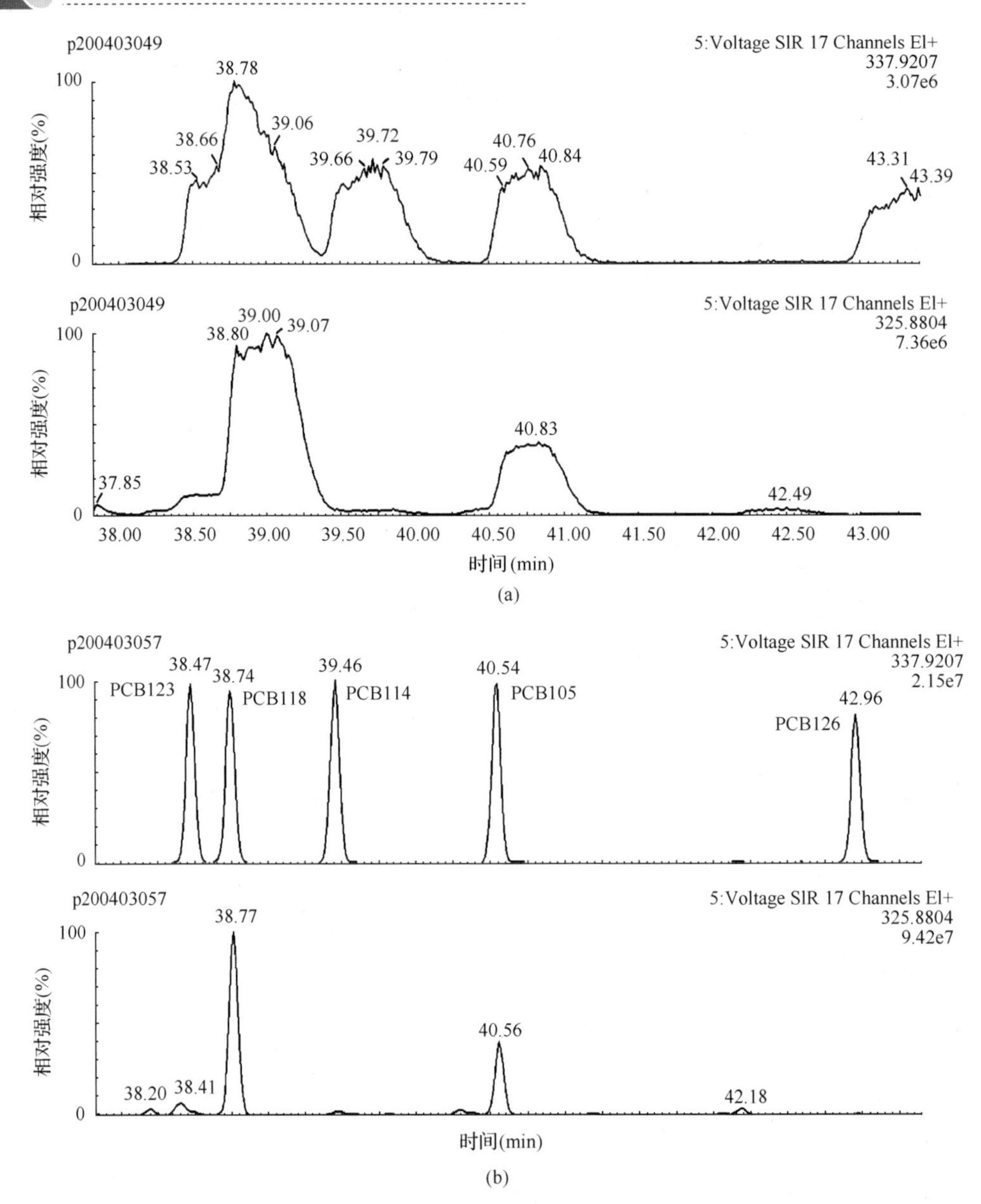

图 6-2 污泥样品中多氯联苯分析时采用 GPC 纯化的效果(以五氯代 PCBs 为例)[12]

(a)未用 GPC 纯化；(b)GPC 纯化后

6.4.3 凝胶渗透色谱柱和凝胶渗透色谱仪

GPC 因再生能力强，无可逆吸附，所以适用于 GPC 分离的样品基本都能完全洗脱，且 GPC 填料的性能可保持较长时间，能反复使用多次。在 POPs 分析中，Bio-Beads SX3 是常见的 GPC 填料。GPC 柱型为玻璃填充柱，底部有玻璃砂芯和聚四氟乙烯磨口阀，上端制有标准磨口。

全自动 GPC 是一种可以将分子体积大小不同的化合物分离的最为方便的样品净化技术。对食品、动物组织、土壤、中药中的小分子有机物进行分析时，一般样品的萃取物含有大量的大分子物质，如脂肪、色素等，这会极大地干扰检测结果。采用 GPC 净化样品可除去脂肪、蛋白质、色素等大分子干扰物质，从而保证分析结果的准确性和稳定性[48]。全自动 GPC 谱净化系统主要由高压输液泵、紫外检测器、自动进样器、凝胶净化色谱柱、馏分收集器和工作软件等组成[49]。

6.4.4　凝胶渗透色谱在 POPs 样品净化中的应用

1. GPC 填充柱方法用于净化生物样品中二噁英类化合物的分析[12]

填料：用烧杯取 30 g Bio-Beads SX3（Biorad 公司，USA）。

预处理：加入二氯甲烷∶正己烷（1∶1，*v*∶*v*）约 200 mL 以全部盖住填料。用铝箔纸覆住烧杯后置于通风橱中过夜（至少 12 h），使填料充分溶胀。

GPC 柱：柱型为玻璃填充柱（30 cm×25 mm i.d.），底部有 200 目玻璃砂芯和聚四氟乙烯磨口阀，上端制有标准磨口。

装柱方法：搅动填料并用吸管逐步将填料转移到柱中，中间打开聚四氟乙烯阀放去多余的溶剂。待全部转移完后，上部留约 10 cm 溶剂，将上端加塞，底部关阀。将整个柱子倒置后打开阀门，同时不断振荡柱体，使填料逐渐整体均匀倒置。完毕后关闭阀门，将柱子缓慢扶正，并打开上端的磨口塞，可以看到填料均匀沉降直至完全。此时检查柱子，其应该为均匀状分布，没有断层、气泡和沉降分界层。用 500 mL 二氯甲烷∶正己烷（1∶1，*v*∶*v*）淋洗，使柱稳定，滴速控制在 2～3 滴/s。不用时关阀加塞密闭，上层留 5 cm 以上的溶剂。

洗脱方法：GPC 使用溶剂均为二氯甲烷∶正己烷（1∶1，*v*∶*v*）。进行 GPC 纯化前，若色谱柱长时间没用，则用 100 mL 溶剂预淋洗。上样方式同其他的纯化柱。洗脱条件为：第一级分 50 mL 为杂质组分；收集第二级分 70 mL，为二噁英类目标化合物组分；随后用 100 mL 溶剂淋洗，洗去其他可能的杂质。

2. 凝胶渗透色谱-气相色谱同时测定糙米中拟除虫菊酯、有机氯农药和多氯联苯的残留量[50]

GPC 装置：配备 Environed GPC 净化预柱（19 mm i.d.×150 mm）、净化柱（19 mm i.d.×300 mm）、两个 2.4 mL 定量环、Waters510 高效液相色谱泵、486 紫外吸收检测器、自动馏分收集器、Millennium 数据处理软件。

GPC 柱填充相：Bio-Beads SX3，200～400 目。

GPC 净化条件：紫外检测波长设定在 254 nm，流动相为二氯甲烷-环己烷（体积比为 1∶1），流速 5 mL/min，切割时间点 13.5 min，收集切割点后的馏分 80 mL。

分析方法：GC-ECD 分析。色谱柱 DB-5MS，30 m×0.25 mm i.d.×0.25 μm；进样口温度 280℃，检测器温度 300℃；载气为高纯 N_2，流速 1.1 mL/min，不分流进样 1 μL。程序升温：起始温度 70℃(1 min)，以 25℃/min 的速率升至 190℃(6 min)，再以 5℃/min 的速率升至 220℃(6 min)，最后以 15℃/min 的速率升至 270℃，保留 15 min。

加标回收率：样品加标回收率为 70%～110%。

6.5 浓硫酸净化法

6.5.1 浓硫酸净化的原理和特点

浓硫酸净化的原理是利用其强氧化性将脂肪、色素等杂质氧化破坏除去。在有机氯农药分析的样品前处理中，我国国家标准方法就用浓硫酸净化动植物、食品和土壤环境样品[51]。一般地，采用浓硫酸净化时应将萃取液的体积适当浓缩，再加入约 1/10 萃取液体积的浓硫酸。振摇、分层、弃去硫酸层，如此重复直到萃取液清晰透明[52]。有时为了获得更好的净化效果，需要将浓硫酸净化后的萃取液进一步用层析柱净化[53]。

我国农药类的标准分析方法 GB/T 14550—2003 中规定了用丙酮-石油醚进行索氏萃取，以浓硫酸净化，GC-ECD 测定土壤中的六六六和滴滴涕。采用浓硫酸对 10 ng/mL 混合标准溶液进行净化，结果替代物回收率为 90%～115%，狄氏剂和异狄氏剂的回收率小于 20%，说明这两种目标化合物不稳定，经磺化后生成其他物质。另外，异狄氏剂、硫丹、硫丹硫酸盐及甲氧滴滴涕等农药化合物分解，环氧七氯也会部分进入磺化层造成回收率偏低[54,55]。因此，采用浓硫酸净化时一定要明确应分析的目标化合物。

浓硫酸净化在操作时有一定危险性，实验室往往将浓硫酸按照一定比例加入硅胶中，制成酸性硅胶，用于填充柱净化样品，这给操作者带来较大方便。酸性硅胶除脂与浓硫酸除脂的原理相同，区别在于将浓硫酸加入硅胶中，利用硅胶将磺化后的产物吸附[56]。将酸性硅胶和其他填料制备成复合净化柱，在 POPs 样品净化中具有很广泛的应用[57-61]。而对于基质成分复杂的土样，需要经过多次磺化和除硫酸步骤，然后结合层析柱净化或者 SPE 净化达到更好的分析结果[58,62]。

6.5.2 浓硫酸净化 POPs 环境样品的应用

海产品中有机氯农药分析的浓硫酸净化方法介绍如下[52]。

萃取方法：80 mL 正己烷/二氯甲烷(1∶1，*v/v*)超声萃取。

浓缩净化：将萃取液用旋转蒸发仪浓缩到 10 mL，在分液漏斗中加入 10 mL

浓硫酸酸洗，反复摇晃直至有机溶液层澄清透明，溶液分层后弃去硫酸层，再用 5%的 NaCl 溶液洗涤 2 次，以除去有机溶液层残留的酸；将有机层浓缩至 1 mL 左右，再用装有 2 g 无水硫酸钠、2 g 硅胶、2 g Florisil(依次由上至下)的填充柱净化；依次用 20 mL 正己烷和 20 mL 正己烷/二氯甲烷(1∶9，*v/v*)的混合液洗脱，合并洗脱液，并浓缩至 1 mL，待进样分析。

分析方法：GC-ECD 分析。色谱柱：HP-1(50 m×0.32 mm×0.25 μm)；^{63}Ni 电子捕获检测器(micro-ECD)：300℃；进样口温度：230℃；无分流进样 1 μL；载气和补气为高纯氮气，流速分别为 1 mL/min 和 59 mL/min；程序升温：初始温度 80℃，以 50℃/min 升至 180℃，保持 2 min，以 5℃/min 升至 230℃，保持 2 min，以 10℃/min 升至 270℃，保持 15 min。

加标回收率：87%～104%。

6.6　自动化样品净化系统

目前大多数实验室对环境样品中 POPs 纯化的手段以传统的人工填装色谱柱为主，在填料准备和样品洗脱方面存在较大差异。20 世纪末由美国 FMS 公司推出了全自动样品前处理净化设备 FMS Power-Prep，该设备采用模块化设计，应用商品化净化柱(复合硅胶柱、氧化铝柱和碳柱)进行样品净化处理，可以有效同时分离较多种类的 POPs。自动化仪器使人们从烦琐的手动样品前处理过程中解脱出来，有效提高了样品的前处理效率。

Power-Prep 全自动多柱样品净化系统是 FMS 公司在样品前处理上经过多年积累研发而成的。待净化的萃取浓缩液仅需要加入进样瓶，启动仪器，数小时内即可全自动完成样品的净化，中间无须任何人工操作。该产品专为痕量分析而设计，将困难的、易出错的、耗时的人工方法完全整合至自动化系统中，将复杂基质 POPs 的样品前处理过程的耗时由“天”转变成了“小时”。自动化实现了所有待测物净化的一致性，实验结果重复性好，能同时满足待测分析物的回收率要求。该系统能够对 POPs 分析中多种环境介质进行净化，它们包括液体(牛奶、油脂、体液、饮用水、废水)、固体(鱼、饲料、肉、土壤及扬尘)等[63,64]，可应用在食品安全、药物研发、临床诊断、药理毒理、公安刑侦分析、农药残留等诸多领域[47]。

自动化样品净化系统在环境样品中 POPs 分析的可靠性方面也得到分析者的验证。研究者对鱼样标准参考物质中 17 种二噁英(PCDDs/Fs)与 12 种 PCBs 的净化方法进行测试应用。鱼肉标准参考物质经索氏萃取、FMS Power-Prep 系统净化后浓缩，使用高分辨气相色谱-高分辨质谱联用仪对样品中的目标化合物进行分析。样品中 PCDDs/Fs 同位素加标的平均回收率为 62.4%～84.3%，PCBs 同位素加标的平均回收率为 53.1%～89.2%，测定值与参考值符合[65]。

FMS Power-Prep 系统能同时净化多种类 POPs。研究者利用全自动净化系统(PowerPrep™，FMS，Fluid Management Systems Inc.，Watertown，MA)建立了同时分析南极大气中 PCDDs、PCDFs、PCBs、PBDEs、PCNs 和 PAHs 的方法。该系统使用一次性中性硅胶柱(6 g 填料)，用 50 mL 正己烷预淋洗，分别用 30 mL 正己烷和 30 mL 正己烷和二氯甲烷(1∶1，*v/v*)混合液洗脱，以上流速均为 10 mL/min。混合标准溶液的洗脱曲线如图 6-3 所示[66]。

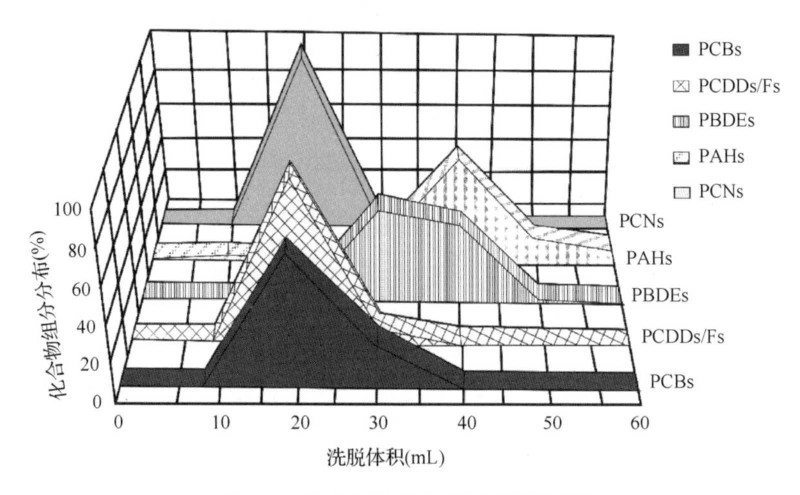

图 6-3　混合标准溶液的洗脱曲线[66]

然而，FMS 设备价格昂贵，分析样品成本高，目前无法在实验室普及，而且该系统批量处理能力有限，对提高实验分析效率仍然存在较多限制。因此，开发一种成本相对较低，可以快速、大批量净化环境样品中 POPs 的自动净化方法具有现实意义。

基于全自动固相萃取仪(auto-SPE)，研究者建立了环境样品中 PCDDs/Fs 和 PCBs 的自动净化方法[67]。auto-SPE 搭载了人工填装的复合硅胶柱、碱性氧化铝柱和弗罗里硅土柱组成的净化柱系统，利用软件控制系统完成样品的全自动净化过程，实现了样品在各净化柱间的在线浓缩，消除了净化柱上样品洗脱时的色谱展宽，具有批量样品处理能力。色谱柱洗脱行为考察及加标实验保证了该方法的有效性。实际样品净化效果显示 PCDDs/Fs 和 PCBs 的加标回收率分别在 47%～112%和 69%～130%之间，且具有较低检出限，完全满足样品分析要求。相比于 FMS 自动净化系统，该方法具有成本低、批量处理能力强等特点(每批次可连续处理 9 个样品)，具有很好的应用前景。

参 考 文 献

[1] Kayali-Sayadi M N, Rubio-Barroso S, Diaz-Diaz C A, et al. Rapid determination of PAHs in soil samples by HPLC with fluorimetric detection following sonication extraction. Fresen J Anal Chem, 2000, 368(7): 697-701.

[2] Goga-Remont S, Heinisch S, Leseillier E, et al. Use of optimization software for comparing stationary phases in order to find HPLC conditions suitable for separating 16 PAHs. Chromatogr, 2000, 51(9-10): 536-544.

[3] Jia K, Feng X M, Liu K, et al. Development of a subcritical fluid extraction and GC-MS validation method for polychlorinated biphenyls (PCBs) in marine samples. J Chromatogr B, 2013, 923: 37-42.

[4] He S W, Shen C Y, Wei X Q, et al. Determination of trace PCBs in water by GC-MS with ionic liquid based headspace single-drop microextraction under ultrasound. Adv Mater Res, 2013, 726-731: 74-80.

[5] Gonzalez M, Miglioranza K S B, Grondona S I, et al. Organic pollutant levels in an agricultural watershed: The importance of analyzing multiple matrices for assessing streamwater pollution. Environ Sci Pro Impacts, 2013, 15(4): 739-750.

[6] Hellar-Kihampa H, de Wael K, Lugwisha E, et al. Spatial monitoring of organohalogen compounds in surface water and sediments of a rural-urban river basin in Tanzania. Sci Total Environ, 2013, 447: 186-197.

[7] Yin G, Asplund L M, Qiu Y L, et al. Chlorinated and brominated organic pollutants in shellfish from the Yellow Sea and East China Sea. Environ Sci Pollut Res, 2015, 22(3): 1713-1722.

[8] Lee P H, Tang M H P O. Multi-pesticide analysis in sediment by GC-EI-MS/MS using programmed temperature vaporization-large volume injection technique. Chromatogr, 2015, 78(9-10): 695-705.

[9] Li Y M, Jiang G B, Wang Y W, et al. Concentrations, profiles and gas-particle partitioning of PCDD/Fs, PCBs and PBDEs in the ambient air of an E-waste dismantling area, southeast China. Chinese Sci Bull, 2008, 53(4): 521-528.

[10] Li Y M, Jiang G B, Wang Y W, et al. Concentrations, profiles and gas-particle partitioning of polychlorinated dibenzo-*p*-dioxins and dibenzofurans in the ambient air of Beijing, China. Atmos Environ, 2008, 42(9): 2037-2047.

[11] Bjorklund E, Muller A,von Holst C. Comparison of fat retainers in accelerated solvent extraction for the selective extraction of PCBs from fat-containing samples. Anal Chem, 2001, 73(16): 4050-4053.

[12] 张庆华. 太湖和海河流域天津段二噁英类化合物污染特征的研究. 北京: 中国科学院生态环境研究中心, 2005.

[13] Liu H X, Zhang Q H, Song M Y, et al. Method development for the analysis of polybrominated diphenyl ethers, polychlorinated biphenyls, polychlorinated dibenzo-*p*-dioxins and dibenzofurans in single extract of sediment samples. Talanta, 2006, 70(1): 20-25.

[14] Yang R Q, Lv A H, Shi J B, et al. The levels and distribution of organochlorine pesticides (OCPs) in sediments from the Haihe River, China. Chemosphere, 2005, 61(3): 347-354.

[15] Yang R Q, Xie T, Li A, et al. Sedimentary records of polycyclic aromatic hydrocarbons（PAHs）in remote lakes across the Tibetan Plateau. Environ Pollut, 2016, 214: 1-7.
[16] Tadeo J L, Sanchez-Brunete C, Albero B, et al. Determination of pesticide residues in sewage Sludge: A review. J Aoac Inter, 2010, 93(6): 1692-1702.
[17] 佟玲, 杨佳佳, 吴淑琪, 等. 沉积物样品中干扰物的去除及多种持久性有机污染物气相色谱分析. 岩矿测试, 2011, 5: 601-605.
[18] 康跃惠, 盛国英, 傅家谟, 等. 沉积物内多氯联苯测定中有机氯农药的排除及质量控制/质量保证研究. 分析化学, 1999, 11: 1258-1263.
[19] Bowadt S, Johansson B. Analysis of PCBs in sulfur-containing sediments by off-line supercritical-fluid extraction and GRGC-ECD. Anal Chem, 1994, 66(5): 667-673.
[20] 马新东. 海洋沉积物和生物中多溴联苯醚的方法研究及应用. 大连: 大连海事大学, 2007.
[21] Yang R Q, Zhang S J, Li A, et al. Altitudinal and spatial signature of persistent organic pollutants in soil, lichen, conifer needles, and bark of the southeast Tibetan Plateau: Implications for sources and environmental cycling. Environ Sci Technol, 2013, 47(22): 12736-12743.
[22] Li Y M, Zhang Q H, Ji D S, et al. Levels and vertical distributions of PCBs, PBDEs, and OCPs in the atmospheric boundary layer: Observation from the Beijing 325-m meteorological tower. Environ Sci Technol, 2009, 43(4): 1030-1035.
[23] Belo R F C, Nunes C M, dos Santos E V, et al. Single laboratory validation of a SPE method for the determination of PAHs in edible oils by GC-MS. Anal Methods, 2012, 4(12): 4068-4076.
[24] Hayward D G, Pisano T S, Wong J W, et al. Multiresidue method for pesticides and persistent organic pollutants（POPs）in milk and cream using comprehensive two-dimensional capillary gas chromatography-time-of-flight mass spectrometry. J Agricul Food Chem, 2010, 58(9): 5248-5256.
[25] Zhang H, Bayen S, Kelly B C. Multi-residue analysis of legacy POPs and emerging organic contaminants in Singapore's coastal waters using gas chromatography-triple quadrupole tandem mass spectrometry. Sci Total Environ, 2015, 523: 219-232.
[26] Fernandez-Cruz T, Martinez-Carballo E, Simal-Gandara J. Optimization of selective pressurized liquid extraction of organic pollutants in placenta to evaluate prenatal exposure. J Chromatogr A, 2017, 1495: 1-11.
[27] Huang X M, Ma S T, Cui J T, et al. Simultaneous determination of multiple persistent halogenated compounds in human breast milk. Chinese J Anal Chem, 2017, 45(4): 593-599.
[28] Lin Y J, FengC, Xu Q, et al. A validated method for rapid determination of dibenzo-*p*-dioxins/furans（PCDD/Fs）, polybrominated diphenyl ethers（PBDEs）and polychlorinated biphenyls（PCBs）in human milk: Focus on utility of tandem solid phase extraction（SPE）cleanup. Anal Bioanal Chem, 2016, 408(18): 4897-4906.
[29] Meimaridou A, Kalachova K, Shelver W L, et al. Multiplex screening of persistent organic pollutants in fish using spectrally encoded microspheres. Anal Chem, 2011, 83(22): 8696-8702.
[30] Andrade-Eiroa A, Canle M, Leroy-Cancellieri V, et al. Solid-phase extraction of organic compounds: A critical review. TrAC-Trends Anal Chem, 2016, 80: 655-667.
[31] Płotka-Wasylka J, Szczepańska N, Guardia M D L. Modern trends in solid phase extraction: New sorbent media. Trac-Trends Anal Chem, 2016, 77: 23-43.
[32] Berrueta L A, Gallo B, Vicente F. A review of solid-phase extraction—Basic principles and new developments. Chromatogr, 1995, 40(7-8): 474-483.

[33] 孔德洋, 何健, 许静, 等. 串联固相萃取-气相色谱法同时测定水体中25种有机氯农药痕量残留. 环境化学, 2013, 12: 2398-2399.

[34] 习志群, 储少岗, 徐晓白, 等. 东湖水体中多氯联苯的研究. 海洋与湖沼, 1998, 4: 436-440.

[35] 王赟, 杨嘉谟, 万辉. 痕量有机氯化合物分析中的样品预处理方法. 环境监测管理与技术, 2002, 14(5): 8-10.

[36] 史双昕, 张烃, 董亮, 等. 降尘/沉积物样品中多环芳烃(PAHs)和有机氯农药(OCPs)同时测定的固相萃取小柱净化条件. 环境化学, 2011, 3: 632-637.

[37] Williams T. Gel permeation chromatography—A review. J Mater Sci, 1970, 5(9): 811-820.

[38] 卫生部, 国家标准化管理委员会. GB/T 5009.162—2008 动物性食品中有机氯农药和拟除虫菊酯农药多组分残留量的测定.北京: 中国标准出版社, 2009.

[39] Kerkdijk H, Mol H G J, van der Nagel B. Volume overload cleanup: An approach for on-line SPE-GC, GPC-GC, and GPC-SPE-GC. Anal Chem, 2007, 79(21): 7975-7983.

[40] Badgett E, Chambers L, Engelhart G. Cleanup of baby food samples using gel permeation chromatography (GPC). LC GC N AM, 2011, 29: 32.

[41] Wang J H, Cai F, Wang Y L. Pesticide multiresidue analysis of peanuts using automated gel permeation chromatography clean-up/gas chromatography-mass spectrometry. Food Addit Contam, 2009, 26(3): 333-339.

[42] Lin Q B, XueY Y, Song H. Determination of the residues of 18 carbamate pesticides in chestnut and pine nut by GPC cleanup and UPLC-MS-MS. J Chromatogr Sci, 2010, 48(1): 7-11.

[43] 王臻, 朱观良, 吴诗剑, 等. 不同型号凝胶色谱特点及其与其它预处理设备比较. 化学分析计量, 2012, 3: 83-85.

[44] Halvorson M, Hedman C,Gibson T. Evaluation of several columns and solvents for gel permeation chromatography (GPC) clean-up of fish tissue prior to PCB analysis. LC GC N AM, 2010, 28(2): 21.

[45] 陈啟荣, 郎爽, 魏岩, 等. 加速溶剂萃取-凝胶色谱净化-气质联用测定土壤中 15 种有机氯农药残留的方法研究. 分析测试学报, 2010,5: 473-477.

[46] 韩见龙, 潘国绍, 周晓萍, 等. 母乳中多氯联苯的污染水平与特征研究. 中国卫生检验杂志, 2010, 12: 3115-3117.

[47] 李晓娟. 凝胶色谱法在农药残留分析中的应用. 北京: 中国农业大学, 2005.

[48] Rossetti G, Mosca S, Guerriero E, et al. Development of a new automated clean-up system for the simultaneous analysis of polychlorinated dibenzo-*p*-dioxins (PCDDs), dibenzofurans (PCDFs) and 'dioxin-like' polychlorinated biphenyls (dl-PCB) in flue gas emissions by GPC-SPE. J Environ Monitor, 2012, 14(3): 1082-1090.

[49] 费勇, 杨晓红, 张海燕, 等. 全自动凝胶色谱净化-气相色谱法同时测定淡水鱼类中多氯联苯和有机氯农药等36种残留有机物. 中国环境监测, 2011, 2: 63-68.

[50] 李樱, 储晓刚, 仲维科, 等. 凝胶渗透色谱-气相色谱同时测定糙米中拟除虫菊酯、有机氯农药和多氯联苯的残留量. 色谱, 2004, 5: 551-554.

[51] 国家质量监督检验检疫总局. GB/T 14550—2003 土壤中六六六和滴滴涕测定 气相色谱法. 北京: 中国标准出版社, 2004.

[52] Yang R Q, Yao Z W, Jiang G B, et al. HCH and DDT residues in molluscs from Chinese Bohai coastal sites. Mar Pollut Bull, 2004, 48(7-8): 795-799.

[53] Yang R Q, Wang Y W, Li A, et al. Organochlorine pesticides and PCBs in fish from lakes of the Tibetan Plateau and the implications. Environ Pollut, 2010, 158(6): 2310-2316.

[54] Pan B, Liu W X, Shi Z, et al. Sample purification for analysis of organochlorine pesticides in sediment and fish muscle. J Environ Sci Health Part B, 2004, 39(3): 353-365.

[55] Xu D D, Deng L L, Chai Z F, et al. Organohalogenated compounds in pine needles from Beijing city, China. Chemosphere, 2004, 57(10): 1343-1353.

[56] Wang P, Zhang Q H, Wang Y W, et al. Evaluation of Soxhlet extraction, accelerated solvent extraction and microwave-assisted extraction for the determination of polychlorinated biphenyls and polybrominated diphenyl ethers in soil and fish samples. Anal Chim Acta, 2010, 663(1): 43-48.

[57] Choi M, Lee I S, Jung R H. Rapid determination of organochlorine pesticides in fish using selective pressurized liquid extraction and gas chromatography-mass spectrometry. Food Chem, 2016, 205: 1-8.

[58] Amakura Y, Tsutsumi T, Sasaki K, et al. Comparison of sulfuric acid treatment and multi-layer silica gel column chromatography in cleanup methods for determination of PCDDs, PCDFs and dioxin-like PCBs in foods. J Food Hygienic Soc Japan, 2002, 43(5): 312-321.

[59] Manirakiza P, Covaci A, Nizigiymana L, et al. Persistent chlorinated pesticides and polychlorinated biphenyls in selected fish species from Lake Tanganyika, Burundi, Africa. Environ Pollut, 2002, 117(3): 447-455.

[60] Covaci A, Schepens P. Simplified method for determination of organochlorine pollutants in human serum by solid-phase disk extraction and gas chromatography. Chemosphere, 2001, 43(4-7): 439-447.

[61] Gardinali P R, Wade T L, Chambers L, et al. A complete method for the quantitative analysis of planar, mono, and diortho PCB's, polychlorinated dibenzo-dioxins, and furans in environmental samples. Chemosphere, 1996, 32(1): 1-11.

[62] 黄园英, 张玲金, 吴淑琪, 等. 用 ASE 提取和 GPC 净化气相色谱法快速测定土壤中痕量有机氯代化合物. 生态环境, 2008, 17(1): 184-189.

[63] Helaleh M I H, Al-Rashdan A. Automated pressurized liquid extraction (PLE) and automated power-prep (TM) clean-up for the analysis of polycyclic aromatic hydrocarbons, organo-chlorinated pesticides and polychlorinated biphenyls in marine samples. Anal Methods, 2013, 5(6): 1617-1622.

[64] Helaleh M I H, Al-Rashdan A, Ibtisam A. Simultaneous analysis of organochlorinated pesticides (OCPs) and polychlorinated biphenyls (PCBs) from marine samples using automated pressurized liquid extraction (PLE) and Power Prep (TM) clean-up. Talanta, 2012, 94: 44-49.

[65] 李敬光, 吴永宁, 张建清, 等. 自动样品净化系统分析鱼样中二噁英和共平面多氯联苯. 中国食品卫生杂志, 2005, 3: 212-216.

[66] Piazza R, Gambaro A, Argiriadis E, et al. Development of a method for simultaneous analysis of PCDDs, PCDFs, PCBs, PBDEs, PCNs and PAHs in Antarctic air. Anal Bioanal Chem, 2013, 405(2-3): 917-932.

[67] 王璞. 二恶英类化合物分析方法及其在典型区域的分布与迁移研究. 北京: 中国科学院研究生院, 2010.

附　　录

附录 1　475 种农药及相关化学品中文与英文名称、方法定量限、分组、溶剂选择和混合标准溶液浓度

序号	中文名称	英文名称	定量限 (mg/kg)	溶剂	混合标准溶液浓度 (mg/L)
内标	环氧七氯	heptachlor-epoxide		甲苯	
A 组					
1	二丙烯草胺	allidochlor	0.0500	甲苯	5
2	烯丙酰草胺	dichlormid	0.0500	甲苯	5
3	土菌灵	etridiazol	0.0750	甲苯	7.5
4	氯甲硫磷	chlormephos	0.0500	甲苯	5
5	苯胺灵	propham	0.0250	甲苯	2.5
6	环草敌	cycloate	0.0250	甲苯	2.5
7	联苯二胺	diphenylamine	0.0250	甲苯	2.5
8	乙丁烯氟灵	ethalfluralin	0.1000	甲苯	10
9	甲拌磷	phorate	0.0250	甲苯	2.5
10	甲基乙拌磷	thiometon	0.0250	甲苯	2.5
11	五氯硝基苯	quintozene	0.0500	甲苯	5
12	脱乙基阿特拉津	atrazine-desethyl	0.0250	甲苯+丙酮(8+2)	2.5
13	异噁草松	clomazone	0.0250	甲苯	2.5
14	二嗪磷	diazinon	0.0250	甲苯	2.5
15	地虫硫磷	fonofos	0.0250	甲苯	2.5
16	乙嘧硫磷	etrimfos	0.0250	甲苯	2.5
17	西玛津	simazine	0.0250	甲醇	2.5
18	胺丙畏	propetamphos	0.0250	甲苯	2.5
19	仲丁通	secbumeton	0.0250	甲苯	2.5
20	除线磷	dichlofenthion	0.0250	甲苯	2.5
21	炔丙烯草胺	pronamide	0.0250	甲苯+丙酮(9+1)	2.5
22	兹克威	mexacarbate	0.0750	甲苯	7.5
23	艾氏剂	aldrin	0.0500	甲苯	5
24	氨氟灵	dinitramine	0.1000	甲苯	10
25	皮蝇磷	ronnel	0.0500	甲苯	5

续表

序号	中文名称	英文名称	定量限(mg/kg)	溶剂	混合标准溶液浓度(mg/L)
A 组					
26	扑草净	prometryne	0.0250	甲苯	2.5
27	环丙津	cyprazine	0.2000	甲苯+丙酮(9+1)	20
28	乙烯菌核利	vinclozolin	0.0250	甲苯	2.5
29	*β*-六六六	beta-HCH	0.0250	甲苯	2.5
30	甲霜灵	metalaxyl	0.0750	甲苯	7.5
31	毒死蜱	chlorpyrifos(-ethyl)	0.0250	甲苯	2.5
32	甲基对硫磷	methyl-parathion	0.1000	甲苯	10
33	蒽醌	anthraquinone	0.0250	二氯甲烷	2.5
34	*δ*-六六六	delta-HCH	0.0500	甲苯	5
35	倍硫磷	fenthion	0.0250	甲苯	2.5
36	马拉硫磷	malathion	0.1000	甲苯	10
37	杀螟硫磷	fenitrothion	0.0500	甲苯	5
38	对氧磷	paraoxon-ethyl	0.1000	甲苯	10
39	三唑酮	triadimefon	0.0500	甲苯	5
40	对硫磷	parathion	0.1000	甲苯	10
41	二甲戊灵	pendimethalin	0.1000	甲苯	10
42	利谷隆	linuron	0.1000	甲苯+丙酮(9+1)	10
43	杀螨醚	chlorbenside	0.0500	甲苯	5
44	乙基溴硫磷	bromophos-ethyl	0.0250	甲苯	2.5
45	喹硫磷	quinalphos	0.0250	甲苯	2.5
46	反式氯丹	*trans*-chlordane	0.0250	甲苯	2.5
47	稻丰散	phenthoate	0.0500	甲苯	5
48	吡唑草胺	metazachlor	0.0750	甲苯	7.5
49	苯硫威	fenothiocarb	0.0500	丙酮	5
50	丙硫磷	prothiophos	0.0250	甲苯	2.5
51	整形醇	chlorflurenol	0.0750	甲苯+丙酮(9+1)	7.5
52	狄氏剂	dieldrin	0.0500	甲苯	5
53	腐霉利	procymidone	0.0250	甲苯	2.5
54	杀扑磷	methidathion	0.0500	甲苯	5
55	敌草胺	napropamide	0.0750	甲苯	7.5
56	噁草酮	oxadiazone	0.0250	甲苯	2.5
57	苯线磷	fenamiphos	0.0750	甲苯	7.5
58	杀螨氯硫	tetrasul	0.0250	甲苯	2.5

续表

序号	中文名称	英文名称	定量限 (mg/kg)	溶剂	混合标准溶液浓度 (mg/L)
A 组					
59	杀螨特	aramite	0.0250	二氯甲烷	2.5
60	乙嘧酚磺酸酯	bupirimate	0.0250	甲苯	2.5
61	萎锈灵	carboxin	0.0750	甲苯	7.5
62	氟酰胺	flutolanil	0.0250	甲苯	2.5
63	*p*, *p*′-滴滴滴	4, 4′-DDD	0.0250	甲苯	2.5
64	乙硫磷	ethion	0.0500	甲苯	5
65	硫丙磷	sulprofos	0.0500	甲苯	5
66	乙环唑-1	etaconazole-1	0.0750	甲苯	7.5
67	乙环唑-2	etaconazole-2	0.0750	甲苯	7.5
68	腈菌唑	myclobutanil	0.0250	甲苯	2.5
69	禾草灵	diclofop-methyl	0.0250	甲苯	2.5
70	丙环唑	propiconazole	0.0750	甲苯	7.5
71	丰索磷	fensulfothion	0.0500	甲苯	5
72	联苯菊酯	bifenthrin	0.0250	正己烷	2.5
73	灭蚁灵	mirex	0.0250	甲苯	2.5
74	麦锈灵	benodanil	0.0750	甲苯	7.5
75	氟苯嘧啶醇	nuarimol	0.0500	甲苯+丙酮(9+1)	5
76	甲氧滴滴涕	methoxychlor	0.0250	甲苯	2.5
77	噁霜灵	oxadixyl	0.0250	甲苯	2.5
78	胺菊酯	tetramethirn	0.0500	甲苯	5
79	戊唑醇	tebuconazole	0.0750	甲苯	7.5
80	氟草敏	norflurazon	0.0250	甲苯+丙酮(9+1)	2.5
81	哒嗪硫磷	pyridaphenthion	0.0250	甲苯	2.5
82	亚胺硫磷	phosmet	0.0500	甲苯	5
83	三氯杀螨砜	tetradifon	0.0250	甲苯	2.5
84	氧化萎锈灵	oxycarboxin	0.1500	甲苯+丙酮(9+1)	15
85	顺式氯菊酯	*cis*-permethrin	0.0250	甲苯	2.5
86	反式氯菊酯	*trans*-permethrin	0.0250	甲苯	2.5
87	吡菌磷	pyrazophos	0.0500	甲苯	5
88	氯氰菊酯	cypermethrin	0.0750	甲苯	7.5
89	氰戊菊酯	fenvalerate	0.1000	甲苯	10
90	溴氰菊酯	deltamethrin	0.1500	甲苯	15

续表

序号	中文名称	英文名称	定量限(mg/kg)	溶剂	混合标准溶液浓度(mg/L)
B 组					
91	茵草敌	EPTC	0.0750	甲苯	7.5
92	丁草敌	butylate	0.0750	甲苯	7.5
93	敌草腈	dichlobenil	0.0050	甲苯	0.5
94	克草敌	pebulate	0.0750	甲苯	7.5
95	三氯甲基吡啶	nitrapyrin	0.0750	甲苯	7.5
96	速灭磷	mevinphos	0.0500	甲苯	5
97	氯苯甲醚	chloroneb	0.0250	甲苯	2.5
98	四氯硝基苯	tecnazene	0.0500	甲苯	5
99	庚烯磷	heptanophos	0.0750	甲苯	7.5
100	六氯苯	hexachlorobenzene	0.0250	甲苯	2.5
101	灭线磷	ethoprophos	0.0750	甲苯	7.5
102	顺式燕麦敌	*cis*-diallate	0.0500	甲苯	5
103	毒草胺	propachlor	0.0750	甲苯	7.5
104	反式燕麦敌	*trans*-diallate	0.0500	甲苯	5
105	氟乐灵	trifluralin	0.0500	甲苯	5
106	氯苯胺灵	chlorpropham	0.0500	甲苯	5
107	治螟磷	sulfotep	0.0250	甲苯	2.5
108	菜草畏	sulfallate	0.0500	甲苯	5
109	α-六六六	alpha-HCH	0.0250	甲苯	2.5
110	特丁硫磷	terbufos	0.0500	甲苯	5
111	特丁通	terbumeton	0.0750	甲苯	7.5
112	环丙氟灵	profluralin	0.1000	甲苯	10
113	敌噁磷	dioxathion	0.1000	甲苯	10
114	扑灭津	propazine	0.0250	甲苯	2.5
115	氯炔灵	chlorbufam	0.0500	甲苯	5
116	氯硝胺	dicloran	0.0500	甲苯+丙酮(9+1)	5
117	特丁津	terbuthylazine	0.0250	甲苯	2.5
118	绿谷隆	monolinuron	0.1000	甲苯	10
119	氟虫脲	flufenoxuron	0.0750	甲苯+丙酮(8+2)	7.5
120	杀螟腈	cyanophos	0.0500	甲苯	5
121	甲基毒死蜱	chlorpyrifos-methyl	0.0250	甲苯	2.5
122	敌草净	desmetryn	0.0250	甲苯	2.5

续表

序号	中文名称	英文名称	定量限(mg/kg)	溶剂	混合标准溶液浓度(mg/L)
B 组					
123	二甲草胺	dimethachlor	0.0750	甲苯	7.5
124	甲草胺	alachlor	0.0750	甲苯	7.5
125	甲基嘧啶磷	pirimiphos-methyl	0.0250	甲苯	2.5
126	特丁净	terbutryn	0.0500	甲苯	5
127	杀草丹	thiobencarb	0.0500	甲苯	5
128	丙硫特普	aspon	0.0500	甲苯	5
129	三氯杀螨醇	dicofol	0.4000	甲苯	40
130	异丙甲草胺	metolachlor	0.0250	甲苯	2.5
131	氧化氯丹	oxy-chlordane	0.0250	甲苯	2.5
132	烯虫酯	methoprene	0.1000	甲苯	10
133	溴硫磷	bromofos	0.0500	甲苯	5
134	乙氧呋草黄	ethofumesate	0.0500	甲苯	5
135	异丙乐灵	isopropalin	0.0500	甲苯	5
136	硫丹Ⅰ	endosulfan Ⅰ	0.1500	甲苯	15
137	敌稗	propanil	0.0500	甲苯+丙酮(9+1)	5
138	异柳磷	isofenphos	0.0500	甲苯	5
139	育畜磷	crufomate	0.1500	甲苯	15
140	毒虫畏	chlorfenvinphos	0.0750	甲苯	7.5
141	顺式氯丹	*cis*-chlordane	0.0500	甲苯	5
142	甲苯氟磺胺	tolylfluanide	0.0750	甲苯	7.5
143	*p*, *p*′-滴滴伊	4,4′-DDE	0.0250	甲苯	2.5
144	丁草胺	butachlor	0.0500	甲苯	5
145	乙菌利	chlozolinate	0.0500	甲苯	5
146	巴毒磷	crotoxyphos	0.1500	甲苯	15
147	碘硫磷	iodofenphos	0.0500	甲苯	5
148	杀虫畏	tetrachlorvinphos	0.0750	甲苯	7.5
149	氯溴隆	chlorbromuron	0.6000	甲苯	60
150	丙溴磷	profenofos	0.1500	甲苯	15
151	氟咯草酮	fluorochloridone	0.0500	甲苯	5
152	*o*, *p*′-滴滴滴	2, 4′-DDD	0.0250	甲苯	2.5
153	异狄氏剂	endrin	0.3000	甲苯	30
154	己唑醇	hexaconazole	0.1500	甲苯	15
155	杀螨酯	chlorfenson	0.0500	甲苯	5

续表

序号	中文名称	英文名称	定量限(mg/kg)	溶剂	混合标准溶液浓度(mg/L)
B 组					
156	*o*, *p*′-滴滴涕	2,4′-DDT	0.0500	甲苯	5
157	多效唑	paclobutrazol	0.0750	甲苯	7.5
158	盖草津	methoprotryne	0.0750	甲苯	7.5
159	丙酯杀螨醇	chloropropylate	0.0250	甲苯	2.5
160	麦草氟甲酯	flamprop-methyl	0.0250	甲苯	2.5
161	除草醚	nitrofen	0.1500	甲苯	15
162	乙氧氟草醚	oxyfluorfen	0.1000	甲苯	10
163	虫螨磷	chlorthiophos	0.0750	甲苯	7.5
164	硫丹 II	endosulfan II	0.1500	甲苯	15
165	麦草氟异丙酯	flamprop-isopropyl	0.0250	甲苯	2.5
166	*p*, *p*′-滴滴涕	4,4′-DDT	0.0500	甲苯	5
167	三硫磷	carbofenothion	0.0500	甲苯	5
168	苯霜灵	benalaxyl	0.0250	甲苯	2.5
169	敌瘟磷	edifenphos	0.0500	甲苯	5
170	三唑磷	triazophos	0.0750	甲苯	7.5
171	苯腈磷	cyanofenphos	0.0250	甲苯	2.5
172	氯杀螨砜	chlorbenside sulfone	0.0500	甲苯	5
173	硫丹硫酸盐	endosulfan-sulfate	0.0750	甲苯	7.5
174	溴螨酯	bromopropylate	0.0500	甲苯	5
175	新燕灵	benzoylprop-ethyl	0.0750	甲苯	7.5
176	甲氰菊酯	fenpropathrin	0.0500	甲苯	5
177	溴苯磷	leptophos	0.0500	甲苯	5
178	苯硫磷	EPN	0.1000	甲苯	10
179	环嗪酮	hexazinone	0.0750	甲苯	7.5
180	伏杀硫磷	phosalone	0.0500	甲苯	5
181	保棉磷	azinphos-methyl	0.1500	甲苯	15
182	氯苯嘧啶醇	fenarimol	0.0500	甲苯	5
183	益棉磷	azinphos-ethyl	0.0500	甲苯	5
184	蝇毒磷	coumaphos	0.1500	甲苯	15
185	氟氯氰菊酯	cyfluthrin	0.3000	甲苯	30
186	氟胺氰菊酯	fluvalinate	0.3000	甲苯	30

续表

序号	中文名称	英文名称	定量限 (mg/kg)	溶剂	混合标准溶液浓度 (mg/L)
C 组					
187	敌敌畏	dichlorvos	1.2000	甲醇	120
188	联苯	biphenyl	0.0250	甲苯	2.5
189	灭草敌	vernolate	0.0250	甲苯	2.5
190	3,5-二氯苯胺	3,5-dichloroaniline	0.0250	甲苯	2.5
191	禾草敌	molinate	0.0250	甲苯	2.5
192	虫螨畏	methacrifos	0.0250	甲苯	2.5
193	邻苯基苯酚	2-phenylphenol	0.0250	甲苯	2.5
194	四氢邻苯二甲酰亚胺	tetrahydrophthalimide	0.0750	甲苯	7.5
195	仲丁威	fenobucarb	0.0500	甲苯	5
196	乙丁氟灵	benfluralin	0.0250	甲苯	2.5
197	氟铃脲	hexaflumuron	0.1500	甲苯	15
198	野麦畏	triallate	0.0500	甲苯	5
199	嘧霉胺	pyrimethanil	0.0250	甲苯	2.5
200	林丹	gamma-HCH	0.0500	甲苯	5
201	乙拌磷	disulfoton	0.0250	甲苯	2.5
202	莠去净	atrizine	0.0250	甲苯+丙酮(9+1)	2.5
203	七氯	heptachlor	0.0750	甲苯	7.5
204	异稻瘟净	iprobenfos	0.0750	甲苯	7.5
205	氯唑磷	isazofos	0.0500	甲苯	5
206	三氯杀虫酯	plifenate	0.0500	甲苯	5
207	四氟苯菊酯	transfluthrin	0.0250	甲苯	2.5
208	氯乙氟灵	fluchloraline	0.1000	甲苯	10
209	甲基立枯磷	tolclofos-methyl	0.0250	甲苯	2.5
210	异丙草胺	propisochlor	0.0250	甲苯	2.5
211	溴谷隆	metobromuron	0.1500	甲苯	15
212	嗪草酮	metribuzin	0.0750	甲苯	7.5
213	ε-六六六	epsilon-HCH	0.0500	甲醇	5
214	安硫磷	formothion	0.0500	甲苯	5
215	乙霉威	diethofencarb	0.1500	甲苯	15
216	哌草丹	dimepiperate	0.0500	乙酸乙酯	5
217	生物烯丙菊酯-1	bioallethrin-1	0.1000	甲苯	10
218	生物烯丙菊酯-2	bioallethrin-2	0.1000	甲苯	10

续表

序号	中文名称	英文名称	定量限(mg/kg)	溶剂	混合标准溶液浓度(mg/L)
C 组					
219	*o*, *p*′-滴滴伊	2,4′-DDE	0.0250	甲苯	2.5
220	芬螨酯	fenson	0.0250	甲苯	2.5
221	双苯酰草胺	diphenamid	0.0250	甲苯	2.5
222	氯硫磷	chlorthion	0.0500	甲苯	5
223	炔丙菊酯	prallethrin	0.0750	甲苯	7.5
224	戊菌唑	penconazole	0.0750	甲苯	7.5
225	灭蚜磷	mecarbam	0.1000	甲苯	10
226	四氟醚唑	tetraconazole	0.0750	甲苯	7.5
227	丙虫磷	propaphos	0.0500	甲苯	5
228	氟节胺	flumetralin	0.0500	甲苯	5
229	三唑醇	triadimenol	0.0750	甲苯	7.5
230	丙草胺	pretilachlor	0.0500	甲苯	5
231	醚菌酯	kresoxim-methyl	0.0250	甲苯	2.5
232	吡氟禾草灵	fluazifop-butyl	0.0250	甲苯	2.5
233	氟啶脲	chlorfluazuron	0.0750	甲苯	7.5
234	乙酯杀螨醇	chlorobenzilate	0.0250	甲苯	2.5
235	烯效唑	uniconazole	0.0500	环已烷	5
236	氟硅唑	flusilazole	0.0750	甲苯	7.5
237	三氟硝草醚	fluorodifen	0.0250	甲苯	2.5
238	烯唑醇	diniconazole	0.0750	甲苯	7.5
239	增效醚	piperonyl butoxide	0.0250	甲苯	2.5
240	炔螨特	propargite	0.0500	甲苯	5
241	灭锈胺	mepronil	0.0250	甲苯	2.5
242	噁唑隆	dimefuron	0.1000	甲苯+丙酮(8+2)	10
243	吡氟酰草胺	diflufenican	0.0250	甲苯	2.5
244	苯醚菊酯	phenothrin	0.0250	甲苯	2.5
245	咯菌腈	fludioxonil	0.0250	甲苯+丙酮(8+2)	2.5
246	苯氧威	fenoxycarb	0.1500	甲苯	15
247	稀禾啶	sethoxydim	0.2250	甲苯	22.5
248	莎稗磷	anilofos	0.0500	甲苯	5
249	氟丙菊酯	acrinathrin	0.0500	甲苯	5
250	高效氯氟氰菊酯	lambda-cyhalothrin	0.0250	甲苯	2.5
251	苯噻酰草胺	mefenacet	0.0750	甲苯	7.5

续表

序号	中文名称	英文名称	定量限(mg/kg)	溶剂	混合标准溶液浓度(mg/L)
C 组					
252	氯菊酯	permethrin	0.0500	甲苯	5
253	哒螨灵	pyridaben	0.0250	甲苯	2.5
254	乙羧氟草醚	fluoroglycofen-ethyl	0.3000	甲苯	30
255	联苯三唑醇	bitertanol	0.0750	甲苯	7.5
256	醚菊酯	etofenprox	0.0250	甲苯	2.5
257	噻草酮	cycloxydim	2.4000	甲苯	240
258	*α*-氯氰菊酯	alpha-cypermethrin	0.0500	甲苯	5
259	氟氰戊菊酯	flucythrinate	0.0500	环己烷	5
260	*S*-氰戊菊酯	esfenvalerate	0.1000	甲苯	10
261	苯醚甲环唑	difenoconazole	0.1500	甲苯	15
262	丙炔氟草胺	flumioxazin	0.0500	环己烷	5
263	氟烯草酸	flumiclorac-pentyl	0.0500	甲苯	5
D 组					
264	甲氟磷	dimefox	0.6000	甲苯	60
265	乙拌磷亚砜	disulfoton-sulfoxide	0.0500	甲苯	5
266	五氯苯	pentachlorobenzene	0.0250	甲苯	2.5
267	三异丁基磷酸盐	tri-iso-butyl phosphate	0.0250	甲苯	2.5
268	鼠立死	crimidine	0.0250	甲苯	2.5
269	4-溴-3,5-二甲苯基-*N*-甲基氨基甲酸酯-1	BDMC-1	0.0500	甲苯	5
270	燕麦酯	chlorfenprop-methyl	0.0250	甲苯	2.5
271	虫线磷	thionazin	0.0250	甲苯	2.5
272	2,3,5,6-四氯苯胺	2,3,5,6-tetrachloroaniline	0.0250	甲苯	2.5
273	三正丁基磷酸盐	tri-*n*-butyl phosphate	0.0500	甲苯	5
274	2,3,4,5-四氯甲氧基苯	2,3,4,5-tetrachloroanisole	0.0250	甲苯	2.5
275	五氯甲氧基苯	pentachloroanisole	0.0250	甲苯	2.5
276	牧草胺	tebutam	0.0500	甲苯	5
277	蔬果磷	dioxabenzofos	0.2500	甲醇	25
278	甲基苯噻隆	methabenzthiazuron	0.2500	甲苯+丙酮(9+1)	25
279	西玛通	simetone	0.0500	甲苯	5
280	阿特拉通	atratone	0.0250	甲苯	2.5
281	脱异丙基莠去津	desisopropyl-atrazine	0.2000	甲苯+丙酮(8+2)	20
282	特丁硫磷砜	terbufos sulfone	0.0250	甲苯	2.5
283	七氟菊酯	tefluthrin	0.0250	甲苯	2.5
284	溴烯杀	bromocylen	0.0250	甲苯	2.5

续表

序号	中文名称	英文名称	定量限(mg/kg)	溶剂	混合标准溶液浓度(mg/L)
D 组					
285	草达津	trietazine	0.0250	甲苯	2.5
286	氧乙嘧硫磷	etrimfos oxon	0.0250	甲苯	2.5
287	环莠隆	cycluron	0.0750	甲苯	7.5
288	2,6-二氯苯甲酰胺	2,6-dichlorobenzamide	0.0500	甲苯+丙酮(8+2)	5
289	2,4,4′-三氯联苯	DE-PCB 28	0.0250	甲苯	2.5
290	2,4′,5-三氯联苯	DE-PCB 31	0.0250	甲苯	2.5
291	脱乙基另丁津	desethyl-sebuthylazine	0.0500	甲苯+丙酮(8+2)	5
292	2,3,4,5-四氯苯胺	2,3,4,5-tetrachloroaniline	0.0500	甲苯	5
293	A.1.1.1.1.1 合成麝香	A.1.1.1.1.2 musk ambrette	0.0250	甲苯	2.5
294	A.1.1.1.1.3 二甲苯麝香	A.1.1.1.1.4 musk xylene	0.0250	甲苯	2.5
295	五氯苯胺	pentachloroaniline	0.0250	甲苯	2.5
296	叠氮津	aziprotryne	0.2000	甲苯	20
297	另丁津	sebutylazine	0.0250	甲苯+丙酮(8+2)	2.5
298	丁脒酰胺	isocarbamide	0.1250	甲苯+丙酮(9+1)	12.5
299	2,2′,5,5′-四氯联苯	DE-PCB 52	0.0250	甲苯	2.5
300	A.1.1.1.1.5 麝香	A.1.1.1.1.6 musk moskene	0.0250	甲苯	2.5
301	苄草丹	prosulfocarb	0.0250	甲苯	2.5
302	二甲吩草胺	dimethenamid	0.0250	甲苯	2.5
303	氧皮蝇磷	fenchlorphos oxon	0.0500	甲苯	5
304	4-溴-3,5-二甲苯基-*N*-甲基氨基甲酸酯-2	BDMC-2	0.0500	甲苯	5
305	甲基对氧磷	paraoxon-methyl	0.4000	甲苯	40
306	庚酰草胺	monalide	0.0500	甲苯	5
307	A.1.1.1.1.7 西藏麝香	A.1.1.1.1.8 musk tibeten	0.0250	甲苯	2.5
308	碳氯灵	isobenzan	0.0250	甲苯	2.5
309	八氯苯乙烯	octachlorostyrene	0.0250	甲苯	2.5
310	嘧啶磷	pyrimitate	0.0250	甲苯	2.5
311	异艾氏剂	isodrin	0.0250	甲苯	2.5
312	丁嗪草酮	isomethiozin	0.0500	甲苯	5
313	毒壤磷	trichloronat	0.0250	甲苯	2.5
314	敌草索	dacthal	0.0250	甲苯	2.5
315	4,4-二氯二苯甲酮	4,4-dichlorobenzophenone	0.0250	甲苯	2.5

续表

序号	中文名称	英文名称	定量限(mg/kg)	溶剂	混合标准溶液浓度(mg/L)
D 组					
316	酞菌酯	nitrothal-isopropyl	0.0500	甲苯	5
317	A.1.1.1.1.9 麝香酮	A.1.1.1.1.10 musk ket one	0.0250	甲苯	2.5
318	吡咪唑	rabenzazole	0.0250	甲苯	2.5
319	嘧菌环胺	cyprodinil	0.0250	甲苯	2.5
320	氧异柳磷	isofenphos oxon	0.0500	甲苯	5
321	异氯磷	dicapthon	0.1250	甲苯	12.5
322	2,2′,4′,5,5′-五氯联苯	DE-PCB 101	0.0250	甲苯	2.5
323	2-甲-4-氯丁氧乙基酯	MCPA-butoxyethyl ester	0.0250	甲苯	2.5
324	水胺硫磷	isocarbophos	0.0500	甲苯	5
325	甲拌磷砜	phorate sulfone	0.0250	甲苯	2.5
326	杀螨醇	chlorfenethol	0.0250	甲苯	2.5
327	反式九氯	*trans*-nonachlor	0.0250	甲苯	2.5
328	消螨通	dinobuton	0.2500	甲苯	25
329	脱叶磷	DEF	0.0500	甲苯	5
330	氟咯草酮	flurochloridone	0.0500	甲醇	5
331	溴苯烯磷	bromfenvinfos	0.0250	甲苯+丙酮(8+2)	2.5
332	乙滴涕	perthane	0.0250	甲苯	2.5
333	2,3′,4,4′,5-五氯联苯	DE-PCB 118	0.0250	甲苯	2.5
334	4,4-二溴二苯甲酮	4,4-dibromobenzophenone	0.0250	甲苯	2.5
335	粉唑醇	flutriafol	0.0500	甲苯+丙酮(9+1)	5
336	地胺磷	mephosfolan	0.0500	甲苯	5
337	乙基杀扑磷	athidathion	0.0500	甲苯	5
338	2,2′,4,4′,5,5′-六氯联苯	DE-PCB 153	0.0250	甲苯	2.5
339	苄氯三唑醇	diclobutrazole	0.1000	甲苯+丙酮(8+2)	10
340	乙拌磷砜	disulfoton sulfone	0.0500	甲苯	5
341	噻螨酮	hexythiazox	0.2000	甲苯	20
342	2,2′,3,4,4′,5′-六氯联苯	DE-PCB 138	0.0250	甲苯	2.5
343	环菌唑	cyproconazole	0.0250	甲苯	2.5
344	炔草酸	clodinafop-propargyl	0.0500	甲苯	5
345	倍硫磷亚砜	fenthion sulfoxide	0.1000	甲苯	10
346	三氟苯唑	fluotrimazole	0.0250	甲苯	2.5
347	氟草烟-1-甲庚酯	fluroxypr-1-methylheptyl ester	0.0250	甲苯	2.5

续表

序号	中文名称	英文名称	定量限 (mg/kg)	溶剂	混合标准溶液浓度 (mg/L)
D 组					
348	倍硫磷砜	fenthion sulfone	0.1000	甲苯	10
349	三苯基磷酸盐	triphenyl phosphate	0.0250	甲苯	2.5
350	苯嗪草酮	metamitron	0.2500	甲苯+丙酮(8+2)	25
351	2,2′,3,4,4′,5,5′-七氯联苯	DE-PCB 180	0.0250	甲苯	2.5
352	吡螨胺	tebufenpyrad	0.0250	甲苯	2.5
353	环草定	lenacil	0.2500	甲苯+丙酮(8+2)	25
354	糠菌唑-1	bromuconazole-1	0.0500	甲苯	5
355	脱溴溴苯磷	desbrom- leptophos	0.0250	甲苯	2.5
356	糠菌唑-2	bromuconazole-2	0.0500	甲苯	5
357	甲磺乐灵	nitralin	0.2500	甲苯+丙酮(8+2)	25
358	苯线磷亚砜	fenamiphos sulfoxide	0.8000	甲苯	80
359	苯线磷砜	fenamiphos sulfone	0.1000	甲苯+丙酮(8+2)	10
360	拌种咯	fenpiclonil	0.1000	甲苯+丙酮(8+2)	10
361	氟喹唑	fluquinconazole	0.0250	甲苯+丙酮(8+2)	2.5
362	腈苯唑	fenbuconazole	0.0500	甲苯+丙酮(8+2)	5
E 组					
363	残杀威-1	propoxur-1	0.0500	甲苯	5
364	异丙威-1	isoprocarb -1	0.0500	甲苯	5
365	甲胺磷	methamidophos	0.8000	甲苯	10
366	二氢苊	acenaphthene	0.0250	甲苯	2.5
367	驱虫特	dibutyl succinate	0.0500	甲苯	5
368	邻苯二甲酰亚胺	phthalimide	0.0500	甲苯	5
369	氯氧磷	chlorethoxyfos	0.0500	甲苯	5
370	异丙威-2	isoprocarb -2	0.0500	甲苯	5
371	戊菌隆	pencycuron	0.2000	甲苯	10
372	丁噻隆	tebuthiuron	0.1000	甲苯	10
373	甲基内吸磷	demeton-*S*-methyl	0.1000	甲苯	10
374	硫线磷	cadusafos	0.1000	甲苯	10
375	残杀威-2	propoxur-2	0.0500	甲苯	5
376	菲	phenanthrene	0.0250	甲苯	2.5
377	唑螨酯	fenpyroximate	0.2000	甲苯	20

续表

序号	中文名称	英文名称	定量限(mg/kg)	溶剂	混合标准溶液浓度(mg/L)
E 组					
378	丁基嘧啶磷	tebupirimfos	0.0500	甲苯	5
379	茉莉酮	prohydrojasmon	0.1000	环己烷	10
380	氯硝胺	dichloran	0.0500	甲苯	5
381	咯喹酮	pyroquilon	0.0250	甲苯	2.5
382	炔苯酰草胺	propyzamide	0.0500	甲苯	5
383	抗蚜威	pirimicarb	0.1000	甲苯	5
384	磷胺-1	phosphamidon -1	0.2000	甲苯	20
385	解草嗪	benoxacor	0.0500	甲苯	5
386	溴丁酰草胺	bromobutide	0.0250	环己烷	2.5
387	乙草胺	acetochlor	0.0500	甲苯	5
388	灭草环	tridiphane	0.1000	异辛烷	10
389	特草灵	terbucarb	0.0500	甲苯	5
390	戊草丹	esprocarb	0.0500	甲苯	5
391	甲呋酰胺	fenfuram	0.0500	甲苯	5
392	活化酯	acibenzolar-*S*-methyl	0.0500	环己烷	5
393	呋草黄	benfuresate	0.0500	甲苯	5
394	氟硫草定	dithiopyr	0.0250	甲苯	2.5
395	精甲霜灵	mefenoxam	0.0500	甲苯	5
396	马拉氧磷	malaoxon	0.4000	甲苯	40
397	磷胺-2	phosphamidon -2	0.2000	甲苯	20
398	硅氟唑	simeconazole	0.0500	甲苯	5
399	氯酞酸甲酯	chlorthal-dimethyl	0.0500	甲苯	5
400	噻唑烟酸	thiazopyr	0.0500	甲苯	5
401	甲基毒虫畏	dimethylvinphos	0.0500	甲苯	5
402	仲丁灵	butralin	0.1000	甲苯	10
403	苯酰草胺	zoxamide	0.0500	甲苯+丙酮(8+2)	5
404	啶斑肟-1	pyrifenox -1	0.2000	甲苯	20
405	烯丙菊酯	allethrin	0.1000	甲苯	10
406	异戊乙净	dimethametryn	0.0250	甲苯	2.5
407	灭藻醌	quinoclamine	0.1000	甲苯	10
408	甲醚菊酯-1	methothrin-1	0.0500	甲苯	5
409	氟噻草胺	flufenacet	0.2000	甲苯	20
410	甲醚菊酯-2	methothrin-2	0.0500	甲苯	5

续表

序号	中文名称	英文名称	定量限 (mg/kg)	溶剂	混合标准溶液浓度 (mg/L)
E 组					
411	啶斑肟-2	pyrifenox -2	0.2000	甲苯	20
412	氰菌胺	fenoxanil	0.0500	甲苯	5
413	四氯苯酞	phthalide	0.1000	丙酮	10
414	呋霜灵	furalaxyl	0.0500	甲苯	5
415	噻虫嗪	thiamethoxam	0.1000	甲苯	10
416	嘧菌胺	mepanipyrim	0.0250	甲苯	2.5
417	除草定	bromacil	0.2000	甲苯	5
418	啶氧菌酯	picoxystrobin	0.0500	甲苯	5
419	抑草磷	butamifos	0.0250	环己烷	2.5
420	咪草酸	imazamethabenz-methyl	0.0750	甲苯	7.5
421	苯氧菌胺-1	metominostrobin-1	0.1000	乙腈	10
422	苯噻硫氰	TCMTB	0.4000	甲苯	40
423	甲硫威砜	methiocarb sulfone	1.6000	甲苯+丙酮(8+2)	80
424	抑霉唑	imazalil	0.2000	甲苯	10
425	稻瘟灵	isoprothiolane	0.0500	甲苯	5
426	环氟菌胺	cyflufenamid	0.4000	环己烷	40
427	嘧草醚	pyriminobac-methyl	0.1000	环己烷	10
428	噁唑磷	isoxathion	0.2000	环己烷	20
429	苯氧菌胺-2	metominostrobin-2	0.1000	乙腈	10
430	苯虫醚-1	diofenolan -1	0.0500	甲苯	5
431	噻呋酰胺	thifluzamide	0.2000	乙腈	20
432	苯虫醚-2	diofenolan -2	0.0500	甲苯	5
433	苯氧喹啉	quinoxyphen	0.0250	甲苯	2.5
434	溴虫腈	chlorfenapyr	0.2000	甲苯	20
435	肟菌酯	trifloxystrobin	0.1000	甲苯	10
436	脱苯甲基亚胺唑	imibenconazole-des-benzyl	0.1000	甲苯+丙酮(8+2)	10
437	双苯噁唑酸	isoxadifen-ethyl	0.0500	甲苯	5
438	氟虫腈	fipronil	0.2000	甲苯	20
439	炔咪菊酯-1	imiprothrin-1	0.0500	甲苯	5
440	唑酮草酯	carfentrazone-ethyl	0.0500	甲苯	5
441	炔咪菊酯-2	imiprothrin-2	0.0500	甲苯	5
442	氟环唑-1	epoxiconazole -1	0.2000	甲苯	20
443	吡草醚	pyraflufen ethyl	0.0500	甲苯	5

续表

序号	中文名称	英文名称	定量限 (mg/kg)	溶剂	混合标准溶液浓度 (mg/L)
E 组					
444	稗草丹	pyributicarb	0.0500	甲苯	5
445	噻吩草胺	thenylchlor	0.0500	甲苯	5
446	烯草酮	clethodim	0.2000	甲苯	10
447	吡唑解草酯	mefenpyr-diethyl	0.0750	甲苯	7.5
448	伐灭磷	famphur	0.1000	甲苯	10
449	乙螨唑	etoxazole	0.1500	环己烷	15
450	吡丙醚	pyriproxyfen	0.0250	甲苯	5
451	氟环唑-2	epoxiconazole-2	0.2000	甲苯	20
452	氟吡酰草胺	picolinafen	0.0250	甲苯	2.5
453	异菌脲	iprodione	0.1000	甲苯	10
454	哌草磷	piperophos	0.0750	甲苯	7.5
455	呋酰胺	ofurace	0.0750	甲苯	7.5
456	联苯肼酯	bifenazate	0.2000	甲苯	20
457	异狄氏剂酮	endrin ketone	0.1000	甲苯	10
458	氯甲酰草胺	clomeprop	0.0250	乙腈	2.5
459	咪唑菌酮	fenamidone	0.0250	甲苯	2.5
460	萘丙胺	naproanilide	0.0250	丙酮	2.5
461	吡唑醚菊酯	pyraclostrobin	0.6000	甲苯	60
462	乳氟禾草灵	lactofen	0.2000	甲苯	20
463	三甲苯草酮	tralkoxydim	0.8000	甲苯	20
464	吡唑硫磷	pyraclofos	0.2000	环己烷	20
465	氯亚胺硫磷	dialifos	0.2000	甲苯	80
466	螺螨酯	spirodiclofen	0.2000	甲苯	20
467	苄螨醚	halfenprox	0.1000	环己烷	5
468	呋草酮	flurtamone	0.1000	甲苯	5
469	环酯草醚	pyriftalid	0.0250	甲苯	2.5
470	氟硅菊酯	silafluofen	0.0250	甲苯	2.5
471	嘧螨醚	pyrimidifen	0.2000	乙腈	5
472	啶虫脒	acetamiprid	0.3000	甲苯	10
473	氟丙嘧草酯	butafenacil	0.0250	甲苯	2.5
474	苯酮唑	cafenstrole	0.3000	乙腈	10
475	氟啶草酮	fluridone	0.0500	甲苯	5

附录 2 475 种农药及相关化学品和内标化合物的保留时间、定量离子、定性离子及定量离子与定性离子的丰度比值

序号	中文名称	英文名称	保留时间(min)	定量离子	定性离子 1	定性离子 2	定性离子 3
内标	环氧七氯	heptachlor-epoxide	22.10	353(100)	355(79)	351(52)	
A 组							
1	二丙烯草胺	allidochlor	8.78	138(100)	158(10)	173(15)	
2	烯丙酰草胺	dichlormid	9.74	172(100)	166(41)	124(79)	
3	土菌灵	etridiazol	10.42	211(100)	183(73)	140(19)	
4	氯甲硫磷	chlormephos	10.53	121(100)	234(70)	154(70)	
5	苯胺灵	propham	11.36	179(100)	137(66)	120(51)	
6	环草敌	cycloate	13.56	154(100)	186(5)	215(12)	
7	联苯二胺	diphenylamine	14.55	169(100)	168(58)	167(29)	
8	乙丁烯氟灵	ethalfluralin	15.00	276(100)	316(81)	292(42)	
9	甲拌磷	phorate	15.46	260(100)	121(160)	231(56)	153(3)
10	甲基乙拌磷	thiometon	16.20	88(100)	125(55)	246(9)	
11	五氯硝基苯	quintozene	16.75	295(100)	237(159)	249(114)	
12	脱乙基阿特拉津	atrazine-desethyl	16.76	172(100)	187(32)	145(17)	
13	异噁草松	clomazone	17.00	204(100)	138(4)	205(13)	
14	二嗪磷	diazinon	17.14	304(100)	179(192)	137(172)	
15	地虫硫磷	fonofos	17.31	246(100)	137(141)	174(15)	202(6)
16	乙嘧硫磷	etrimfos	17.92	292(100)	181(40)	277(31)	
17	西玛津	simazine	17.85	201(100)	186(62)	173(42)	
18	胺丙畏	propetamphos	17.97	138(100)	194(49)	236(30)	
19	仲丁通	secbumeton	18.36	196(100)	210(38)	225(39)	
20	除线磷	dichlofenthion	18.80	279(100)	223(78)	251(38)	
21	炔丙烯草胺	pronamide	18.72	173(100)	175(62)	255(22)	
22	兹克威	mexacarbate	18.83	165(100)	150(66)	222(27)	
23	艾氏剂	aldrin	19.67	263(100)	265(65)	293(40)	329(8)
24	氨氟灵	dinitramine	19.35	305(100)	307(38)	261(29)	
25	皮蝇磷	ronnel	19.80	285(100)	287(67)	125(32)	
26	扑草净	prometryne	20.13	241(100)	184(78)	226(60)	
27	环丙津	cyprazine	20.18	212(100)	227(58)	170(29)	
28	乙烯菌核利	vinclozolin	20.29	285(100)	212(109)	198(96)	
29	β-六六六	beta-HCH	20.31	219(100)	217(78)	181(94)	254(12)

续表

序号	中文名称	英文名称	保留时间(min)	定量离子	定性离子1	定性离子2	定性离子3
A 组							
30	甲霜灵	metalaxyl	20.67	206(100)	249(53)	234(38)	
31	毒死蜱	chlorpyrifos(-ethyl)	20.96	314(100)	258(57)	286(42)	
32	甲基对硫磷	methyl-parathion	20.82	263(100)	233(66)	246(8)	200(6)
33	蒽醌	anthraquinone	21.49	208(100)	180(84)	152(69)	
34	δ-六六六	delta-HCH	21.16	219(100)	217(80)	181(99)	254(10)
35	倍硫磷	fenthion	21.53	278(100)	169(16)	153(9)	
36	马拉硫磷	malathion	21.54	173(100)	158(36)	143(15)	
37	杀螟硫磷	fenitrothion	21.62	277(100)	260(52)	247(60)	
38	对氧磷	paraoxon-ethyl	21.57	275(100)	220(60)	247(58)	
39	三唑酮	triadimefon	22.22	208(100)	210(50)	181(74)	
40	对硫磷	parathion	22.32	291(100)	186(23)	235(35)	263(11)
41	二甲戊灵	pendimethalin	22.59	252(100)	220(22)	162(12)	
42	利谷隆	linuron	22.44	61(100)	248(30)	160(12)	
43	杀螨醚	chlorbenside	22.96	268(100)	270(41)	143(11)	
44	乙基溴硫磷	bromophos-ethyl	23.06	359(100)	303(77)	357(74)	
45	喹硫磷	quinalphos	23.10	146(100)	298(28)	157(66)	
46	反式氯丹	*trans*-chlordane	23.29	373(100)	375(96)	377(51)	
47	稻丰散	phenthoate	23.30	274(100)	246(24)	320(5)	
48	吡唑草胺	metazachlor	23.32	209(100)	133(120)	211(32)	
49	苯硫威	fenothiocarb	23.79	72(100)	160(37)	253(15)	
50	丙硫磷	prothiophos	24.04	309(100)	267(88)	162(55)	
51	整形醇	chlorflurenol	24.15	215(100)	152(40)	274(11)	
52	狄氏剂	dieldrin	24.43	263(100)	277(82)	380(30)	345(35)
53	腐霉利	procymidone	24.36	283(100)	285(70)	255(15)	
54	杀扑磷	methidathion	24.49	145(100)	157(2)	302(4)	
55	敌草胺	napropamide	24.84	271(100)	128(111)	171(34)	
56	噁草酮	oxadiazone	25.06	175(100)	258(62)	302(37)	
57	苯线磷	fenamiphos	25.29	303(100)	154(56)	288(31)	217(22)
58	杀螨氯硫	tetrasul	25.85	252(100)	324(64)	254(68)	
59	杀螨特	aramite	25.60	185(100)	319(37)	334(32)	
60	乙嘧酚磺酸酯	bupirimate	26.00	273(100)	316(41)	208(83)	
61	萎锈灵	carboxin	26.25	235(100)	143(168)	87(52)	

续表

序号	中文名称	英文名称	保留时间(min)	定量离子	定性离子1	定性离子2	定性离子3
A 组							
62	氟酰胺	flutolanil	26.23	173(100)	145(25)	323(14)	
63	*p,p'*-滴滴滴	4,4'-DDD	26.59	235(100)	237(64)	199(12)	165(46)
64	乙硫磷	ethion	26.69	231(100)	384(13)	199(9)	
65	硫丙磷	sulprofos	26.87	322(100)	156(62)	280(11)	
66	乙环唑-1	etaconazole-1	26.81	245(100)	173(85)	247(65)	
67	乙环唑-2	etaconazole-2	26.89	245(100)	173(85)	247(65)	
68	腈菌唑	myclobutanil	27.19	179(100)	288(14)	150(45)	
69	禾草灵	diclofop-methyl	28.08	253(100)	281(50)	342(82)	
70	丙环唑	propiconazole	28.15	259(100)	173(97)	261(65)	
71	丰索磷	fensulfothion	27.94	292(100)	308(22)	293(73)	
72	联苯菊酯	bifenthrin	28.57	181(100)	166(25)	165(23)	
73	灭蚁灵	mirex	28.72	272(100)	237(49)	274(80)	
74	麦锈灵	benodanil	29.14	231(100)	323(38)	203(22)	
75	氟苯嘧啶醇	nuarimol	28.90	314(100)	235(155)	203(108)	
76	甲氧滴滴涕	methoxychlor	29.38	227(100)	228(16)	212(4)	
77	噁霜灵	oxadixyl	29.50	163(100)	233(18)	278(11)	
78	胺菊酯	tetramethirn	29.59	164(100)	135(3)	232(1)	
79	戊唑醇	tebuconazole	29.51	250(100)	163(55)	252(36)	
80	氟草敏	norflurazon	29.99	303(100)	145(101)	102(47)	
81	哒嗪硫磷	pyridaphenthion	30.17	340(100)	199(48)	188(51)	
82	亚胺硫磷	phosmet	30.46	160(100)	161(11)	317(4)	
83	三氯杀螨砜	tetradifon	30.70	227(100)	356(70)	159(196)	
84	氧化萎锈灵	oxycarboxin	31.00	175(100)	267(52)	250(3)	
85	顺式氯菊酯	*cis*-permethrin	31.42	183(100)	184(15)	255(2)	
86	反式氯菊酯	*trans*-permethrin	31.68	183(100)	184(15)	255(2)	
87	吡菌磷	pyrazophos	31.60	221(100)	232(35)	373(19)	
88	氯氰菊酯	cypermethrin	33.19 33.38 33.46 33.56	181(100)	152(23)	180(16)	
89	氰戊菊酯	fenvalerate	34.45 34.79	167(100)	225(53)	419(37)	181(41)
90	溴氰菊酯	deltamethrin	35.77	181(100)	172(25)	174(25)	

续表

序号	中文名称	英文名称	保留时间(min)	定量离子	定性离子 1	定性离子 2	定性离子 3
B 组							
91	茵草敌	EPTC	8.54	128(100)	189(30)	132(32)	
92	丁草敌	butylate	9.49	156(100)	146(115)	217(27)	
93	敌草腈	dichlobenil	9.75	171(100)	173(68)	136(15)	
94	克草敌	pebulate	10.18	128(100)	161(21)	203(20)	
95	三氯甲基吡啶	nitrapyrin	10.89	194(100)	196(97)	198(23)	
96	速灭磷	mevinphos	11.23	127(100)	192(39)	164(29)	
97	氯苯甲醚	chloroneb	11.85	191(100)	193(67)	206(66)	
98	四氯硝基苯	tecnazene	13.54	261(100)	203(135)	215(113)	
99	庚烯磷	heptanophos	13.78	124(100)	215(17)	250(14)	
100	六氯苯	hexachlorobenzene	14.69	284(100)	286(81)	282(51)	
101	灭线磷	ethoprophos	14.40	158(100)	200(40)	242(23)	168(15)
102	顺式燕麦敌	*cis*-diallate	14.75	234(100)	236(37)	128(38)	
103	毒草胺	propachlor	14.73	120(100)	176(45)	211(11)	
104	反式燕麦敌	*trans*-diallate	15.29	234(100)	236(37)	128(38)	
105	氟乐灵	trifluralin	15.23	306(100)	264(72)	335(7)	
106	氯苯胺灵	chlorpropham	15.49	213(100)	171(59)	153(24)	
107	治螟磷	sulfotep	15.55	322(100)	202(43)	238(27)	266(24)
108	菜草畏	sulfallate	15.75	188(100)	116(7)	148(4)	
109	α-六六六	alpha-HCH	16.06	219(100)	183(98)	221(47)	254(6)
110	特丁硫磷	terbufos	16.83	231(100)	153(25)	288(10)	186(13)
111	特丁通	terbumeton	17.20	210(100)	169(66)	225(32)	
112	环丙氟灵	profluralin	17.36	318(100)	304(47)	347(13)	
113	敌噁磷	dioxathion	17.51	270(100)	197(43)	169(19)	
114	扑灭津	propazine	17.67	214(100)	229(67)	172(51)	
115	氯炔灵	chlorbufam	17.85	223(100)	153(53)	164(64)	
116	氯硝胺	dicloran	17.89	206(100)	176(128)	160(52)	
117	特丁津	terbuthylazine	18.07	214(100)	229(33)	173(35)	
118	绿谷隆	monolinuron	18.15	61(100)	126(45)	214(51)	
119	氟虫脲	flufenoxuron	18.83	305(100)	126(67)	307(32)	
120	杀螟腈	cyanophos	18.73	243(100)	180(8)	148(3)	
121	甲基毒死蜱	chlorpyrifos-methyl	19.38	286(100)	288(70)	197(5)	
122	敌草净	desmetryn	19.64	213(100)	198(60)	171(30)	

续表

序号	中文名称	英文名称	保留时间(min)	定量离子	定性离子1	定性离子2	定性离子3
B组							
123	二甲草胺	dimethachlor	19.80	134(100)	197(47)	210(16)	
124	甲草胺	alachlor	20.03	188(100)	237(35)	269(15)	
125	甲基嘧啶磷	pirimiphos-methyl	20.30	290(100)	276(86)	305(74)	
126	特丁净	terbutryn	20.61	226(100)	241(64)	185(73)	
127	杀草丹	thiobencarb	20.63	100(100)	257(25)	259(9)	
128	丙硫特普	aspon	20.62	211(100)	253(52)	378(14)	
129	三氯杀螨醇	dicofol	21.33	139(100)	141(72)	250(23)	251(4)
130	异丙甲草胺	metolachlor	21.34	238(100)	162(159)	240(33)	
131	氧化氯丹	oxy-chlordane	21.63	387(100)	237(50)	185(68)	
132	烯虫酯	methoprene	21.71	73(100)	191(29)	153(29)	
133	溴硫磷	bromofos	21.75	331(100)	329(75)	213(7)	
134	乙氧呋草黄	ethofumesate	21.84	207(100)	161(54)	286(27)	
135	异丙乐灵	isopropalin	22.10	280(100)	238(40)	222(4)	
136	硫丹 I	endosulfan I	23.10	241(100)	265(66)	339(46)	
137	敌稗	propanil	22.68	161(100)	217(21)	163(62)	
138	异柳磷	isofenphos	22.99	213(100)	255(44)	185(45)	
139	育畜磷	crufomate	22.93	256(100)	182(154)	276(58)	
140	毒虫畏	chlorfenvinphos	23.19	323(100)	267(139)	269(92)	
141	顺式氯丹	*cis*-chlordane	23.55	373(100)	375(96)	377(51)	
142	甲苯氟磺胺	tolylfluanide	23.45	238(100)	240(71)	137(210)	
143	*p*, *p*′-滴滴伊	4,4′-DDE	23.92	318(100)	316(80)	246(139)	248(70)
144	丁草胺	butachlor	23.82	176(100)	160(75)	188(46)	
145	乙菌利	chlozolinate	23.83	259(100)	188(83)	331(91)	
146	巴毒磷	crotoxyphos	23.94	193(100)	194(16)	166(51)	
147	碘硫磷	iodofenphos	24.33	377(100)	379(37)	250(6)	
148	杀虫畏	tetrachlorvinphos	24.36	329(100)	331(96)	333(31)	
149	氯溴隆	chlorbromuron	24.37	61(100)	294(17)	292(13)	
150	丙溴磷	profenofos	24.65	339(100)	374(39)	297(37)	
151	氟咯草酮	fluorochloridone	25.14	311(100)	313(64)	187(85)	
152	*o*, *p*′-滴滴滴	2,4′-DDD	24.94	235(100)	237(65)	165(39)	199(15)
153	异狄氏剂	endrin	25.15	263(100)	317(30)	345(26)	
154	己唑醇	hexaconazole	24.92	214(100)	231(62)	256(26)	

续表

序号	中文名称	英文名称	保留时间(min)	定量离子	定性离子1	定性离子2	定性离子3
B组							
155	杀螨酯	chlorfenson	25.05	302(100)	175(282)	177(103)	
156	*o*, *p*′-滴滴涕	2, 4′-DDT	25.56	235(100)	237(63)	165(37)	199(14)
157	多效唑	paclobutrazol	25.21	236(100)	238(37)	167(39)	
158	盖草津	methoprotryne	25.63	256(100)	213(24)	271(17)	
159	丙酯杀螨醇	chloropropylate	25.85	251(100)	253(64)	141(18)	
160	麦草氟甲酯	flamprop-methyl	25.90	105(100)	77(26)	276(11)	
161	除草醚	nitrofen	26.12	283(100)	253(90)	202(48)	139(15)
162	乙氧氟草醚	oxyfluorfen	26.13	252(100)	361(35)	300(35)	
163	虫螨磷	chlorthiophos	26.52	325(100)	360(52)	297(54)	
164	硫丹Ⅱ	endosulfan Ⅱ	26.72	241(100)	265(66)	339(46)	
165	麦草氟异丙酯	flamprop-isopropyl	26.70	105(100)	276(19)	363(3)	
166	*p*, *p*′-滴滴涕	4,4′-DDT	27.22	235(100)	237(65)	246(7)	165(34)
167	三硫磷	carbofenothion	27.19	157(100)	342(49)	199(28)	
168	苯霜灵	benalaxyl	27.54	148(100)	206(32)	325(8)	
169	敌瘟磷	edifenphos	27.94	173(100)	310(76)	201(37)	
170	三唑磷	triazophos	28.23	161(100)	172(47)	257(38)	
171	苯腈磷	cyanofenphos	28.43	157(100)	169(56)	303(20)	
172	氯杀螨砜	chlorbenside sulfone	28.88	127(100)	99(14)	89(33)	
173	硫丹硫酸盐	endosulfan-sulfate	29.05	387(100)	272(165)	389(64)	
174	溴螨酯	bromopropylate	29.30	341(100)	183(34)	339(49)	
175	新燕灵	benzoylprop-ethyl	29.40	292(100)	365(36)	260(37)	
176	甲氰菊酯	fenpropathrin	29.56	265(100)	181(237)	349(25)	
177	溴苯磷	leptophos	30.19	377(100)	375(73)	379(28)	
178	苯硫磷	EPN	30.06	157(100)	169(53)	323(14)	
179	环嗪酮	hexazinone	30.14	171(100)	252(3)	128(12)	
180	伏杀硫磷	phosalone	31.22	182(100)	367(30)	154(20)	
181	保棉磷	azinphos-methyl	31.41	160(100)	132(71)	77(58)	
182	氯苯嘧啶醇	fenarimol	31.65	139(100)	219(70)	330(42)	
183	益棉磷	azinphos-ethyl	32.01	160(100)	132(103)	77(51)	
184	蝇毒磷	coumaphos	33.22	362(100)	226(56)	364(39)	334(15)
185	氟氯氰菊酯	cyfluthrin	32.94 33.12	206(100)	199(63)	226(72)	
186	氟胺氰菊酯	fluvalinate	34.94 35.02	250(100)	252(38)	181(18)	

续表

序号	中文名称	英文名称	保留时间(min)	定量离子	定性离子1	定性离子2	定性离子3
C组							
187	敌敌畏	dichlorvos	7.80	109(100)	185(34)	220(7)	
188	联苯	biphenyl	9.00	154(100)	153(40)	152(27)	
189	灭草敌	vernolate	9.82	128(100)	146(17)	203(9)	
190	3,5-二氯苯胺	3,5-dichloroaniline	11.20	161(100)	163(62)	126(10)	
191	禾草敌	molinate	11.92	126(100)	187(24)	158(2)	
192	虫螨畏	methacrifos	11.86	125(100)	208(74)	240(44)	
193	邻苯基苯酚	2-phenylphenol	12.47	170(100)	169(72)	141(31)	
194	四氢邻苯二甲酰亚胺	tetrahydrophthalimide	13.39	151(100)	123(16)	122(16)	
195	仲丁威	fenobucarb	14.60	121(100)	150(32)	107(8)	
196	乙丁氟灵	benfluralin	15.23	292(100)	264(20)	276(13)	
197	氟铃脲	hexaflumuron	16.20	176(100)	279(28)	277(43)	
198	野麦畏	triallate	17.12	268(100)	270(73)	143(19)	
199	嘧霉胺	pyrimethanil	17.28	198(100)	199(45)	200(5)	
200	林丹	gamma-HCH	17.48	183(100)	219(93)	254(13)	221(40)
201	乙拌磷	disulfoton	17.61	88(100)	274(15)	186(18)	
202	莠去净	atrizine	17.64	200(100)	215(62)	173(29)	
203	七氯	heptachlor	18.49	272(100)	237(40)	337(27)	
204	异稻瘟净	iprobenfos	18.44	204(100)	246(18)	288(17)	
205	氯唑磷	isazofos	18.54	161(100)	257(53)	285(39)	313(14)
206	三氯杀虫酯	plifenate	18.87	217(100)	175(96)	242(91)	
207	四氟苯菊酯	transfluthrin	19.04	163(100)	165(23)	335(7)	
208	氯乙氟灵	fluchloraline	18.89	306(100)	326(87)	264(54)	
209	甲基立枯磷	tolclofos-methyl	19.69	265(100)	267(36)	250(10)	
210	异丙草胺	propisochlor	19.89	162(100)	223(200)	146(17)	
211	溴谷隆	metobromuron	20.07	61(100)	258(11)	170(16)	
212	嗪草酮	metribuzin	20.33	198(100)	199(21)	144(12)	
213	ε-六六六	epsilon-HCH	20.78	181(100)	219(76)	254(15)	217(40)
214	安硫磷	formothion	21.42	170(100)	224(97)	257(63)	
215	乙霉威	diethofencarb	21.43	267(100)	225(98)	151(31)	
216	哌草丹	dimepiperate	22.28	119(100)	145(30)	263(8)	
217	生物烯丙菊酯-1	bioallethrin-1	22.29	123(100)	136(24)	107(29)	

续表

序号	中文名称	英文名称	保留时间(min)	定量离子	定性离子1	定性离子2	定性离子3
C组							
218	生物烯丙菊酯-2	bioallethrin-2	22.34	123(100)	136(24)	107(29)	
219	*o,p'*-滴滴伊	2,4'-DDE	22.64	246(100)	318(34)	176(26)	248(65)
220	芬螨酯	fenson	22.54	141(100)	268(53)	77(104)	
221	双苯酰草胺	diphenamid	22.87	167(100)	239(30)	165(43)	
222	氯硫磷	chlorthion	22.86	297(100)	267(162)	299(45)	
223	炔丙菊酯	prallethrin	23.11	123(100)	105(17)	134(9)	
224	戊菌唑	penconazole	23.17	248(100)	250(33)	161(50)	
225	灭蚜磷	mecarbam	23.46	131(100)	296(22)	329(40)	
226	四氟醚唑	tetraconazole	23.35	336(100)	338(33)	171(10)	
227	丙虫磷	propaphos	23.92	304(100)	220(108)	262(34)	
228	氟节胺	flumetralin	24.10	143(100)	157(25)	404(10)	
229	三唑醇	triadimenol	24.22	112(100)	168(81)	130(15)	
230	丙草胺	pretilachlor	24.67	162(100)	238(26)	262(8)	
231	醚菌酯	kresoxim-methyl	25.04	116(100)	206(25)	131(66)	
232	吡氟禾草灵	fluazifop-butyl	25.21	282(100)	383(44)	254(49)	
233	氟啶脲	chlorfluazuron	25.27	321(100)	323(71)	356(8)	
234	乙酯杀螨醇	chlorobenzilate	25.90	251(100)	253(65)	152(5)	
235	烯效唑	uniconazole	26.15	234(100)	236(40)	131(15)	
236	氟硅唑	flusilazole	26.19	233(100)	206(33)	315(9)	
237	三氟硝草醚	fluorodifen	26.59	190(100)	328(35)	162(34)	
238	烯唑醇	diniconazole	27.03	268(100)	270(65)	232(13)	
239	增效醚	piperonyl butoxide	27.46	176(100)	177(33)	149(14)	
240	炔螨特	propargite	27.87	135(100)	350(7)	173(16)	
241	灭锈胺	mepronil	27.91	119(100)	269(26)	120(9)	
242	噁唑隆	dimefuron	27.82	140(100)	105(75)	267(36)	
243	吡氟酰草胺	diflufenican	28.45	266(100)	394(25)	267(14)	
244	苯醚菊酯	phenothrin	29.08 29.21	123(100)	183(74)	350(6)	
245	咯菌腈	fludioxonil	28.93	248(100)	127(24)	154(21)	
246	苯氧威	fenoxycarb	29.57	255(100)	186(82)	116(93)	
247	稀禾啶	sethoxydim	29.63	178(100)	281(51)	219(36)	
248	莎稗磷	anilofos	30.68	226(100)	184(52)	334(10)	

续表

序号	中文名称	英文名称	保留时间(min)	定量离子	定性离子1	定性离子2	定性离子3
C 组							
249	氟丙菊酯	acrinathrin	31.07	181(100)	289(31)	247(12)	
250	高效氯氟氰菊酯	lambda-cyhalothrin	31.11	181(100)	197(100)	141(20)	
251	苯噻酰草胺	mefenacet	31.29	192(100)	120(35)	136(29)	
252	氯菊酯	permethrin	31.57	183(100)	184(14)	255(1)	
253	哒螨灵	pyridaben	31.86	147(100)	117(11)	364(7)	
254	乙羧氟草醚	fluoroglycofen-ethyl	32.01	447(100)	428(20)	449(35)	
255	联苯三唑醇	bitertanol	32.25	170(100)	112(8)	141(6)	
256	醚菊酯	etofenprox	32.75	163(100)	376(4)	183(6)	
257	噻草酮	cycloxydim	33.05	178(100)	279(7)	251(4)	
258	α-氯氰菊酯	alpha-cypermethrin	33.35	163(100)	181(84)	165(63)	
259	氟氰戊菊酯	flucythrinate	33.58 33.85	199(100)	157(90)	451(22)	
260	*S*-氰戊菊酯	esfenvalerate	34.65	419(100)	225(158)	181(189)	
261	苯醚甲环唑	difenoconazole	35.40	323(100)	325(66)	265(83)	
262	丙炔氟草胺	flumioxazin	35.50	354(100)	287(24)	259(15)	
263	氟烯草酸	flumiclorac-pentyl	36.34	423(100)	308(51)	318(29)	
D 组							
264	甲氟磷	dimefox	5.62	110(100)	154(75)	153(17)	
265	乙拌磷亚砜	disulfoton-sulfoxide	8.41	212(100)	153(61)	184(20)	
266	五氯苯	pentachlorobenzene	11.11	250(100)	252(64)	215(24)	
267	三异丁基磷酸盐	tri-iso-butyl phosphate	11.65	155(100)	139(67)	211(24)	
268	鼠立死	crimidine	13.13	142(100)	156(90)	171(84)	
269	4-溴-3,5-二甲苯基-*N*-甲基氨基甲酸酯-1	BDMC-1	13.25	200(100)	202(104)	201(13)	
270	燕麦酯	chlorfenprop-methyl	13.57	165(100)	196(87)	197(49)	
271	虫线磷	thionazin	14.04	143(100)	192(39)	220(14)	
272	2,3,5,6-四氯苯胺	2,3,5,6-tetrachloroaniline	14.22	231(100)	229(76)	158(25)	
273	三正丁基磷酸盐	tri-*n*-butyl phosphate	14.33	155(100)	211(61)	167(8)	
274	2,3,4,5-四氯甲氧基苯	2,3,4,5-tetrachloroanisole	14.66	246(100)	203(70)	231(51)	
275	五氯甲氧基苯	pentachloroanisole	15.19	280(100)	265(100)	237(85)	
276	牧草胺	tebutam	15.30	190(100)	106(38)	142(24)	

续表

序号	中文名称	英文名称	保留时间(min)	定量离子	定性离子1	定性离子2	定性离子3
D 组							
277	蔬果磷	dioxabenzofos	16.14	216(100)	201(26)	171(5)	
278	甲基苯噻隆	methabenzthiazuron	16.34	164(100)	136(81)	108(27)	
279	西玛通	simetone	16.69	197(100)	196(40)	182(38)	
280	阿特拉通	atratone	16.70	196(100)	211(68)	197(105)	
281	脱异丙基莠去津	desisopropyl-atrazine	16.69	173(100)	158(84)	145(73)	
282	特丁硫磷砜	terbufos sulfone	16.79	231(100)	288(11)	186(15)	
283	七氟菊酯	tefluthrin	17.24	177(100)	197(26)	161(5)	
284	溴烯杀	bromocylen	17.43	359(100)	357(99)	394(14)	
285	草达津	trietazine	17.53	200(100)	229(51)	214(45)	
286	氧乙嘧硫磷	etrimfos oxon	17.83	292(100)	277(35)	263(12)	
287	环莠隆	cycluron	17.95	89(100)	198(36)	114(9)	
288	2,6-二氯苯甲酰胺	2,6-dichlorobenzamide	17.93	173(100)	189(36)	175(62	
289	2,4,4′-三氯联苯	DE-PCB 28	18.15	256(100)	186(53)	258(97)	
290	2,4′,5-三氯联苯	DE-PCB 31	18.19	256(100)	186(53)	258(97)	
291	脱乙基另丁津	desethyl-sebuthylazine	18.32	172(100)	174(32)	186(11)	
292	2,3,4,5-四氯苯胺	2,3,4,5-tetrachloroan-iline	18.55	231(100)	229(76)	233(48)	
293	合成麝香	musk ambrette	18.62	253(100)	268(35)	223(18)	
294	二甲苯麝香	musk xylene	18.66	282(100)	297(10)	128(20)	
295	五氯苯胺	pentachloroaniline	18.91	265(100)	263(63)	230(8)	
296	叠氮津	aziprotryne	19.11	199(100)	184(83)	157(31)	
297	另丁津	sebutylazine	19.26	200(100)	214(14)	229(13)	
298	丁脒酰胺	isocarbamide	19.24	142(100)	185(2)	143(6)	
299	2,2′,5,5′-四氯联苯	DE-PCB 52	19.48	292(100)	220(88)	255(32)	
300	麝香	musk moskene	19.46	263(100)	278(12)	264(15)	
301	苄草丹	prosulfocarb	19.51	251(100)	252(14)	162(10)	
302	二甲吩草胺	dimethenamid	19.55	154(100)	230(43)	203(21)	
303	氧皮蝇磷	fenchlorphos oxon	19.72	285(100)	287(70)	270(7)	
304	4-溴-3,5-二甲苯基-*N*-甲基氨基甲酸酯-2	BDMC-2	19.74	200(100)	202(101)	201(12)	
305	甲基对氧磷	paraoxon-methyl	19.83	230(100)	247(93)	200(40)	
306	庚酰草胺	monalide	20.02	197(100)	199(31)	239(45)	

续表

序号	中文名称	英文名称	保留时间(min)	定量离子	定性离子 1	定性离子 2	定性离子 3
D 组							
307	西藏麝香	musk tibeten	20.40	251(100)	266(25)	252(14)	
308	碳氯灵	isobenzan	20.55	311(100)	375(31)	412(7)	
309	八氯苯乙烯	octachlorostyrene	20.60	380(100)	343(94)	308(120)	
310	嘧啶磷	pyrimitate	20.59	305(100)	153(116)	180(49)	
311	异艾氏剂	isodrin	21.01	193(100)	263(46)	195(83)	
312	丁嗪草酮	isomethiozin	21.06	225(100)	198(86)	184(13)	
313	毒壤磷	trichloronat	21.10	297(100)	269(86)	196(16)	
314	敌草索	dacthal	21.25	301(100)	332(31)	221(16)	
315	4,4-二氯二苯甲酮	4,4-dichlorobenzoph-enone	21.29	250(100)	252(62)	215(26)	
316	酞菌酯	nitrothal-isopropyl	21.69	236(100)	254(54)	212(74)	
317	麝香酮	musk ketone	21.70	279(100)	294(28)	128(16)	
318	吡咪唑	rabenzazole	21.73	212(100)	170(26)	195(19)	
319	嘧菌环胺	cyprodinil	21.94	224(100)	225(62)	210(9)	
320	氧异柳磷	isofenphos oxon	22.04	229(100)	201(2)	314(12)	
321	异氯磷	dicapthon	22.44	262(100)	263(10)	216(10)	
322	2,2′,4′,5,5′-五氯联苯	DE-PCB 101	22.62	326(100)	254(66)	291(18)	
323	2-甲-4-氯丁氧乙基酯	MCPA-butoxyethyl ester	22.61	300(100)	200(71)	182(41)	
324	水胺硫磷	isocarbophos	22.87	136(100)	230(26)	289(22)	
325	甲拌磷砜	phorate sulfone	23.15	199(100)	171(30)	215(11)	
326	杀螨醇	chlorfenethol	23.29	251(100)	253(66)	266(12)	
327	反式九氯	*trans*-nonachlor	23.62	409(100)	407(89)	411(63)	
328	消螨通	dinobuton	23.88	211(100)	240(15)	223(15)	
329	脱叶磷	DEF	24.08	202(100)	226(51)	258(55)	
330	氟咯草酮	flurochloridone	24.31	311(100)	187(74)	313(66)	
331	溴苯烯磷	bromfenvinfos	24.62	267(100)	323(56)	295(18)	
332	乙滴涕	perthane	24.81	223(100)	224(20)	178(9)	
333	2,3′,4,4′,5-五氯联苯	DE-PCB 118	25.08	326(100)	254(38)	184(16)	
334	4,4-二溴二苯甲酮	4,4-dibromobenzoph-enone	25.30	340(100)	259(30)	185(179)	
335	粉唑醇	flutriafol	25.31	219(100)	164(96)	201(7)	
336	地胺磷	mephosfolan	25.29	196(100)	227(49)	168(60)	

续表

序号	中文名称	英文名称	保留时间 (min)	定量离子	定性离子 1	定性离子 2	定性离子 3
D 组							
337	乙基杀扑磷	athidathion	25.63	145(100)	330(1)	129(12)	
338	2,2′,4,4′,5,5′- 六氯联苯	DE-PCB 153	25.64	360(100)	290(62)	218(24)	
339	苄氯三唑醇	diclobutrazole	25.95	270(100)	272(68)	159(42)	
340	乙拌磷砜	disulfoton sulfone	26.16	213(100)	229(4)	185(11)	
341	噻螨酮	hexythiazox	26.48	227(100)	156(158)	184(93)	
342	2,2′,3,4,4′,5′- 六氯联苯	DE-PCB 138	26.84	360(100)	290(68)	218(26)	
343	环菌唑	cyproconazole	27.23	222(100)	224(35)	223(11)	
344	炔草酸	clodinafop-propargyl	27.74	349(100)	238(96)	266(83)	
345	倍硫磷亚砜	fenthion sulfoxide	28.06	278(100)	279(290)	294(145)	
346	三氟苯唑	fluotrimazole	28.39	311(100)	379((60)	233(36)	
347	氟草烟-1-甲庚酯	fluroxypr-1-methylh-eptyl ester	28.45	366(100)	254(67)	237(60)	
348	倍硫磷砜	fenthion sulfone	28.55	310(100)	136(25)	231(10)	
349	三苯基磷酸盐	triphenyl phosphate	28.65	326(100)	233(16)	215(20)	
350	苯嗪草酮	metamitron	28.63	202(100)	174(52)	186(12)	
351	2,2′,3,4,4′,5,5′-七氯联苯	DE-PCB 180	29.05	394(100)	324(70)	359(20)	
352	吡螨胺	tebufenpyrad	29.06	318(100)	333(78)	276(44)	
353	环草定	lenacil	29.70	153(100)	136(6)	234(2)	
354	糠菌唑-1	bromuconazole-1	29.90	173(100)	175(65)	214(15)	
355	脱溴溴苯磷	desbrom- leptophos	30.15	377(100)	171(97)	375(72)	
356	糠菌唑-2	bromuconazole-2	30.72	173(100)	175(67)	214(14)	
357	甲磺乐灵	nitralin	30.92	316(100)	274(58)	300(15)	
358	苯线磷亚砜	fenamiphos sulfoxide	31.03	304(100)	319(29)	196(22)	
359	苯线磷砜	fenamiphos sulfone	31.34	320(100)	292(57)	335(7)	
360	拌种咯	fenpiclonil	32.37	236(100)	238(66)	174(36)	
361	氟喹唑	fluquinconazole	32.62	340(100)	342(37)	341(20)	
362	腈苯唑	fenbuconazole	34.02	129(100)	198(51)	125(31)	
E 组							
363	残杀威-1	propoxur-1	6.58	110(100)	152(16)	111(9)	
364	异丙威-1	isoprocarb -1	7.56	121(100)	136(34)	103(20)	
365	甲胺磷	methamidophos	9.37	94(100)	95(112)	141(52)	
366	二氢苊	acenaphthene	10.79	164(100)	162(84)	160(38)	

续表

序号	中文名称	英文名称	保留时间 (min)	定量离子	定性离子1	定性离子2	定性离子3
E 组							
367	驱虫特	dibutyl succinate	12.20	101(100)	157(19)	175(5)	
368	邻苯二甲酰亚胺	phthalimide	13.21	147(100)	104(61)	103(35)	
369	氯氧磷	chlorethoxyfos	13.43	153(100)	125(67)	301(19)	
370	异丙威-2	isoprocarb -2	13.69	121(100)	136(34)	103(20)	
371	戊菌隆	pencycuron	14.30	125(100)	180(65)	209(20)	
372	丁噻隆	tebuthiuron	14.25	156(100)	171(30)	157(9)	
373	甲基内吸磷	demeton-*S*-methyl	15.19	109(100)	142(43)	230(5)	
374	硫线磷	cadusafos	15.13	159(100)	213(14)	270(12)	
375	残杀威-2	propoxur-2	15.48	110(100)	152(19)	111(8)	
376	菲	phenanthrene	16.97	188(100)	160(9)	189(16)	
377	唑螨酯	fenpyroximate	17.49	213(100)	142(21)	198(9)	
378	丁基嘧啶磷	tebupirimfos	17.61	318(100)	261(107)	234(100)	
379	茉莉酮	prohydrojasmon	17.80	153(100)	184(41)	254(7)	
380	氯硝胺	dichloran	18.10	176(100)	206(87)	124(101)	
381	咯喹酮	pyroquilon	18.28	173(100)	130(69)	144(38)	
382	炔苯酰草胺	propyzamide	19.01	173(100)	255(23)	240(9)	
383	抗蚜威	pirimicarb	19.08	166(100)	238(23)	138(8)	
384	磷胺-1	phosphamidon -1	19.66	264(100)	138(62)	227(25)	
385	解草嗪	benoxacor	19.62	120(100)	259(38)	176(19)	
386	溴丁酰草胺	bromobutide	19.70	119(100)	232(27)	296(6)	
387	乙草胺	acetochlor	19.84	146(100)	162(59)	223(59)	
388	灭草环	tridiphane	19.90	173(100)	187(90)	219(46)	
389	特草灵	terbucarb	20.06	205(100)	220(52)	206(16)	
390	戊草丹	esprocarb	20.01	222(100)	265(10)	162(61)	
391	甲呋酰胺	fenfuram	20.35	109(100)	201(29)	202(5)	
392	活化酯	acibenzolar-*S*-methyl	20.42	182(100)	135(64)	153(34)	
393	呋草黄	benfuresate	20.68	163(100)	256(17)	121(18)	
394	氟硫草定	dithiopyr	20.78	354(100)	306(72)	286(74)	
395	精甲霜灵	mefenoxam	20.91	206(100)	249(46)	279(11)	
396	马拉氧磷	malaoxon	21.17	127(100)	268(11)	195(15)	
397	磷胺-2	phosphamidon -2	21.36	264(100)	138(54)	227(17)	
398	硅氟唑	simeconazole	21.41	121(100)	278(14)	211(34)	

续表

序号	中文名称	英文名称	保留时间(min)	定量离子	定性离子1	定性离子2	定性离子3
E组							
399	氯酞酸甲酯	chlorthal-dimethyl	21.39	301(100)	332(27)	221(17)	
400	噻唑烟酸	thiazopyr	21.91	327(100)	363(73)	381(34)	
401	甲基毒虫畏	dimethylvinphos	22.21	295(100)	297(56)	109(74)	
402	仲丁灵	butralin	22.24	266(100)	224(16)	295(60)	
403	苯酰草胺	zoxamide	22.30	187(100)	242(68)	299(9)	
404	啶斑肟-1	pyrifenox -1	22.50	262(100)	294(15)	227(15)	
405	烯丙菊酯	allethrin	22.60	123(100)	107(24)	136(20)	
406	异戊乙净	dimethametryn	22.83	212(100)	255(9)	240(5)	
407	灭藻醌	quinoclamine	22.89	207(100)	172(259)	144(64)	
408	甲醚菊酯-1	methothrin-1	22.92	123(100)	135(89)	104(41)	
409	氟噻草胺	flufenacet	23.09	151(100)	211(61)	363(6)	
410	甲醚菊酯-2	methothrin-2	23.19	123(100)	135(73)	104(12)	
411	啶斑肟-2	pyrifenox -2	23.50	262(100)	294(17)	227(16)	
412	氰菌胺	fenoxanil	23.58	140(100)	189(14)	301(6)	
413	四氯苯酞	phthalide	23.51	243(100)	272(28)	215(20)	
414	呋霜灵	furalaxyl	23.97	242(100)	301(24)	152(40)	
415	噻虫嗪	thiamethoxam	24.38	182(100)	212(92)	247(124)	
416	嘧菌胺	mepanipyrim	24.29	222(100)	223(53)	221(9)	
417	除草定	bromacil	24.73	205(100)	207(46)	231(5)	
418	啶氧	picoxystrobin	24.97	335(100)	303(43)	367(9)	
419	抑草磷	butamifos	25.41	286(100)	200(57)	232(37)	
420	咪草酸	imazamethabenz-methyl	25.50	144(100)	187(117)	256(95)	
421	苯氧菌胺-1	metominostrobin-1	25.61	191(100)	238(56)	196(75)	
422	苯噻硫氰	TCMTB	25.59	180(100)	238(108)	136(30)	
423	甲硫威砜	methiocarb sulfone	25.56	200(100)	185(40)	137(16)	
424	抑霉唑	imazalil	25.72	215(100)	173(66)	296(5)	
425	稻瘟灵	isoprothiolane	25.87	290(100)	231(82)	204(88)	
426	环氟菌胺	cyflufenamid	26.02	91(100)	412(11)	294(11)	
427	嘧草醚	pyriminobac-methyl	26.34	302(100)	330(107)	361(86)	
428	噁唑磷	isoxathion	26.51	313(100)	105(341)	177(208)	
429	苯氧菌胺-2	metominostrobin-2	26.76	196(100)	191(36)	238(89)	
430	苯虫醚-1	diofenolan -1	26.81	186(100)	300(57)	225(25)	
431	噻呋酰胺	thifluzamide	27.26	449(100)	447(97)	194(308)	
432	苯虫醚-2	diofenolan -2	27.14	186(100)	300(58)	225(31)	

续表

序号	中文名称	英文名称	保留时间(min)	定量离子	定性离子1	定性离子2	定性离子3
E组							
433	苯氧喹啉	quinoxyphen	27.14	237(100)	272(37)	307(29)	
434	溴虫腈	chlorfenapyr	27.60	247(100)	328(47)	408(42)	
435	肟菌酯	trifloxystrobin	27.71	116(100)	131(40)	222(30)	
436	脱苯甲基亚胺唑	imibenconazole-des-benzyl	27.86	235(100)	270(35)	272(35)	
437	双苯噁唑酸	isoxadifen-ethyl	27.90	204(100)	222(76)	294(44)	
438	氟虫腈	fipronil	28.34	367(100)	369(69)	351(15)	
439	炔咪菊酯-1	imiprothrin-1	28.31	123(100)	151(55)	107(54)	
440	唑酮草酯	carfentrazone-ethyl	28.29	312(100)	340(135)	376(32)	
441	炔咪菊酯-2	imiprothrin-2	28.50	123(100)	151(21)	107(17)	
442	氟环唑-1	epoxiconazole -1	28.58	192(100)	183(24)	138(35)	
443	吡草醚	pyraflufen ethyl	28.91	412(100)	349(41)	339(34)	
444	稗草丹	pyributicarb	28.87	165(100)	181(23)	108(64)	
445	噻吩草胺	thenylchlor	29.12	127(100)	288(25)	141(17)	
446	烯草酮	clethodim	29.21	164(100)	205(50)	267(15)	
447	吡唑解草酯	mefenpyr-diethyl	29.55	227(100)	299(131)	372(18)	
448	伐灭磷	famphur	29.80	218(100)	125(27)	217(22)	
449	乙螨唑	etoxazole	29.64	300(100)	330(69)	359(65)	
450	吡丙醚	pyriproxyfen	30.06	136(100)	226(8)	185(10)	
451	氟环唑-2	epoxiconazole-2	29.73	192(100)	183(13)	138(30)	
452	氟吡酰草胺	picolinafen	30.27	238(100)	376(77)	266(11)	
453	异菌脲	iprodione	30.24	187(100)	244(65)	246(42)	
454	哌草磷	piperophos	30.42	320(100)	140(123)	122(114)	
455	呋酰胺	ofurace	30.36	160(100)	232(83)	204(35)	
456	联苯肼酯	bifenazate	30.38	300(100)	258(99)	199(100)	
457	异狄氏剂酮	endrin ketone	30.45	317(100)	250(31)	281(58)	
458	氯甲酰草胺	clomeprop	30.48	290(100)	288(279)	148(206)	
459	咪唑菌酮	fenamidone	30.66	268(100)	238(111)	206(32)	
460	萘丙胺	naproanilide	31.89	291(100)	171(96)	144(100)	
461	吡唑醚菊酯	pyraclostrobin	31.98	132(100)	325(14)	283(21)	
462	乳氟禾草灵	lactofen	32.06	442(100)	461(25)	346(12)	
463	三甲苯草酮	tralkoxydim	32.14	283(100)	226(7)	268(8)	
464	吡唑硫磷	pyraclofos	32.18	360(100)	194(79)	362(38)	
465	氯亚胺硫磷	dialifos	32.27	186(100)	357(143)	210(397)	
466	螺螨酯	spirodiclofen	32.50	312(100)	259(48)	277(28)	

续表

序号	中文名称	英文名称	保留时间(min)	定量离子	定性离子1	定性离子2	定性离子3
E 组							
467	苄螨醚	halfenprox	32.62	263(100)	237(6)	476(5)	
468	呋草酮	flurtamone	32.78	333(100)	199(63)	247(25)	
469	环酯草醚	pyriftalid	32.94	318(100)	274(71)	303(44)	
470	氟硅菊酯	silafluofen	33.18	287(100)	286(274)	258(289)	
471	嘧螨醚	pyrimidifen	33.63	184(100)	186(32)	185(10)	
472	啶虫脒	acetamiprid	33.87	126(100)	152(99)	166(58)	
473	氟丙嘧草酯	butafenacil	33.85	331(100)	333(34)	180(35)	
474	苯酮唑	cafenstrole	34.36	100(100)	188(69)	119(25)	
475	氟啶草酮	fluridone	37.61	328(100)	329(100)	330(100)	

附录 3 A、B、C、D、E 五组农药及相关化学品选择离子监测分组表

序号	时间(min)	离子(amu)	驻留时间(ms)
A组			
1	8.30	138、158、173	200
2	9.60	124、140、166、172、183、211	90
3	10.50	121、154、234	200
4	10.75	120、137、179	200
5	11.70	154、186、215	200
6	14.40	167、168、169	200
7	14.90	121、142、143、153、183、195、196、198、230、231、260、276、292、316	30
8	16.20	88、125、246	200
9	16.70	137、138、145、172、174、179、187、202、204、205、237、246、249、295、304	30
10	17.80	138、173、175、181、186、194、196、201、210、225、236、255、277、292	30
11	18.80	150、165、173、175、222、223、251、255、279	50
12	19.20	125、143、229、261、263、265、293、305、307、329	50
13	19.80	125、261、263、265、285、287、293、305、307、329	50
14	20.10	170、181、184、198、200、206、212、217、219、226、227、233、234、241、246、249、254、258、263、264、266、268、285、286、314	10
15	21.40	143、152、153、158、169、173、180、181、208、217、219、220、247、254、256、260、275、277、278、351、353、355	10
16	22.30	61、143、160、162、181、186、208、210、220、235、248、252、263、268、270、291、351、353、355	20
17	23.00	133、143、146、157、209、211、246、268、270、274、298、303、320、357、359、373、375、377	20

续表

序号	时间(min)	离子(amu)	驻留时间(ms)
A组			
18	23.70	72、104、133、145、152、157、160、162、209、211、215、253、255、260、263、267、274、277、283、285、297、302、309、345、380	10
19	24.80	128、145、154、157、171、175、198、217、225、240、255、258、271、283、285、288、302、303	20
20	25.50	154、185、217、252、253、254、288、303、319、324、334	50
21	26.00	87、139、143、145、165、173、199、208、231、235、237、251、253、273、316、323、384	20
22	26.80	145、150、156、165、173、179、199、231、235、237、245、247、280、288、322、323、384	20
23	27.90	165、166、173、181、253、259、261、281、292、293、308、342	40
24	28.60	118、160、165、166、181、203、212、227、228、231、235、237、272、274、314、323	30
25	29.30	135、163、164、212、227、228、232、233、250、252、278	40
26	30.00	102、145、159、160、161、188、199、227、303、317、340、356	40
27	31.00	175、183、184、220、221、223、232、250、255、267、373	40
28	33.00	127、180、181	200
29	34.40	167、181、225、419	150
30	35.70	172、174、181	200
B组			
1	7.80	128、132、189	200
2	8.80	146、156、217	200
3	9.70	128、136、161、171、173、203	90
4	10.70	127、164、192、194、196、198	90
5	11.70	191、193、206	200
6	13.40	124、203、215、250、261	100
7	14.40	158、168、200、242、282、284、286	80
8	14.70	116、120、128、148、153、171、176、188、202、211、213、234、236、238、264、266、282、284、286、306、322、335	10
9	16.00	116、148、183、188、219、221、254	80
10	16.80	153、186、231、288	150
11	17.10	153、160、164、169、172、173、176、197、206、210、214、223、225、229、270、318、330、347	20
12	18.20	61、126、160、173、176、206、214、229	60
13	18.70	126、127、134、148、164、171、172、180、192、197、198、210、213、223、243、286、288、305、307	20
14	19.90	134、171、188、197、198、210、213、237、269、276、290、305	40
15	20.60	100、185、211、226、241、253、257、259、378	50

续表

序号	时间(min)	离子(amu)	驻留时间(ms)
B组			
16	21.20	73、139、141、153、161、162、167、185、191、207、213、224、226、237、238、240、250、251、286、304、318、329、331、333、351、353、355、387	10
17	22.00	161、167、207、222、224、226、238、264、280、286、351、353、355	40
18	22.70	161、163、170、171、182、185、205、213、217、241、255、256、265、267、269、276、323、339	20
19	23.40	137、160、176、188、238、240、246、248、259、267、269、316、318、323、331、373、375、377	20
20	23.90	61、160、166、176、188、193、194、246、248、250、259、292、294、297、316、318、329、331、333、339、374、377、379	20
21	24.90	61、105、165、167、172、175、177、187、199、214、231、235、236、237、238、256、263、292、294、297、302、305、311、313、317、339、345、374	10
22	25.60	77、105、139、141、165、169、171、199、202、213、223、235、237、251、252、253、256、271、276、283、297、300、325、360、361	10
23	26.70	105、157、165、195、199、235、237、246、276、297、325、339、342、360、363	30
24	27.60	148、157、161、169、172、173、201、206、257、303、310、325	40
25	28.90	89、99、126、127、157、161、169、172、181、183、257、260、265、272、292、303、339、341、349、365、387、389	10
26	29.80	79、181、183、265、311、349	90
27	30.00	128、157、169、171、189、252、310、323、341、375、377、379	40
28	31.20	132、139、154、160、161、182、189、251、310、330、341、367	40
29	32.90	180、199、206、226、266、308、334、362、364	50
30	34.00	181、250、252	200
C组			
1	7.30	109、185、220	200
2	8.70	152、153、154	200
3	9.30	58、128、129、146、188、203	90
4	11.20	126、161、163	200
5	11.75	125、126、141、158、169、170、187、208、240	50
6	13.50	122、123、124、151、215、250	90
7	14.70	107、121、150、264、276、292	90
8	16.00	174、202、217	200
9	16.50	126、141、143、156、168、176、198、199、200、210、225、268、270、277、279	30
10	17.60	88、173、183、186、200、215、219、254、274	50
11	18.40	104、130、159、161、204、237、246、257、272、285、288、313、337	40

续表

序号	时间(min)	离子(amu)	驻留时间(ms)
C组			
12	18.90	128、129、161、163、165、175、204、217、242、246、257、264、285、288、303、306、313、326、335	20
13	19.80	73、89、146、162、185、212、223、227、250、265、267	50
14	20.30	61、144、146、162、170、185、198、199、212、213、223、227、258	40
15	20.70	61、103、118、144、170、181、198、199、210、217、219、222、240、254、255	30
16	21.35	108、117、151、160、161、170、219、221、224、225、257、267、351、353、355	30
17	22.20	107、108、119、123、136、145、176、219、221、246、248、263、318、351、353、355	20
18	22.70	77、141、165、167、174、176、206、234、239、246、248、267、268、297、299、318	20
19	23.20	105、123、134、161、248、250、267、297、299	50
20	23.50	131、143、157、161、171、220、248、250、262、296、304、329、336、338、404	30
21	24.30	112、130、162、168、238、262	90
22	25.10	112、116、130、131、162、168、206、233、234、235、238、262	40
23	25.30	254、282、321、323、356、383	90
24	26.00	131、152、206、233、234、236、251、253、315	50
25	26.90	149、162、176、177、190、232、268、270、328	50
26	27.90	105、119、120、135、140、173、266、267、269、350、394	50
27	28.80	105、117、123、140、145、160、183、266、267、350、394	50
28	29.00	117、123、127、145、154、160、183、248、350	50
29	29.60	116、178、186、191、219、255	90
30	30.30	132、162、178、184、219、226、281、293、334	50
31	31.10	120、136、141、147、181、183、184、192、197、247、255、289、309、364	30
32	32.00	112、141、147、170、183、184、255、309、364、428、447、449	40
33	32.60	112、141、163、170、183、376、428、447、449	50
34	33.10	163、165、178、181、251、279	90
35	33.80	157、199、451	200
36	34.70	181、225、250、252、419	100
37	35.40	259、265、287、323、325、354	90
38	36.40	308、318、423	200
D组			
1	5.50	110、153、154	200
2	8.00	153、184、212	200
3	11.00	139、155、211、215、250、252	90
4	13.00	142、156、165、171、196、197、200、201、202	50

续表

序号	时间(min)	离子(amu)	驻留时间(ms)
D组			
5	14.00	143、155、158、167、192、203、211、220、229、231、246	40
6	15.00	106、142、190、237、265、280	90
7	16.00	108、136、145、158、164、171、173、182、186、196、197、201、211、216、213、288	20
8	17.20	161、174、177、197、200、202、214、229、246、357、359、394	40
9	17.90	89、114、128、172、173、174、175、186、189、198、223、229、230、231、233、253、256、258、263、265、268、277、282、292、297	10
10	19.20	142、143、154、157、162、184、185、199、200、201、202、203、214、220、229、230、247、251、252、255、263、264、270、278、285、287、292	10
11	20.00	153、180、197、199、200、201、202、230、239、247、251、252、266、305、308、311、343、375、380、412	15
12	21.00	115、184、193、195、196、198、215、221、225、250、252、263、269、276、285、297、301、332	20
13	21.60	128、170、194、195、210、212、224、225、236、254、279、294	40
14	22.10	129、155、182、184、200、201、210、212、216、224、225、229、230、254、262、263、291、300、314、326、351、353、355	10
15	23.00	136、171、199、215、230、251、253、266、289、407、409、411	40
16	23.90	130、148、178、187、202、211、223、224、226、240、258、267、295、299、311、313、323	20
17	25.00	129、130、145、148、164、168、184、185、196、201、218、219、227、254、259、290、299、326、330、340、360	15
18	26.00	156、159、184、185、213、218、227、229、270、272、290、360	40
19	27.10	143、160、171、206、222、223、224、230、238、251、266、294、312、338、349	30
20	28.00	136、174、186、202、215、231、233、237、254、278、279、294、310、311、326、366、379	20
21	29.00	136、153、192、194、220、234、276、318、324、333、359、394	40
22	30.00	160、161、171、173、175、214、317、375、377	50
23	30.80	173、175、196、213、230、274、292、300、304、316、319、320、335、373	30
24	32.40	147、236、238、340、341、342	90
25	34.00	125、129、198	200
E组			
1	5.50	110、111、152	200
2	7.00	103、107、121、122、136	100
3	9.00	94、95、141	200
4	10.40	160、162、164、205、206、220	100
5	12.00	101、157、175	200

续表

序号	时间(min)	离子(amu)	驻留时间(ms)
E组			
6	12.90	103、104、121、125、130、136、147、153、301	60
7	13.90	125、156、157、171、180、209	100
8	14.80	109、110、111、142、145、152、159、185、213、230、370	50
9	16.80	98、100、126、142、145、153、160、184、187、188、189、198、213、232、234、254、261、273、318	30
10	17.95	98、100、124、126、130、144、145、173、176、177、187、198、206、213、225、232、240、273	30
11	18.70	138、166、173、238、240、255	100
12	19.20	109、119、120、135、138、146、153、162、173、176、182、187、201、202、205、206、219、220、222、223、227、232、259、264、265、296	20
13	20.30	109、121、127、135、153、163、182、195、201、202、206、249、256、268、279、286、306、354	30
14	20.90	121、127、138、195、206、211、221、227、249、264、268、278、279、301、327、332、363、381	30
15	21.95	109、187、224、242、266、295、297、299、351、353、355	50
16	22.30	104、107、123、135、136、144、151、172、187、209、211、212、227、240、242、255、262、294、299、363	35
17	23.30	140、152、189、215、227、272、243、262、272	50
18	24.00	112、128、149、168、182、205、207、212、221、222、223、231、236、247、264、303、335、367	30
19	25.00	91、112、128、136、137、144、168、173、180、185、187、191、196、200、204、215、231、232、238、256、286、290、294、296、412	20
20	26.05	105、125、157、177、186、191、196、225、238、300、302、313、314、330、361	40
21	26.90	116、131、186、194、204、222、225、235、237、247、270、272、294、300、307、328、351、367、369、408、447、449	30
22	28.00	107、123、138、151、183、192、235、260、270、272、295、312、327、340、351、367、369、376	30
23	28.60	108、127、141、164、165、181、205、267、288、339、349、412	50
24	29.20	120、125、136、137、138、164、183、185、187、192、205、206、217、218、226、227、236、240、244、246、249、299、300、330、359、372、	20
25	30.05	122、136、140、148、160、185、187、199、204、206、214、226、229、232、238、244、246、250、258、266、268、285、288、290、300、317、319、320、376	20
26	31.60	111、132、137、144、171、186、194、199、210、226、237、247、259、263、268、274、277、291、303、312、318、325、333、346、357、360、362、442、461、476	20
27	33.00	126、152、166、180、184、185、186、258、286、287、331、333	50
28	34.00	100、119、188	200
29	37.00	328、329、330	200

附录4　标准物质在小麦基质中选择离子监测GC-MS图

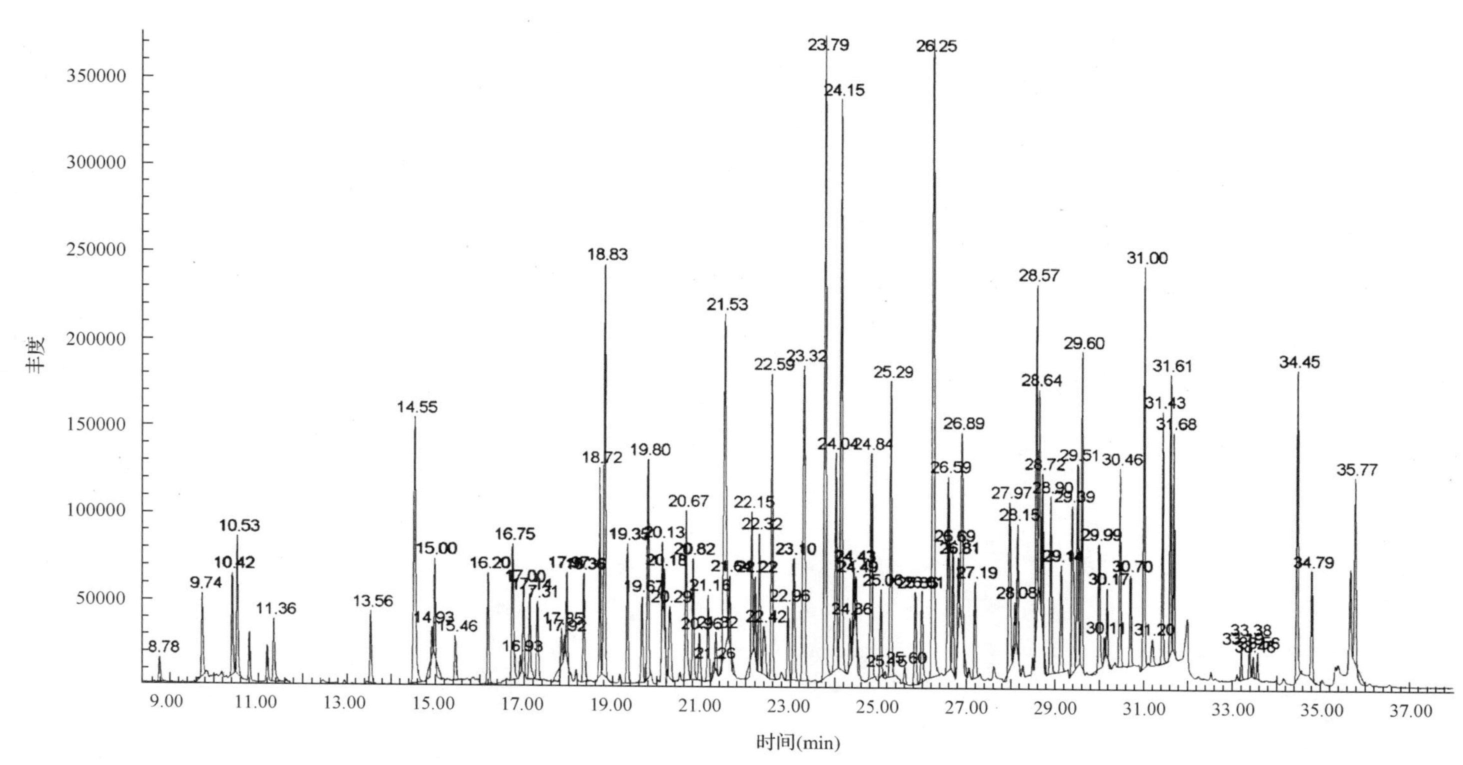

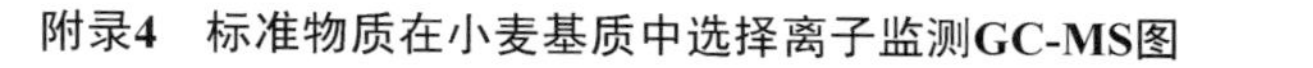

附图1　A组标准物质在小麦基质中选择离子监测GC-MS图(农药及相关化学品名称见附录1序号1～90)

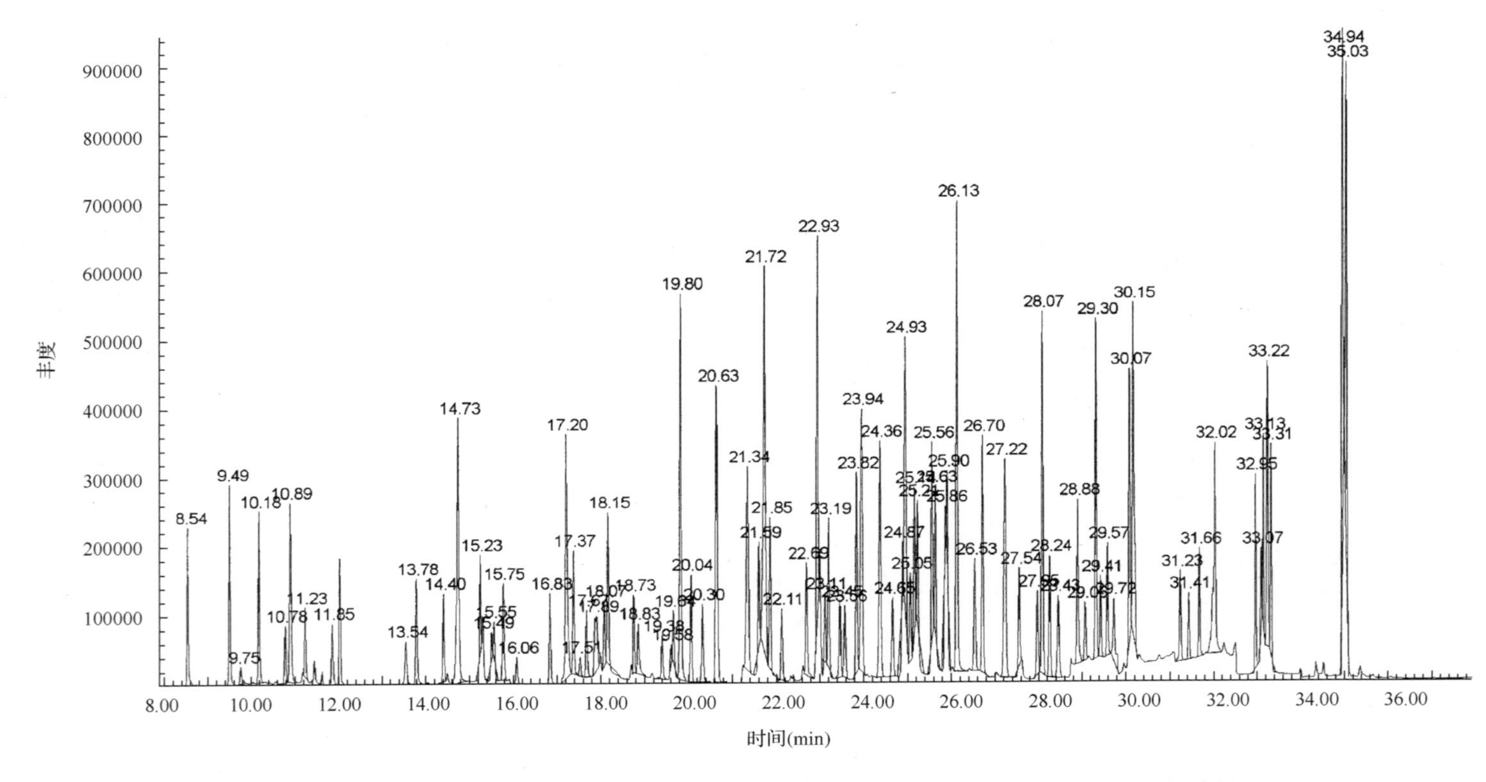

附图2　B组标准物质在小麦基质中选择离子监测GC-MS图(农药及相关化学品名称见附录1序号91～186)

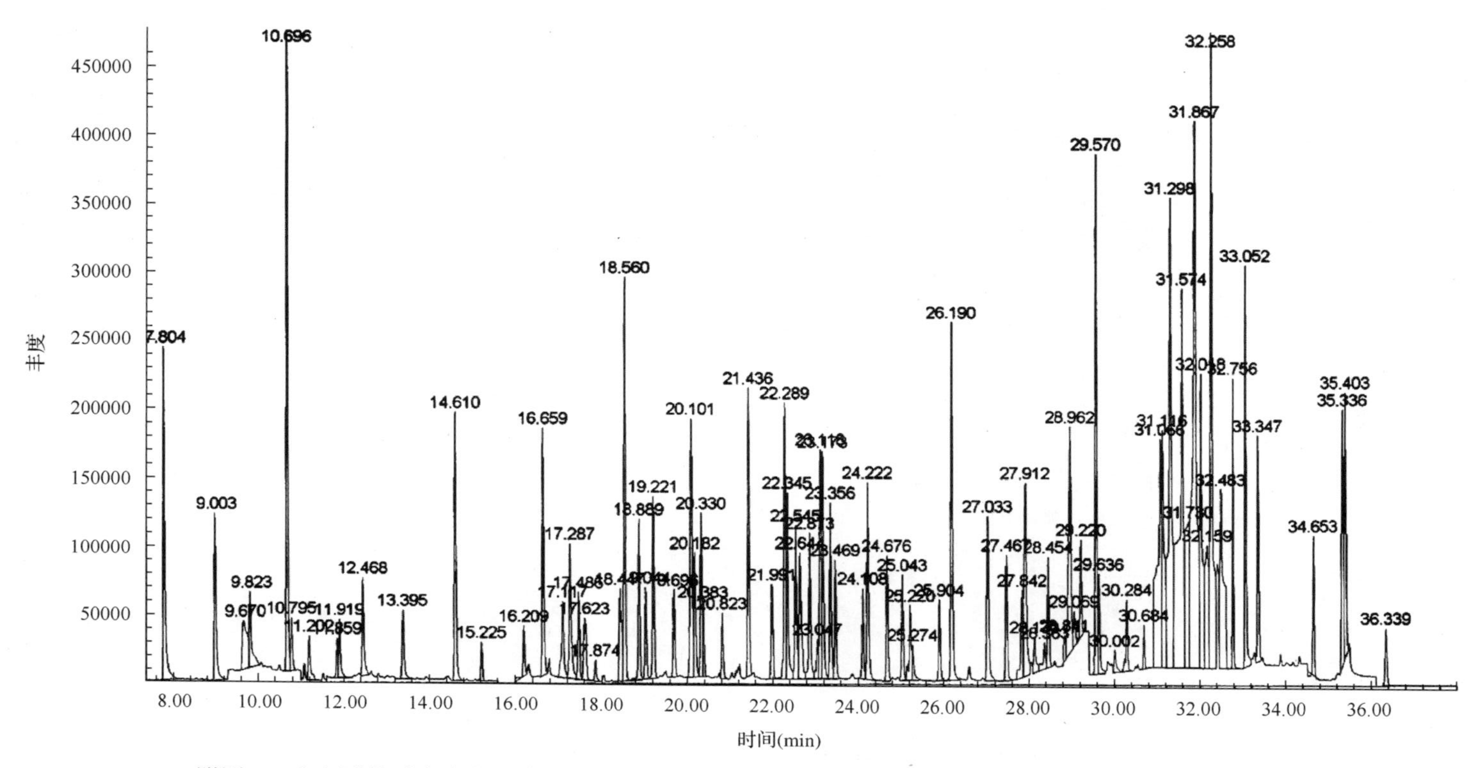

附图3 C组标准物质在小麦基质中选择离子监测GC-MS图(农药及相关化学品名称见附录1序号187～263)

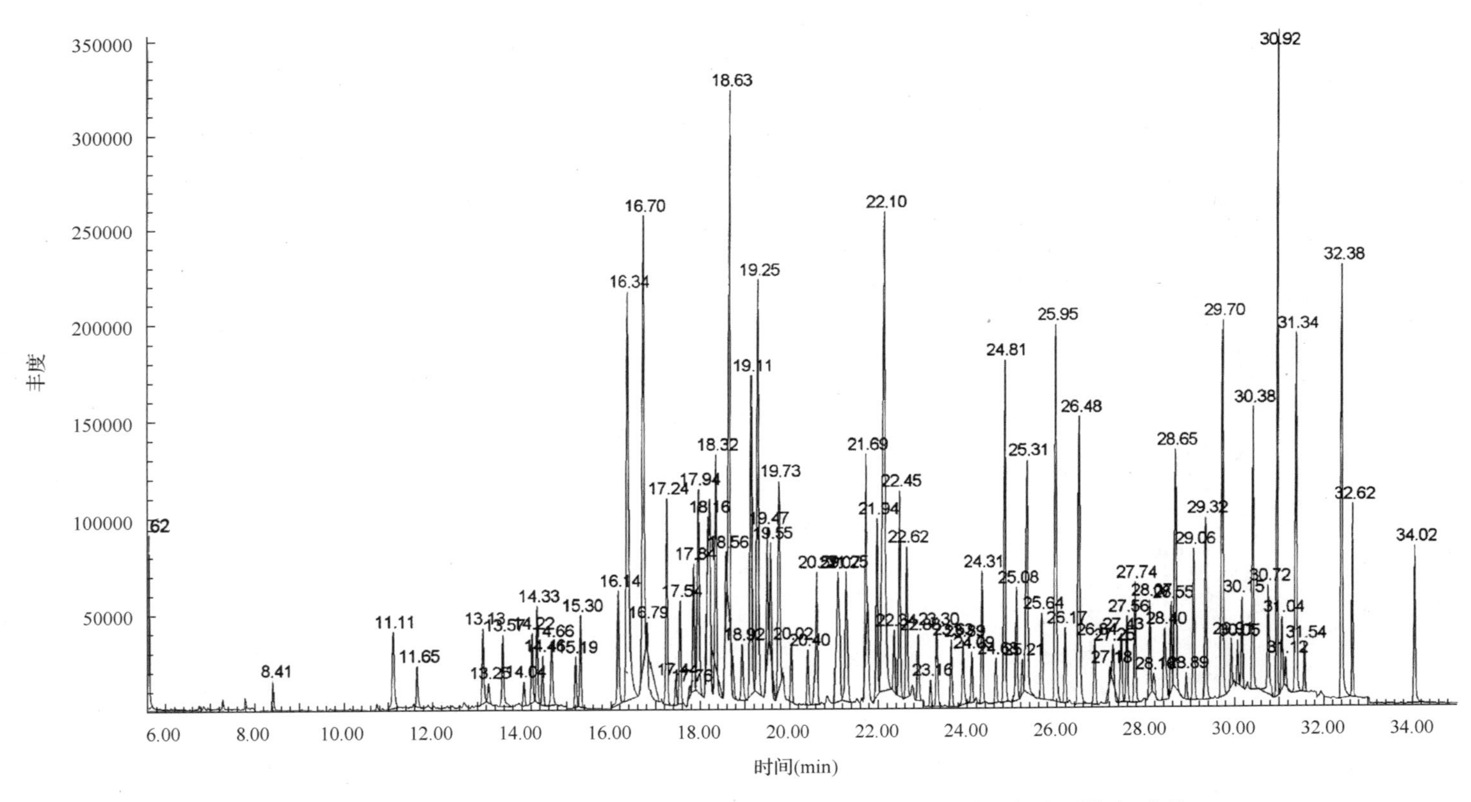

附图4　D组标准物质在小麦基质中选择离子监测GC-MS图(农药及相关化学品名称见附录1序号264～362)

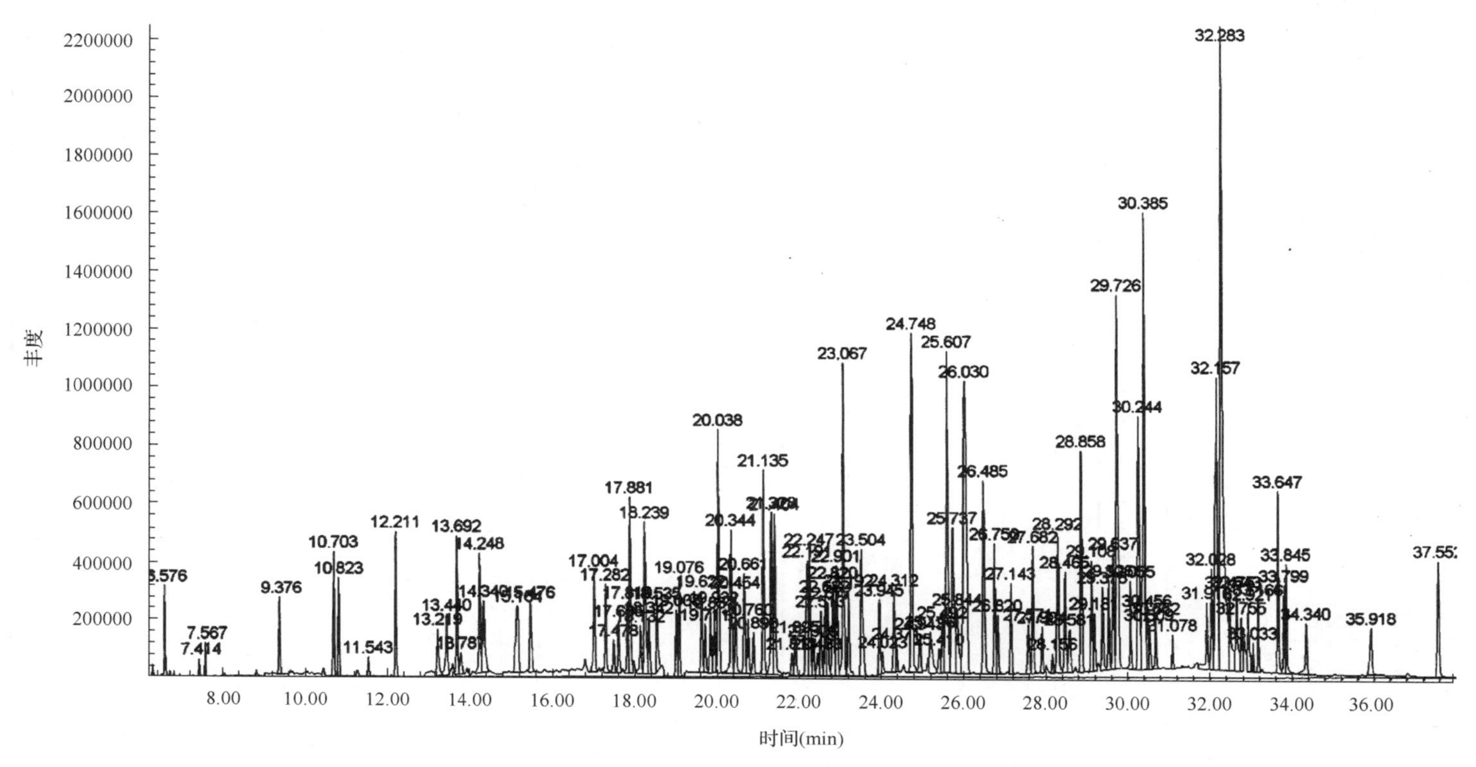

附图5　E组标准物质在小麦基质中选择离子监测GC-MS图(农药及相关化学品名称见附录1序号363～475)

附录 5　实验室内重复性要求

被测组分含量(mg/kg)	精密度(%)
＜0.001	36
＞0.001≤0.01	32
＞0.01≤0.1	22
＞0.1≤1	18
＞1	14

附录 6　实验室间再现性要求

被测组分含量(mg/kg)	精密度(%)
≤0.001	54
＞0.001≤0.01	46
＞0.01≤0.1	34
＞0.1≤1	25
＞1	19

附录 7　样品的添加回收率数据

序号	中文名称	英文名称	低水平(LOQ)添加回收率(%)	高水平(4LOQ)添加回收率(%)
			大米	小麦
1	二丙烯草胺	allidochlor	69.6	76.6
2	烯丙酰草胺	dichlormid	22.5	33.2
3	土菌灵	etridiazol	98.0	92.6
4	氯甲硫磷	chlormephos	89.0	98.1
5	苯胺灵	propham	85.0	100.1
6	环草敌	cycloate	83.5	92.7
7	联苯二胺	diphenylamine	26.0	90.7
8	乙丁烯氟灵	ethalfluralin	84.1	91.0
9	甲拌磷	phorate	105.4	97.7
10	甲基乙拌磷	thiometon	93.2	92.5
11	五氯硝基苯	quintozene	99.9	97.2
12	脱乙基阿特拉津	atrazine-desethyl	85.5	93.2
13	异噁草松	clomazone	92.6	97.3
14	二嗪磷	diazinon	96.3	55.7
15	地虫硫磷	fonofos	92.4	97.6
16	乙嘧硫磷	etrimfos	6.7	23.8

续表

序号	中文名称	英文名称	低水平(LOQ)添加回收率(%)	高水平(4LOQ)添加回收率(%)
			大米	小麦
17	西玛津	simazine	95.2	100.9
18	胺丙畏	propetamphos	92.9	100.5
19	仲丁通	secbumeton	93.0	101.0
20	除线磷	dichlofenthion	95.8	91.6
21	炔丙烯草胺	pronamide	27.4	39.3
22	兹克威	mexacarbate	82.8	92.9
23	艾氏剂	aldrin	100.8	97.9
24	氨氟灵	dinitramine	98.9	97.9
25	皮蝇磷	ronnel	95.6	94.7
26	扑草净	prometryne	115.9	102.7
27	环丙津	cyprazine	102.7	97.9
28	乙烯菌核利	vinclozolin	94.6	93.5
29	β-六六六	beta-HCH	103.0	92.4
30	甲霜灵	metalaxyl	98.4	91.6
31	毒死蜱	chlorpyrifos (-ethyl)	98.1	94.5
32	甲基对硫磷	methyl-parathion	97.5	91.7
33	蒽醌	anthraquinone	109.9	97.7
34	δ-六六六	delta-HCH	96.8	91.9
35	倍硫磷	fenthion	97.0	90.0
36	马拉硫磷	malathion	71.0	84.5
37	杀螟硫磷	fenitrothion	97.4	88.6
38	对氧磷	paraoxon-ethyl	99.3	94.3
39	三唑酮	triadimefon	101.3	97.3
40	对硫磷	parathion	86.4	96.2
41	二甲戊灵	pendimethalin	111.3	100.1
42	利谷隆	linuron	85.9	58.2
43	杀螨醚	chlorbenside	83.6	92.9
44	乙基溴硫磷	bromophos-ethyl	84.9	88.9
45	喹硫磷	quinalphos	116.1	93.5
46	反式氯丹	*trans*-chlordane	89.1	93.2
47	稻丰散	phenthoate	80.6	81.8
48	吡唑草胺	metazachlor	82.6	94.5

续表

序号	中文名称	英文名称	低水平(LOQ)添加回收率(%)	高水平(4LOQ)添加回收率(%)
			大米	小麦
49	苯硫威	fenothiocarb	85.0	104.9
50	丙硫磷	prothiophos	84.1	92.9
51	整形醇	chlorfurenol	62.8	69.9
52	狄氏剂	dieldrin	83.9	94.0
53	腐霉利	diphenylamine	85.3	82.1
54	杀扑磷	methidathion	83.8	94.6
55	敌草胺	napropamide	84.7	93.4
56	噁草酮	oxadiazone	104.6	84.4
57	苯线磷	fenamiphos	84.6	102.9
58	杀螨氯硫	tetrasul	84.8	94.7
59	杀螨特	aramite	86.4	92.2
60	乙嘧酚磺酸酯	bupirimate	83.4	90.5
61	萎锈灵	carboxin	87.9	
62	氟酰胺	flutolanil	46.7	62.8
63	*p*, *p*′-滴滴滴	4,4′-DDD	72.5	80.8
64	乙硫磷	ethion	80.5	95.6
65	硫丙磷	sulprofos	82.3	94.0
66	乙环唑-1	etaconazole-1	78.9	71.8
67	乙环唑-2	etaconazole-2	85.5	105.5
68	腈菌唑	myclobutanil	81.4	104.7
69	禾草灵	diclofop-methyl	91.8	104.0
70	丙环唑	propiconazole	85.9	99.3
71	丰索磷	fensulfothin	81.2	95.0
72	联苯菊酯	bifenthrin	77.3	95.5
73	灭蚁灵	mirex	85.2	86.0
74	麦锈灵	benodanil	86.5	94.1
75	氟苯嘧啶醇	nuarimol	82.5	91.9
76	甲氧滴滴涕	methoxychlor	43.5	61.4
77	噁霜灵	oxadixyl	96.4	101.8
78	胺菊酯	tetramethirn	85.2	95.4
79	戊唑醇	tebuconazole	87.3	58.5
80	氟草敏	norflurazon	90.7	103.7

续表

序号	中文名称	英文名称	低水平(LOQ)添加回收率(%)	高水平(4LOQ)添加回收率(%)
			大米	小麦
81	哒嗪硫磷	pyridaphenthion	84.8	101.8
82	亚胺硫磷	phosmet	80.3	80.9
83	三氯杀螨砜	tetradifon	66.0	93.6
84	氧化萎锈灵	oxycarboxin	97.6	95.3
85	顺式氯菊酯	*cis*-permethrin	86.2	103.7
86	反式氯菊酯	*trans*-permethrin	82.1	84.6
87	吡菌磷	pyrazophos	83.2	96.2
88	氯氰菊酯	cypermethrin	83.2	95.5
89	氰戊菊酯	fenvalerate	84.5	96.0
90	溴氰菊酯	deltamethrin	92.2	94.2
91	茵草敌	EPTC	84.0	94.9
92	丁草敌	butylate	87.6	115.5
93	敌草腈	dichlobenil	83.6	95.7
94	克草敌	pebulate	81.6	93.3
95	三氯甲基吡啶	nitrapyrin	78.5	91.0
96	速灭磷	mevinphos	92.4	86.4
97	氯苯甲醚	chloroneb	81.2	101.1
98	四氯硝基苯	tecnazene	89.0	103.0
99	庚烯磷	heptanophos	80.4	92.9
100	六氯苯	hexachlorobenzene	96.9	94.4
101	灭线磷	ethoprophos	103.0	93.9
102	顺式燕麦敌	*cis*-diallate	100.3	96.8
103	毒草胺	propachlor	104.3	98.3
104	反式燕麦敌	*trans*-diallate	105.5	100.0
105	氟乐灵	trifluralin	105.5	101.1
106	氯苯胺灵	chlorpropham	94.3	94.5
107	治螟磷	sulfotep	98.6	95.6
108	菜草畏	sulfallate	80.5	81.4
109	*α*-六六六	alpha-HCH	101.5	97.7
110	特丁硫磷	terbufos	85.1	86.4
111	特丁通	terbumeton	98.0	97.2
112	环丙氟灵	profluralin	105.2	99.9

续表

序号	中文名称	英文名称	低水平(LOQ)添加回收率(%)	高水平(4LOQ)添加回收率(%)
			大米	小麦
113	敌噁磷	dioxathion	109.0	105.1
114	扑灭津	propazine	105.2	104.5
115	氯炔灵	chlorbufam	94.9	96.2
116	氯硝胺	dichloran	27.4	39.3
117	特丁津	terbuthylazine	105.1	99.7
118	绿谷隆	monolinuron	78.1	89.9
119	氟虫脲	flufenoxuron	71.2	94.8
120	杀螟腈	cyanophos	75.5	90.0
121	甲基毒死蜱	chlorpyrifos-methyl	98.3	95.6
122	敌草净	desmetryn	88.1	96.4
123	二甲草胺	dimethachlor	90.1	98.7
124	甲草胺	alachlor	63.9	84.7
125	甲基嘧啶磷	pirimiphos-methyl	93.5	98.4
126	特丁净	terbutryn	79.7	94.9
127	杀草丹	thiobencarb	86.0	86.1
128	丙硫特普	aspon	93.0	100.6
129	三氯杀螨醇	dicofol	92.7	98.2
130	异丙甲草胺	metolachlor	93.3	109.2
131	氧化氯丹	oxy-chlordane	85.6	115.7
132	烯虫酯	methoprene	93.3	96.9
133	溴硫磷	bromofos	91.9	100.0
134	乙氧呋草黄	ethofumesate	92.4	99.1
135	异丙乐灵	isopropalin	95.4	99.7
136	硫丹Ⅰ	endosulfan Ⅰ	32.6	46.4
137	敌稗	propanil	32.5	44.8
138	异柳磷	isofenphos	87.8	98.3
139	育畜磷	crufomate	101.1	104.4
140	毒虫畏	chlorfenvinphos	93.1	100.3
141	顺式氯丹	*cis*-chlordane	94.0	98.9
142	甲苯氟磺胺	tolylfluanide	94.8	101.6
143	*p*, *p*′-滴滴伊	4, 4′-DDE	27.5	37.3
144	丁草胺	butachlor	93.9	99.9

续表

序号	中文名称	英文名称	低水平(LOQ)添加回收率(%)	高水平(4LOQ)添加回收率(%)
			大米	小麦
145	乙菌利	chlozolinate	102.9	102.9
146	巴毒磷	crotoxyphos	91.4	100.1
147	碘硫磷	iodofenphos	91.8	99.6
148	杀虫畏	tetrachlorvinphos	92.8	100.5
149	氯溴隆	chlorbromuron	93.8	100.1
150	丙溴磷	profenofos	47.3	54.6
151	氟咯草酮	flurochloridone	47.2	65.2
152	*o*, *p*′-滴滴滴	2, 4′-DDD	69.3	100.5
153	异狄氏剂	endrin	97.8	109.7
154	己唑醇	hexaconazole	92.8	105.6
155	杀螨酯	chlorfenson	95.1	107.9
156	*o*, *p*′-滴滴涕	2, 4′-DDT	104.6	107.6
157	多效唑	paclobutrazol	86.1	103.6
158	盖草津	methoprotryne	89.2	98.5
159	丙酯杀螨醇	chloropropylate	94.4	100.7
160	麦草氟甲酯	flamprop-methyl	60.3	74.0
161	除草醚	nitrofen	90.4	103.0
162	乙氧氟草醚	oxyfluorfen	92.1	100.0
163	虫螨磷	chlorthiophos	79.4	85.6
164	硫丹 II	endosulfan II	22.0	35.0
165	麦草氟异丙酯	flamprop-isopropyl	93.2	101.1
166	*p*, *p*′-滴滴涕	4,4′-DDT	92.4	101.0
167	三硫磷	carbofenothion	98.5	100.4
168	苯霜灵	prometryne	100.6	102.3
169	敌瘟磷	edifenphos	97.5	101.8
170	三唑磷	triazophos	92.3	99.7
171	苯腈磷	cyanofenphos	96.5	102.3
172	氯杀螨砜	chlorbenside sulfone	91.9	100.2
173	硫丹硫酸盐	endosulfan-sulfate	94.8	110.6
174	溴螨酯	bromopropylate	99.3	102.7
175	新燕灵	benzoylprop-ethyl	93.4	100.4
176	甲氰菊酯	fenpropathrin	92.7	101.1

续表

序号	中文名称	英文名称	低水平(LOQ)添加回收率(%)	高水平(4LOQ)添加回收率(%)
			大米	小麦
177	溴苯磷	leptophos	94.1	102.0
178	苯硫磷	EPN	94.8	102.5
179	环嗪酮	hexazinone	96.4	102.8
180	伏杀硫磷	phosalone	94.2	101.9
181	保棉磷	azinphos-methyl	74.7	86.4
182	氯苯嘧啶醇	fenarimol	97.1	101.7
183	益棉磷	azinphos-ethyl	102.5	114.7
184	蝇毒磷	coumaphos	103.9	109.5
185	氟氯氰菊酯	cyfluthrin	94.2	100.6
186	氟胺氰菊酯	fluvalinate	105.0	105.6
187	敌敌畏	dichlorvos	98.0	103.3
188	联苯	biphenyl	76.2	77.9
189	灭草敌	vernolate	68.9	84.1
190	3,5-二氯苯胺	3,5-dichloroaniline	61.2	79.2
191	禾草敌	molinate	77.2	89.4
192	虫螨畏	methacrifos	87.7	92.3
193	邻苯基苯酚	2-phenylphenol	72.0	91.3
194	四氢邻苯二甲酰亚胺	tetrahydrophthalimide	68.4	91.4
195	仲丁威	fenobucarb	92.4	95.2
196	乙丁氟灵	benfluralin	79.1	99.8
197	氟铃脲	hexaflumuron	92.8	86.9
198	野麦畏	triallate	95.5	95.3
199	嘧霉胺	pyrimethanil	95.7	90.2
200	林丹	gamma-HCH	95.0	99.9
201	乙拌磷	disulfoton	104.5	95.4
202	莠去净	atrizine	89.9	93.3
203	七氯	heptachlor	96.3	95.8
204	异稻瘟净	iprobenfos	66.9	94.2
205	氯唑磷	isazofos	94.8	95.3
206	三氯杀虫酯	plifenate	94.3	80.9
207	四氟苯菊酯	transfluthrin	25.8	37.3
208	氯乙氟灵	fluchloralin	83.5	86.6

续表

序号	中文名称	英文名称	低水平(LOQ)添加回收率(%)	高水平(4LOQ)添加回收率(%)
			大米	小麦
209	甲基立枯磷	tolclofos-methyl	91.7	95.7
210	异丙草胺	propisochlor	94.9	106.2
211	溴谷隆	metobromuron	108.5	97.9
212	嗪草酮	metribuzin	99.2	94.3
213	ε-六六六	epsilon-HCH	93.4	97.4
214	安硫磷	formothion	94.8	95.3
215	乙霉威	diethofencarb	98.9	99.8
216	哌草丹	dimepiperate	88.2	98.2
217	生物烯丙菊酯-1	bioallethrin-1	69.6	73.2
218	生物烯丙菊酯-2	bioallethrin-2	91.3	97.3
219	*o*, *p*′-滴滴伊	2,4′-DDE	96.5	94.8
220	芬螨酯	fenson		
221	双苯酰草胺	diphenamid	76.2	98.1
222	氯硫磷	chlorthion	92.9	96.4
223	炔丙菊酯	prallethrin	103.3	98.4
224	戊菌唑	penconazole	100.5	96.9
225	灭蚜磷	mecarbam	87.4	78.8
226	四氟醚唑	tetraconazole	81.3	83.7
227	丙虫磷	propaphos	97.1	104.0
228	氟节胺	flumetralin	91.0	91.8
229	三唑醇	triadimenol	97.2	98.4
230	丙草胺	pretilachlor	93.8	86.6
231	醚菌酯	kresoxim-methyl	106.0	97.4
232	吡氟禾草灵	fluazifop-butyl		
233	氟啶脲	chlorfluazuron	97.6	96.3
234	乙酯杀螨醇	chlorobenzilate	76.3	73.8
235	烯效唑	uniconazole	61.7	78.4
236	氟硅唑	flusilazole	22.8	19.1
237	三氟硝草醚	fluorodifen	98.4	97.1
238	烯唑醇	diniconazole	86.6	89.1
239	增效醚	piperonyl butoxide	95.3	94.2
240	炔螨特	propargite	95.5	96.3

续表

序号	中文名称	英文名称	低水平(LOQ)添加回收率(%)	高水平(4LOQ)添加回收率(%)
			大米	小麦
241	灭锈胺	mepronil		
242	噁唑隆	dimefuron	98.3	96.4
243	吡氟酰草胺	diflufenican	78.7	96.7
244	苯醚菊酯	phenothrin	98.5	95.6
245	咯菌腈	fludioxonil	42.1	60.0
246	苯氧威	fenoxycarb	93.8	101.6
247	稀禾啶	sethoxydim	89.0	83.7
248	莎稗磷	anilofos	79.7	88.6
249	氟丙菊酯	acrinathrin	100.6	82.2
250	高效氯氟氰菊酯	lambda-cyhalothrin	95.4	95.9
251	苯噻酰草胺	mefenacet	57.6	73.5
252	氯菊酯	permethrin	104.8	92.2
253	哒螨灵	pyridaben	39.6	37.6
254	乙羧氟草醚	fluoroglycofen-ethyl	89.9	100.2
255	联苯三唑醇	bitertanol	94.2	94.8
256	醚菊酯	etofenprox	98.2	95.2
257	噻草酮	cycloxydim	91.0	88.4
258	α-氯氰菊酯	alpha-cypermethrin	90.5	90.0
259	氟氰戊菊酯	flucythrinate	108.6	92.2
260	*S*-氰戊菊酯	esfenvalerate	87.8	89.1
261	苯醚甲环唑	difenoconazole		
262	丙炔氟草胺	flumioxazin	92.6	92.7
263	氟烯草酸	flumiclorac-pentyl	32.6	32.5
264	甲氟磷	dimefox	97.7	85.4
265	乙拌磷亚砜	disulfoton-sulfoxide	93.7	91.3
266	五氯苯	pentachlorobenzene	100.8	92.4
267	三异丁基磷酸盐	tri-iso-butyl phosphate	91.4	92.0
268	鼠立死	crimidine	101.5	92.0
269	4-溴-3,5-二甲苯基-*N*-甲基氨基甲酸酯-1	BDMC-1	97.5	93.7
270	燕麦酯	chlorfenprop-methyl	89.0	103.0
271	虫线磷	thionazin	34.3	37.0

续表

序号	中文名称	英文名称	低水平(LOQ)添加回收率(%)	高水平(4LOQ)添加回收率(%)
			大米	小麦
272	2,3,5,6-四氯苯胺	2,3,5,6-tetrachloroaniline	88.8	82.1
273	三正丁基磷酸盐	tri-*n*-butyl phosphate	96.4	91.9
274	2,3,4,5-四氯甲氧基苯	2,3,4,5-tetrachloroanisole	96.3	87.8
275	五氯甲氧基苯	pentachloroanisole	96.7	97.6
276	牧草胺	tebutam	96.3	87.6
277	蔬果磷	dioxabenzofos	89.0	92.0
278	甲基苯噻隆	methabenzthiazuron	98.7	94.5
279	西玛通	simetone	101.1	93.0
280	阿特拉通	atratone	95.5	89.9
281	脱异丙基莠去津	desisopropyl-atrazine	96.7	91.9
282	特丁硫磷砜	terbufos sulfone	99.5	97.6
283	七氟菊酯	tefluthrin	100.3	92.9
284	溴烯杀	bromocylen	106.9	95.2
285	草达津	trietazine	0.0	96.8
286	氧乙嘧硫磷	etrimfos oxon	103.6	91.6
287	环莠隆	cycluron	100.0	90.3
288	2,6-二氯苯甲酰胺	2,6-dichlorobenzamide	94.1	92.1
289	2,4,4′-三氯联苯	DE-PCB 28	94.1	90.2
290	2,4′,5-三氯联苯	DE-PCB 31	29.4	34.2
291	脱乙基另丁津	desethyl-sebuthylazine	98.1	91.6
292	2,3,4,5-四氯苯胺	2,3,4,5-tetrachloroaniline	91.4	87.9
293	合成麝香	musk ambrette	98.6	89.8
294	二甲苯麝香	musk xylene	88.2	84.0
295	五氯苯胺	pentachloroaniline	47.2	52.7
296	叠氮津	aziprotryne	87.4	
297	另丁津	sebutylazine	38.4	3.9
298	丁脒酰胺	isocarbamid	109.9	98.7
299	2,2′,5,5′-四氯联苯	DE-PCB 52	96.7	90.6
300	麝香	musk moskene	104.3	94.5
301	苄草丹	prosulfocarb	100.7	93.6
302	二甲吩草胺	dimethenamid	96.7	94.3
303	氧皮蝇磷	fenchlorphos oxon	113.2	71.4

续表

序号	中文名称	英文名称	低水平(LOQ)添加回收率(%)	高水平(4LOQ)添加回收率(%)
			大米	小麦
304	4-溴-3,5-二甲苯基-*N*-甲基氨基甲酸酯-2	BDMC-2	108.3	97.8
305	甲基对氧磷	paraoxon-methyl	101.4	94.8
306	庚酰草胺	monalide	106.1	101.7
307	西藏麝香	musk tibeten	98.6	93.9
308	碳氯灵	isobenzan	100.7	91.1
309	八氯苯乙烯	octachlorostyrene	97.9	86.7
310	嘧啶磷	pyrimitate	96.1	94.2
311	异艾氏剂	isodrin	103.3	99.1
312	丁嗪草酮	isomethiozin	104.0	91.8
313	毒壤磷	trichloronat	105.3	94.7
314	敌草索	dacthal		
315	4,4-二氯二苯甲酮	4,4-dichlorobenzophenone	95.8	92.2
316	酞菌酯	nitrothal-isopropyl	38.6	
317	麝香酮	musk ketone	77.2	83.2
318	吡咪唑	rabenzazole	101.7	45.9
319	嘧菌环胺	cyprodinil	98.0	108.9
320	氧异柳磷	isofenphos oxon	99.4	77.0
321	异氯磷	dicapthon	97.3	95.1
322	2,2′,4′,5,5′-五氯联苯	DE-PCB 101	101.9	88.2
323	2-甲-4-氯丁氧乙基酯	MCPA-butoxyethyl ester	89.4	90.5
324	水胺硫磷	isocarbophos	100.2	95.8
325	甲拌磷砜	phorate sulfone	102.0	95.8
326	杀螨醇	chlorfenethol	97.4	87.7
327	反式九氯	trans-nonachlor	102.0	95.4
328	消螨通	dinobuton	93.6	89.2
329	脱叶磷	DEF	106.1	82.4
330	氟咯草酮	flurochloridone	47.2	65.2
331	溴苯烯磷	bromfenvinfos	111.6	98.2
332	乙滴涕	perthane	102.7	96.0
333	2,3′,4,4′,5-五氯联苯	DE-PCB 118	93.8	81.7
334	4,4-二溴二苯甲酮	4,4-dibromobenzophenone	105.4	87.2

续表

序号	中文名称	英文名称	低水平(LOQ)添加回收率(%)	高水平(4LOQ)添加回收率(%)
			大米	小麦
335	粉唑醇	flutriafol	81.5	71.6
336	地胺磷	mephosfolan	97.6	90.0
337	乙基杀扑磷	athidathion		
338	2,2′,4,4′,5,5′-六氯联苯	DE-PCB 153	88.8	73.3
339	苄氯三唑醇	diclobutrazole	94.7	92.7
340	乙拌磷砜	disulfoton sulfone	70.8	71.5
341	噻螨酮	hexythiazox	99.7	86.8
342	2,2′,3,4,4′,5′-六氯联苯	DE-PCB 138	94.1	88.8
343	环菌唑	cyproconazole		
344	炔草酸	clodinafop-propargyl	95.9	81.4
345	倍硫磷亚砜	fenthion sulfoxide	92.5	75.3
346	三氟苯唑	fluotrimazole		
347	氟草烟-1-甲庚酯	fluroxypr-1-methylheptyl ester	90.0	86.0
348	倍硫磷砜	fenthion sulfone	96.5	88.8
349	三苯基磷酸盐	triphenyl phosphate	99.8	67.7
350	苯嗪草酮	metamitron	91.7	85.0
351	2,2′,3,4,4′,5,5′-七氯联苯	DE-PCB 180	97.6	90.4
352	吡螨胺	tebufenpyrad	96.3	60.2
353	环草定	lenacil	95.3	87.7
354	糠菌唑-1	bromuconazole-1		
355	脱溴溴苯磷	desbrom- leptophos		
356	糠菌唑-2	bromuconazole-2		
357	甲磺乐灵	nitralin	92.7	93.4
358	苯线磷亚砜	fenamiphos sulfoxide	92.8	91.5
359	苯线磷砜	fenamiphos sulfone	94.1	89.2
360	拌种咯	fenpiclonil	100.0	88.9
361	氟喹唑	fluquinconazole		
362	腈苯唑	fenbuconazole	101.2	91.2
363	残杀威-1	propoxur -1	69.0	71.6
364	异丙威-1	isoprocarb -1	94.3	93.6
365	甲胺磷	methamidophos	96.6	93.8
366	二氢苊	acenaphthene	104.9	100.7

续表

序号	中文名称	英文名称	低水平(LOQ)添加回收率(%)	高水平(4LOQ)添加回收率(%)
			大米	小麦
367	驱虫特	dibutyl succinate	20.0	14.5
368	邻苯二甲酰亚胺	phthalimide	84.5	95.3
369	氯氧磷	chlorethoxyfos	86.9	100.7
370	异丙威-2	isoprocarb -2	84.4	93.5
371	戊菌隆	pencycuron	86.6	102.7
372	丁噻隆	tebuthiuron	86.6	89.9
373	甲基内吸磷	demeton-*S*-methyl	103.6	98.8
374	硫线磷	cadusafos	82.6	91.6
375	残杀威-2	propoxur -2	64.6	89.8
376	菲	phenanthrene	95.7	103.1
377	唑螨酯	fenpyroximate	90.2	101.6
378	丁基嘧啶磷	tebupirimfos	94.0	104.5
379	茉莉酮	prohydrojasmon	6.3	57.0
380	氯硝胺	dichloran	27.4	39.3
381	咯喹酮	pyroquilon	96.7	94.0
382	炔苯酰草胺	propyzamide		
383	抗蚜威	pirimicicarb	69.9	86.5
384	磷胺-1	phosphamidon-1	31.0	30.8
385	解草嗪	benoxacor	94.3	90.6
386	溴丁酰草胺	bromobutide	98.2	92.7
387	乙草胺	acetochlor	102.0	99.1
388	灭草环	tridiphane	97.8	92.6
389	特草灵	terbucarb		
390	戊草丹	esprocarb	100.6	94.1
391	甲呋酰胺	fenfuram	98.8	93.6
392	活化酯	acibenzolar-*S*-methyl	91.1	95.1
393	呋草黄	benfuresate	89.7	89.8
394	氟硫草定	dithiopyr	92.9	90.7
395	精甲霜灵	mefenoxam	98.9	97.9
396	马拉氧磷	malaoxon	103.5	97.7
397	磷胺-2	phosphamidon-2	74.3	93.2
398	硅氟唑	simeconazole	106.2	98.1

续表

序号	中文名称	英文名称	低水平(LOQ)添加回收率(%)	高水平(4LOQ)添加回收率(%)
			大米	小麦
399	氯酞酸甲酯	chlorthal-dimethyl	82.9	86.6
400	噻唑烟酸	thiazopyr	83.9	92.3
401	甲基毒虫畏	dimethylvinphos	89.6	92.6
402	仲丁灵	butralin	85.6	95.4
403	苯酰草胺	zoxamide	77.6	92.8
404	啶斑肟-1	pyrifenox-1	43.5	20.5
405	烯丙菊酯	allethrin	9.0	4.7
406	异戊乙净	dimethametryn		
407	灭藻醌	quinoclamine	83.1	93.5
408	甲醚菊酯-1	methothrin-1		
409	氟噻草胺	flufenacet	43.6	65.5
410	甲醚菊酯-2	methothrin-2		
411	啶斑肟-2	pyrifenox -2		
412	氰菌胺	fenoxanil	85.2	94.3
413	四氯苯酞	phthalide	79.4	89.7
414	呋霜灵	furalaxyl		
415	噻虫嗪	thiamethoxam	106.1	94.5
416	嘧菌胺	mepanipyrim	80.2	82.0
417	除草定	bromacil	81.5	90.9
418	啶氧菌酯	picoxystrobin		
419	抑草磷	butamifos	81.7	92.3
420	咪草酸	imazamethabenz-methyl	116.3	91.0
421	苯氧菌胺-1	metominostrobin-1	81.4	93.5
422	苯噻硫氰	TCMTB	77.5	104.0
423	甲硫威砜	methiocarb sulfone	83.4	89.8
424	抑霉唑	imazalil	76.5	94.2
425	稻瘟灵	isoprothiolane	85.2	106.2
426	环氟菌胺	cyflufenamid	78.5	97.1
427	嘧草醚	pyriminobac-methyl	83.0	89.7
428	噁唑磷	isoxathion	76.3	85.2
429	苯氧菌胺-2	metominostrobin-2	65.7	91.9
430	苯虫醚-1	diofenolan-1	96.5	114.6

续表

序号	中文名称	英文名称	低水平(LOQ)添加回收率(%)	高水平(4LOQ)添加回收率(%)
			大米	小麦
431	噻呋酰胺	thifluzamide		
432	苯虫醚-2	diofenolan -2	81.6	94.8
433	苯氧喹啉	quinoxyphen	83.5	94.6
434	溴虫腈	chlorfenapyr	66.2	73.9
435	肟菌酯	trifloxystrobin	87.7	103.1
436	脱苯甲基亚胺唑	imibenconazole-des-benzyl	32.4	43.7
437	双苯噁唑酸	isoxadifen-ethyl	83.6	94.4
438	氟虫腈	fipronil		
439	炔咪菊酯-1	imiprothrin-1	79.0	99.0
440	唑酮草酯	carfentrazone-ethyl	94.4	
441	炔咪菊酯-2	imiprothrin-2	67.6	81.5
442	氟环唑-1	epoxiconazole -1	79.0	93.8
443	吡草醚	pyraflufen ethyl	84.4	94.6
444	稗草丹	pyributicarb	31.9	42.9
445	噻吩草胺	thenylchlor	83.1	92.9
446	烯草酮	clethodim	24.8	68.3
447	吡唑解草酯	mefenpyr-diethyl	80.4	92.9
448	伐灭磷	famphur	82.5	91.8
449	乙螨唑	etoxazole	76.3	89.0
450	吡丙醚	pyriproxyfen	82.5	91.8
451	氟环唑-2	epoxiconazole-2	93.0	97.4
452	氟吡酰草胺	picolinafen	98.4	97.5
453	异菌脲	iprodione	108.7	99.5
454	哌草磷	piperophos	75.5	74.9
455	呋酰胺	ofurace	95.1	89.8
456	联苯肼酯	bifenazate	69.3	64.0
457	异狄氏剂酮	endrin ketone	135.2	99.4
458	氯甲酰草胺	clomeprop	104.2	95.0
459	咪唑菌酮	fenamidone	107.7	103.3
460	萘丙胺	naproanilide	96.8	80.2
461	吡唑醚菊酯	pyraclostrobin	102.9	97.8
462	乳氟禾草灵	lactofen	106.3	100.7

续表

序号	中文名称	英文名称	低水平(LOQ)添加回收率(%)	高水平(4LOQ)添加回收率(%)
			大米	小麦
463	三甲苯草酮	tralkoxydim	105.4	103.1
464	吡唑硫磷	pyraclofos	95.4	85.2
465	氯亚胺硫磷	dialifos	102.7	99.4
466	螺螨酯	spirodiclofen	98.6	96.6
467	苄螨醚	halfenprox	102.5	97.8
468	呋草酮	flurtamone	72.7	84.8
469	环酯草醚	pyriftalid	87.0	97.5
470	氟硅菊酯	silafluofen	92.0	99.2
471	嘧螨醚	pyrimidifen	89.6	96.8
472	啶虫脒	acetamiprid	78.1	95.0
473	氟丙嘧草酯	butafenacil	91.8	98.4
474	苯酮唑	cafenstrole	90.0	98.2
475	氟啶草酮	fluridone	31.3	40.1

附录 8　加速溶剂萃取可提取部分有机化合物参考名单

序号	名称	英文名	CAS 号
有机氯农药			
1	α-六六六	α-BHC	319-84-6
2	γ-六六六	γ-BHC	58-89-9
3	β-六六六	β-BHC	319-85-7
4	δ-六六六	δ-BHC	319-86-8
5	七氯	heptachlor	76-44-8
6	艾氏剂	aldrin	309-00-2
7	环氧七氯	heptachlor epoxide	1024-57-3
8	γ-氯丹	gamma chlordane	5103-74-2
9	α-硫丹	α-endosulfan	1031-07-8
10	α-氯丹	α-chlordane	5103-71-9
11	狄氏剂	dieldrin	60-57-1
12	4,4′-滴滴伊	4,4′-DDE	72-55-9
13	异狄氏剂	endrin	72-20-8
14	β-硫丹	beta-endosulfan	33213-65-9
15	4,4′-滴滴滴	4,4′-DDD	72-54-8

续表

序号	名称	英文名	CAS 号
有机氯农药			
16	异狄氏剂醛	endrin aldehyde	7421-93-4
17	硫丹硫酸酯	endosulfan sulfate	1031-07-8
18	4,4′-滴滴涕	4,4′-DDT	50-29-3
19	异狄氏剂酮	endrin ketone	53494-70-5
20	甲氧滴滴涕	methoxychlor	72-43-5
21	灭蚁灵	mirex	2385-85-5
有机磷农药			
22	乐果	dimethoate	60-51-5
23	乙拌磷	disulfoton	298-04-4
24	速灭磷	mevinphos	7786-34-7
25	二嗪磷	diazinon	333-41-5
26	丙硫磷	tokuthion	34643-46-4
27	硫丙磷	bolstar	35400-43-2
28	皮蝇磷	ronnel	299-84-3
29	伐灭磷	famphur	52-85-7
30	甲基对硫磷	methyl parathion	298-00-0
31	甲拌磷	phorate	298-02-2
32	治螟磷	sulfotep	3689-24-5
33	治线磷	thionazin	297-97-2
34	毒死蜱	thlorpyrifos	2921-88-2
氯代除草剂			
35	2,4-D	2,4-dichlorophenoxyacetic acid	94-75-7
36	2,4-滴丁酸甲酯	2,4-DB-2-ethylhexyl ester	18625-12-2
37	2,4,5-三氯苯氧乙酸	(2,4,5-richlorophenoxy) acetic acid	93-76-5
38	2,4,5-涕丙酸甲酯	2,4,5-TP methyl ester	4841-20-7
多环芳烃			
39	萘	naphthalene	91-20-3
40	2-甲基萘	2-methylnaphthalene	91-57-6
41	苊	acenaphthylene	83-32-9
42	苊烯	acenaphthene	208-96-8
43	芴	fuorene	86-73-7
44	菲	phenanthrene	85-01-8
45	蒽	anthracene	120-12-7

续表

序号	名称	英文名	CAS 号
多环芳烃			
46	荧蒽	fluoranthene	206-44-0
47	芘	pyrene	129-00-0
48	苯并[*b*]荧蒽	benzo[*b*]fluoranthene	205-99-2
49	䓛	chrysene	218-01-9
50	苯并[*k*]荧蒽	benzo[*k*]fluoranthene	207-08-9
51	苯并[*a*]芘	benzo[*a*]pyrene	50-32-8
52	苯并[*a*]蒽	benzo[*a*]anthracene	56-55-3
53	茚并[1,2,3-*cd*]芘	indeno[1,2,3-*cd*]pyrene	193-39-5
54	二苯并[*a,h*]蒽	dibenzo[*a,h*]anthracene	53-70-3
55	苯并[*g,h,i*]苝	benzo[*g,h,i*]perylene	191-24-2
多氯联苯			
56	2,4,4′-三氯联苯	PCB28	7012-37-5
57	2,2′,5,5′-四氯联苯	PCB52	35693-99-3
58	2,2′,3,4,4′,5′-六氯联苯	PCB138	35065-28-2
59	2,2',4,5,5'-五氯联苯	PCB101	37680-73-2
60	2,2',4,4',5,5'-六氯联苯	PCB153	35065-27-1
61	2,2',3,4,4',5,5'-七氯联苯	PCB180	35065-29-3
62	2,3',4,4,5'-五氯联苯	PCB118	31508-00-6
其他半挥发性有机化合物			
63	*N*-亚硝基二甲胺	*N*-nitrosodimethylamine	621-64-7
64	*N*-亚硝基二正丙胺	*N*-nitrosodi-*n*-propylamine	621-64-7
65	苯酚	phenol	108-95-2
66	2-氯苯酚	2-chlorophenol	95-57-8
67	2-甲基苯酚	2-methyl-phenol	95-48-7
68	4-甲基苯酚	4-methylphenol	106-44-5
69	2-硝基苯酚	2-nitrophenol	88-75-5
70	2,4-二甲苯酚	2,4-dimethylphenol	105-67-9
71	2 ,4-二氯苯酚	2,4-dichloro-phenol	120-83-2
72	4-氯-3-甲基酚	4-chloro-3-methyl-phenol	59-50-7
73	2,4,6-三氯苯酚	2,4,6-trichloro-phenol	1988-6-2
74	4-硝基苯酚	4-nitrophenol	100-02-7
75	六氯环戊二烯	1,2,3,4,5,5-hexachloro-1,3-cyclopentadiene	77-47-4
76	2,4,5-三氯苯酚	2,4,5-trochlorophenol	95-95-4
77	五氯苯酚	pentachlorophenol	87-86-5
78	4,6-二硝基-2-甲酚	4,6-dinitro-2-methylphenol	534-52-1

续表

序号	名称	英文名	CAS 号
其他半挥发性有机化合物			
79	2,4-二硝基苯酚	2,4-dinitrophenol	51-28-5
80	2,4-二硝基甲苯	2,4-dinitrotoluene	121-14-2
81	硝基苯	nitro-benzene	98-95-3
82	2 ,6-二硝基甲苯	2,6-dinitrotoluene	606-20-2
83	2-硝基苯胺	2-nitroaniline	88-74-4
84	3-硝基苯胺	3-nitroaniline	99-09-2
85	4-硝基苯胺	4-nitroaniline	100-01-6
86	4-氯苯胺	4-chloroaniline	106-47-8
87	1,3-二氯苯	1,3-dichloro-benzene	541-73-1
88	1,4-二氯苯	1,4-dichloro-benzene	106-46-7
89	1,2-二氯苯	1,2-dichloro-benzene	95-50-1
90	1,2,4-三氯苯	1,2,4-trichloro-benzene	120-82-1
91	六氯苯	hexachlorobenzene	118-74-1
92	咔唑	carbazole	86-74-8
93	六氯丁二烯	1,1,2,3,4,4-hexachloro-1,3-butadiene	87-68-3
94	六氯乙烷	hexachloroethane	118-74-1
95	双(2-氯乙氧基) 甲烷	bis(2-chloroethoxy)-methane	111-91-1
96	偶氮苯	azobenzene	103-33-3
97	4-溴二苯基醚	4-bromophenyl phenyl ether	101-55-3
98	双(2-氯乙基)醚	bis(2-chloroethyl) ether	111-44-4
99	4-氯苯基苯基醚	4-chlorophenyl phenyl ether	7005-72-3
100	双(2-氯异丙基)醚	bis(2-chloroisopropyl) ether	108-60-1
101	异佛尔酮	isophorone	78-59-1
102	二苯并呋喃	dibenzofuran	132-64-9
103	邻苯二甲酸二正丁酯	di-*n*-butyl phthalate	84-74-2
104	双(2-乙基己基) 邻苯二甲酸酯	bis(2-ethylhexyl) phthalate	117-81-7
105	邻苯二甲酸二甲酯	dimethyl phthalate	131-11-3
106	邻苯二甲酸二乙酯	diethyl phthalate	84-66-2
107	丁基苄基邻苯二甲酸酯	benzyl butyl phthalate	85-68-7
108	邻苯二甲酸二正辛酯	di-*n*-octyl phthalate	117-84-0
109	2-氯萘	2-chloro-naphthalene	91-58-7

缩略语(英汉对照)

ASE	accelerated solvent extraction，加速溶剂萃取
BFRs	brominated flame retardants，溴代阻燃剂
CMS	carbon molecular sieve，碳分子筛
CNTs	carbon nanotubes，碳纳米管
DBT	dibutyltin，二丁基锡
DDE	dichlorodiphenyldichloroethylene，滴滴伊
DDT	dichlorodiphenyltrichloroethane，滴滴涕
DFH	diffusive sampling fiber holder，扩散采样手柄
DI-SDME	direct immersion SDME，直接浸入单滴微萃取
DI-SPME	direct immersion SPME，直接浸入固相微萃取
DLLME	dispersive liquid-liquid microextraction，分散液液微萃取
DL-PCBs	dioxin-like polychlorinated biphenyls，类二噁英多氯联苯
D*n*BP	di-*n*-butyl phthalate，邻苯二甲酸二正丁酯
DSDME	directly-suspended droplet microextraction，直接悬浮液滴微萃取
DSPE	dispersive solid phase extraction，分散固相萃取
DVB	divinylbenzene，二乙烯基苯
D-μ-SPE	dispersive micro-solid phase extraction，分散微固相萃取
FBE	fluidized-bed extraction，流化床萃取
FFA	fast fit assemblies，快速安装装置
GPC	gel permeation chromatography，凝胶渗透色谱
HF-LPME	hollow-fiber liquid-phase microextraction，中空纤维液相微萃取
HS-SPME	headspace solid phase micro-extraction，顶空固相微萃取

LD	liquid desorption，液相解吸
LLE	liquid-liquid extraction，液液萃取
LLL-SDME	liquid-liquid-liquid SDME，液液液单滴微萃取
LOQ	limit of quantity，定量限
LPME	liquid phase micro-extraction，液相微萃取
MAE	microwave-assisted extraction，微波辅助萃取
MAE-μ-SPE	microwave-assisted micro-solid-phase extraction，微波辅助微固相萃取
MALDI-TOF-MS	matrix assisted laser desorption ionization-time of flight mass spectrometry，基质辅助激光解吸电离飞行时间质谱
MBT	monobutyltin，一丁基锡
MD	micellar desorption，胶束解吸
MFX	multi fiber exchange unit，多纤维更换系统
MIP	molecularly imprinted polymer，分子印迹聚合物
MIT	molecular imprinted technology，分子印迹技术
MMM	mixed matrix membrane，混合基质膜
MOF	metal-organic framework，金属有机骨架
MSPD	matrix solid phase dispersion，基质固相分散
MSPE	magnetic solid phase extraction，磁性固相萃取
MWCNTs	multi-walled carbon nanotubes，多壁碳纳米管
NOM	natural organic matter，天然有机质
OCPs	organochlorine pesticides，有机氯农药
PA	polyacrylate，聚丙烯酸酯
PAHs	polycyclic aromatic hydrocarbons，多环芳烃
PBDEs	polybrominated diphenyl ethers，多溴二苯醚
PCBs	polychlorinated biphenyls，多氯联苯
PCDDs	polychlorinated dibenzo-*p*-dioxins，多氯代二苯并-对-二噁英
PCDFs	polychlorinated dibenzofurans，多氯代二苯并呋喃
PDMS	polydimethylsiloxane，聚二甲基硅氧烷

PEG	polyethylene glycol，聚乙二醇
PFCs	perfluorinated compounds，全氟化合物
PFOS	perfluooctane sulfonate，全氟辛基磺酸盐
POPs	persistent organic pollutants，持久性有机污染物
PS-DVB	polystyrene divinylbenzene，苯乙烯-二乙烯基苯共聚物
PTVs	programmable temperature vapourisers，程序控温的汽化器
RAM	restricted access material，限进材料
SBSE	stir bar sorptive extraction，搅拌棒吸附萃取
SD-LPME	solid-drop liquid-phase microextraction，悬浮固化分散液相微萃取
SDME	single-drop microextraction，单滴微萃取
SE	Soxhlet extraction，索氏萃取
SFE	supercritical fluid extraction，超临界流体萃取
SLG	single layer graphene，单层石墨烯
SPE	solid phase extraction，固相萃取
SPME	solid phase micro-extraction，固相微萃取
SRM	standard reference material，标准参考物质
SWCNTs	single-walled carbon nanotubes，单壁碳纳米管
TBT	tributyltin，三丁基锡
TD	thermal desorption，热解吸
TDU	thermal desorption unit，热解吸装置
TPR	templated resin，模板树脂
USE	ultrasonication extraction，超声萃取

索　引

W

X

Y

Z

其他